Bodenfrage und Bodenpolitik.

Bodenfrage und Bodenpolitik

in ihrer Bedeutung für das Wohnungswesen und die Hygiene der Städte.

Eine Untersuchung
über die wirtschaftlichen Voraussetzungen der Städtehygiene
für Architekten, Ingenieure, Verwaltungsbeamte, Hygieniker
und alle Interessenten der städtischen Wohnungsfrage

von

Professor Dr. W. Gemünd,
Dozent an der Technischen Hochschule zu Aachen.

Berlin.
Verlag von Julius Springer.
1911.

ISBN 978-3-642-50537-9 ISBN 978-3-642-50847-9 (eBook)
DOI 10.1007/978-3-642-50847-9
Softcover reprint of the hardcover 1st edition 1911

Meinem verehrten Schwiegervater

Herrn Geheimen Regierungsrat

Professor Dr. Karl Henrici

gewidmet.

Vorwort.

Seit langem beabsichtigte ich die Herausgabe eines Teiles der Vorlesungen über Bau- und Wohnungshygiene, wie ich sie seit Jahren an der Technischen Hochschule zu Aachen abhalte. Immer mehr hatte ich im Laufe der Jahre notgedrungen auch den wirtschaftlichen Fragen, die die Voraussetzung und das Fundament darstellen, auf welche sich die Maßnahmen der Städtehygiene aufbauen, mein Interesse zugewandt. Der vorliegende Band soll daher zunächst diese wirtschaftlichen Voraussetzungen der Wohnungs- und Städtehygiene einer zusammenhängenden Darstellung unterziehen. Manchem, der gewohnt ist, die Grenzen einer Disziplin enger zu ziehen, mag vielleicht der Zusammenhang des hier behandelten Stoffes mit den hygienischen Fragen ein sehr loser erscheinen. Aber doch nur scheinbar.

Bei den Problemen der angewandten Hygiene, wie sie insbesondere die Fragen aus dem Gebiete der Bau-, Wohnungs- und Städtehygiene darstellen, liegen die Verhältnisse wesentlich anders, als bei der rein wissenschaftlichen Hygiene.

Diese hat die Aufgabe, die gewohnheitsgemäße Umgebung des Menschen im weitesten Sinne auf irgend welche Schädlichkeiten zu untersuchen und festzustellen, wie man durch Beseitigung derselben die Gesundheitsverhältnisse zu bessern in der Lage ist. Bei dieser Aufgabe darf sie sich zunächst nur von rein wissenschaftlichen Grundsätzen leiten lassen, ohne Rücksicht darauf, ob die geforderten Maßnahmen und Einrichtungen auch praktisch durchführbar und vor allem wirtschaftlich möglich sind.

Ganz anders liegt aber der Fall bei der Anwendung der so gewonnenen Erkenntnisse auf das Wohnungs- und Städtewesen. Hier konkurrieren die hygienischen Rücksichten mit vielen anderen technischer, wirtschaftlicher, verwaltungstechnischer, ästhetischer Art usw., und hier lassen sich deshalb die „Idealforderungen“ der wissenschaftlichen Hygiene in der Regel nicht durchsetzen. Wenn auch die verschiedenen Interessen nicht selten zusammengehen, so ist das doch durchaus nicht immer der Fall, speziell hygienische und wirtschaftliche Interessen kollidieren leider sehr oft, fast immer.

So würde derjenige, der bei der Verfolgung wohnungs- und städtehygienischer Ziele lediglich die im Sinne der Hygiene denkbar besten Einrichtungen etc. zu schaffen suchte, sehr bald völlig den Boden unter den Füßen verlieren, auf unüberwindliche Schwierigkeiten stoßen, und er wird sehr bald zu der Einsicht kommen, daß es richtiger ist, von Anfang an die Städtehygiene auf die wirtschaftlichen Voraussetzungen und Möglichkeiten, wie sie nun einmal in allerlei Verhältnissen der städtischen Entwicklung begründet sind, aufzubauen. Das gilt auch für den großen Kreis all der Personen, die sich wohnungspolitisch betätigen, auf dem weitverzweigten Gebiete des Wohnungswesens und an der Besserung der Wohnverhältnisse mitarbeiten wollen, sei es nun, daß dieses Interesse lediglich dem heutzutage immer stärker hervortretenden Drang sich sozial zu betätigen entspringt, sei es, daß es sich um solche Personen handelt, wie Architekten, Ingenieure, städtische Verwaltungsbeamte und alle diejenigen, welche in städtischen Ausschüssen und Körperschaften an den gesundheitlichen Aufgaben der Städte und speziell der Besserung der Wohnungsverhältnisse mitzuarbeiten berufen sind.

Mit Recht steht unter den sozialpolitischen Bestrebungen der Gegenwart die Verbesserung der Wohnverhältnisse der städtischen Bevölkerung im Vordergrund des Interesses. Je mehr sich durch die Wohnungserhebungen gezeigt hat, daß in dem Wohnungswesen vor allem der minderbemittelten Bevölkerungsklassen in den dichtbesiedelten Städten und Industriegegenden erhebliche Mißstände bestehen, die unbedingt ein Eingreifen durch staatliche und kommunale Fürsorge erheischen, um so mehr haben auch weitere Kreise des Laienpublikums diesen Fragen ihre Aufmerksamkeit und ihr Interesse zugewandt.

Im allgemeinen haben aber diese Personen wenig Gelegenheit selbst einen Einblick in die städtischen Wohnverhältnisse und ihre hygienischen Qualitäten zu tun. Ihr Wissen basiert meistens auf dem, was aus den Ergebnissen der Wohnungserhebungen in die Tagespresse durchsickert. Nun muß man bekanntlich bezüglich der Deutung solcher Untersuchungen sehr vorsichtig sein. Sind dieselben wirklich umfassende, sind sie mit allen wissenschaftlichen Mitteln durchgeführt, so gewähren sie ein absolut zutreffendes Bild der Wohnverhältnisse. Derartige Erhebungen sind aber recht umständlich, verursachen große Mühen und Kosten und bringen dann schließlich ein ungeheures Zahlenmaterial, das dem Laien zu trocken ist, mit dem er auch nicht viel anzufangen weiß.

Dagegen werden nicht selten Wohnungserhebungen gemacht, bei denen nur ein kleiner Teil der Wohnungen, obendrein meist die als schlecht bekannten untersucht werden, und solche sind sicherlich auch geeignet, einzelne Fälle von Wohnungsmißständen aufzudecken und dadurch die Allgemeinheit zur Betätigung auf dem Gebiete der „Wohnungsreform" zu veranlassen. Es sind aber keineswegs Beobachtungen, aus denen man allgemeine Schlüsse über die Wohnverhältnisse der betreffenden Bevölkerungsklassen in der ganzen Stadt ziehen kann.

Derartige nicht selten noch recht phantasievoll ausgeschmückte Berichte über solche einzelne krasse Fälle städtischen Wohnungselends sind es aber, die auf das große Publikum den stärksten Eindruck machen, sie langweilen nicht durch großes Ziffernmaterial und schmeicheln dem Sensationsbedürfnis der Menge.

Es darf aber auch nicht verkannt werden, daß das auf diese Weise gebildete Urteil leicht zu einer gewissen Einseitigkeit in der Beurteilung der Wohnverhältnisse führen muß. Wer selbst keinen direkten Einblick in die Wohnverhältnisse hat und solche Schilderungen liest, ist meist gar nicht in der Lage zu unterscheiden, ob es sich bei den berichteten Fällen tatsächlich um eine Wohnungsnot, oder um einen Fall von Verelendung, Verkommenheit usw. handelt. Von einer wirklichen Wohnungsnot ist man doch nur berechtigt zu reden, wenn in der baulichen Beschaffenheit und Ausstattung der Wohnungen erhebliche Mängel bestehen, oder das Wohnungsangebot viel zu klein gegenüber der Nachfrage und der Preis ein viel zu hoher ist.

Wenn dagegen eine an und für sich gute und nicht zu teuere Wohnung dadurch unhygienisch wird, daß die Mieter aus Mangel an Einkommen, oder auch nur um an Miete zu sparen, sich immer mehr in einen oder einige Räume zusammendrängen, die anderen an Aftermieter, Schlafgänger etc. vermieten, so ist das kein Beweis für eine Wohnungsnot, sondern für eine allgemeine Notlage der betreffenden Familie, die allerdings in dem wichtigsten Bedürfnis, der Wohnung, am augenfälligsten in Erscheinung tritt.

Wer aber ohne tieferes Eindringen in die wirtschaftlichen und sozialen Seiten des städtischen Wohnungsproblems von solchen Fällen hört, wird immer geneigt sein, dieselben zu verallgemeinern, weiterhin zu glauben, es müsse doch in einer großen und reichen Stadt bei gutem Willen der Bevölkerung, vor allem der besitzenden Klassen, ein leichtes sein, all diese Mißstände zu mildern, zum mindesten zweckentsprechende Wohnungen zu niederem Preis zu beschaffen. Damit sei dann das schlimmste Übel beseitigt, und er überlegt nicht, wie viel selbstverschuldetes Wohnungselend auch dann noch anzutreffen wäre, wie vor allem aber gerade die Forderung der Beschaffung billiger Kleinwohnungen inmitten volkreicher Städte auf fast unüberwindliche Schwierigkeiten stößt.

Und doch ist das der Punkt, wo jeder, der ohne genügende Kenntnis der wirtschaftlichen Voraussetzungen der großstädtischen Wohnungsfrage gegenübersteht, glaubt, es könne und müsse die Hauptreform einsetzen [1]). „Es liegt aber, wie im Verlauf dieser Schrift zu zeigen versucht wird, in den nun einmal in unseren Städten bestehenden Verhältnissen begründet, daß inmitten derselben gelegene Kleinwohnungen, wie sie für die Bedürfnisse eines Teils der städtischen Bevölkerung unbedingt nötig sind, stets im Verhältnis zu ihrer Größe und sonstigen Beschaffenheit einen verhältnismäßig hohen Preis kosten werden. Dagegen kann keine noch so radikale Wohnungsreform Abhilfe schaffen. Derjenige aber, der die ungeheuren wirtschaftlichen Schwierigkeiten, die sich hier dem Kleinwohnungsbau und dem Wohnungswesen überhaupt entgegenstellen, nicht zu würdigen vermag, kommt leicht zu einer völlig ungerechten Beurteilung der Maßnahmen von seiten jener Behörden und Stellen, welche man für diese Verhältnisse verantwortlich zu machen gewohnt ist, er wird immer geneigt sein, diesen die Schuld zuzuschieben für Verhältnisse, die nun einmal in der Natur der Sache liegen.“ Etwas anderes ist es natürlich, wenn man daran denkt, auf den Außengeländen der Städte solche Wohnungen zu beschaffen, wovon in dem Abschnitte über die Dezentralisation die Rede sein soll. Da liegen die Verhältnisse wesentlich günstiger, städtische Kleinwohnungen werden dadurch aber keineswegs überflüssig gemacht.

So wenig daher auch die Mehrzahl der genannten Personen in der Lage ist, sich selbst aktiv mit der Bau- und Bodenpolitik zu befassen, von welcher man in erster Linie die Bekämpfung der Wohnungsnot erwarten muß, so „zweckdienlich und wünschenswert ist es anderseits doch, wenn sie sich mit den Zielen und Aufgaben derselben, vor allem den mitlaufenden, wirtschaftlichen Fragen vertraut machen. Das wird sie vor einer einseitigen Auffassung bewahren, ihr Urteil wird dann oft gerechter sein und die Anklagen, die sie auf Grund einzelner krasser Wohnungsmißstände gegen die Allgemeinheit zu richten geneigt sind, weniger hart ausfallen. Die Kenntnis der außerordentlichen Schwierigkeiten wird sie darüber trösten, wenn die „Reform“ auf dem Gebiet des Wohnungswesens so langsame Fortschritte zu machen scheint.“

Bei weiterer Beschäftigung mit diesen Fragen wird man immer mehr zu der Erkenntnis kommen, „daß jede hygienische Verbesserung der Wohnungen bis zu einem gewissen Grade eine Verteuerung derselben mit sich bringen wird, weil sie in der Regel eine Mehrausgabe bedingen und so die Ertragsmöglichkeit schmälern. Anderseits sollen aber die Wohnungen einen gewissen Mietpreis nicht überschreiten. Man wird also bezüglich der innerhalb der Städte gelegenen Wohnungen zu der Erkenntnis kommen, daß es sich bei allen derartigen Maßnahmen immer nur um ein vorsichtiges Hin- und Herlavieren in der Nähe des Punktes handeln kann, wo nach der einen Rich-

[1]) Die folgenden Ausführungen sind, soweit sie in Anführungszeichen stehen, einer früheren Arbeit des Verfassers entnommen, s. Gemünd, die Stellungnahme des Arztes zur Bau- und Bodenpolitik, Soz. Medizin und Hygiene, 1906.

tung hin zwar die Wohnungen besser und hygienischer, dafür aber auch teuerer, nach der anderen Richtung dagegen kleiner und schlechter, dafür aber auch billiger werden."

So führt also die Erkenntnis der wirtschaftlichen Gesetze zu der Anschauung, daß man sich bezüglich der Verbesserung der Wohnungen in den dichtbesiedelten Städten Beschränkungen auferlegen muß. Anderseits wird dadurch aber auch das Verständnis dafür gewonnen, weshalb man heutzutage an die Dezentralisation der Städte, das Hinausziehen der städtischen Bevölkerung auf das umliegende Land, in die Vororte, Villenkolonien und Gartenstädte, so große Erwartungen knüpft. Man lernt einsehen, daß dort die ganz anderen wirtschaftlichen Verhältnisse es allerdings oft gestatten, gleichsam aus dem Vollen zu schaffen, daß man hier an die Größe, hygienische Ausgestaltung der Wohnungen, an die Weiträumigkeit der Siedelungen usw. ganz andere Anforderungen stellen und durchführen kann als innerhalb volkreicher Städte. So führt das Studium der wirtschaftlichen Gesetze, der Bodenpreisbildung und der Bodenpolitik, deren Hauptziel ja doch schließlich die Verbesserung eben der Wohnverhältnisse ist, in ungezwungener Weise zu der Überzeugung, daß es Aufgabe „einer planmäßigen Dezentralisation sein müsse, das übermäßige, monopolartige Ansteigen der Bodenpreise zu verhüten, daß die Städte bestrebt sein müssen, durch Erleichterung des Vorortverkehrs, durch Anlage von Villenkolonien, Gartenstädten usw. solchen Personen, die nicht unbedingt in der Stadt wohnen müssen, aus derselben herauszuziehen, so die Stadt zu entlasten und die Wohnungsnachfrage geringer zu machen."

In diesem Sinne sind wohnungshygienische Fragen und wirtschaftliche Fragen im Städtewesen trotz des Gegensatzes, in dem sie oft zueinander stehen, eng miteinander verknüpft. Eine Behandlung der einen ohne gleichzeitige Berücksichtigung der anderen ist kaum durchführbar.

Nun könnte man gewiß sagen, die Behandlung und die Beurteilung der wirtschaftlichen Fragen sei Sache der Vertreter der Volkswirtschaft, der Wohnungs-Hygieniker und -Politiker könne sich vertrauensvoll ihrer Führung anvertrauen. Die Sache scheint mir aber doch etwas anders zu liegen.

Gewiß ist es Aufgabe der Nationalökonomen, die großen Gesetze des Wirtschaftslebens zu erforschen und in allgemein gültiger, wissenschaftlicher Form festzulegen. Es muß aber jeder der an den Einzelfragen beteiligten Disziplinen überlassen bleiben, auf Grund dieser Gesetze und unter stetem Hinweis darauf diejenigen wirtschaftlichen Gesichtspunkte herauszugreifen und zu bearbeiten, welche sie in ihrem speziellen Anwendungsgebiet und dem einzelnen Fall benötigt. Dieses Verhältnis ist etwa dasselbe, wie das des Ingenieurs zu den mathematischen Wissenschaften. Auch er bedarf zur Durchführung seiner Konstruktionen mathematischer Kenntnisse und Gesetze und fußt bei der

Bearbeitung dieser für seine Zwecke benötigten „angewandten“ Mathematik auf den Forschungen und Lehren der „reinen“ Mathematik.

Im übrigen sind die wirtschaftlichen Gesetze, die bei der Bodenpreisbildung im Wohnungswesen usw. zur Geltung kommen, keineswegs so kompliziert, wie es nach dem heftigen Kampfe der Meinungen scheinen könnte, die Praxis ist meist von selbst den richtigen Weg gegangen, und man kann sich nicht des Eindrucks erwehren, als ob erst durch die Behandlung dieser Fragen durch einzelne Nationalökonomen die Sachlage so verwickelt worden wäre, wie sie jetzt einigen erscheint.

Daß aber auch aus rein praktischen Gründen das Vertrauen auf volkswirtschaftliche Autoritäten für die Wohnungs-Hygieniker und -Politiker kein Grund sein kann, sich um ein eingehendes Studium der für ihn in Betracht kommenden wirtschaftlichen Verhältnisse herumzudrücken, dürfte jedem klar werden, der sich einmal in der betreffenden volkswirtschaftlichen Literatur umgesehen hat. Schärfer sind wohl selten die gegenteiligen Meinungen aufeinandergeplatzt, schroffer und unversöhnlicher haben sich wohl selten wissenschaftliche Gegner gegenübergestanden, wie hier.

Auf welche Autorität soll man also schwören? Es bleibt nichts anderes übrig, als selbst die verschiedenen Meinungen zu prüfen, das, was am wohlbegründetsten erscheint, sich am ehesten mit der eigenen wissenschaftlichen Überzeugung und praktischen Erfahrung in Einklang bringen läßt, herauszugreifen und darauf ein zusammenfassendes Urteil aufzubauen.

Nicht um es felsenfest als Dogma zu behalten, sondern um darauf weiterzubauen, es als Standpunkt zu betrachten, von dem aus man die Tatsachen an sich herantreten läßt. Erweist es sich dann als falsch, so mag man es ruhig über Bord werfen, um zu einem neuen, richtigeren Urteil zu gelangen.

Pohle, einer der Nationalökonomen, die sich am meisten um das Wohnungswesen verdient gemacht haben, vertritt den Standpunkt[1]), daß die rein wissenschaftliche Behandlung wirtschaftspolitischer Probleme sich streng darauf beschränken müsse, die möglichen und notgedrungenen Wirkungen der verschiedenen schon ergriffenen oder wenigstens vorgeschlagenen Reformmaßregeln zu untersuchen. Jedes weitergehende Urteil, jede Empfehlung oder Ablehnung bestimmter wirtschaftlicher Eingriffe bedeute für den Vertreter der Wissenschaft eine Grenzüberschreitung, ein Verlassen des rein wissenschaftlichen Bodens und ein Herabsteigen in die politische Arena.

Für den Wohnungs-Hygieniker und -Politiker liegt die Sache aber ganz anders. Diese rein wissenschaftlichen Erkenntnisse sind für ihn ja nur Voraussetzungen, auf denen er weiter baut, Mittel zum Zweck, nicht Selbstzweck; von ihm erwartet man, daß er auf Grund derselben

---

[1]) Die Wohnungsfrage, I, Leipzig. S. 11.

zu **bestimmten Vorschlägen**, wenn man so sagen will, Rezepten gegen die Wohnungsmißstände gelangt, die als Richtschnur für die praktischen Reformmaßregeln dienen können.

Seit einer Reihe von Jahren habe ich mich in dem angedeuteten Sinne mit diesen Fragen befaßt und schon verschiedentlich kleinere Arbeiten darüber veröffentlicht, die zwar wenig bekannt wurden, mir aber doch manche Anerkennung von geschätzter Seite brachten. Längst hatte ich vor, die Gedanken, die mich dabei leiteten, in erweiterter Form zu einem größeren Werke zusammen zu fassen.

Wenn ich hiermit die Ergebnisse dieser Studien der Öffentlichkeit übergebe, so bitte ich diese Ausführungen so aufzufassen, wie sie gemeint sind, als die Absicht, vom Standpunkte des Wohnungs- und Städte-Hygienikers die wirtschaftlichen Voraussetzungen seiner Tätigkeit zu behandeln, nicht aber als den Versuch, neue volkswirtschaftliche Wahrheiten zu entdecken und diesbezügliche Theorien aufzustellen. In erster Linie sind diese Ausführungen gedacht für solche Personen, welche sich beruflich im Hauptamt oder Nebenamt mit städtebaulichen, wohnungs- und bodenpolitischen Problemen befassen müssen und nicht selbst die Zeit haben, sich durch die unglaublich anschwellende Wohnungsliteratur hindurchzuarbeiten, also städtische Beamte, Architekten, Ingenieure, Verwaltungsbeamte usw. Aber auch dem gebildeten Laienpublikum, welches, wie früher bemerkt, den sozial- und wohnungspolitischen Bestrebungen immer mehr Interesse entgegenbringt, teilweise als ehrenamtliches Mitglied verschiedenster städtischer Körperschaften auch tätigen Anteil daran nimmt, dürften diese Ausführungen einen kleinen Dienst erweisen.

Wie sie sich zu den darin vertretenen Erkenntnissen stellen werden, ist eine andere Frage. Entweder gelingt es mir, sie zu überzeugen und sie teilen meine Ansichten — dann soll mich diese Anerkennung freuen. Oder aber sie teilen dieselben nicht, bekehren sich vielmehr dank der in jedem Menschen schlummernden Opposition zu der gegenteiligen Ansicht und verurteilen meine Meinungen aufs schärfste, so bin ich auch damit zufrieden. Auch eine falsche Ansicht hat ihren Zweck erfüllt, wenn sie andere auf die bessere und richtige Fährte geführt hat. Können mich diese dann zu ihrer gegenteiligen Meinung bekehren, so ist das ein weiterer Erfolg. Es wird heutzutage mit Recht als **erste und bedeutsamste Aufgabe der städtischen Verwaltungen und Körperschaften betrachtet, daß sie wohnungs- und bodenpolitische Maßnahmen ergreifen sollen.** Das geht aber nicht, wenn sie sich nicht über den Zweck und die Wirkung derselben eine **feste** Meinung gebildet haben. Solange sie unstät zwischen den verschiedensten Ansichten hin und herschwanken, bald die eine, bald die andere Maßnahme ergreifen, wird kein Segen aus ihrer wohnungspolitischen Tätigkeit erblühen. Besser noch ist es, eine falsche Meinung haben und diese zur Richtschnur machen. Dann werden wenigstens bald die Nachteile sich zeigen und die Meinungen korrigieren. Bei dem ewigen Hin- und Herschwanken dauert es viel länger, bis diese Korrektur sich einstellt.

So wäre ich schon zufrieden, wenn ich einigen Lesern überhaupt zu einer bestimmten Ansicht verhelfen würde, ob sie nun mit der meinen übereinstimmt oder nicht. Im übrigen liegt mir natürlich eine Kritik irgendwelcher volkswirtschaftlicher Autoritäten völlig fern. Wenn ich allerdings im Interesse und zur Verteidigung eines einheitlichen Standpunktes des öfteren genötigt war, zu den Ansichten des einen oder anderen Stellung zu nehmen, so geschah das nur, um dem Leser meine abweichende Meinung zu begründen, nicht um den betreffenden anzugreifen oder zu Gegenäußerungen zu veranlassen. Die Austragung nationalökonomischer Streitigkeiten ist Sache der Volkswirtschafter, zu ihren Ansichten Stellung zu nehmen muß jedem, der in seiner Tätigkeit davon berührt wird, gestattet werden.

Aachen, im Januar 1911.

Wilhelm Gemünd.

Inhaltsverzeichnis.

Erster Teil.

Die Entwicklung der Städte und der Städtehygiene im letzten Jahrhundert.

Erster Abschnitt.

Größenzunahme und bauliche Entwicklung der Städte.

Wenn man sich die Aufgabe stellt, die städtische Bodenfrage, die städtische Bodenpolitik und ihre Bedeutung für das gesundheitliche Wohl und Wehe der Städte, insbesondere die hygienische Gestaltung des Wohnungswesens, einer systematischen Betrachtung zu unterziehen, so könnte man zwei Wege wählen. Der eine wäre der, daß man lediglich die jetzt bestehenden Zustände, so wie sie sich als Produkt der außerordentlich schnellen Entwicklung unserer Städte herausgebildet haben, schilderte. Im Anschluß daran hätte man dann die Aufgabe, die Folgen für die gesundheitlichen Lebensbedingungen der städtischen Bevölkerung aufzuklären und geeignete Abwehrmittel gegen die zutage tretenden Mißstände vorzuschlagen.

Es würde aber bei dieser Behandlungsweise kaum ausbleiben, daß man sich die Frage vorlegt, warum denn eigentlich, dank welcher besonderen aus den gegenwärtigen Verhältnissen keineswegs ohne weiteres zu entnehmenden Umstände sich die teilweise so ungesunden und unnatürlichen Verhältnisse im Wohnungswesen unserer Städte entwickelt haben. Insbesondere möchte man wissen, ob sich dieselben mit einer gewissen Naturnotwendigkeit herausgebildet haben, ob sie vielleicht irgend welchen zufälligen Momenten, den Machinationen irgend welcher interessierter Körperschaften, z. B. der Haus- und Grundbesitzer, der Terrainspekulanten usw. ihre Entstehung verdanken, oder ob sie sich gar auf irgendwelche Unterlassungen und Fehler der Verwaltungen der Städte zurückführen lassen.

Man fragt sich weiter, ob man nicht bei rechtzeitiger Erkenntnis der Sachlage vielleicht in der Lage gewesen wäre, vieles günstiger zu gestalten, die ärgsten Mißstände, wie wir sie jetzt erblicken, zu vermeiden, und so führt dann eine derartige Darstellung des Werdeganges naturgemäß dazu, die Fehler früherer Zeit wieder gut machen zu wollen bzw. bei Neuanlagen nicht zu wiederholen.

Es ist also zweifellos zweckdienlich, nicht sofort in medias res zu gehen, sondern erst einen, wenn auch kurzen Rückblick auf die Verhältnisse, insbesondere die wirtschaftlichen Faktoren zu werfen, unter denen in unseren deutschen Städten, davon soll im allgemeinen nur die Rede sein, die Bodenfrage entstand, sich über die Folgezustände dieser Entwicklung klar zu werden und zuzusehen, wann zuerst und dank welcher speziellen Wirkungen Gegenmaßregeln, eben die bodenpolitischen Maßnahmen der Gemeinden einsetzten.

Mit einer derartigen Schilderung des Entstehens der Bodenfrage nach ihrer wirtschaftlichen Seite können wir uns aber nicht zufrieden geben. Was sie allen, welche sich für die sozialen Probleme unserer Zeit interessieren, so bedeutsam macht, sind nicht die Bodenfrage an sich und ihre wirtschaftlichen Voraussetzungen, sondern die Folgezustände, die sie für die Entwicklung der menschlichen Siedelungen speziell die großen und größten Städte und ihre Wohnverhältnisse mit sich gebracht hat. Und auch da sind es wieder nicht diese Zustände an und für sich, sondern die Wirkungen, welche diese Wohnverhältnisse für das körperliche und indirekt auch geistige Wohl der städtischen Bevölkerung gezeitigt haben.

Wir müssen also bei dieser Betrachtungsweise zusehen, wie sich unter dem Druck der sich entwickelnden Verhältnisse die Gesundheitsverhältnisse der Städte gestaltet haben. Erst dann, wenn wir die Bodenfrage und die Bodenpolitik einerseits und die damit zusammenhängenden Gesundheitsverhältnisse anderseits in eine gewisse Beziehung zueinander gebracht haben, sind wir dem Kernpunkt der Sache nahe gekommen.

Die gesonderte Behandlung gesundheitlicher Fragen, die Untersuchung all der mannigfachen Momente, welche auf die Gesundheitsverhältnisse und das Wohlbefinden der Bevölkerung von Einfluß sind, faßt man heutzutage als Hygiene, sofern sie sich mit den Verhältnissen der Städte befassen, als Städte-Hygiene zusammen. So soll denn in diesem Abschnitt gleichzeitig mit der Behandlung der städtischen Bodenfrage eine Darstellung der Entwicklung der Städtehygiene verbunden werden.

Da aber die historische Entwicklung der Hygiene schon vielfach und in jedem leicht zugänglichen Werken behandelt ist, so genügt es im allgemeinen, wenn wir die Verhältnisse seit Mitte des vorigen Jahrhunderts etwas eingehender behandeln, im übrigen nur einige Andeutungen geben.

Nicht als ob die Bodenfrage und städtehygienische Bestrebungen erst so spät aufgetaucht wären.

Es ist anzunehmen, daß auch schon im Mittelalter eine mächtige Steigerung der städtischen Bodenwerte eingesetzt hat. Die Geschichte berichtet uns, daß vom 10. Jahrhundert ab in den aufblühenden Städten, dank lebhafter Handels- und Gewerbetätigkeit die Volkszahl stark zunahm, und daß auch damals schon ein starkes Abströmen des ländlichen Bevölkerungsüberschusses in die Städte stattfand. Indessen reicht die Bedeutung dieses Vorganges natürlich nicht entfernt an die moderne Entwicklung heran, schon deshalb, weil die Städte ganz andere Größendimensionen hatten.

Viele derselben sind nach neueren Forschungen jedenfalls viel kleiner gewesen, als man vor kurzem annahm. Berühmte Handelsstädte wie Nürnberg, Straßburg, Basel, Frankfurt a. M., Danzig waren gegen Ende des 15. Jahrhunderts bescheidene Mittelstädte von 10 000 bis 20 000 Einwohnern, Großstädte im heutigen Sinne gab es überhaupt nicht, hätte es, selbst wenn die wirtschaftlichen Vorbedingungen erfüllt gewesen wären, wegen des Darniederliegens der öffentlichen Gesundheitspflege auch nicht geben können, wie wir noch begründen werden.

Es muß sich demnach die mutmaßliche Steigerung der Bodenwerte in viel bescheideneren Grenzen gehalten haben, als das heutzutage der Fall ist, umgekehrt aber muß der verhältnismäßig enge Raum, welcher vielen der Städte zu ihrer Größenentfaltung zur Verfügung stand, begünstigend auf das Ansteigen der Bodenpreise gewirkt haben.

Die meisten deutschen Städte des Mittelalters, namentlich im 10. und 11. Jahrhundert, entwickelten sich zum Schutze gegen die mannigfachen Überfälle hinter Wall und Graben, und die ganze bauliche Weiterentwicklung mußte sich innerhalb dieses so vorgezeichneten Raumes vollziehen, demnach mit der Zeit zu einer stärkeren Besiedelungsdichtigkeit führen. Zwar wird für die spätere Zeit, den Städtebau vom 12. Jahrhundert ab, behauptet (s. Eberstadt, Handbuch des Wohnungswesens, 2. Aufl., 1910. S. 23 ff.), daß die damaligen Städte das Gebiet, das sie mit Mauer, Wall und Graben umzogen, möglichst weit zu bemessen suchten, einmal um für den Fall der Belagerung genügende Freiflächen für die in die Städte einströmenden und Schutz suchenden ländlichen Einwohner zu haben, anderseits, weil man auch Höfe, Gärten, Äcker, Weinberge innerhalb der Mauern unterbringen wollte. Damit ist nun noch keineswegs gesagt, daß man diesen genügenden Raum innerhalb der Umwallung auch wirklich zu einer weiträumigen Siedelung benutzt habe, im Gegenteil, in wie hohem Maße der städtische Untergrund damals ausgenutzt wurde, beweisen noch viele der erhaltenen alten Stadtteile dieser „mittelalterlichen" Städte. Daß bei einem solchen Monopol „der Lage", wie man das jetzt nennen würde, die Bodenpreise erheblich steigern mußten, ist selbstverständlich. So schreibt denn auch Arnold in seinem Buche „Zur Geschichte des Eigentums in den deutschen Städten"[1]) zu dieser Frage, wie folgt:

[1]) Zitiert nach von Mangoldt, die städtische Bodenfrage, 1907.

„als aber später die Bauplätze und mehr noch die guten Häuser gesucht wurden und der steigende Handelsgewinn die Mittel gab, sie zu bezahlen, fiel der ältere Maßstab hinweg. Es bot sich für den Grundherrn nun Gelegenheit, höhere Abgaben zu erhalten, und die Höhe des Zinses richtete sich nicht mehr nach der Ertragsfähigkeit des Bodens, sondern nach dem Meistgebot der Bewerber. Dieses wurde wieder dadurch bedingt, welchen Gewinn die Besitzer von Häusern oder Grundstücken machen konnten. Der Begriff der Ertragsfähigkeit des städtischen Eigentums war ein anderer, indem er sich mit dem neuen Arbeitslohn in Gleichgewicht setzte."

Mit diesen Worten (die Sperrung rührt von mir her) ist außerordentlich treffend auch das Wesen der Bodenpreisbildung für moderne Verhältnisse geschildert.

Es ist bekannt, wie auf die Blüte der Städte eine lange und schwerwiegende Periode des Verfalls folgte, begründet vor allem in der späteren Unsicherheit der Eigentumsverhältnisse, der Zersplitterung in unzählige Staaten und Städtchen usw., wie insbesondere verheerende Kriege, insbesondere der 30 jährige Krieg, zu einem völligen Niedergang führten. Es wird berichtet, daß die Bevölkerung durch die Kriegsnot und die entsetzlichen Seuchen, insbesondere die Pest, welche den Heeren wie ein Gespenst folgten, im ganzen auf zwei Drittel, in einzelnen Strichen noch auf einen geringeren Teil ihres früheren Bestandes herabsanken. Erst viel später, so recht erst nach den Freiheitskriegen zu Anfang des vorigen Jahrhunderts, setzte eine kräftige Erholung ein.

Wenn also für die Bodenpreisgestaltung und ihren Einfluß auf die Wohnverhältnisse in den früheren Städten sicher ein Analogon zu den heutigen Verhältnissen existiert, so war das bezüglich der städtehygienischen Bestrebungen kaum der Fall. Wir wissen, daß in den damaligen Städten nennenswerte hygienische Einrichtungen, wie Kanalisation, Wasserleitung, Straßenreinigung und Pflasterung, Krankenhäuser etc. entweder völlig fehlten oder doch nur in sehr primitiven Anfängen vorhanden waren, und daß demgemäß auch die gesundheitlichen Verhältnisse jeder Beschreibung spotteten. Finkelnburg hat uns in seiner Arbeit „Geschichtliche Entwicklung und Organisation der öffentlichen Gesundheitspflege in den Kulturstaaten" darüber allerlei interessante Daten zusammengestellt. Vor allem waren es die großen Epidemien und Seuchen, speziell die sich immer wiederholenden Wanderzüge der Pest, welche in den damaligen Städten, begünstigt durch die unglaubliche Unsauberkeit, enorme Opfer an Menschen kosteten.

Daß man damals in der Lage gewesen wäre, die Mängel, welche die bauliche Entwicklung der Städte für das Gesundheitswesen mit sich brachte, zu erkennen und abzustellen, war nach dem ganzen Stande der damaligen öffentlichen Gesundheitspflege ausgeschlossen. Wir können uns daher von diesen unerfreulichen Zuständen abwenden, umsomehr, als sichere Zahlenangaben darüber doch nicht vorliegen, und uns der Schilderung der Zustände im vorigen Jahrhundert zuwenden. Die Arbeit wird um so leichter, als von da ab ziemlich sichere

Zahlenangaben über die Einwohnerzahlen der Städte, die Sterblichkeitsziffern, die Grundstückpreise usw. zur Verfügung stehen.

Was zunächst die Bodenpreise anbelangt, so hat v. Mangoldt [1]) eine Reihe von Arbeiten über die Gestaltung der Bodenpreise auch zu Anfang des vorigen Jahrhunderts und teilweise noch weiter zurück zusammengestellt. Besonders interessiert eine Arbeit von M. Conrad, „Die Entwicklung der Häuserpreise in Freiburg i. B. während der letzten 100 Jahre“ (von 1755—1875) und eine von E. Kieferitzky über die Baustellenpreise in Breslau von 1813—1870.

Aus diesen und anderen Arbeiten geht hervor, daß schon bald nach den Freiheitskriegen zu Anfang des vorigen Jahrhunderts eine ständige Steigerung der Kaufpreise sowohl der bebauten Grundstücke als der Baustellen in diesen Orten eintrat, die völlig parallel ging mit der Vergrößerung der Einwohnerzahl.

Daß man im allgemeinen berechtigt ist, die gleiche Entwicklung für jede andere in dieser Zeit in steter Bevölkerungszunahme begriffene Stadt anzunehmen, ist wohl unbestreitbar, wenn auch aus naheliegenden Gründen soweit zurückliegende und einigermaßen genaue Zahlenangaben für sehr wenige Städte vorliegen.

Für die letzten Jahrzehnte steht natürlich ein weit umfassenderes Zahlenmaterial zu Gebote. Einiges daraus ist in einem späteren Abschnitt zusammengestellt.

Für das Verständnis dieser steten Steigerung der Bodenpreise in den Städten sind zwei Faktoren von fundamentaler Bedeutung, einmal die starke Volksvermehrung des vorigen Jahrhunderts überhaupt und dann die der städtischen Bevölkerung insbesondere. Dafür sollen einige Zahlen beigebracht werden.

Genaue Angaben über den Stand der Bevölkerung des Deutschen Reichs führen bis zum Jahre 1816 zurück. Um diese Zeit wohnten auf dem heutigen Reichsgebiet etwa 24 Millionen Menschen, ungefähr ebenso viele wie nach dem 30jährigen Kriege angenommen werden. Mit der Zeit hat sich die Bevölkerung ungeheuer stark vermehrt, eine ganz besonders starke Vermehrung hat seit 1890 eingesetzt.

Bevölkerungswachstum seit 1816 [2]).

Jahre	Bevölkerung auf dem heutigen Reichsgebiete	Bevölkerungszunahme, die Bevölkerung von 1806 = 100 gesetzt
1816	24 833 396	100
1819	25 919 010	104
1822	27 042 797	109
1825	28 213 269	113
1828	29 020 972	117
1831	29 769 702	120
1834	30 610 698	123

[1]) Die städtische Bodenfrage, S. 3 ff.

[2]) Entnommen und ergänzt aus: „Das Deutsche Reich in gesundheitlicher und demographischer Beziehung“, Berlin 1907.

Jahre	Bevölkerung auf dem heutigen Reichsgebiete	Bevölkerungszunahme, die Bevölkerung von 1806 = 100 gesetzt
1837	31 591 547	127
1840	32 787 150	132
1843	33 723 742	136
1846	34 735 212	140
1849	35 130 398	141
1852	35 931 691	145
1855	36 113 644	145
1858	36 962 742	149
1861	38 139 410	154
1864	39 391 904	159
1867	40 090 621	161
1871	41 060 792	165
1875	42 729 360	172
1880	45 236 061	182
1885	46 857 704	189
1890	49 426 470	199
1895	52 279 901	211
1900	56 367 178	227
1905	60 641 489	244
1910	64 896 881	262

Der jährliche Zuwachs beträgt seit 1895 etwa 800 000, es sterben rund jährlich 1 200 000 und werden 2 000 000 geboren.

Gleichzeitig mit dieser enormen Bevölkerungszunahme vollzog sich der oft besprochene Umschwung im Kulturleben, der Übergang vom reinen Agrarstaat zu einem immer mehr überwiegenden Industriestaat.

Von den 24 Millionen des Jahres 1816 nimmt man an, daß etwa 18 Millionen in der Landwirtschaft tätig, d. h. Bauern, Bauernknechte und Landarbeiter waren, der Rest von 6 Millionen lebte von anderen Erwerbszweigen, vor allem in den Städten.

Von geringfügigen Schwankungen und einigen Ungenauigkeiten abgesehen, die aber für die hier zu besprechenden Tatsachen nicht in Betracht kommen, ist auch heute noch ungefähr dieselbe Zahl von Menschen in der Landwirtschaft tätig wie 1816, d. h. die landwirtschaftliche Bevölkerung ist konstant geblieben. Dagegen hat sich der nicht landwirtschaftliche Anteil der Bevölkerung außerordentlich vermehrt, ihm ist der ganze enorme Bevölkerungszuwachs zugute gekommen. Man braucht nicht weit zu gehen, um zu dem Schlusse zu kommen, daß es vor allem die Industrie, die verschiedenen Gewerbe, Fabriken, Handel und Verkehr waren, welche diesen Menschenmassen Beschäftigung und Erwerb gaben.

Ein neuer Stand, der Industrie- und Fabrikarbeiterstand kam auf, der städtische Lohnarbeiterstand, der ganz überwiegend in den

Städten sich ansiedelte. „Der Deutsche, der nun der Typus wird, das ist der Mann, der für Lohn arbeitet, er ist der Durchschnittsdeutsche der Zukunft", sagt F. Naumann in seinen Münchener Vorträgen (1903).

Mit dieser Verschiebung des Erwerbslebens ging eine außerordentliche Entwicklung und Größenzunahme der Städte parallel, die noch immer in fortschreitender Entwicklung begriffen ist, wie folgende Tabelle zeigt, welche das Verhältnis zwischen Landbevölkerung und Stadtbevölkerung angibt.

Jahre	Landbevölkerung absolut	Landbevölkerung Prozent	Stadtbevölkerung absolut	Stadtbevölkerung Prozent
1871	26 219 352	63,9	14 790 798	36,1
1875	26 070 188	61,0	16 657 172	39,0
1880	26 513 531	58,6	18 720 530	41,4
1885	26 376 927	56,3	20 478 777	43,7
1890	26 185 241	53,0	23 243 229	47,0
1895	26 022 519	49,8	26 257 382	50,2
1900	25 734 103	45,7	30 633 075	54,3
1905	25 821 146	42,58	36 820 342	57,42

Es sind in dieser Tabelle, wie es in der Statistik üblich ist, alle Orte mit einer Einwohnerzahl von 2000 an aufwärts als Städte bezeichnet. Man beachte vor allem, daß seit dem Jahre 1895 die städtische Bevölkerung über die ländliche bereits das Übergewicht erlangt hat und 1905 bereits 57,4 % der Gesamtbevölkerung ausmacht, sowie die absoluten Zahlen der Landbevölkerung, die seit 1871 sogar einen kleinen Rückgang aufweisen, während die städtische Bevölkerung sich in dieser Zeit mehr als verdoppelt hat.

Einen sehr interessanten Einblick in die Verteilung der städtischen Bevölkerung auf die verschiedenen Größenklassen bietet die folgende Tabelle [1]).

Jahre	Großstädte 100 000 und mehr Einwohner		Mittlere Städte 40 000—100 000 Einwohner		Kleinere Städte 15 000—40 000 Einwohner		Kleine Orte unter 15 000 Einwohner
	Zahl der Gemeinden	% Gesamtbevölkerung	Zahl der Gemeinden	% Gesamtbevölkerung	Zahl der Gemeinden	% Gesamtbevölkerung	% Gesamtbevölkerung
1871	8	4,8	31	4.9	95	4,9	85,4
1875	12	6,2	31	4,2	107	6,0	83,6
1880	14	7,2	33	4,8	135	6,6	81,4
1885	21	9,5	32	4,1	157	7,5	78,9
1890	26	12,6	34	4,1	161	7,7	75,6
1895	28	13,9	51	5,6	184	7,9	72,6
1900	33	16,2	61	6,4	205	8,4	69.0
1905	41	19,0	64	6,5	221	8,6	65,9
1910	46	ca. 20,0					

[1]) s. das Deutsche Reich in gesundheitl. etc. Beziehung.

Besondere Beachtung verdient die 3. Kolonne. Während 1871 noch nicht der 20. Teil der Bevölkerung in Großstädten mit über 100 000 Einwohnern lebte, sind es 1905 bereits 19 % und nach den bisherigen Ergebnissen der Volkszählung vom 1. Dezember 1910 bereits rund 20 %. Also jeder 5. Deutsche lebt zurzeit in einer Großstadt. 1871 betrug die Zahl der Gemeinden mit 100 000 und mehr Einwohnern erst 8, 1910 gibt es bereits 46 solcher Großstädte, wenn man die 3 Vororte Berlins, welche über 100 000 Einwohner haben, gesondert zählt, wozu man berechtigt ist, da dieselben nicht eingemeindet sind. Faßt man Groß-Berlin als eine Stadt zusammen, so haben wir 43 Großstädte.

Während man also von einer förmlichen Stagnation der ländlichen Bevölkerung sprechen muß, ist der ganze riesige Bevölkerungszuwachs den Städten und unter diesen wieder in erster Linie den Großstädten zugefallen. Um welch gewaltige Bevölkerungsbewegungen es sich dabei handelt, zeigt am besten die Tatsache, daß für das Jahrfünft 1905—1910 die Zunahme der Reichshauptstadt (Groß-Berlins) allein größer ist als die von Bayern, Württemberg und Baden zusammen.

Man hat von dem vorigen Jahrhundert nicht mit Unrecht als dem der großen Volksvermehrung gesprochen, man könnte mit dem gleichen Rechte es als das Jahrhundert der Großstadtbildung bezeichnen. Diese Großstädte waren es in erster Linie, welche all die Millionen Menschen an sich lockten, die auf dem Lande keine Existenzbedingungen mehr finden konnten. Alles strömte in die Städte und suchte hier lohnenden Erwerb, Vergnügen, gesellige und politische Anregung.

Begünstigt und ermöglicht wurde diese Umwälzung des Kulturlebens aber erst durch das Aufblühen der Naturwissenschaften und der Technik, neue Gewerbe und neue Industrien kamen auf, die Maschine trat ihren Siegeslauf an, das „Maschinenzeitalter“ begann.

Hier könnte man die Frage aufwerfen, warum denn die neuentstandenen Gewerbe, Industrien und Fabriken sich fast ausschließlich in den Städten etablierten? Etwas ausführlicher soll diese Frage in einem späteren Abschnitt behandelt werden, deshalb mögen hier einige Andeutungen genügen.

In den Städten, die von jeher einen regen Handel entfaltet hatten und mit ihrer Umgebung in lebhaftem Verkehr standen, fand die Industrie eine kaufkräftige Bevölkerung für ihre Fabrikate, fand Kapital, Kredit, geeignete Arbeitskräfte, tüchtige Unternehmer, genügenden Rechtsschutz usw. Demgegenüber war die Differenz in den Bodenpreisen zwischen den damals noch kleinen Städten und dem Lande keineswegs so groß, daß sie diese Vorteile hätte aufwiegen können. Vor allem aber war es der Zug vom Lande in die Städte, der das Kapital, Unternehmer und Arbeiterschaft in gleicher Weise erfaßte, die Begierde, das eintönige und gleichmäßige Leben auf dem Lande mit den Wundern, Vergnügungen und den stärkeren Anregungen des städtischen Lebens zu vertauschen.

Um nur ein Beispiel dieses rapiden Wachstums der Städte zu geben, mögen die Einwohnerzahlen von Berlin folgen [1]).

Schluß des Jahres				
1709	(57 000)		1860 neues Weichbild	528 876
1740	(81 000)		1870	774 498
1750	113 289		1875	964 539
1800	172 132		1880	1 123 749
1810	162 971		1885	1 315 665
1820	199 510		1890	1 578 516
1830	247 500		1895	1 678 924
1840	322 626		1900	1 888 313
1850	418 733	1. Dez.	1905	2 040 148
1860 altes Weichbild	493 429	1. Dez.	1910	ca. 2 064 153

Die Ziffern der letzten Jahrzehnte werden sehr dadurch beeinflußt, daß sich immer mehr die Vergrößerung der Vororte auf Kosten Berlins bemerkbar macht. Berlin selbst geht sogar auf Kosten seiner Vororte (1910 waren es 67) zurück.

	1900 (1./XII.)	1905 (1./XII.)	1910 (1./XII.)
Berlin	1 888 848	2 040 148	2 064 153
Vororte zusammen . .	655 588	1 170 299	1 638 809
Groß-Berlin (Berlin u. die Vororte). . . .	2 544 436	3 210 447	3 702 962

Berlin selbst hat also von 1900—1905 nur um 8 %, von 1905—1910 nur um 1,18 % zugenommen, die Vororte dagegen von 1900—1905 um rund 78 %, von 1905 —1910 um 40,03 %. Jetzt faßt man Berlin mit seinen Vororten allgemein als Groß - Berlin zusammen.

So riesenhafte Ziffern hat natürlich nur Berlin aufzuweisen. Das Anwachsen der Bevölkerung erfolgt aber auch in kleineren Städten oft im gleichen Verhältnis, wie die Zahlen von München zeigen.

1776	rund	37 000	1881	rund	233 600
1800	„	40 000	1886	„	268 000
1810	„	48 000	1891	„	357 000
1820	„	55 800	1896	„	415 500
1830	„	78 000	1901	„	503 000
1840	„	81 000	1906	„	544 000
1850	„	90 000	1907	„	554 000
1860	„	129 000	1908	„	565 000
1870	„	163 500	1909	„	577 000
1876	„	196 500	1910	„	595 000

Man muß sich diese Zahlen und die rapide Größenzunahme der Städte, die dadurch ausgedrückt wird, vor Augen halten, wenn man

[1]) Nach einer Druckschrift des internationalen Kongresses für Hygiene, Berlin 1907.

ein zutreffendes Bild von der baulichen Entwicklung und der Gestaltung der Wohnungsverhältnisse in diesen so rasch erblühten Städten gewinnen will.

Denn all die Menschen, die da Jahr für Jahr in die Städte strömten, mußten auch untergebracht werden; ob gut oder schlecht, ob menschenwürdig oder nicht, mag vielen von ihnen zunächst ziemlich gleichgültig gewesen sein, wenn es nur überhaupt gelang, und man an den Vorteilen und Vergnügungen des städtischen Lebens teilnehmen konnte.

Weiterhin war es auch durchaus natürlich, daß alles zunächst wenigstens versuchte, möglichst nahe dem Zentrum der Städte, dem Geschäftsviertel unterzukommen. Hier pulsierte das geschäftliche Leben am stärksten, hier versprach man sich am ehesten Arbeit, Nebenverdienst und Vergnügen, hier war immer etwas los und zu sehen, auch für den Müßiggänger.

Ob die Wohnungen selbst dann den Anforderungen der Hygiene entsprachen, dafür hatte man früher sehr wenig Verständnis, Luft und Licht hatte man ja auf dem Lande, wo man herkam, genug, dafür zog man nicht in die Städte.

So drängte sich denn alles vor allem in die zentralen Stadtteile hinein. Den besten Maßstab für die Zusammenhäufung der Menschen, die dadurch zustande kam, gibt die Bevölkerungsdichte, d. h. die Angabe, wie viele Menschen auf dem Hektar wohnen. Einige Angaben darüber sind in folgender Tabelle zusammengestellt, die die starke Zunahme in den 3 letzten Jahrzehnten des vorigen Jahrhunderts zeigt.

Bevölkerungsdichte auf 1 Hektar[1]) in der Stadt nach dem Umfang von

	1871	1900
Aachen	24,3	37,6
Berlin	139,5	314,9
Bremen	48,2	73,9
Breslau	68,5	137,0
Köln	167,8	315,4
Frankfurt	13,1	30,5
Hamburg	47,4	110,5
Leipzig	61,5	110,4
München	47,8	111,5
Nürnberg	73,7	187,5

Das sind aber nur Durchschnittszahlen des ganzen Stadtgebietes, einzelne zentrale Teile waren viel stärker bevölkert, bis 500 Personen auf den Hektar und mehr.

Einen noch zutreffenderen Maßstab erhält man, wenn man die Bevölkerungszahl mit der auf Häuser und Hofräume entfallenden,

[1]) Nach S. Schott im „Statistischen Jahrbuch deutscher Städte“.

also der tatsächlich bebauten Fläche vergleicht[1]). Bei dieser Berechnung entfielen 1890 auf 1 Hektar Fläche 650,93 Bewohner in Wien, in Berlin 745. Die größte Bevölkerungsdichtigkeit in diesem Sinne fand sich in Wien 1890 in einzelnen Stadtteilen mit fast 1100 Bewohnern auf 1 Hektar. Gegenwärtig ist in den zentralen Teilen der Großstädte durch die fortschreitende „Aushöhlung“ der City meist die Bevölkerungsdichte wieder, zum Teil sehr erheblich, geringer geworden. Einen Vergleich der Verhältnisse der Großstädte verschiedener Länder gestatten folgende Zahlen (nach einer Mitt. der nordd. allg. Ztg.).

Nach der neuesten Volkszählung 1910 kamen in Berlin bei einer Fläche von 6400 Hektar mit 2 064 153 Einwohnern 331 Personen auf den Hektar. Die entsprechenden Zahlen einiger anderer Großstädte sind folgende:

Wien, 18 100 ha, 2 108 000 Einwohner, 116 Personen auf 1 ha,
St. Petersburg, 8590 ha, 1 573 000 Einwohner, 185 Personen auf 1 ha,
New-York, 82 300 ha, 4 338 000 Einwohner, 53 Personen auf 1 ha.
Chikago, 49 800 ha, 2 166 000 Einwohner, 44 Personen auf 1 ha,
Buenos Aires, 18 200 ha, 1 212 000 Einwohner, 68 Personen auf 1 ha,
Peking, 7790 ha, 1 600 000 Einwohner, 208 Personen auf 1 ha,
Paris, 7802 ha, 2 763 000 Einwohner, 354 Personen auf 1 ha.

London, die City of London entvölkert sich immer mehr, auf einer Fläche von 270 ha wohnen nun mehr 26 932 Personen, auf 1 ha rund 100 Menschen. The „County of London“ hat auf einer Fläche von 30 200 ha 4 834 000 Einwohner, auf 1 ha ca. 160 Personen. Der Polizeidistrikt London, das „Greater London“ auf einer Fläche von 179 500 ha 7 429 740 Einwohner, 42 Personen auf 1 ha.

Paris und Berlin marschieren bezüglich der Bevölkerungsdichte also bei weitem an der Spitze.

Diese enorme Zunahme der Bevölkerungsdichte mußte sich vor allem in zwei Folgezuständen bemerkbar machen.

1. In einer Überfüllung der vorhandenen, alten Wohnungen, Der enormen Wohnungsnachfrage konnte naturgemäß die Wohnungsproduktion nicht immer folgen, im wesentlichen konnte sie auch nur an der Peripherie einsetzen, und der Menschenstrom ging vor allem in die Städte hinein. So wurden die dort vorhandenen Wohnungen, zum Teil auch unter dem Druck der bald steigenden Mieten mehr und mehr bevölkert, die dort gelegenen Grundstücke immer stärker bebaut.

Diese Erscheinung spricht sich unter anderem aus in der Steigerung der Einwohnerzahl eines bewohnten Grundstücks, der sog. Behausungsziffer.

Dieselbe stieg[2]):

in Berlin	von	1864	bis	1900	von	50	auf 76,9
„ Breslau	„	1871	„	1900	„	46	„ 52,8

[1]) Handbuch der Hygiene, IV. Band, S. 24 ff.
[2]) S. Bericht über d. D. Wohn. Kongress in Frankfurt 1904, S. 56.

in Charlottenburg. .	von	1885	bis	1900	von	29,19	auf	59,6
„ Dresden.	„	1864	„	1900	„	30	„	35
„ Frankfurt a. M. .	„	1864	„	1900	„	16,27	„	20,5
„ Görlitz	„	1885	„	1900	„	25	„	28,1
„ Halle a. S. . . .	„	1890	„	1900	„	20	„	25,9
„ Hamburg	„	1871	„	1900	„	26	„	35,6
„ Kiel	„	1885	„	1900	„	23	„	25,8
„ Leipzig	„	1864	„	1900	„	34	„	35,3
„ München	„	1875	„	1900	„	25,8	„	36,6

Berlin, die Stadt „der Mietkasernen“ marschiert also mit einer Behausungsziffer von durchschnittlich 77 Personen (1905) weit voraus.

2. In einer enormen Wohnungsproduktion; diese äußerte sich in zweifacher Weise, einmal in der Altstadt in einer steten Vergrößerung und Umwandlung der alten Häuser durch Anbauten, Seitenflügel, Rückgebäude usw., anderseits in dem Neubau von Häusern an der Peripherie. Die hauptsächliche Wohnungsnachfrage galt früher naturgemäß zunächst den zentral gelegenen Wohnungen, erst in letzter Zeit macht sich mancherorts ein entschiedener Umschwung zugunsten der peripher gelegenen Stadtteile usw. bemerkbar, s. später unter „Dezentralisation“.

Wie ungünstig eine derartige, durch die außerordentliche Wohnungsnachfrage erzeugte und anfangs durch baupolizeiliche Bestimmungen kaum beeinflußte Wohnungsproduktion die Wohnverhältnisse der rasch wachsenden Städte beeinflussen mußte, ist naheliegend. Man muß sich nur einmal in die Lage der damaligen Grund- und Hausbesitzer hineindenken. Die Verlockung, durch Anbauten, Umbauten usw., die nutzbare Wohnfläche der in ihrem Besitze befindlichen Gebäude zu steigern und dadurch größere Einnahmen zu erzielen, war außerordentlich groß. So begann auch, durch Bauvorschriften kaum gehemmt, eine bauliche Entwicklung der Städte, die in hygienischer und ästhetischer Beziehung zu den traurigsten Folgen führen mußte. Konnten die alten Gebäude die stets stürmischer werdende Wohnungsnachfrage nicht befriedigen, so wurden sie niedergelegt, an ihrer Stelle traten immer höhere und die Grundfläche immer stärker ausnutzende Etagenhäuser, Miethäuser, Mietskasernen.

Aber auch so wurde das Wohnbedürfnis noch nicht befriedigt. Immer noch strömten Tausende und Abertausende in die Städte hinein und verlangten Unterkommen. (Von den rund 2 100 000 Einwohnern Berlins im Jahre 1907 waren nur rund 40 % in Berlin, 60 % außerhalb geboren.)

Kein Wunder, daß die Grundbesitzer nun zu weiteren Mitteln griffen. Der freie Raum im Innern der Baublöcke wurde immer mehr mit zur Bebauung herangezogen. Hinterhäuser, Seiten-, An-, Flügelbauten etc., die oft die hochtrabenden Namen „Gartenhäuser“ führten, auch wenn längst der letzte Baum der ehemals hier grünenden

Gärten gefallen war, kamen auf. Das, was schließlich als freier Raum zwischen den einzelnen Gebäuden übrig blieb, konnte auf die Bezeichnung Hof, geschweige denn Garten längst keinen Anspruch mehr machen. Oft war es nur mehr ein enger, finsterer Schacht, Lichtschacht genannt, der keineswegs imstande war, den anliegenden Gebäudeteilen und Wohnräumen auch wirklich ausreichende Lichtversorgung zu gewähren.

Auch die Straßenbreite trat zu den anliegenden Gebäuden in ein immer ungünstigeres Verhältnis. Die alten Städtebauer hatten ihren Straßen für die ursprünglichen Verhältnisse meist ganz ausreichende Breitenmaße gegeben, wohl nicht in bewußter Absicht einer ausreichenden Luft- und Lichtversorgung, denn man lebte noch nicht im Zeitalter der Hygiene, und der Ruf nach „Luft und Licht“ war noch nicht ertönt, aber doch ausreichend für den Verkehr. Und das genügte meist auch für die damaligen Gebäudehöhen.

Je mehr aber die Gebäude mit der Zeit emporwuchsen, fünf-, sechsstöckige und höhere Mietskasernen sich an Stelle der ursprünglichen Häuser setzten, um so ungünstiger wurde dieses Verhältnis, bis dann die Straßen ebenfalls zu den engen Lichtgassen wurden, wie sie vielfach die aus älterer Zeit stammenden Stadtteile durchziehen, wo die Gebäudehöhe die Straßenbreite oft um das dreifache, selbst vierfache, in extremen Fällen noch mehr überragt.

Am ausgesprochensten entwickelten sich diese Verhältnisse im Zentrum der Städte, den später sich meist als Geschäftsviertel herausbildenden Teilen. Was hier im Innern der Baublöcke nicht mit Wohngebäuden bedeckt wurde, mußte vielfach noch als Lagerraum, Schuppen, Stallung, Remise, Werkstatt usw. dienen, ein trostloses Bild, wie es sich auch heute in älteren, noch nicht „sanierten“ Stadtteilen vorfindet.

Wir müssen also zusammenfassend sagen, daß sich als Folge der außerordentlichen Einwanderung in die Städte vielerorts eine ganz ungezügelte, die ungesundesten Verhältnisse im Wohnungswesen herbeiführende Bautätigkeit entwickelt hat. Auch im Mittelalter, wenigstens in den mit Wall und Graben umsäumten Städten, waren schon einmal ähnliche Verhältnisse, nur in viel bescheidenerem Maße, eingetreten. Auch damals fand ein starkes Einströmen vom Lande, eine rasche Entwicklung des Wohnbedürfnisses statt. Aber die Verhältnisse lagen insofern noch ungünstiger, als der verfügbare Raum gering und nicht beliebig vermehrbar war, weil man außerhalb der Umwallung wegen der Unsicherheit nicht bauen konnte. Kein Wunder, daß in manchem dieser alten Städtchen denn auch der Raum in einer Weise ausgenützt ist, daß dem modernen, hygienisch denkenden Menschen oft geradezu graut, wenn auch manche Ästhetiker in diesem malerischen Gewinkel, diesem Gewirr von engen Gassen und vorspringenden Giebelwänden ein Schönheitsideal zu erblicken glauben.

Insofern könnte es scheinen, als ob die Verhältnisse im vorigen Jahrhundert günstiger gelegen hätten. In der Umgebung der meisten Städte war Bauland in Hülle und Fülle vorhanden, warum erfolgte trotzdem dieses Zusammendrängen der Bevölkerung, diese immer stärker hervortretende Bebauungsintensität im Innern, der nur zögernd und allmählich die Bebauung an der Peripherie folgte?

Der Hauptgrund hierfür lag wohl in den Wohnungssuchenden selbst. Sie wollten aus den angeführten Gründen möglichst nahe dem Zentrum der Stadt wohnen, umso mehr, als die Ansiedelung in den Außengebieten durch mangelhafte Straßen, schlechte Verkehrsverhältnisse, Unsicherheit usw. nicht sehr verlockend erschien. Daß aber auch irgend welche Bestimmungen von seiten der Stadtverwaltungen die Ansiedelung in den Außengeländen der Städte verboten oder sehr erschwert hätten, ist wenigstens bis zur Mitte des vorigen Jahrhunderts kaum anzunehmen. Die Mehrzahl der Städte besaß weder Kanalisation, noch Wasserleitung, noch sonstige Leitungsnetze und man brauchte deshalb auch nicht im Interesse dieser Rohr- und Leitungsnetze Wert auf eine zusammenhängende Stadtanlage zu legen, wie das heutzutage meist geschieht. Die sogenannten Ansiedelungsgesetze, welche das Bauen an unfertigen, nicht kanalisierten Straßen usw. verbieten, stammen auch meist aus viel späterer Zeit.

Trotz des vorhandenen freien Geländes um die Städte drängte sich die Bevölkerung also, hauptsächlich aus eigenem Antriebe, immer mehr in den Städten selbst zusammen.

Wenn man im Vollbewußtsein unseres modernen, hygienisch geläuterten Empfindens auf diesen Werdegang der Städte im vorigen Jahrhundert zurückschaut, ist man wohl geneigt zu fragen, wie konnte man damals alles so geschehen lassen, wie konnten die verantwortlichen Leiter der Städte, die städtischen Verwaltungen eine solche Bautätigkeit überhaupt zulassen. Gab es denn keine Bauordnung, keine Bauvorschriften, welche hemmend und regulierend eingreifen, diese übertriebene Ausnutzung des städtischen Grund und Bodens hätten verhindern können?

Und anderseits ist es begreiflich, daß man geneigt ist, nach einem Schuldigen, einem Sündenbock zu forschen, den man für all diese Schäden im Wohnungswesen mit ihren gesundheitlichen, ästhetischen, sozialen und ethischen Folgen zur Verantwortung ziehen kann.

Diesen glauben die meisten in dem damaligen Haus- und Grundbesitzer, dem berufsmäßigen Bauunternehmer und Bodenspekulanten zu erblicken.

Die armen Haus- und Grundbesitzer, wie mögen sie sich gefreut haben, als all der goldene Segen kam, wie stolz und froh waren sie ihres so heiß begehrten, oft über Nacht wertvoll gewordenen Besitzes. Und da will man ihnen verargen, daß sie bei dem Sturmlauf auf ihre Wohnungen herauszuschlagen suchten, soviel eben möglich war?

Schlagworte, wie Hygiene, öffentliches Wohl usw. kannte man damals noch nicht, der Drang sich sozial zu betätigen, dem Allgemeinwohl zu dienen war noch kaum entwickelt, und so suchte in jener Sturm- und Drangperiode der Städte jeder so viel für sich zu ergattern, als ihm Glück und Verhältnisse gestatteten. Und da verlangt man von den Grund- und Hausbesitzern, daß sie allein der lockenden Versuchung, sich zu bereichern, widerstehen sollten. Sie sollten den Tausenden, die auf ihren Grundstücken und in ihren Mietshäusern wohnen und, wenn auch nicht gerne, so doch schon deshalb jeden geforderten Preis zahlen wollten, damit nur kein anderer den Platz an der Sonne erobere, zurufen: ,,Halt, nun kein weiterer mehr. Einer dichteren und stärkeren Besiedelung meines Grundstückes stehen hygienische, soziale und wohnungspolitische Grundsätze entgegen". Hätte einmal ein Hausbesitzer so gesprochen dann hätten die Wohnungsuchenden selbst nur ein spöttisches und mitleidiges Lächeln für ihn gehabt und seine Nachbarn hätten anstatt seiner mit Freuden die Abgewiesenen aufgenommen.

Auch heute in unserer sozial denkenden Zeit würden wenige Hausbesitzer anders verfahren, aber in der Zwischenzeit hat sich einiges geändert. Dank unserer sozialpolitischen Bestrebungen haben wir jetzt Bauordnungen und Baupolizeivorschriften, welche eine derartige, übertriebene Ausnutzung des Grund und Bodens in neueren Stadtteilen unmöglich machen. Und damit kommen wir zu dem Kernpunkt der ganzen Sache.

Nicht die Hausbesitzer von damals sind anzuklagen, sondern der Mangel derartiger Bestimmungen. Diese hätten, genau wie heute, auch damals schon der allzu großen Gewinnsucht einen Riegel vorschieben müssen.

Aber wen soll man für diesen Mangel geeigneter Bauordnungen verantwortlich machen? Auch hierfür muß man vor allem die neuen und ungewöhnlichen, noch nie dagewesenen Verhältnisse anklagen, wie sie sich damals entwickelten.

Was in den rasch wachsenden Städten, die mit langen Armen immer weiter ins umliegende Land hinausgriffen, mit gewaltigen Bauten immer höher in die Luft hinaufragten, vor sich ging, all das Hasten und Toben, die Entwicklung der Technik, Gewerbe, Industrien, der ungeheuere geistige und naturwissenschaftliche Aufschwung, das alles war etwas so Ungeheures und Gewaltiges, eine Entwicklung so ohne Maß und Schranken, wie niemand sie auch nur im entferntesten hätte erwarten können. Zumal nach dem starken Verfall und Niedergang der Städte im 17. und 18. Jahrhundert.

Woher sollten die verantwortlichen Leiter der Städte die Erfahrungen und die Kenntnisse nehmen, wie konnten sie vorausahnen, wie gewaltig sich ihre Städte recken und strecken würden, was dabei für Siedelungsverhältnisse resultieren und wie dann schließlich das körperliche und geistige Wohl der Bewohner gefährdet würde?

So ist es durchaus verständlich und entschuldbar, daß die Verwaltungen der Städte gegenüber dieser neuen riesenhaften Aufgaben zunächst völlig versagten. Zwar gab es auch früher Baupolizeivorschriften, aber sie konnten nicht genügen. Gegenüber dieser stürmischen Entwicklung mußten sie sich als machtlos erweisen. Vor allem fehlte ihnen die Berücksichtigung und Betonung gesundheitlicher Momente. Erst seit Mitte des vorigen Jahrhunderts haben wir ja in Deutschland eine hygienische Wissenschaft.

Man könnte versucht sein, in den Urkunden der Städte nach solchen alten Bauvorschriften herumzustöbern, aber es wäre ein müßiges Beginnen. Besser wie diese zeigen die baulichen Verhältnisse, wie sie sich unter denselben entwickelt haben, daß sie absolut unzulänglich waren.

Erst als die ganze Entwicklung in den Hauptzügen sich herausgebildet hatte, als vieles, um nicht zu sagen das meiste recht schlecht geworden war und die Folgen der mangelhaften Siedelungsweise sich überall bemerkbar machten, als dann die hygienische Wissenschaft ein grelles und erschreckendes Licht auf die gesundheitlichen Mißstände warf, als Statistiken über die Gesundheitsverhältnisse und die Resultate von Wohnungserhebungen bekannt wurden, begannen einige weitblickende Männer, zunächst waren auch das nur sehr vereinzelte, einzusehen, was alles versäumt und unwiederbringlich verloren war. Bis dann aus diesen Einzelnen mehrere wurden, bis sie auf die große Masse, die Stadtverwaltungen und gesetzgebenden Körperschaften einen Einfluß gewinnen konnten, gingen kostbare Jahre verloren. Dazu sind die mannigfachen gesetzgebenden und verwaltenden Körperschaften der Städte ein sehr langsam und schwerfällig arbeitendes Apparat, ohne daß damit im geringsten ein Vorwurf ausgesprochen werden soll. So ist es denn kein Wunder, daß das Resultat der endlich erschienenen Einsicht viel zu spät kam. Die baupolizeilichen Bestimmungen waren und blieben ungenügend, auch fehlten geeignete und bewährte Vorbilder für dieselben, und so hinkten im allgemeinen die diesbezüglichen Gesetze hinter den Zuständen her, die sie hätten verhüten sollen. Erst als alles recht schlecht geworden war, sah man ein, wie man es hätte besser machen können.

Bei uns in Deutschland hat sich vor allem eine Körperschaft, der Deutsche Verein für öffentliche Gesundheitspflege der Entwicklung der Bauordnungen und des Wohnungswesens unserer Städte angenommen. Seit Baumeisters verdienstvollem Werk: „Stadterweiterungen in technischer, baupolizeilicher und wirtschaftlicher Beziehung, Berlin 1876", verschwand das hier zuerst in weitschauender Weise behandelte Thema nicht mehr von der Tagesordnung der jährlich stattfindenden Versammlungen des genannten Vereins. Seine äußerst glückliche Zusammensetzung aus Architekten, Ingenieuren, Ärzten, Hygienikern, Nationalökonomen und Verwaltungsbeamten, die glückliche Vereinigung von Wissenschaft und Praxis, sorgte von Anfang dafür, daß weder die reine Theorie, noch auch lediglich rein praktische Gesichtspunkte bei der Behandlung der zu diskutierenden Fragen berücksichtigt wurden.

So findet ein jeder, der sich für die Fragen der öffentlichen Gesundheitspflege, des allgemeinen Wohls, des Wohnungswesens unserer Städte usw. interessiert, in den Verhandlungen und der Zeitschrift des genannten Vereins, der „Deutschen Vierteljahrsschrift für öffentliche Gesundheitspflege" eine unerschöpfliche Fundgrube von Anregungen und Belehrungen.

Wer die Leitsätze, wie sie im genannten Verein des öfteren zur Bauordnungsfrage aufgestellt wurden[1]), einer Durchsicht unterzieht, wird finden, daß man bei Abfassung derselben stets bemüht war, die üblen Erfahrungen jener oben geschilderten Sturm- und Drangperiode unserer Städte sich zu nutze zu machen, und daß demnach auch bei Befolgung dieser Leitsätze Zustände wie damals nicht mehr vorkommen können. Leider ist es von der Abfassung solcher Leitsätze für Bauordnungen bis zu ihrer Einführung in die Vorschriften der einzelnen Städte und Ortschaften und ihrer Befolgung daselbst noch ein weiter und nicht immer ganz einfacher Weg.

Alteingewurzelte Vorurteile, die Trägheit und Schwerfälligkeit, die sich so oft dem Neuen und Besseren, absichtlich oder unabsichtlich, entgegenstellt, lassen da oft langwierige und für die bauliche Entwicklung der betreffenden Städte schwerwiegende Verzögerungen entstehen.

Zweiter Abschnitt.

Die ungenügende Befriedigung des Wohnbedürfnisses.

Wir haben gesehen, wie sich die Entwicklung der Wohnverhältnisse im vorigen Jahrhundert vollzog. Noch heute krankt dasselbe an den Folgen dieser Entwicklung.

Hat nun diese enorme Wohnungsproduktion, die schrankenlose Ausnutzung des städtischen Baugrundes, wie sie in stärkster Form in der Mietskaserne hervortritt, wenigstens den Erfolg gehabt, daß sie das Wohnbedürfnis einigermaßen befriedigte, daß die Wohnungen, wenn sie auch nach ihrer baulichen Beschaffenheit viel zu wünschen übrig ließen, doch wenigstens nach Zahl, Größe und Preis einigermaßen den Anforderungen genügten? Auch diese Frage muß man mit Entschiedenheit verneinen?

Immer und überall hinkte die Wohnungsproduktion hinter der

[1]) Siehe insbesondere: Die Bauordnung im Dienste der öffentl. Gesundheitspflege, auf der 28. Versammlung zu Dresden 1903.

Nachfrage her, dazu kamen noch allerlei Verhältnisse von seiten der Wohnungssuchenden selbst, und so macht sich vor allem eine Überfüllung der kleinen und kleinsten Wohnungen, zum Teil in erschreckender Weise bemerkbar. Es ist nicht meine Absicht, im Rahmen dieser Schrift darüber genauer zu berichten, um so mehr als die Wohnungsliteratur an derartigen Zusammenstellungen sicher keinen Mangel aufweist. So mögen einige Andeutungen genügen. Vor allem brachten die Wohnungsenqueten, wie sie in deutschen Städten seit etwa 1860 angestellt wurden, über diese Verhältnisse Aufklärung.

Das erste, lange Zeit unerreichte Muster einer Wohnungserhebung in streng wissenschaftlichem Sinne war die bekannte Enquete über die Wohnungsverhältnisse der Stadt Basel[1]), welche auf Veranlassung Karl Büchers im Jahre 1889 durchgeführt wurde.

Ihr folgten Wohnungserhebungen in einer Reihe deutscher Städte, welche dieselben mit Hilfe ihrer statistischen Ämter im Anschluß an die Volkszählungen durchführten. Um aus älterer Zeit einige Angaben zu bringen, seien einige Ergebnisse der Wohnungsaufnahmen von 1885 und 1890[2]) in Berlin mitgeteilt, die bis zu einem gewissen Grade als typisch für die Verhältnisse der damaligen Großstädte gelten können.

Die Behausungsziffer, d. h. die Anzahl der auf ein bebautes Grundstück treffenden Bewohner, war von 61 im Jahre 1880 auf 67 im Jahre 1885 und 73 im Jahre 1890 gestiegen (gegenwärtig ca. 77). In einzelnen Stadtteilen war sie aber viel höher, und betrug in einzelnen Arbeitervierteln bis 130.

1885 wurden 2974 Wohnungen mit 7675 Bewohnern gezählt, welche nur aus unheizbaren Räumen bestanden, 102 ‰ der Wohnungen bestanden nur aus einem bewohnbaren Raum, 324 ‰ aus zwei Räumen (meist Stube und Küche), 225 ‰ hatten zwei Stuben und Küche und 743 ‰, also drei Viertel aller Berliner Wohnungen, gehörten zu den Wohnungen mit einem bis drei Räumen.

Auch bezüglich der Übervölkerung dieser kleinen Wohnungen ergaben sich sehr ungünstige Verhältnisse. Selbst wenn man im Sinne der deutschen Städtestatistik den Begriff der Übervölkerung so eng faßt, daß man Wohnungen mit einem heizbaren Zimmer erst dann als übervölkert ansieht, wenn sie mit 6 und mehr Personen, und Wohnungen mit zwei heizbaren Zimmern, wenn sie mit 10 und mehr Personen belegt sind, waren in Berlin von je 1000 Einzimmerwohnungen 1880 rund 169, 1885 rund 167 und 1890 rund 166 übervölkert und von je 1000 Wohnungen mit zwei heizbaren Zimmern 1880 rund 15, 1885 rund 17 und 1890 rund 15.

[1]) K. Bücher, die Wohnungsenquete in der Stadt Basel vom 1. bis 19. Februar 1889, Basel 1891.

[2]) R. Böckh, die Bevölkerungs- und Wohnungsaufnahme vom 1. Dez. 1885 der Stadt Berlin. u. Statist. Jahrbuch der Stadt Berlin, verschiedene Bände.

1885 beherbergten 53 787 Haushaltungen außer den Eltern und Kindern noch fremde Personen, sogar in 2298 Haushaltungen, die nur einen bewohnbaren Raum aufwiesen, wurden Schlafleute ermittelt.

Diese Angaben mögen genügen, um eine ungefähre Vorstellung der damaligen Wohnverhältnisse der Großstädte zu geben. Wer hier weitere Studien machen will, findet im „Statistischen Jahrbuch deutscher Städte" (ältere Jahrgänge), in den statistischen Jahrbüchern der Stadt Berlin und anderer Städte, in den Schriften des Vereins für Sozialpolitik usw. umfassendes Material.

Im folgenden sind noch einige wohnungsstatistische Fachausdrücke zusammengestellt worden, welche für die Beurteilung der Wohnverhältnisse auf Grund solcher Statistiken bedeutsam sind, und nicht selten verwechselt werden.

Die Besiedelungsdichtigkeit oder Bevölkerungsdichtigkeit gibt an, wie viele Menschen auf 1 Hektar wohnen. Diese Zahlen haben sich in den letzten Jahrzehnten in vielen Städten verdoppelt, selbst verdreifacht, s. Tabelle S. 10.

Von der Bevölkerungsdichtigkeit ist wohl zu unterscheiden die Wohndichtigkeit, sie stellt ganz andere Verhältnisse dar, und besagt, wie viele Menschen in der einzelnen Wohnung untergebracht sind. Bei steigender Bevölkerungsdichtigkeit kann sehr wohl die Wohndichtigkeit abnehmen, dadurch, daß die einzelnen Grundstücke intensiver bebaut und dadurch eine größere Zahl von Wohnungen auf der gleichen Grundfläche hergestellt werden. Diese Wohndichtigkeit kann z. B. auch in einer Mietskaserne größten Stils viel geringer sein, wie in kleinen sog. Einfamilienhäusern. Zu einer genaueren Beurteilung der Wohndichtigkeit sind noch weitere Zahlen nötig. So sagt die Belegungsdichtigkeit, wie viele Menschen in einem einzelnen Raum, oder in einer größeren Wohnung auf den einzelnen Raum berechnet, untergebracht sind. Sie ist natürlich der genauere Maßstab für die Wohndichtigkeit, obwohl auch hier noch die Angabe über die Größe des betreffenden Raumes nötig wäre.

Die Haushaltsdichtigkeit, was ziemlich identisch ist mit der Wohnungshäufung, sagt, wie viele Haushaltungen bzw. Wohnungen in einem Wohngebäude (auf einem bebauten Grundstück) untergebracht sind.

Die Behausungsziffer gibt die Zahl der auf ein bebautes Grundstück entfallenden Bewohner an, s. Tabelle S. 11.

Das beste Kriterium für die Wohndichtigkeit wäre natürlich die Angabe, wieviel cbm Luftraum = Wohnraum oder wie viele qm Grundfläche = Wohnfläche dem einzelnen Bewohner in seiner Wohnung zur Verfügung stehen. Erhebungen dieser Art sind aber erst sehr wenige in größerem Umfang gemacht worden (s. S. 278).

Einen vorzüglichen Maßstab zur Beurteilung der Intensität der

Bebauung gibt das von Voigt - Geldner [1]) angegebene Flächenmaß der Bebauungsintensität. Man erhält es, wenn man die gesamte durch die Bebauung in sämtlichen Stockwerken erzielte Wohnfläche zur Grundstücksfläche ins Verhältnis setzt.

In ähnlicher Weise erhält man ein Raummaß für die Bebauungsintensität, wenn man den Kubikinhalt des umbauten Raumes, also die cbm Wohnraum, welche in einem Gebäude geschaffen wurden, zur Grundstücksfläche (entweder nur der ganzen oder der bebauten) in Beziehung setzt.

Dieses Raum- und Flächenmaß der Bebauungsintensität wäre der beste Ausdruck für die verschieden starke bauliche Ausnutzung der einzelnen Grundstücke.

Derartige und andere Zahlenangaben stehen zur Beurteilung der Wohnverhältnisse zur Verfügung und gestatten, sofern sie zu verschiedenen Zeiten in gleicher Weise erhoben wurden, einen Schluß darüber, ob sich die Wohnverhältnisse gebessert oder verschlechtert haben. Da ist es nun eine außerordentlich erfreuliche Tatsache, daß in dem letzten Jahrzehnt eine nicht unbeträchtliche Besserung sich bemerkbar macht, wie Pohle auf dem Frankfurter Wohnungskongreß 1904 [1]) und in seiner 1910 erschienenen Schrift: Die Wohnungsfrage I, Leipzig 1910, S. 77 ff. in überzeugender Weise nachgewiesen hat.

Nach ihm ist die Durchschnittszahl der Bewohner, die auf ein heizbares Zimmer oder auf eine Wohnung fällt, bei den einzelnen Wohnungsgrößenklassen und insbesondere in den Kleinwohnungen nicht unwesentlich zurückgegangen. Ähnlich, wie auch in England, findet auch in Deutschland ein Anwachsen der mittleren Wohnungen auf Kosten der kleineren statt, sodaß also im allgemeinen die Wohndichtigkeit in einer Verminderung begriffen sei. Insbesondere läßt sich auch eine Verminderung der übervölkerten Wohnungen nachweisen. Pohle ist mit diesem Nachweis bei den Kongreßteilnehmern im Jahre 1904 auf den heftigsten Widerspruch gestoßen, die Entwicklung der Wohnverhältnisse seit jener Zeit auf Grund neuerer Erhebungen hat aber seine Behauptungen vollauf bestätigt. Man kann auf Grund dieser Untersuchungen zusammenfassend sagen, daß sich in Deutschland in neuerer Zeit, soweit diese Entwicklung überhaupt statistisch verfolgt werden kann, eine nicht unerhebliche Besserung der Wohnverhältnisse konstatieren läßt.

Das gilt hauptsächlich für die Kleinwohnungen, wo die Verhältnisse natürlich bei weitem am ungünstigsten liegen. Daß die sogenannten „herrschaftlichen Wohnungen“ im letzten Jahrzehnt, was Neubauten anbelangt, in mannigfacher Hinsicht erheblich besser geworden sind, ist wohl unbestritten. Die Hygiene und der Komfort des Wohnhauses ist ihnen ja in erster Linie zugute gekommen.

---

[1]) Kleinhaus und Mietskaserne, Berlin 1905, S. 4.

[2]) S. Kongreßbericht, S. 166 ff.

So erfreulich diese Tendenz einer Besserung an und für sich auch ist, so ändert sie zunächst doch wenig an der Tatsache, daß das Wohnungswesen unserer Städte dank den angeführten Ursachen noch zum Teil außerordentliche Mißstände zeigt und dringend weiterer Verbesserungen bedarf. In welchem Sinne das möglich sein wird, sollen spätere Abschnitte zeigen.

Im allgemeinen wurde also nach vorstehendem das Wohnbedürfnis in den rasch wachsenden Städten des vorigen Jahrhunderts nur höchst mangelhaft befriedigt. Trotz einer höchst unerfreulichen Zunahme der Wohndichtigkeit, trotzdem also fortgesetzt auf der gleichen Grundfläche immer mehr Wohnungen hergestellt wurden, machte sich teilweise eine entsetzliche Überfüllung der kleinen und kleinsten Wohnungen bemerkbar, abgesehen von ihren baulichen und hygienischen Mängeln, von denen hier zunächst weiter noch nicht die Rede sein soll.

Fragt man nun weiter, ob denn wenigstens diese stärkere Grundausnutzung ein Absinken der Mietpreise bewirkt habe, so ist auch da die Tatsache zu konstatieren, daß allerwärts, namentlich in den Großstädten, die Mieten teilweise geradezu sprungweise in die Höhe gegangen sind, und daß erst im letzteren Jahrzehnt eine etwas langsamere Aufwärtsbewegung sich mancherorts bemerkbar macht, im wesentlichen wohl als Folge der überall einsetzenden Dezentralisationsbestrebungen und der Entwicklung des Verkehrswesens, s. spätere Abschnitte. Um diese Verhältnisse durch einige zur Abwechslung einmal fremden Verhältnissen entnommene Zahlen zu illustrieren, seien einige Angaben aus dem Bericht des Pariser Gemeinderats Dausset über das Budget der Stadt für 1910 angeführt. Danach stieg der Mietwert von 24 Gebäuden der Place Vendome von 2 247 812 Francs im Jahre 1901 auf 3 435 432 Francs Ende 1910, das macht im Durchschnitt eine Erhöhung von 53 % aus. In fünf derselben sind die Mieten während dieser Zeit sogar von 410 230 auf 1 068 020 Francs gestiegen, also um mehr als 160 %. Ein Viertel im Westen, die Plaine Monceau, zählte 1862 nur 439 Häuser, mit einem Mietsertrag von 1½ Millionen Francs, am 1. Januar 1911 werden in diesem Viertel 1517 Häuser mit einem Mietertrag von 27 535 078 Francs registriert.

Ähnlich wie hier liegen die Verhältnisse wohl in allen großen Städten. Über die Entstehung und die fortwährende Steigerung dieser hohen Mietpreise bestehen vielfach sehr irrige und das Wesen der Sache nicht treffende Ansichten, so daß eine kurze Darstellung ihrer Entwicklung gerechtfertigt erscheint.

Wenn einer der ursprünglichen Grund- und Hausbesitzer auf Grund von An- und Umbauten, Vergrößerung nach Abbruch etc. eine größere Zahl von Wohnungen in seinem Gebäude hergestellt hatte, so hätte er gewiß die einzelne Wohnung billiger hergeben können, ohne den durchschnittlichen Ertrag seines Grundstückes, trotz der entstandenen Mehrkosten zu schmälern. Da er diese Vergrößerung aber meist erst unter dem Druck der stürmischen Wohnungsnachfrage vornahm, ist ebenso gewiß, daß er so gut wie nie von dieser Möglichkeit Gebrauch machte, daß er im Gegenteil eher noch versuchte, nach dem Umbau alle Wohnungspreise zu steigern. Im allgemeinen wird ihm das bei der stets wachsenden Wohnungsnachfrage auch möglich gewesen sein.

Bei einem späteren Verkauf des ganzen bebauten Grundstücks wurde von seiten des Besitzers dieser höhere Ertrag dem Verkaufspreis zugrunde gelegt. Im allgemeinen wird in rasch wachsenden Städten der Käufer der Meinung gewesen sein, er könne durch kleine Verbesserung der vorhandenen Wohnungen, eventuell durch noch stärkere Ausnutzung der Grundstücke (diesbezügliche baupolizeiliche Beschränkungen gab es früher nicht), oder durch Erhöhen der Mieten mit der Zeit einen höheren Ertrag erzielen. Diesen geschätzten zukünftigen Ertrag legte er also seinem Kaufangebot zugrunde.

So ging das weiter. Jeder höhere Ertrag durch Steigerung der Mieten führte beim nächsten Umsatz wieder zu einer Steigerung des Kaufpreises, und das um so leichter, als die Geldbeschaffung in Form von Hypotheken, die auf das betreffende Objekt eingetragen wurden, meist keine Schwierigkeiten machte, in der Regel die vorhandenen Hypotheken einfach vom neuen Besitzer übernommen wurden, so daß nur eine geringe Barzahlung nötig war, die sich durch Beschaffung einer weiteren Hypothek oft noch verringern ließ. Es ist aber grundfalsch zu denken, es seien die Mietpreise einfach willkürlich von den Hausbesitzern festgesetzt worden, als hätten sie sich einen bestimmten Kaufpreis festgesetzt und danach den Mietertrag und die zu fordernden Mieten berechnet. Das Umgekehrte war natürlich der Fall. Die Mietpreise, welche sie voraussichtlich auf Grund der Wohnungsnachfrage und des derselben gegenüberstehenden Wohnungsangebots, auf Grund der Vorzüge, welches das betreffende Gebäude durch seine Lage in der Stadt den Mietern bot, erzielen konnten, waren das Primäre, die Voraussetzung, auf welche sich die ganze Rentabilitätsberechnung des Gebäudes gründen mußte. Waren diese höher geschätzt als die Wohnungsnachfrage auf Grund der Verhältnisse des Wohnungsmarktes zu zahlen gewillt war, so fiel die ganze Berechnung über den Haufen, und der Käufer des Hauses hatte einen entsprechenden Verlust.

Daß allerdings die Hausbesitzer sehr oft in der Lage waren, dank dem wirtschaftlichen Aufschwung, welchen die Städte nahmen, dank der besseren Ausnutzung der Gebäude durch Einrichtung von Läden, Geschäfts- und Bureauräumen, wenn sie mit der Zeit in die besserer Lagen einrückten, ihre Erträgnisse zu steigern, wird damit keineswegs bestritten. Der Hauptgrund dafür lag aber darin, daß den Mietern die betreffenden Lokalitäten dann auch begehrenswerter, eines höheren Preises wert erschienen, lag indirekt in dem ganzen wirtschaftlichen Aufschwung und nicht in der oft behaupteten Macht des Hausbesitzers, seine Mietpreise beliebig zu steigern, die Mieter in der wucherigsten Weise auszubeuten.

Allerdings war jeder Neubesitzer durch den einmal gezahlten Kaufpreis in seinem wirtschaftlichen Interesse genötigt, wenn irgend möglich, die diesem zugrunde gelegten Mieten zu erzielen. Ob ihm das gelang, hing aber keineswegs von seinem Willen allein, sondern von einer ganzen Reihe anderer Faktoren ab, auf die er keinen Einfluß hatte.

Bei dem nun in unseren Städten gegebenen, andauernden wirtschaftlichen Aufschwung war es ihm allerdings meist möglich, auch ohne daß er an dem Gebäude irgend welche Änderungen vornahm, die Mieterträgnisse und damit beim nächsten Umsatz den Kaufpreis zu steigern. Da sich aber am Gebäudewert selbst in der Zwischenzeit nichts geändert hatte, das betreffende Objekt aber aus dem Gebäude und dem Grundstück besteht, so folgt daraus, daß der auf das Grundstück entfallende Anteil des Kaufpreises immer größer wurde, dieser, der „Bodenwert" hatte eine entsprechende Steigerung erfahren. Diese Erscheinung, die andauernde Steigerung der Bodenwerte, die sich immer und überall wiederholt, ist ein weiteres Charakteristikum der Entwicklung unserer Städte. Einige Fachausdrücke sind hier festzustellen:

Man erhält den Bodenwert, wenn man vom Gesamtwert eines bebauten Grundstückes den Gebäudewert in Abzug bringt. Sofern dieser Bodenwert bei einem Verkauf realisiert wird, ist es der Bodenpreis. Bringt man vom Gesamtertrag eines bebauten Grundstückes denjenigen Betrag in Abzug, der die Verzinsung des dem Gebäudewert entsprechenden Kapitals darstellt, so erhält man den Betrag, welcher die Verzinsung des im Boden steckenden Kapitals bedeutet. Diesen Ertrag nennt man auch Grundrente und somit den Bodenwert, der diesen Ertrag liefert, auch Grundrentenwert. Unterscheidet man diesen Grundrentenwert wieder darnach, ob er sich lediglich aus dem Ertrag, der auf den Boden entfällt, berechnen läßt, oder ob er bei einem Verkauf als Kaufpreis in Erscheinung tritt, so spricht man entsprechend von Grundrentenertragswert und Grundrentenkaufwert.

Das Charakteristische für diese städtischen Bodenwerte ist vor allem der Umstand, daß sie nicht etwa dem landwirtschaftlichen Ertrag des Bodens entsprechen, sondern meist erheblich höher sind. Es drückt sich eben in den hohen städtischen Bodenwerten etwas ganz anderes aus, als etwa der Preis für so und so viel qm Bodenfläche an sich. Man könnte den höheren Preis des städtischen Grund und Bodens gegenüber dem ländlichen und den der zentral gelegenen Grundstücke gegenüber denen an der Peripherie vielmehr als eine Art Prämie, eine besondere Abgabe betrachten, die der Käufer desselben für die höheren Nutzungsmöglichkeiten bezahlt, die ihm dieses Grundstück bei seiner Bebauung gegenüber den anderen gewährt.

Spätere Abschnitte sollen einige ziffernmäßige Belege für diese

Entwicklung der städtischen Bodenwerte bringen, hier wollen wir uns damit begnügen zu konstatieren, daß die Entwicklung der hohen städtischen Bodenwerte sich als eine weitere charakteristische und nach ihrer Entstehung durchaus natürliche Folge der rapiden Größenzunahme unserer Städte darstellt und daß, wie wir vorgreifend schon bemerken wollen, dieselben sich im großen und ganzen von der Peripherie zum Zentrum hin nach und nach steigern.

Das sind Tatsachen, die sich ohne weiteres in jeder Stadt durch Umfrage feststellen lassen und so besteht auch darüber nicht die geringste Meinungsverschiedenheit. Der Streit beginnt aber sofort, wenn man nach der Ursache der hohen Bodenpreise fragt, wenn man eventuell nach einem schuldigen Teil forscht, den man für dieselben verantwortlich machen könnte. Wir haben bereits versucht, diese Verhältnisse als die natürliche Folge der damaligen Entwicklung der Städte zu kennzeichnen und gesehen, daß insbesondere die Wertsteigerung des städtischen Bodens unter den bei uns in Deutschland nun einmal bestehenden Verhältnissen etwas durchaus Selbstverständliches und Natürliches war, das eng mit der ganzen rapiden Entwicklung verbunden war.

So einfach stellen sich allerdings andere die Sache nicht vor. So nennt z. B. v. Mangoldt[1]) „die hohen städtischen Bodenpreise ein Rätsel der modernen Kultur" und führt aus: „Auch auf dem Wege der Entwickelung unserer modernen städtischen Kultur liegt eine solche Sphinx und das Rätsel, das sie aufgibt, ist die städtische Bodenfrage, sind insonderheit die hohen städtischen Bodenpreise mit ihren tiefgehenden Folgen nach allen Seiten."

Später werden wir uns eingehend mit der Lösung dieses vermeintlichen Rätsels befassen. Hier soll nur noch darauf hingewiesen werden, daß andere die Frage mehr so zu stellen geneigt sind, wer der schuldige Teil sei, welche Personen man zur Rechenschaft ziehen könne, und daß das natürlich die Leute seien, welche von der Bodenwertsteigerung am meisten profitiert hätten, nämlich die Bodenspekulanten und wiederum die Grund- und Hausbesitzer. Dabei übersieht man aber allerlei. Gewiß haben die damaligen Grund- und Hausbesitzer die günstige Gelegenheit zur Bereicherung nicht unbenutzt vorübergehen lassen, gewiß waren sie dabei nicht von sozialen, sondern von sehr egoistischen Absichten geleitet. Würde es aber einen derselben eingefallen sein, sein Haus weit unter Preis zu verkaufen, so hätte der glückliche Nachfolger skrupellos davon profitiert, aus der „Dummheit" des Vorbesitzers entsprechenden Gewinn gezogen, und der Preis beim nächsten Verkauf wäre doch derselbe geworden. Selbst wenn also auch einige sich gegen die Steigerung gesträubt hätten, beim nächsten Besitzwechsel, nach ihrem Tode, hätten ihre Nachfolger schon dafür gesorgt, daß das Objekt wieder seinen reellen Wert erlangte.

---

1) Die städtische Bodenfrage 1907, S. 207.

Sicherlich sind den Haus- und Grundbesitzern von damals teilweise sehr hohe und ganz unverdiente Gewinne in den Schoß gefallen, aber man tut ihnen sehr unrecht und anderseits auch zuviel Ehre an, wenn man in ihnen die Ursache dieser Wertsteigerung und allen damit zusammenhängenden Übels erblickt. Zwischen dem Ausnutzen einer Gewinnmöglichkeit und dem Hervorrufen derselben ist eben ein großer Unterschied. Sie haben schließlich nur genommen, was die Käufer oder Mieter ihnen gaben, zum Abschließen eines Kaufes wie eines Mietgeschäftes gehören zwei Parteien, und mit ähnlichem Rechte könnte man auch die Käufer oder die Mieter für die gezahlten hohen Preise verantwortlich machen. Hätten sie weniger gezahlt, dann wären die Bodenwerte nicht so hoch gestiegen.

Da meinen viele, die Mieter müßten so hohe Mieten zahlen, weil nun einmal keine billigeren Wohnungen da seien, weil die „erpresserischen Hausbesitzer“ die „Mietschraube“ so stark anziehen; dem muß man aber gegenüberhalten, daß den Mietern durchaus nicht nur Wohnungen derselben Preislage zur Auswahl stehen, sondern je nach Lage in den einzelnen Stadtteilen oder Vororten, baulicher Beschaffenheit und Ausstattung Wohnungen in den allerverschiedensten Größen und zu den verschiedensten Preisen. Davon, daß sie in der Regel auf einen ganz bestimmten Stadtteil oder eine bestimmte Wohnung angewiesen seien, kann gar keine Rede sein. Im Gegenteil, die Sache liegt in der Regel so, daß die Mieter selbst nicht selten die zwar kleinere und trotzdem teuere Wohnung in der besseren Lage einer größeren und doch billigeren in schlechter Lage vorziehen, daß sie selbst gewillt sind, wegen allerlei Vorzügen, die letztere Wohnung für sie hat, für dieselbe mehr zu zahlen. Erscheint sie ihnen zu teuer und verzichten sie deshalb darauf, so erscheint meist bald ein anderer Mieter, dem sie für den betreffenden Preis annehmbar erscheint und der also „freiwillig“ den geforderten Preis bezahlt.

Also Nachfrage und Angebot bestimmen auch hier nach gegenseitiger freier Übereinkunft den Preis, und insofern sind auch beide Teile schuld an den gezahlten hohen Preisen und damit an der stets steigenden Grundrente der Städte.

So muß man sich denn schließlich fragen, warum so viele Menschen gerade die teuersten und oft schlechtesten Wohnungen im Inneren der Städte begehren. Ließe man diese einige Zeit leer stehen, so würden die betreffenden Grundbesitzer doch wohl mit der Zeit mit ihren Mietpreisen heruntergehen. Wir müssen antworten, daß es ganz besondere Gründe sein müssen, die soviele veranlassen, trotz genügenden Angebots billigerer und besserer Wohnungen an der Peripherie, in den Vororten, auf dem Lande usw. diese teueren und schlechten Wohnungen zu mieten. Das sind die mannigfachen durch die Entwicklung der Städte gegebenen Momente, welche dem einen lohnenden Erwerb, ein blühendes Geschäft, einen großen Kundenkreis versprechen, dem anderen bessere gesellschaftliche Beziehungen, großstädtische Vergnügungen usw., so daß sie diese Vorteile gerne mit dem Nachteil einer teuereren und schlechteren Wohnung aufwiegen.

Es sind also weder die Grund- und Hausbesitzer noch die Mieter für die hohen Mietpreise in den Städten und damit für die hohen Grundrentenertragswerte, den Bodenpreis verantwortlich zu machen, es sind vielmehr die mannigfachen Vorzüge der Städte und des städtischen Lebens, vor allem für die im Erwerbsleben stehende Bevölkerung. Diese lassen bald mehr, bald weniger, je nach der wirtschaftlichen Entwicklung, dem Handel und Verkehr, die Preise der Wohnungen langsam und sicher steigen. Allerdings haben die Grund- und Hausbesitzer den Gewinn eingesteckt.

So hängt also die Mietsteigerung und Bodenwertsteigerung der Städte eng mit ihrer ganzen industriellen und wirtschaftlichen Entwicklung zusammen. Eine je größere Anziehungskraft dieselben durch irgend welche Vorzüge auf die Bewohner des umliegenden Landes oder benachbarter Orte ausüben, um so mehr muß sich das in einem Ansteigen der Wohnungs- und Bodenpreise bemerkbar machen.

Nun ist allerdings denkbar, daß in dem Verhältnis der beiden Parteien zueinander, Angebot auf der einen, Nachfrage auf der anderen Seite, zeitweilig Umstände auftreten, welche eine gewisse Überlegenheit, eine wirtschaftliche Übermacht einer der beiden Parteien bewirken und je nachdem steigernd oder verringernd auf die Preise einwirken. Ob und wie weit das tatsächlich der Fall ist und auf Grund welcher Verhältnisse, soll in späteren Abschnitten erörtert werden. Hier wollen wir nur zwei fingierte Beispiele zur Illustrierung dieser beiden Möglichkeiten vorbringen.

Wir wollen uns dazu eine Stadt vorstellen, der für ihre Größenentfaltung nur ein räumlich beschränktes Gebiet zur Verfügung steht, die wir uns also z. B. auf einer Insel gelagert denken (ähnlich wie Venedig auf den Lagunen) oder in einem engen Talkessel mit steilen, unbebaubaren Berghängen, oder auf einer Insel festen Grunds in einer Moorgegend usw. Nun beginne auch hier ein großer, wirtschaftlicher Aufschwung, eine rege Entfaltung gewerblichen und geschäftlichen Lebens, und ein großer Menschenstrom ergieße sich dorthin. Was wird die Folge für die Wohnverhältnisse sein? Die Grundbesitzer sind in einer wirtschaftlichen Übermacht gegenüber den Wohnungssuchenden. Grund und Boden für den Neubau der Häuser ist nur wenig, nach einiger Zeit gar nicht mehr vorhanden, und die Besitzer der vorhandenen und bebauten Grundstücke befinden sich alsdann in einer wirklichen Monopolstellung im Sinne der nationalökonomischen Terminologie, sie haben das gesamte Angebot der Wohnungen und Baustellen in Händen und eine weitere Konkurrenz für sie besteht nicht. In solchen Fällen handelt es sich also nicht mehr um ein freies Spiel der wirtschaftlichen Kräfte, zwischen Angebot und Nachfrage, sondern das Angebot ist wesentlich im Vorteil und kann ziemlich willkürlich die Preise festsetzen. Infolgedessen werden die Wohnungsmieten und die Preise der bebauten und unbebauten verfügbaren Grundstücke außerordentlich steigen, jedenfalls weit mehr und schneller als es der Fall wäre, wenn an der Peripherie der Städte die Baustellen beliebig vermehrbar wären.

Das wäre ein extremes Beispiel für eine durch besondere Verhältnisse bedingte Übermacht der Grundbesitzer. Wir wollen in späteren Abschnitten sehen, ob und wie weit ähnliche Verhältnisse in unseren Städten tatsächlich vorkommen.

Der zweite extreme Fall ist der, daß in einer Stadt, die in raschem Aufblühen begriffen ist, durch eine Reihe übereifriger Terrain- und Bauunternehmer, begünstigt durch großes Entgegenkommen der Stadt bei der Stadterweiterung, eine außerordentlich weitgehende Erschließung von Baugelände stattgefunden hat, eine große Zahl anbaufähiger Straßen geschaffen wurde und eine sehr lebhafte Bautätigkeit eingesetzt hat. Nun kommen plötzlich irgend welche unvorhergesehenen Ereignisse, welche die ganzen Berechnungen, die sich auf eine rasche Fortentwicklung der Stadt im bisherigen Tempo gegründet haben, über den Haufen werfen, ein langdauernder Krieg, eine tiefgehende Depression des Wirtschaftslebens, ein Abwandern der Industrie in andere für sie günstigere Orte usw. Was ist dann die Folge? Die Wohnungsnachfrage befindet sich in einer starken wirtschaftlichen Übermacht gegenüber dem Wohnungsangebot. All die neu entstandenen und noch leer stehenden Häuser an der Peripherie und in den neu entstandenen Stadtteilen bewirken eine übermächtige Konkurrenz für die älteren Wohnungen, um so mehr als aus den angenommenen Gründen eine Reihe Bewohner die Stadt verlassen und neue nicht hinzukommen, unter den Wohnungssuchenden also nur eine sehr geringe Konkurrenz entsteht. Wenn auch anfangs die Hausbesitzer noch versuchen werden, an den früheren hohen Mieten festzuhalten, so werden doch sehr bald eine ganze Zahl lieber ihre Wohnungen zu erheblich billigerem Preis, selbst mit Schaden anbieten, als sie gänzlich leerstehen lassen und die anderen sind gezwungen zu folgen. Andere, die nur mit fremdem Geld gebaut haben, können ihren Besitz überhaupt nicht halten, der „Baukrach" kommt, die Häuser werden zu Schleuderpreisen verkauft, und ein allgemeines Sinken der Mietpreise ist die Folge. Daß in diesem Fall die Mieter ebenso rücksichtslos ihre wirtschaftliche Übermacht ausnutzen werden, wie es im anderen Fall die Hausbesitzer tun, wird wohl niemand bezweifeln. Einer nach dem anderen wird kommen und seinem Hausbesitzer androhen, wenn er nicht mit der Miete heruntergehe, werde man sich veranlaßt sehen, ihm zu kündigen. Draußen in den neuentstandenen Häusern könne man die gleichen Wohnungen zum halben Preise haben. Wenn auch viele Hausbesitzer sich anfangs sträuben werden, so werden sie doch nach einiger Zeit, wenn ihre Wohnungen erst einige Semester leergestanden haben und bessere Zeiten nicht in Aussicht stehen, tun, was man von ihnen verlangt.

Dieses Beispiel ist ein Gegenbeweis der oft ausgesprochenen Behauptung, die Mieter hingen ganz von den „wucherigen" Hausbesitzern und den Preisen, die sie diktieren, ab. Wenn das der Fall ist, so müssen ganz besondere Umstände, eine fortschreitende wirtschaftliche Entwicklung, eine stets sich mehrende Wohnungsnachfrage und eine im Verhältnis dazu immer nachhinkende Wohnungsproduktion hinzukommen. Daß derartige Umstände in unseren Städten dank dem enormen wirtschaftlichen Aufschwung, den unser Vaterland und damit die Städte genommen haben, tatsächlich vorkommen, soll keineswegs bestritten werden. Man muß dann aber die letzte und innerste Ursache der Steigerung der Mietpreise und damit schließlich der Bodenpreise *in diesen besonderen Verhältnissen* und nicht in einer Verallgemeinerung der Abhängigkeit des Mieters vom Vermieter erblicken.

Die vorausgehenden Ausführungen haben aus der bedeutsamen Entwicklung unserer Städte und des Wohnungswesens derselben in der Zeit ihres größten Wachstums einige Punkte herausgegriffen, die für die Frage der Entstehung der Bodenpreise und die Maßnahmen der städtischen Bodenpolitik von Interesse und Bedeutung sein werden. Im folgenden soll in ähnlicher Weise in kurzen Zügen dargestellt werden, wie sich unter den geschilderten Umständen *die Gesundheitsverhältnisse der städtischen Bevölkerung* entwickelt haben. Für die Frage, wie weit man in der Gegenwart gegen die geschilderten Mißstände im Wohnungswesen usw. vorgehen muß, wird das von ausschlaggebender Bedeutung sein.

Dritter Abschnitt.

Die Gesundheitsverhältnisse der städtischen Bevölkerung.

Wenn man sich die stürmische Größenzunahme unserer Städte im vorigen Jahrhundert und die geschilderten Mißstände in der baulichen Entwicklung derselben vor Augen hält, liegt von vornherein die Vermutung nahe, daß die *Gesundheitsverhältnisse* der Menschenmassen, die fort und fort vom Lande in dieselben einströmten und unter ganz veränderten Existenzbedingungen ihr Dasein fristeten, nicht sehr günstige gewesen sein können. Vom rein naturwissenschaftlichen Standpunkt betrachtet, liegt sicherlich ein außerordentlicher *Zustand der Unnatur* in diesen Massenanhäufungen, wie sie unsere Großstädte darstellen.

Da wohnen in zahlreichen Stockwerken, über und nebeneinander gehäuft, Tausende und Abertausende auf engstem Raume zusammen, von denen jeder Luft und Licht, Nahrung, reines Wasser, eine Grube für seine Schmutz- und Abfallstoffe usw. benötigt, und in all diesen Bedürfnissen werden ihm durch das gedrängte Zusammenleben in den Städten Schranken und schwerwiegende Nachteile auferlegt. Der einzelne Mensch auf dem Lande, oder der herumstreifende Jäger und Hirte, wie er im primitiven Urzustande der Menschheit sein Dasein fristete, ist noch allein für sein Wohl und Wehe verantwortlich und ausschlaggebend. Je mehr aber bei weiterem Kulturfortschritt die Menschen miteinander leben, sich in einzelnen dichter besiedelten Orten, schließlich in den Städten zusammendrängen, umsomehr treten sie zueinander in Beziehung und Abhängigkeit, auch in gesundheitlichen Fragen. Immer mehr wird ihr Wohl und Wehe von dem Tun und Lassen ihrer Mitmenschen und der Nachbarn beeinflußt.

Was nützt es dem einzelnen, wenn er sich nach bewährten, bauhygienischen Grundsätzen sein Haus baut, dasselbe mit hinreichend großen Öffnungen, Fenstern und Türen versieht, um in genügender Fülle Luft und Licht hineinzulassen, wenn jeder andere das Recht hat, sich mit einer vielstöckigen Mietskaserne vor ihm aufzupflanzen und ihm wieder beides abzuschneiden?

Was hilft es ihm, wenn er sich selbst bemüht, den Brunnen, aus dem er sein Wasser faßt, vor Beschmutzung zu schützen und die Mitbenutzer verunreinigen ihn, oder die städtischen Schmutz- und Abfallstoffe gelangen in das Grundwasser, dem sein Brunnen das Wasser entnimmt, und infizieren dasselbe? Wie wenig ist er in der Lage, durch peinlichste Sauberkeit im Hause, im Hof und Garten, durch Beseitigung aller faulenden Stoffe die Luft rein und frisch zu erhalten, wenn sein Nachbar das Recht hat, auf dem Grundstück nebenan eine chemische Fabrik zu errichten, die Luft mit giftigen Dämpfen zu erfüllen und zahlreiche Industriewerke der näheren und weiteren Umgebung unaufhörlich Rauch und Ruß in die Luft senden und dieselbe verunreinigen?

Diese wenigen Beispiele, die sich beliebig vermehren lassen, zeigen, wie sehr der Mensch in der Großstadt in seinem gesundheitlichen Wohl und Wehe von anderen abhängt, wie wenig er tatsächlich selbst in vielen Dingen für seine Gesundheit tun kann. Da muß die Allgemeinheit, da müssen Staat, Gemeinde und Behörden eingreifen und diesen Schutz übernehmen, durch gesetzliche Bestimmungen zu verhindern suchen, daß der einzelne Dinge tut, welche geeignet sind, seine Mitmenschen zu schädigen und ihre Gesundheit zu beeinträchtigen. Die Summe dieser Bestrebungen faßt man heutzutage als „öffentliche Gesundheitspflege“ zusammen, und versteht darunter alle Maßnahmen, Einrichtungen und gesetzlichen Bestimmungen, welche den Zweck haben, im Interesse der Allgemeinheit die Gesundheit des einzelnen und dadurch rückwirkend aller zu schützen. Nicht selten wird sich das ohne Beschränkungen der persönlichen Freiheit und des freien Verfügungsrechtes des einzelnen über sich und sein Eigentum nicht durchführen lassen.

Das gilt vor allem auch für das Bau- und Wohnungswesen der Städte, und das Wesen aller baupolizeilichen Bestimmungen sind demnach auch Beschränkungen, die dem Grundbesitzer in der Ausnutzung und Bebaubarkeit seines Grund und Bodens auferlegt werden und ihn verhindern sollen, Wohnungen auf den Markt zu bringen, die durch irgend welche Mängel die Gesundheit der Mieter schädigen können. Auch diese Aufgaben fallen demnach in das Gebiet der öffentlichen Gesundheitspflege. Streng genommen könnte es sich hier im Rahmen dieser Schrift bei der Darstellung der Gesundheitsverhältnisse der städtischen Bevölkerung nur darum handeln, diejenigen Momente herauszugreifen, welche direkt mit den geschilderten Wohnungszuständen zusammenhängen. Des Menschen Leben und Gesundheit unterliegt aber so vielen verschiedenen Einwirkungen, daß es ganz unmöglich ist, etwa experimentell oder statistisch lediglich den Einfluß der Wohnungszustände auf die Gesundheit zu erfassen und reinlich herauszuschälen. Wir müssen uns deshalb damit begnügen, im folgenden eine kurze Schilderung der Gesundheitsverhältnisse überhaupt zu geben und nur den Zusammenhang mit den Wohnverhältnissen nach Möglichkeit hervorheben.

Eine der bedeutsamsten und für die Entwicklung der hygienischen Bestrebungen folgenschwersten statistischen Nachweise war der Zusammenhang, welcher sich überall zwischen Wohndichtigkeit und Gesundheitsverhältnissen herausstellte. Diesen Zusammenhang zeigen am besten ältere Statistiken, die aus einer Zeit stammen, wo durch die modernen städtehygienischen Errungenschaften der nachteilige Einfluß der Wohndichtigkeit noch nicht teilweise kompensiert wurde. Einige davon seien angeführt [1]).

So kamen in England 1871—1880 in den Distrikten mit einer durchschnittlichen Sterblichkeit

pro mille der Bewohner	Personen auf die Qudratmeile
14,48	253
15,60	200
16,63	258
17,58	211
18,53	194
19,48	217
20,56	458
21,54	677
22,55	1301
23,54	1819
24,41	2166
25,54	2819
26,26	2944
30,23	6144

[1]) Zitiert aus dem Handbuch der Hygiene, IV. Band, S. 9.

Typhuserkrankungen in Berlin im Jahre 1880, verglichen mit der Bevölkerungsdichtigkeit

Zahl der an Typhus Erkrankten	Zahl der Stadtbezirke	Durchschnittszahl der Einwohner im Hause
0	10	42,2
1	9	42,7
2	14	45,1
3	16	46,3
4	17	50,4
5	14	57,5
6	16	58,3
7	13	60,0
8	8	62,6
9	10	63,0
10—14	45	65,2
15—19	16	72,4
20—24	15	90,3
25—29	6	94,4
31—53	7	97,2

Beobachtungen ähnlicher Art ließen sich aus älterer Zeit noch viele anführen. Zunächst war man geneigt auf Grund derselben den nachteiligen Einfluß der Wohndichtigkeit zu überschätzen, in ihr allein die Ursache der schlechteren Gesundheitsverhältnisse zu erblicken, das geht natürlich zu weit. Die Statistik der Wohndichtigkeit ist bis zu einem hohen Grade auch eine solche der Wohlhabenheit und der ganzen sozialen Verhältnisse. Wo die größte Wohndichtigkeit innerhalb eines Stadtgebietes herrscht, wohnt in der Regel der ärmste und sozial tiefstehendste Teil der Bevölkerung, der infolge seiner geringen Einkommensverhältnisse, seiner schlechten Ernährungsweise, der hygienischen Verständnislosigkeit und Gleichgültigkeit am meisten in seiner Gesundheit, vor allem bei den großen Epidemien, die früher die Gesundheitsverhältnisse der Städte beherrschten, gefährdet ist. Es ist also sehr schwer diese beiden Momente, Wohndichtigkeit und Wohlhabenheit, reinlich voneinander zu scheiden. Daß aber ein sehr erheblicher Anteil auf die Wohndichtigkeit als solche fällt, beweisen die teilweise sehr hohen Sterblichkeitsziffern der Städte in früherer Zeit, die stets erheblich höher waren, wie die Landbevölkerung, obwohl auch die Wohlhabenheit der städtischen Bevölkerung durchschnittlich eher eine höhere war. Es war vor allem naturgemäß die Übertragung der Infektionskrankheiten, die Entstehung und Weiterverbreitung der Volksseuchen, die durch die Wohndichtigkeit erleichtert und begünstigt wurde, eine Tatsache, die durch die modernen bakteriologischen Errungenschaften auch vollauf bestätigt und erklärt wird.

Je mehr die modernen hygienischen Errungenschaften es möglich machten, die Infektionskrankheiten, speziell die großen Epidemien zu bekämpfen, um so mehr mußte auch der Einfluß der Wohndichtigkeit zurücktreten, um so mehr aber natürlich auch der der Wohlhabenheit. Diese Tatsache prägt sich sehr deutlich in folgender Tabelle aus, welche die Sterblichkeitsziffern der verschiedenen Stockwerkbewohner der Stadt Berlin nach v. Boekhs statistischen Ergebnissen für die früheren Jahrzehnte zusammenstellt.

	1875/76	1880/81	1885/86	1890/91
Im Keller . .	35,6	23,6	21,1	21,3
„ Erdgeschoß	29,4	21,8	20,4	20,7
I. Stock . . .	28,6	20,6	18,4	22,1
II. „ . . .	29,2	22,3	18,8	21,4
III. „ . . .	32,9	22,0	19,0	20,3
IV. „ . . .	34,5	25,8	21,4	22,8

In der ersten Kolonne (1875/76) fallen zunächst die hohen Sterblichkeitsziffern an und für sich auf und dann vor allem die Tatsache, daß sie im Kellergeschoß und IV. Stock, der damals wohl meist das Dachgeschoß war, erheblich höher sind, als in den übrigen Geschoßen. Der Grund ist natürlich der, daß an und für sich die Wohnverhältnisse in diesen beiden Geschoßen ungünstiger sind, dann aber namentlich, daß Kellerwohnungen und Dachwohnungen im allgemeinen von ärmeren Leuten bewohnt werden, die infolge ihrer schlechten Einkommensverhältnisse meist schon an und für sich unter sehr ungünstigen Lebensbedingungen stehen und außerdem die ohnehin schlechten Wohnungen durch Überfüllung, Aufnahme von Schlafgängern etc. meist noch unhygienischer machen.

Man sieht, daß sich in den folgenden Kolonnen diese Erscheinung immer mehr verwischt, daß die Sterblichkeitsziffern an und für sich, namentlich aber die der beiden extremen Stockwerke, sehr stark heruntergegangen sind. Es ist keinem Zweifel unterworfen, daß sich darin der Einfluß der immer stärker einsetzenden hygienischen Bestrebungen bemerkbar macht, die zwar allen in gleicher Weise zugute kommen, sich aber naturgemäß am meisten bei den vorher am stärksten gefährdeten Personen geltend machen.

Was hier im kleinen innerhalb einer Stadt und für einen beschränkten Personenkreis sich nachweisen läßt, gilt nun auch allgemein im großen für die Gesundheitsverhältnisse der dicht besiedelten Städte einerseits und des spärlich besiedelten Landes anderseits. Früher stellten die Städte geradezu die „Gräber der Landbevölkerung“ dar, die Sterblichkeitsziffern in denselben waren sehr hohe, in einigen zeitweise 40, 45 und selbst noch mehr, und so konnten sie sich nur durch den steten Zuzug vom Lande, welches erheblich geringere Sterblichkeitsziffern aufwies, auf ihrem Bestande erhalten. Diese Tatsache ist so oft besprochen und bewiesen worden, daß irgend welche Belege dafür sich erübrigen. Ebenso ist aber auch bekannt, daß dank der Errungenschaften der Hygiene die Sterblichkeitsziffern der Städte in den letzten

Jahrzehnten fortgesetzt im Absinken begriffen und gegenwärtig vielfach niedriger sind, als die der Landbevölkerung.

Nun kann man allerdings aus Gründen, die noch näher besprochen werden sollen, keineswegs diese Sterblichkeitzsiffern zu einem genauen Vergleich der Gesundheitsverhältnisse von Stadt und Land benutzen. Das wäre ein sehr folgenschwerer Irrtum. Wohl aber kann man das Absinken der Sterbklicheitsziffern innerhalb ein und derselben Stadt (natürlich auch mit einem gewissen Vorbehalt) zu dem Schlusse benutzen, daß sich die Gesundheitsverhältnisse entsprechend gebessert haben müssen, ein Schluß, der auch bestätigt wird, wenn man die Sterblichkeit an einzelnen bestimmten Krankheiten für verschiedene Zeiträume innerhalb derselben Stadt ins Auge faßt. Auch da zeigt sich für die meisten Krankheiten ein sehr erheblicher Rückgang.

Zusammenfassend wird man also sagen müssen, daß der nachteilige Einfluß der Wohndichtigkeit sich immer mehr verwischt, je mehr die hygienischen Errungenschaften die Erkrankungsgefahr überhaupt und speziell an den Infektionskrankheiten herabgemindert haben. Zweifellos ist er auch dann noch vorhanden, aber es wird immer schwerer ihn von den anderen mitlaufenden, die Gesundheit beeinflussenden Faktoren durch statistische Untersuchungen zu scheiden.

Wir werden deshalb von vornherein darauf verzichten müssen, eben wegen des Dazwischentretens der Hygiene, die Bedeutung der Wohnverhältnisse der Städte, insbesondere aber ihrer eventuellen Verbesserung oder Verschlechterung, auf die Gesundheitsverhältnisse der Bevölkerung zahlenmäßig erfassen zu können, wenn sich auch allerlei Wahrscheinlichkeitsbeweise für einen günstigen oder nachteiligen Einfluß beibringen lassen. Es sollen deshalb im folgenden nur einige wichtige Gesichtspunkte bezüglich der Gesundheitsverhältnisse der Städte an und für sich und der Beurteilung der betreffenden statistischen Nachweise erörtert werden.

Auch weitere Kreise, speziell diejenigen, welche an der Entwicklung unserer Städte in irgend einer Weise als Verwaltungsbeamte, Baubeamte usw. beteiligt sind, pflegen gegenwärtig den statistischen Nachweisen über die Gesundheitsverhältnisse der Städte ihr Interesse zuzuwenden. Auch im Rahmen dieser Schrift, welche sich mit der Wirkung der bodenpolitischen Maßnahmen auf die Wohnverhältnisse und dadurch die Gesundheitsverhältnisse der städtischen Bevölkerung befaßt, erscheint deshalb eine kurze Besprechung dieser Dinge angezeigt. Es herrscht vielerorts geradezu die Ansicht, als könne man ohne weiteres die Sterblichkeitsziffern zur Beurteilung der Gesundheitsverhältnisse der Städte und namentlich auch zum diesbezüglichen Vergleich verschiedener Orte untereinander benutzen, als hätten die Städte, welche mit den niedrigsten Sterblichkeitsziffern aufwarten können, auch unbedingt die besten Gesundheitsverhältnisse.

Die Sterblichkeitsziffern besagen bekanntlich, daß auf je

1000 Lebende jährlich so und so viele Todesfälle entfallen. Je gleichartiger eine Bevölkerung zusammengesetzt ist, je größer das Zahlenmaterial an und für sich ist, auf welche sich diese Durchschnittszahlen stützen, um so mehr werden allerlei störende Einflüsse, wie die verschiedenartige Verteilung der einzelnen Altersklassen usw. eliminiert, um so eindeutiger sind die betreffenden Zahlen. Das gilt z. B. für die Sterbeziffern eines großen Landes, z. B. des Deutschen Reiches [1]):

Entwicklung der Sterbeziffer im Deutschen Reich
(ausschließlich Totgeborene).

Jahre	Gestorbene %	Jahre	Gestorbene %
1841/1845	26,0	1876/1880	26,1
1846/1850	27,5	1881/1885	25,7
1851/1855	27,1	1886/1890	24,4
1856/1860	25,6	1891/1895	23,3
1861/1865	26,0	1896/1900	21,2
1866/1870	27,7	1901/05	19,9
1871/1875	28,2		

Wenn aber diese Sterbeziffern zur Beurteilung der Gesundheitsverhältnisse kleinerer Menschenansammlungen, z. B. der Bevölkerung einzelner Landesteile und namentlich einzelner Städte benutzt werden sollen, so machen sich immer mehr störende Einflüsse in der Zusammensetzung der betreffenden Bevölkerung bemerkbar. Dazu ist allerdings vorauszuschicken, daß die Sterblichkeit der einzelnen Altersgruppen eine sehr verschiedene ist, daß dieselbe namentlich im ersten Lebensjahre, aber auch noch im Alter von 1—5 Jahren und anderseits wieder in den Altersklassen über 60 Jahren, sehr viel höher ist als in den übrigen Altersklassen. Je größer also einerseits die Geburtenhäufigkeit im Verhältnis zur Bevölkerungszahl ist und je mehr in dem Altersaufbau einer Bevölkerung die meistgefährdeten Lebensalter von 1—5, und über 60 Jahren überwiegen, um so größer wird unter sonst gleichen Gesundheitsverhältnissen die Zahl der Todesfälle und somit die Sterblichkeitsziffer sein.

Im beiderseitigen Sinne gestalten sich in den Städten, speziell den Großstädten, die Verhältnisse ganz anders als im Durchschnitt der Gesamtbevölkerung oder auf dem Lande. In den Städten herrscht infolge des steten Einströmens junger arbeitsuchender Leute vom Lande her eine abnorme Beteiligung der lebenskräftigsten Altersstufen im Alter von 15—60 Jahren vor. Anderseits sind die erwerbsuntüchtigen Altersklassen, nämlich die Kinder bis zu 15 Jahren und die Personen von 60 Jahren und mehr am wenigsten vertreten. „Das Land [2])

---

[1]) S. das Deutsche Reich in gesundheitl. und demograf. Beziehung, Berlin 1907, S. 29.

[2]) S. das Deutsche Reich usw., a. a. O., S. 17.

bringt mehr Kinder hervor, gibt dieselben im besten Alter an die Städte ab und nimmt möglicherweise betagte Personen wieder bei sich auf." Auch die Geburtsziffern sind in den Städten erheblich kleiner als im Durchschnitt oder auf dem Lande. Durch beide Faktoren werden also in den Städten, bald mehr, bald weniger Verhältnisse geschaffen, die selbst wenn für die einzelnen Altersgruppen dieselbe Sterbewahrscheinlichkeit wie auf dem Lande bestände, doch die resultierende Sterblichkeitsziffer sehr erheblich herabmindern können.

Gilt das schon ganz allgemein für alle Städte, so kann in einzelnen Orten, in denen besonders zahlreiche, im besten Mannesalter stehende Industriearbeiter, Soldaten, Studierende der verschiedensten Schulen usw. vorübergehend Aufenthalt nehmen, diese Verschiebung der Altersklassen noch viel weiter gehen. Dadurch kann eine ganz abnorm niedrige Sterblichkeitsziffer erzeugt werden, ohne daß die Gesundheitsverhältnisse der betreffenden Altersklassen irgendwie besonders günstige zu sein brauchen.

Wenn man also heutzutage oft Sterblichkeitsziffern einzelner Städte findet, die weit unter den Durchschnittsziffern des ganzen Deutschen Reiches liegen, manchmal bis 14 und selbst 12 heruntergehen, so beweist das zunächst noch gar nichts für die Gesundheitsverhältnisse des betreffenden Ortes, und ebensowenig kann man die Ziffern verschiedener Städte zu einem Vergleich ihrer Gesundheitsverhältnisse untereinander oder in bezug auf die ländliche Bevölkerung, wie das so gern geschieht, benutzen. Am ehesten kann man die Sterblichkeitsziffern noch zur Beurteilung der Verhältnisse ein und derselben Stadt in verschiedenen Zeiträumen verwerten. Wenn dieselben z. B. in einer Stadt innerhalb eines Jahrzehnts von Jahr zu Jahr stetig zurückgegangen sind, so kann man wohl annehmen, daß sich in diesem Zeitraum weder in dem Altersaufbau noch in anderen die Berechnung störenden Einflüssen wesentliche Änderungen ergeben haben. Die Sterbeziffern lassen sich unter dieser Voraussetzung zwar nicht nach ihrer absoluten Höhe, aber doch nach ihrem Verhältnis zueinander in den einzelnen Jahren zu einem Vergleich der betreffenden Gesundheitsverhältnisse benutzen. Je größer diese Zeitperioden sind, je weiter die zum Vergleich herangezogenen Jahre voneinander entfernt liegen und je anders geartet demnach auch die ganzen wirtschaftlichen und sonstigen die Zusammensetzung der Bevölkerung beeinflussenden Faktoren sind, um so unsicherer wird dieser Schluß.

Auch die Verschiebung der Bevölkerungszahl durch die Ab- und Zuzüge, welche in einer großen Stadt eine sehr umfangreiche Rolle spielen, beeinträchtigt die Genauigkeit bei der Berechnung der Sterblichkeitsziffern in hohem Maße, sie bereitet der Ermittlung der den Sterbefällen gegenüberzustellenden Zahl der lebenden Bevölkerung, vor allem auch der einzelnen Altersklassen, große Schwierigkeiten und zu einer genauen Berechnung wäre es nötig, den Einfluß der Ab- und

Zuzüge auf die Jahressterblichkeit durch besondere hier nicht näher zu schildernde Methoden gewissermaßen zu eliminieren.

Dazu kommt bei der stark fluktuierenden Bevölkerung der Städte noch ein weiterer Umstand. Es werden unter den der Berechnung der Sterbeziffern zugrunde gelegten Todesfällen immer eine ganze Reihe sein, welche zwar in der Stadt erfolgen, bei denen die Krankheitsursache aber bei dem vorangegangenen Aufenthalt in einem anderen Orte erworben wurde. Umgekehrt verlassen eine Reihe Personen, welche in der Stadt erkrankt sind und sich hier den Keim des Todes geholt haben, nach ihrer Erkrankung nicht selten die Stadt und kehren zu ihren Angehörigen auf dem Lande zurück, um dort zu sterben. Diese Todesfälle, welche eigentlich den Gesundheitsverhältnissen der betreffenden Stadt zur Last zu legen sind, werden also an ganz falschem Ort in den Sterbeziffern in Erscheinung treten.

So ist es zu verstehen, wenn sich Dr. R. Boekh[1]) auf dem internationalen Kongreß für Hygiene 1907 in Berlin in dem Sinne äußerte, daß zur Beurteilung der städtischen Verhältnisse zwar Sterblichkeitsziffern gegeben würden (auf 1000 Lebende starben ....), daß aber jeder von diesen wisse, daß sie ein falsches Bild geben. Wie falsch dasselbe sei, ahne aber auch der Sachverständige nicht.

Für Berlin sind deshalb besondere Sterblichkeitstafeln aufgestellt worden, die in korrekter Weise all die oben angeführten Fehlerquellen vermeiden, und es ist aus diesen dann eine Sterblichkeitsziffer errechnet worden, welche als die wirkliche Sterblichkeitsziffer bezeichnet werden kann. Sie ist gewissermaßen die Umkehrung der methodisch ermittelten Lebensdauer, in der alle die oben angeführten störenden Einflüsse nach Möglichkeit eliminiert sind. Diese ist dann der auf gewöhnliche Weise gewonnenen, täuschenden Sterbeziffer (sogenannten einfachen oder unmethodischen Sterblichkeitsziffer) gegenübergestellt worden. Einen Auszug aus dieser Tabelle nach dem Referat von R. Boekh auf dem erwähnten Kongreß[2]) stellen die folgenden Zahlen dar:

	Sterblichkeitsziffern des männl. Geschlechts		Sterblichkeitsziffern des weibl. Geschlechts	
Kalender-jahr	berechnet aus den Sterbl.-Tafeln	gewöhnliche unmethod. Sterbl.-Ziffer	berechnet aus den Sterbl.-Tafeln	gewöhnliche unmethod. Sterbl.-Ziffer
1876	35,77	34,08	30,39	28,95
1877	35,00	34,00	30,40	28,96
1878	35,51	34,01	30,23	28,44
1879	33,40	32,57	28,15	26,18
1880	36,54	34,27	31,09	28,41

[1]) S. Kongreßbericht, 3, I und II, S. 1077.

[2]) Die fünfzig Berliner Sterbetafeln von Dr. R. Boekh, auf dem internationalen Hyg. Kongreß Berlin 1907, Kongreßbericht, 3, I und II, S. 1071 ff.

Kalenderjahr	Sterblichkeitsziffern des männl. Geschlechts		Sterblichkeitsziffern des weibl. Geschlechts	
	berechnet aus den Sterbl.-Tafeln	gewöhnliche unmethod. Sterbl.-Ziffer	berechnet aus den Sterbl.-Tafeln	gewöhnliche unmethod. Sterbl.-Ziffer
1881	34,35	31,75	29,30	25,98
1882	32,56	30,04	28,30	24,90
1883	37,12	33,19	31,95	27,57
1884	34,67	30,86	29,05	24,82
1885	32,32	28,50	27,63	23,33
1886	33,82	29,86	28,74	24,18
1887	29,54	25,70	25,26	20,72
1888	27,59	23,82	24,02	19,44
1889	30,98	26,99	26,50	21,64
1890	25,59	25,07	25,41	20,15
1891	28,18	24,25	24,43	19,83
1892	28,47	23,60	24,00	19,07
1893	29,68	25,22	26,15	21,09
1894	27,05	22,21	23,25	17,64
1895	28,73	23,74	24,49	18,98
1896	26,15	21,17	22,66	17,08
1897	25,84	21,01	22,13	16,60
1898	26,45	20,41	21,89	16,29
1899	26,98	21,97	23,25	17,42
1900	27,34	22,15	23,55	17,94
Durchschn.	30,94	27,218	26,489	22,225

Man ersieht ohne weiteres, daß auch nach der „wirklichen Sterbeziffer", wie sie aus den Sterblichkeitstafeln berechnet ist, die Berliner Sterblichkeit sich in den Jahren von 1876—1900 nicht unerheblich vermindert hat, daß aber die gewöhnlichen Sterblichkeitsziffern anfangs weniger, dann in immer höherem Maße hinter den wirklichen Ziffern zurückbleiben wegen der immer größeren Verschiebung der Altersklassen durch das Mehr der Zugänge. Diese Differenz „täuscht in den letzten Jahren dem Berliner die Sterblichkeit seiner Stadt um den 4. oder 5. Teil niedriger vor, wie sie als solche wirklich gewesen ist" (Boekh).

So wird es selbstverständlich auch in den meisten anderen Städten sein, nur daß für die allerwenigsten derartige, exakt berechnete Ziffern nach Art der Berliner vorliegen. Es kann also im allgemeinen nur davor gewarnt werden, die gewöhnlichen Sterblichkeitsziffern ohne weiteres als Maßstab der Gesundheitsverhältnisse der Städte an und für sich und namentlich einzelner Orte untereinander zu benutzen.

Außer der Sterblichkeitsziffer gibt es noch ein anderes Maß für die Gesundheitsverhältnisse, die durchschnittliche Lebensdauer. Wie diese in exakter Weise berechnet wird, hat Silbergleit [1]) auf dem internationalen Hygienekongreß zu Berlin 1907 dargelegt. Unter Hinweis auf diese Ausführungen sollen hier nur einige Zahlen folgen, die dem angeführten Bericht entnommen sind.

Darnach ist die durchschnittliche Lebensdauer der Berliner Bevölkerung von 29,12 Jahren im Jahre 1876 auf 38,02 Jahre im Jahre 1900 gestiegen.

Für die einzelnen Altersstufen verhält sich die Zunahme der durchschnittlichen Lebensdauer wie folgt:

Zunahme von 1876—1900 (für Berlin)

für das Alter	0 Jahre	von 29,12	auf 38,02,	d. i.	um	30,4 %
	1	41,96	50,17			19,6 %
	2	45,71	52,29			14,4 %
	5	47,63	51,86			8,9 %
	10	45,23	48,19			6,5 %
	20	36,94	39,50			6,9 %
	30	29,71	31,47			5,9 %
	40	23,15	24,01			3,7 %
	50	17,29	17,67			2,2 %
	60	11,84	12,40			4,7 %
	70	7,67	7,69			0,3 %
	80	4,15	4,28			3,1 %

Die Lebensdauer Berlins hat somit in allen Altersklassen, namentlich in den jüngeren und am meisten für die Neugeborenen (infolge der Abnahme der Säuglingssterblichkeit), teilweise nicht unerheblich, zugenommen. Man kann annehmen, daß diese Entwicklung in den folgenden Jahren fortgeschritten ist und sich in anderen Städten in ähnlicher Weise wiederholt, wenn auch dort entsprechende Berechnungen in der Regel nicht vorliegen.

Es ist selbstverständlich, daß diese günstigen Verhältnisse vor allem durch die umfassenden Maßnahmen der Städte auf dem Gebiete der öffentlichen Gesundheitspflege und Hygiene bewirkt wurden. Ob und in wie weit sich darin die Besserung der Wohnverhältnisse ausdrückt, ist aus früher angegebenen Gründen nicht statistisch zu erfassen, daß dieselbe dabei aber eine nicht unerhebliche Rolle spielt, ist anzunehmen.

Es muß nochmals betont werden, daß es nicht angängig ist, auf Grund der niederen Sterblichkeitsziffern mancher Städte, die oft bis 14 und noch weniger heruntergehen, die Behauptung aufzustellen, daß die Gesundheitsverhältnisse der Städte bereits besser geworden seien, wie die der Landbevölkerung. Das wäre ein großer Irrtum. Gewiß ist die Differenz nicht mehr so groß wie früher, aber vorhanden ist sie noch immer, wenn sie auch aus Mangel entsprechend genauer Berechnungen

---

[1]) S. Kongreßbericht, 3, I und II, S. 1096 ff,

sich für die wenigsten Städte einwandsfrei beweisen läßt. Für Berlin z. B., so ziemlich die einzige Stadt, für welche derartiges Material vorliegt, betrug die wirkliche Sterbeziffer in den Jahren 1895—1900 zwischen 26—28 für das männliche und zwischen 22—23 für das weibliche Geschlecht, während im ganzen Deutschen Reich im Jahrfünft 1896—1900 die Sterblichkeitsziffer nur ca. 21 war. Diese letztere Zahl ist natürlich auch in der gewöhnlichen, einfachen Weise berechnet worden, aber innerhalb des ganzen Reiches gleichen sich die verschiedene Zusammensetzung der Altersklassen, die Wirkung der Ab- und Zuzüge so ziemlich wieder aus und diese Ziffer kann deshalb zum Vergleich herangezogen werden. Man sieht, daß von besseren Gesundheitsverhältnissen der städtischen Bevölkerung gar keine Rede ist. Diese Behauptung ist aber nicht selten auf Grund der Sterblichkeitsziffern aufgestellt worden.

So ist z. B. in den Gutachten zur Stuttgarter Stadterweiterung[1]) aus der Tatsache, daß in Stuttgart selbst in den Jahren 1886,97 im Durchschnitt die Sterblichkeitsziffer 20,61, dagegen in ganz Württemberg 25,39 betrug und aus der weiteren Tatsache, daß im Stadtgemeindebezirk Stuttgart selbst die entsprechende Zahl 16,75, in drei Vororten aber je 26,64, 22,22 und 25,86 betrug, der Schluß gezogen worden, daß die Sterblichkeit in der großen Stadt nicht nur nicht größer als auf dem Lande, sondern im Gegenteil viel geringer sei, und daß weiter die Sterblichkeit in der Stadt geringer sei als in „den dem Sonnenschein und der frischen Luft ungehindert geöffneten Vororten“. — Man sieht, zu welchen an und für sich für die Stadtbewohner ja recht erfreulichen, in Wirklichkeit aber sicher nicht richtigen Schlüssen man kommt, wenn man die gewöhnlichen Sterblichkeitsziffern ohne weiteres zur Beurteilung der Gesundheitsverhältnisse benutzt. Was speziell die Vororte anlangt, so wird die Sache dort so gelegen haben, wie es auch meist sonst der Fall ist, daß in den Vororten die jüngeren Altersklassen und ebenso die höheren über 60 Jahren gegenüber der städtischen Bevölkerung stark überwiegen. Kinderreiche Familien, namentlich ärmere ziehen mit besonderer Vorliebe in die Vororte, wo sie billigere und für die Kinder bessere Wohnverhältnisse finden, ebenso ziehen alte Leute, wenn sie sich vom Erwerbsleben zurückziehen, meist in die Vororte.

Abgesehen von diesen Einschränkungen soll natürlich nicht bestritten werden, daß die Gesundheitsverhältnisse der Städte sich außerordentlich gebessert haben, dank der Maßnahmen der Städtehygiene, und noch fortgesetzt in Besserung begriffen sind, wenn auch bei weitem nicht in dem Maße, wie die gewöhnlichen Sterblichkeitsziffern vermuten lassen. Der Nachweis läßt sich auch in der Weise führen, daß man die Abnahme der Todesfälle an einzelnen Erkrankungen verfolgt. Es ist ja auch in weiteren Kreisen bekannt, wie sehr gewisse Krankheiten, die früher die Städte dezimierten, so namentlich der Typhus, die Cholera, die im vorigen Jahrhundert zu verschiedenen Malen verheerende Wanderzüge durch Europa und Deutschland machte, in den letzten Jahrzehnten auch die Lungentuberkulose, die am längsten den hygienischen Bestrebungen trotzte, in einem teils stärkeren, teils schwächeren Rückgang begriffen sind. Dieser Abnahme der Infektionskrankheiten und den Erfolgen in der

[1]) Die Stuttgarter Stadterweiterung, Stuttgart 1901, S. 200.

Seuchenbekämpfung ist vor allem die zunehmende Besserung der städtischen Gesundheitsverhältnisse zu verdanken. Zahlen für diese bekannten Tatsachen beizubringen erübrigt sich wohl. Nur für die Lungentuberkulose sollen einige Ziffern für einige Städte angeführt werden, schon wegen ihrer Beziehung zu den Wohnverhältnissen der Bevölkerung.

In deutschen Orten (mit 15 000 und mehr Einwohnern) starben im Jahre 1877 von 10 000 Einwohner noch 37,2 an Lungenschwindsucht. Die Zahl ist dann ständig heruntergegangen, betrug z. B. 1890 nur mehr 29,7, 1900 22,3 und ist gegenwärtig bereits unter 19 angelangt. In Preußen schwankte die entsprechende Zahl von 1875—1886 um 31—32 herum, dann trat ebenfalls eine beträchtliche Abnahme ein und ist bis zum Jahre 1908 bis 16,24, also nahezu um 50 %, gesunken [1]).

Demgegenüber einige Zahlen aus älterer Zeit aus verschiedenen Städten. Finkelnburg hat für die Jahre 1875—1879 berechnet, daß von je 10 000 Lebenden der männlichen Bevölkerung in der Stadt Krefeld 86, in München - Gladbach 83, in Remscheid 79 an Lungentuberkulose starben, extrem hohe Ziffern, für die die besondere Beschäftigungsweise eines großen Teils der Bevölkerung in diesen Städten anzuschuldigen ist. Zahlen, welche sich um 50 herumbewegen, kamen noch im Beginn des letzten Viertels des 19. Jahrhunderts ziemlich oft in Städten vor, z. B. in Düsseldorf mit 55, Elberfeld 59, Osnabrück 52, Köln 50,5, München 50, Budapest 50, Wien 72.

Im allgemeinen ist aber für eine Reihe von Großstädten eine stetige und sehr starke Abnahme der Sterblichkeit an Lungenschwindsucht zu konstatieren. So ist dieselbe (immer auf 10 000 Lebende berechnet) in Hamburg von 37 im Jahre 1860, 33,5 im Jahre 1880 auf 13,7 im Jahre 1907 heruntergegangen, in Berlin von über 34 im Jahre 1880 auf ca. 20 im Jahre 1908, in Paris von über 50 in den Jahren 1866/70 auf ca. 37 in den Jahren 1901/03, in London von fast 29 in den Jahren 1866/70 auf etwas über 16 in den Jahren 1901/03. Demgegenüber mag angeführt werden, daß es sogar einige Landkreise, z. B. den Kreis Osterode im Regierungsbezirk Allenstein gibt, die nur etwas über 7 Todesfälle an Tuberkulose auf 10 000 Lebende aufzuweisen haben, was so ziemlich die niedrigste überhaupt beobachtete Schwindsuchtsmortalität ist.

Im Jahre 1909 starben auf 10 000 Lebende in Düsseldorf 10,6, in Gelsenkirchen 15,3, in Barmen 15, in Essen a. d. Ruhr 10,3, in München - Gladbach 18,0, in Solingen 20,8, in Köln 15,4, in Kreuznach 23,0 an Lungenschwindsucht.

Diese erhebliche Abnahme ist um so erfreulicher, als man hier für den Rückgang dieser Ziffern keineswegs die Alterszusammensetzung der großstädtischen Bevölkerung, das immer stärkere Überwiegen der

[1]) Diese und die folgenden Zahlen sind einem Vortrag von Robert Koch über die Epidemiologie der Tuberkulose, gehalten zu Berlin am 7. April 1910, entnommen. Zeitschrift für Hygiene, 67. Bd., 1. Heft, S. 1 ff.

lebenskräftigsten, mittleren Lebensalter verantwortlich machen kann, da gerade unter diesen die Tuberkulose nicht weniger häufig auftritt als unter den jüngeren Altersklassen.

Es ist nun für die Beurteilung der städtischen Wohnverhältnisse sehr bedeutsam, in welchen Faktoren Robert Koch[1]), die erste Autorität auf dem Gebiete der Epidemiologie der Tuberkulose, die Ursache dieses starken Rückganges erblickt hat. Abgesehen von einigen anderen hier nicht näher zu erörternden Verhältnissen sieht er in der Beschaffenheit der Wohnung, vor allem der Beschaffenheit des Schlafraumes und der Wohndichtigkeit ein ausschlaggebendes Moment für die Verbreitung der Tuberkulose. Je beengter die Wohnung an und für sich ist, je mehr die Menschen sich namentlich in engen Schlafräumen zusammendrängen, um so leichter erfolgt die Übertragung von einem Erkrankten auf andere Personen, um so größer ist die Ansteckungsgefahr. R. Koch ist daher der Ansicht, daß die Abnahme der Schwindsucht in neuerer Zeit, abgesehen von anderen Faktoren (Krankenfürsorge mit Isolierung der Tuberkulösen in Krankenanstalten) vor allem durch die Verbesserung der Wohnungsverhältnisse, insbesondere des Schlafraumes, bedingt sei. Gewiß eine erfreuliche Bestätigung der auch sonst aus ganz anderen Gründen behaupteten Besserung der städtischen Wohnverhältnisse.

Diese Anschauung deckt sich auch mit der Tatsache, daß vielfach die Städte heutzutage (vereinzelt auch früher) eine geringere Schwindsuchtsmortalität haben als das Land. Trotzdem nämlich die Besiedelungsdichte auf dem Lande eine ungeheuer viel geringere ist, als in den Städten, ist doch die Wohndichtigkeit, d. h. das Zusammendrängen der Bevölkerung in oft außerordentlich ungünstigen Wohnungen daselbst teilweise eine viel größere. Das ist namentlich der Fall, wenn in einem kleinen Landort unerwartet sehr starke Wohnungsnachfrage auftritt, z. B. aus irgend einem Grunde plötzlich sehr zahlreiche Industrie- oder sonstige Arbeiter in die Gegend kommen und Schlafstellen begehren. Die Zustände, die dann entstehen, spotten oft jeder Beschreibung und sind nicht selten viel schlimmer als die elendsten Wohnverhältnisse der Städte. Die üble Sitte der Landbevölkerung, sich selbst bei genügender Zahl von Wohnräumen oft die schlechtesten und engsten Räume zu Schlafräumen auszuwählen, macht diese Zustände nicht besser, um so weniger, als auf dem Lande noch keinerlei Wohnungspflege und Wohnungskontrolle geübt wird.

Im allgemeinen kann man die vorausgegangenen Ausführungen dahin zusammenfassen, daß sich in den Städten in den letzten Jahrzehnten eine sehr erhebliche Abnahme der Todesfälle überhaupt und auch im einzelnen für eine Reihe bedeutsamer Volkskrankheiten nachweisen läßt. Es wäre aber ganz verfehlt, um darüber noch einige

[1]) a. a. O.

Worte zu sagen, sich hiernach ein gar zu rosiges Bild von den Gesundheitsverhältnissen der städtischen Bevölkerung zu machen. Die Sterblichkeitsstatistik ist durchaus nicht ohne weiteres auch ein Ausdruck für die Erkrankungsziffer und erst recht nicht dafür, wie es mit der körperlichen Entwicklung, der Qualität des Menschenmaterials steht. Das Absinken der Sterbeziffern in den Städten ist vor allem hervorgerufen durch die Abnahme der Infektionskrankheiten. Zweifelsohne sterben heutzutage sehr viel weniger Menschen in den Städten und überhaupt an Typhus, an Tuberkulose und anderen Infektionskrankheiten, als das früher der Fall war. Damit ist aber noch keineswegs gesagt, daß sich nun die Gesundheitsverhältnisse derjenigen Personen, die jetzt von diesen Infektionskrankheiten verschont bleiben, auch sonstwie besser gestalteten wie bei denjenigen, die früher von denselben verschont blieben. Wir sind eher zur Annahme des Gegenteils berechtigt, speziell für die städtische Bevölkerung. Denn allgemein hat man doch den Eindruck, daß die körperliche Qualität des Menschenmaterials in den Städten, vor allem den Großstädten, in einer zunehmenden Verschlechterung begriffen ist. Das gilt speziell wieder für den jugendlichen Nachwuchs, die heranwachsende Generation, bei der sich nun die Folgen des städtischen Lebens von Anfang an oder schon in zweiter oder dritter Generation geltend machen. Das zeigt sich unter anderem in der nicht unbedenklichen Abnahme der Heerestauglichkeit der städtischen Bevölkerung, wie seit längerem bei den Aushebungen konstatiert wird, das melden die Berichte der Schulärzte aus vielen Städten von den schulpflichtigen Kindern usw.

So hat unter anderem Kaup in seiner Arbeit: Ernährung und Lebenskraft der ländlichen Bevölkerung, Berlin 1910, nachgewiesen, daß die Heerestauglichkeit in den Jahren 1902—1907 eine nicht unbedenkliche Abnahme erfahren hat, vor allem natürlich bei der stadtgeborenen Bevölkerung. Bedauerlicherweise macht sich die gleiche Erscheinung aber auch bei der landgeborenen Bevölkerung bemerkbar. Das mag zum Teil die Folge der zunehmenden Industrialisierung der Landorte sein, zum Teil ist es aber ebenfalls eine Folge der enormen städtischen Entwicklung, indem die Lebensführung und Ernährung weitester Volkskreise auf dem Lande erheblich darunter leidet, daß in immer steigendem Maße die Bodenprodukte und vor allem die Milch in die Städte wandern.

So ist es um so erfreulicher, daß Preußen speziell für Jugendpflege eine Million Mark in den Kultusetat eingestellt hat mit der Bestimmung, daß diese Summe „zur Beihilfe von Veranstaltungen Dritter zwecks Förderung der Pflege der schulentlassenen männlichen Jugend, sowie zur Ausbildung und Anleitung von für die Jugendpflege geeigneten Personen“ zu verwenden sei. Vor allem wird Wert darauf gelegt, der heranwachsenden Generation Gelegenheit zu einer regen, körperlichen

Betätigung im Turnen, Spiel, Wandern und anderen Leibesübungen zu bieten. Damit hängt auch das zunehmende Interesse zusammen, welches man heutzutage der Beschaffung von Freiflächen (Parks, Volksgärten, Kinderspiel- und Tummelplätze usw.) in den Städten zuwendet, ferner das Bestreben, durch eine weitgehende Dezentralisation der Städte (s. dritten Abschnitt) einem immer größeren Teil der städtischen Bevölkerung die Ansiedelung in den Außengeländen und kleineren Vororten zu ermöglichen. Die dort aufwachsende Generation findet dann ganz andere, weit günstigere Entwicklungsbedingungen vor, als die jetzt in den Städten heranwachsende. Bedeutsam für diese Fragen, auch unter dem Gesichtspunkte der Dezentralisationsbestrebungen, ist eine Denkschrift des Abgeordneten v. Schenkendorff, Vorsitzenden des deutschen Zentralausschusses für Volks- und Jugendspiele: „Über nationale Erziehung durch Leibesübungen“ (Zeitschrift „Körper und Geist“, Nr. 17, Verlag von Teubner - Leipzig).

Die ungünstigen Verhältnisse, welche die Großstädte gerade der heranwachsenden Generation bieten, haben sich vielfach so zugespitzt, daß man berechtigt ist, von einer förmlichen Jugendnot in denselben zu reden.

Wenn man bedenkt, unter welch ungünstigen Verhältnissen in unseren Großstädten die Kinder vielfach aufwachsen, vor allem ohne genügende Spielplätze, ohne Gelegenheit, sich in frischer Luft zu tummeln, um nur eines der vielen Momente herauszugreifen, ist das ohne weiteres erklärlich. Aber infolge der Abnahme der Infektionskrankheiten erscheinen die Sterbeziffern auch dieser Altersklassen weit günstiger wie früher, davon profitieren aber nur diejenigen, wenn man das so ausdrücken darf, welche nach der früheren Absterbeordnung eigentlich diesen Krankheiten hätten erliegen müssen, die Überlebenden haben nichts von dieser Besserung der Gesundheitsverhältnisse, im Gegenteil, sie stehen unter ungünstigeren Bedingungen wie früher. Es sterben eben weniger im Verhältnis wie früher, aber die Überlebenden sind minderwertiger, zum mindesten nicht von besserer Gesundheit.

Man kann wohl ganz allgemein sagen, daß das Leben in der Stadt den Menschen rascher verbraucht, daß bei denjenigen, welche nicht an einer akuten Krankheit sterben, der natürliche Tod durch Altersschwäche in früherem Alter eintritt als das früher der Fall war und auch heute unter sonst gleichen Bedingungen auf dem Lande der Fall ist. Vor allem aber muß man annehmen, daß sich bei der jetzt heranwachsenden Generation der städtischen Bevölkerung, wenn auch zunächst aus angeführten Gründen ihre Gesundheitsverhältnisse gegen früher bessere zu sein scheinen, über kurz oder lang die Folgen der mangelhaften körperlichen Entwicklung bemerkbar machen müssen und daß die betreffenden, wenn sie auch von akuten Infektionskrankheiten verschont bleiben, doch schließlich frühzeitig den mannigfachen Schädlichkeiten des städtischen Lebens erliegen oder zum mindesten der natürliche Tod an Altersschwäche früher als sonst eintritt.

In diesem Sinne erscheint mir die Tatsache äußerst beachtenswert, daß in den dichtbevölkerten Gebieten des Reiches eine weit geringere Zahl der nach Ablauf des 15. Lebensjahres gestorbenen Personen das 60. Lebensjahr beim Tode erreicht oder überschritten hatte, als das in den dünnbevölkerten Gebieten der Fall ist [1]). So hatten z. B. in den Jahren 1902 und 1903 von je 1000 nach Ablauf des 15. Lebensjahres Gestorbenen in den (damals 33) Großstädten nur 407, in den (57) Mittelstädten 436, dagegen in den kleineren Gemeinden und auf dem platten Lande 557 die Altersgrenze von 60 Jahren überschritten. Für erwachsene Personen, die ein Alter von 15 Jahren erreicht haben, ist also die weitere Lebenserwartung in den Großstädten geringer als in den Mittelstädten und hier wieder weit geringer als in den kleinen Gemeinden.

Je minderwertiger die stets in den Städten heranwachsende Generation nach ihrer körperlichen Entwicklung ist, umso stärker müßte dieses Moment sich in der Folgezeit bemerkbar machen, wenn es auch gelingt dieselben über das 15. Lebensjahr hinüberzubringen. Wir müssen diese Überlegungen dahin zusammenfassen, daß das Absinken der Sterblichkeitsziffern in den Städten dadurch hervorgerufen wurde, daß es den hygienischen Errungenschaften gelang, eine Reihe wichtiger Krankheitsursachen, vor allem die Gelegenheit zu Infektionen, wesentlich zu reduzieren, und so eine Reihe von Menschen vor Erkrankung und eventuellem Tod zu bewahren, keineswegs aber dadurch, daß in der Jetztzeit in den Städten die Widerstandsfähigkeit und die körperliche Entwicklung der Menschen eine bessere geworden sei, und dieselben deshalb jetzt mehr wie früher imstande seien, etwaigen Krankheitsursachen Widerstand zu leisten. Im Gegenteil, denkt man sich einmal die heutige Generation der städtischen Bevölkerung denselben Krankheitsursachen und derselben Infektionsgefahr ausgesetzt wie die frühere vor der Entwicklung der Hygiene, so würde sie vermutlich eine wesentlich höhere Mortalität und Morbidität liefern. Die städtische Bevölkerung ist nicht gesunder, aber viele wichtige Krankheitsursachen sind weniger geworden, und das ist es, was zu einem Absinken der Sterbeziffern führt.

C. Ballod kommt in den auf dem internationalen Hygiene-Kongreß zu Berlin 1907 aufgestellten Leitsätzen [2]) zu Schlüssen, welche die oben aufgestellten Vermutungen zu bestätigen scheinen. Er sagt: „Die Abnahme der Sterblichkeit betrifft in erster Linie die jüngsten Altersklassen vom 1.—20. Lebensjahre, etwas weniger ausgeprägt erscheint sie bei den mittleren Altersklassen vom 20.—55. Lebensjahre und am wenigsten tritt sie hervor bei den höchsten Altersklassen."

„Die für Stadt und Land getrennt berechneten Sterbetafeln ergeben eine entschiedene Überlegenheit des Landes in biologischer Hinsicht."

„Innerhalb der großstädtischen Bevölkerung ist es die stadtgeborene, welche

---

[1]) Das Deutsche Reich in gesundheitl. Beziehung, S. 39.

[2]) S. Kongreßbericht, 3, I und II, S. 1070.

die ungünstigste Lebensdauer aufweist, wobei die Unterschiede zu Gunsten der zugewanderten Bevölkerung beim männlichen Geschlecht stärker hervortreten als beim weiblichen.“.

Trotz der durch die gewöhnlichen Sterbeziffern vorgetäuschten günstigen Gesundheitsverhältnisse der Städte hat man also allen Grund, unausgesetzt an der Verbesserung der städtischen Wohnverhältnisse zu arbeiten, vor allem in dem Sinne, daß man versucht, einem immer größeren Teil der Bevölkerung in der Umgebung der Städte Wohngelegenheit und damit allerlei Vorzüge der Lebensweise zu ermöglichen, wie sie nur dem Landleben eigentümlich und ganz besonders für die heranwachsende Generation nötig sind. In späteren Abschnitten werden wir darauf zurückkommen. Es ist in diesen Verhältnissen einer der bedeutsamsten Faktoren gegeben, welche den Städten eine weitgehendste Pflege der Dezentralisation zur Pflicht machen.

Zweiter Teil.

Die städtische Bodenfrage.

Erster Abschnitt.

Die Ursache der städtischen Wohnungsnot.

Jemand, der über die Ursachen der städtischen Wohnungsnot noch gar nicht nachgedacht hat und demnach ein völliger Laie in allen das städtische Wohnungswesen betreffenden Fragen ist, beginne aus irgend welchen Gründen Interesse an der Sache zu gewinnen. Vielleicht hat er die Ergebnisse einer Wohnungserhebung in seiner Stadt gelesen, oder an einem Kongreß für Wohnungsreform teilgenommen. Da kann es sein, daß er schauerliche Dinge zu hören bekommt. So wurde auf dem Frankfurter Wohnungskongreß 1904 von Pater Dalmatius[1]) berichtet, daß in einer Stadt im Westen Rheinlands Eltern, zwei Söhne, zwei Töchter unter 14 Jahren und eine dritte Tochter mit drei unehelichen Kindern in einem Zimmer von 36,5 qm Bodenfläche und zusammen zwei Betten hausten, und daß das nicht einmal der schlimmste Fall war. Aus den Berichten eines Berliner Stadtmissionars wird ebenda mitgeteilt, daß er „Familien getroffen habe, wo die Eltern mit fünf Kindern nur ein Bett hatten, vier von ihnen schliefen im Bett, die anderen davor auf Stroh oder Resten von Decken."

Das rüttelt das Gewissen unseres angehenden Wohnungspolitikers auf, er fühlt die Verpflichtung in sich groß zu werden, sich sozial zu betätigen und die Wohnungsfrage scheint ihm dazu so recht geeignet. So fängt er denn an nachzudenken. Nachdem er durch Anhören obiger und ähnlicher Schilderungen ein völlig der Wirklichkeit entsprechendes Bild der städtischen Wohnverhältnisse erlangt zu haben und darnach die städtischen Wohnverhältnisse überhaupt beurteilen zu können glaubt, geht er zu einem weiteren Punkt über, er beginnt über die Ursachen dieser betrübenden Verhältnisse nachzudenken. Er legt sich die Frage vor, warum wohnen denn so viele Menschen in oft so unzulänglichen,

[1]) S. Kongreßbericht, S. 388.

schlechten, nicht selten überfüllten Hinter-, Keller- und Dachwohnungen, und gelangt folgerichtig zu der Antwort: Die städtischen Wohnungen, speziell die Kleinwohnungen sind zu teuer, ihr Preis steht in keinem Verhältnis zum Einkommen der Wohnungssuchenden, deshalb sind dieselben genötigt, die billigsten, dafür aber auch armseligsten Wohnungen aufzusuchen, deren Größe und Rauminhalt obendrein in keinem Verhältnis zur Zahl der darin untergebrachten Personen steht. Er fragt weiter: Warum sind die Preise so hoch. Da der Preis vom Hausbesitzer gefordert wird, so richtet sich sein Verdammungsurteil zunächst gegen diesen. Würde dieser „Wucherer" nicht so hohe Mietpreise nehmen, würde er die Wohnungen billiger und in besserer Ausstattung hergeben, so wäre das Wohnungselend schon erheblich gemildert.

So kommt es, daß unsere Wohnungsreformer die Aufgabe dieser Reform zunächst in einer Bekämpfung der gewinnsüchtigen Absichten der Hausbesitzer, vor allem auch des gewerbsmäßigen Bauunternehmertums erblickt. In ihnen sieht er den Halsabschneider, der seinen Mietern die hohen Wohnungspreise abpreßt und sich unter Ausbeutung ihrer Notlage bereichert. So wäre dann nach seiner Meinung die Lösung der Wohnungsfrage sehr einfach. Man brauche nur den sogenannten Hausagrariern, den Grundbesitzern, Bauunternehmern, Hausbesitzern usw. diese unrechtmäßigen Gewinne zu beschneiden, sie zu zwingen, ihre Wohnungen billiger zu vermieten und jede weitere Reformarbeit wäre überflüssig.

Er trägt also seinem Hausherrn, von dem er eine Wohnung in einem städtischen Etagenhaus gemietet hat, die Früchte seiner Erkenntnis vor und verlangt eine Herabsetzung der Miete. Da kommt er schön an. Bis aufs kleinste rechnet ihm dieser vor, welch hohen Preis das Haus ihm selbst gekostet, was er seitdem für Reparaturen und Verbesserungen hineingesteckt habe, was er alles an Steuern, Kanalisations-, Müllabfuhrgebühren usw. bezahlen müsse, was er für Ärger und Schererei mit den Mietern habe, und daß er eigentlich ein Narr sei, daß er sich so plage, statt sein Geld auf irgend eine Sparkasse zu legen und mit $3\frac{1}{2}$ % zu verzinsen.

Der Mieter bezweifelt zwar in manchem die Richtigkeit dieser Argumente, nach einiger Überlegung kommt er aber zum Schlusse, daß sein Hausherr zwar übertreibe, im großen und ganzen aber doch nicht so unrecht habe und tatsächlich genötigt sei, so hohe Mietpreise zu fordern, um sein im Hause angelegtes Kapital entsprechend zu verzinsen.

Sein Hausbesitzer klagt ihm noch weiter vor, wie viele Wohnungen jetzt überall leerständen, wie viele Hausbesitzer schon genötigt gewesen seien, deshalb ihre Mieten herabzusetzen und unser Wohnungspolitiker muß zugeben, daß selbst ein notorisch gewinnsüchtiger und rücksichtsloser Egoist, für den er seinen Hausherrn trotz aller gegenteiligen Versicherungen hält, tatsächlich unter dem Drucke der

Konkurrenz seitens der anderen Hausbesitzer steht und in der Festsetzung seiner Mietpreise durchaus nicht ganz willkürlich verfahren kann. Er beschäftigt sich also noch etwas weiter mit den Leiden und Freuden des Hausbesitzerstandes und kommt zu der Erkenntnis, daß in der Regel die Kosten, die der Eigentümer für das Grundstück, den Bau des Hauses oder das fertige Haus getragen hat, die sonstigen Lasten, die auf dem bebauten Grundstück ruhen, wie Steuern etc. so hoch sind, daß die Verzinsung, welche derselbe schließlich aus seinem Anwesen erhält, für gewöhnlich keineswegs eine besonders hohe ist. Er muß zugeben, daß das Plus über den landesüblichen Zinssatz ein durchaus gerechtfertigter Lohn für die Arbeit, die vielen Plackereien und Scherereien mit unordentlichen Mietern und eine durchaus berechtigte Risikoprämie für eventuelle Mietausfälle durch zeitweiliges Leerstehen der Wohnungen ist. So freut er sich denn im Stillen, daß er kein Hausbesitzer ist und rechnet sich aus, daß er einen Teil seines Vermögens viel besser und höher verzinst in Bank- und Industrieaktien angelegt hat, ohne daß ihm dabei solche Arbeit und Mühe erwächst.

Wir könnten noch manches anführen, was ihn in dieser Erkenntnis bestärken würde, z. B. daß auch die gemeinnützigen Baugesellschaften, Genossenschaften, welche zum Selbstkostenpreis oder mit denkbar geringsten Gewinnansprüchen (3 % Verzinsung ihres Aktienkapitals — z. B. Aachener gemeinnützige Baugesellschaft), städtische Kleinwohnungen herstellen, in der Regel nicht in der Lage sind, trotz allerlei Vergünstigungen, die sie sehr häufig vor dem privaten Wohnungsbau voraushaben, billigere Wohnungen herzustellen, wohl meist bessere und den Anforderungen der Hygiene entsprechendere. Das liegt aber teilweise daran, daß ihre Wohnungen meist in späterer Zeit erbaut sind und sich so allerlei moderne bautechnische Errungenschaften zunutze machen konnten. Weiterhin kommen derartigen Baugenossenschaften eben die Vorteile großzügig und großkapitalistisch angelegter Unternehmungen zugute, während der private Unternehmer meist sehr wenig eigenes Kapital besitzt und das benötigte entliehene Kapital sehr hoch verzinsen muß.

Wer also ruhig und ohne einseitige Parteinahme die Ursache der Wohnungsnot bzw. der städtischen Mietpreise bis zu diesem Punkte durchdacht hat, wird zum Schlusse kommen, daß dieselben im allgemeinen nicht in übertriebenen und unberechtigten Forderungen der Hausbesitzer und Bauunternehmer, sofern diese selbst Hausbesitzer sind, zu suchen sind.

Er muß also seine Studien fortsetzen und sich fragen, wie kommt es denn, daß inmitten unserer Städte weder der von „Gewinnsucht" geleitete private Unternehmer noch die von den besten und uneigennützigsten Absichten geleiteten gemeinnützigen Baugesellschaften imstande sind, billige Wohnungen auf den Markt zu bringen, daß ihre

Wohnungen immer unverhältnismäßig viel teurer sein müssen, als in den Außenbezirken der Städte oder gar in den Landorten?

So lernt er einsehen, daß die Ursachen für diese verschiedenen Preise *in den verschiedenen Herstellungskosten der betreffenden Wohnungen* gegeben sein müssen. Er muß sich also weiter fragen, was sind diese Kosten, was ist speziell die nach der verschiedenen Lage in den einzelnen Stadtteilen variierende Größe? Er denkt zunächst an die eigentlichen *Baukosten*, diese sind aber, was z. B. Arbeitslöhne, Materialpreise usw. anlangt, innerhalb eines Stadtgebietes so ziemlich gleich, besondere Fälle ausgenommen, wie bei Grundstücken in hügeligem Terrain, wo der Transport besondere Schwierigkeiten macht. Er denkt weiter an den *Zinsfuß* der für die Grundstückbeschaffung und den Bau aufgenommenen Kapitalien, aber der ist erst recht gleich, und so bleibt schließlich nur der *Preis für das zu bebauende Grundstück*, der *Bodenpreis*, bzw. der *Bodenwert* übrig. Folgerichtig gelangt er zu dem Schluß, daß die letzte und innerste Ursache für die Verschiedenheit der Mieten und die hohen städtischen Wohnungsmieten überhaupt die in den einzelnen Stadtteilen sehr verschiedenen, im allgemeinen aber sehr *hohen städtischen Bodenwerte* sein müssen. Diese sind so hoch, daß sie billiges Bauen, billige Wohnungen usw. unmöglich machen, weil schon allein die Verzinsung des zum Grunderwerb benötigten Kapitals unverhältnismäßig hohe Summen fordert.

So ist er denn nach einigen Irrfahrten beim *Kernpunkt der städtischen Bodenfrage, den hohen Bodenpreisen* angelangt, und glaubt sich am Ende seiner Betrachtungen. Wenn die hohen Bodenpreise die Ursache für die Wohnungsmißstände sind, folgert er weiter, müssen sie unter allen Umständen bekämpft werden. Darin liegt der Schwerpunkt der Wohnungspolitik und Wohnungsreform.

Da erinnert er sich einer Bemerkung, die ihm gleichfalls auf dem Wohnungskongreß vorgetragen wurde [1]: „Die Grundbesitzer in der Umgebung der wachsenden Städte werden sämtlich Spekulanten, sie sperren ihr Eigentum gegen das Bau- und Wohnbedürfnis, geben es nicht eher her, als bis ihnen der Preis gezahlt wurde, den sie verlangen und dieser ist nie geringer als der letzte erpreßbare Wucherpreis."

Auch andere ähnliche Bemerkungen hat er oft gehört und gelesen. Und so ist es denn wieder eine Gruppe von Leuten, gegen die sich jetzt sein und ähnlicher Wohnungspolitiker Eifer wendet. Waren vorher die Hausbesitzer die Sündenböcke, so sind es jetzt die *Grundbesitzer*, vor allem diejenigen, welche sich gelegentlich oder berufsmäßig mit dem An- und Verkauf städtischer Grundstücke befassen, die *Terrainunternehmer*, die sogenannten *Bodenspekulanten*. Es ist ihm jetzt ganz klar, daß sie die gemeingefährlichen Objekte sind, gegen welche sich die Angriffe der Wohnungspolitiker und Reformer zu richten haben.

---

1) S. Bericht über den Frankfurter Wohnungskongreß, S. 372.

Gern greift er das Schlagwort vom „Bodenwucher" auf. Er überlegt zunächst nicht, daß doch irgend jemand die Grundstücke kaufen und einer Bebauung zuführen, d. h. das Gelände aufschließen muß. Ihm genügt zur Verdammung einer derartigen Tätigkeit das Wort „Spekulation". Was brauchen die Leute zu spekulieren, erst recht in Grundstücken und dadurch anderen Leuten die Wohnungen zu verteuern. Daß er selbst zeitweise recht eifrig an der Börse spekuliert und dabei auch ganz ansehnlich gewonnen hat, gesteht er natürlich nicht ein und dünkt sich unendlich über die Bodenspekulanten erhaben.

Zweiter Abschnitt.

Die städtischen Bodenwerte.

Überblickt man die unglaublich anschwellende Wohnungsliteratur und die Ansichten, die darin über die Entstehung der städtischen Bodenwerte geäußert werden, so sind es vor allem zwei verschiedene, einander heftig befehdende Richtungen, welche jede in anderer Weise diese Erklärung versuchen.

Die einen halten dieselben im wesentlichen für das Produkt spekulativer Machenschaften von seiten der jeweiligen Besitzer. Sie glauben, daß diese imstande seien, willkürlich innerhalb sehr weiter Grenzen die Bodenpreise in dem von ihnen gewollten Sinne zu beeinflussen, also höher zu treiben, als ihrem eigentlichen Wert entspricht. Sie sehen in denselben also etwas künstliches und naturwidriges, etwas, das sich sehr leicht durch entsprechende Maßregeln hätte vermeiden lassen.

Auch die Meinungen dieser Gruppe gehen bezüglich der Mittel, auf Grund deren die Bodenspekulanten imstande seien, diese Preissteigerungen zu bewirken, sehr weit auseinander. Einige scheinen zu denken, daß dazu schon allein der Wunsch und Wille der Spekulanten genüge, sie denken sich die Sache einfach so, daß bei jedem Umsatz der frühere Besitzer den Kaufpreis erhöhe, und daß so ganz automatisch mit der Höhe der Umsätze auch der Preis des Bodens steige. Sie geben sich also weiter gar keine Rechenschaft darüber, was nun eigentlich die Spekulation in den Stand setze, bei jedem Umsatz auch den verlangten höheren Preis zu erzielen. Ihnen genügt die Tatsache, daß eine Bodenspekulation da ist, vollkommen zur Erklärung dieser Wertsteigerung, mehr wollen sie gar nicht wissen, und da der Bodenspekulant die hohen Gewinne einsteckt, ist er auch die Ursache davon.

Andere sind sich darüber klar, daß auch die Spekulation nicht ohne weiteres die Preise diktieren könne, sondern daß sie gewisse Hilfsmittel nötig habe. So nehmen einige an, dieses Mittel der Spekulation sei die Aussperrung des baureifen Landes von der Bebauung. Sie folgern[1]):

„Aus ehedem blühenden Gärten und Kartoffelfeldern wird ödes Baugelände, welches von den Besitzern zu billigem Preise angekauft und in spekulativer Erwartung der kommenden starken Nachfrage bis zu dem Augenblicke unbenützt zurückgehalten wurde, bis ein reichlicher Gewinn infolge der dringend notwendig gewordenen baulichen Ausnützung winkte.“

Andere, und das ist die Mehrzahl, geben zu, daß die Spekulation aus allerlei Gründen nicht die Zurückhaltung des Bodens soweit treiben könne, daß sie vielmehr durch ganz besondere Umstände in den Stand gesetzt seien, die aus natürlichen Ursachen steigenden Preise weit rascher und weit schneller emporzutreiben, als sie es ohne diese spekulativen Machenschaften tun würden. Diese glauben, daß die Besitzer des städtischen Bodens oder des demnächst in das Stadterweiterungsgebiet einzubeziehenden Bodens eine gewisse Monopolstellung inne hätten, dadurch hervorgerufen, daß der städtische Boden, speziell aber der in der nächsten Umgebung des bereits bebauten Gebietes liegende, einen monopolartigen Charakter habe, ein Gut sei, welches keineswegs beliebig vermehrt werden könne, und für das dem jeweiligen Besitzer nur eine sehr beschränkte Konkurrenz erwachse. Es ist das die Lehre vom „schmalen Rand“, die in der Bodenliteratur eine große Rolle spielt und neuerdings von v. Mangoldt[2]) besonders vertreten wird.

„So schnürt ein unsichtbarer Wall von Grundrente die Städte ein“, sagt Oppenheimer auf dem Frankfurter Wohnungskongreß[3]), „und die von ihm eingepreßte Bevölkerung kann nicht nach außen entweichen, wo Boden genug für ausreichende Behausung für alle wäre“ . . . „Sie kann nicht ausweichen und muß zähneknirschend bewilligen, was die Bodenherren von ihr verlangen“.

Diesen allen, welche nun in irgend einer Weise die Bodenspekulation als treibendes Moment der Bodenpreise ansehen, steht eine andere zunächst wohl noch kleinere Gruppe gegenüber, welche in der Wertsteigerung des städtischen Bodens eine ganz natürliche, mit der Entwicklung der Städte eng zusammenhängende Erscheinung erblickt und bei dieser Wertbildung der Spekulation nur eine nebensächliche, nebenher laufende, nicht aber ursächliche Bedeutung beimißt, dieselbe nur für ein gelegentliches Höhertreiben der Preise verantwortlich macht, was aber auf die dauernde Preisgestaltung keinen Einfluß ausübe. Sie glauben, daß auch ohne Spekulation durch die Höherbewertung des städtischen Bodens von seiten der Nachfrage die Bodenpreise in den Städten zu der jetzigen Höhe emporgestiegen wären.

Es ist selbstverständlich nicht meine Absicht, all diese Theorien bis in ihre letzten Beweismomente, wie sie von den Anhängern und Begründern, und ihre letzten Widerlegungen, wie sie von den Gegnern

[1]) H. Rost, Das moderne Wohnungsproblem, 1909, S. 110.
[2]) Die städtische Bodenfrage, Göttingen 1907.
[3]) s. Kongreßbericht. S. 372.

vorgebracht werden, zu verfolgen. Schon im Vorwort habe ich den Grundsatz ausgesprochen, daß es für den Wohnungspolitiker vor allem nötig sei, über die einzuschlagenden Maßnahmen der Bodenpolitik und Wohnungspolitik Klarheit zu gewinnen, daß er demnach in der Bodenfrage, auf der alles beruht, irgend einen bestimmten Standpunkt einnehmen müsse, lieber einen falschen, als gar keinen, und daß die größte Gefahr darin liege, daß er fortwährend von einer Meinung zur anderen hin und her schwankt.

Entsprechend diesem Grundsatz werde ich mich hier im allgemeinen nur auf diejenigen Anschauungen berufen, wie sie mit der Meinung, die ich mir auf Grund meiner diesbezüglichen Studien gebildet habe, übereinstimmen, und diejenigen bekämpfen, die eine Widerlegung bedeuten würden.

Nur so kann man selbst zur Klarheit gelangen und auch anderen dazu verhelfen. Ein „kritisches Referat" über all diese Theorien beabsichtige ich nicht.

Wie verhängnisvoll es werden kann, wenn der Glaube an irgend eine volkswirtschaftliche Autorität die Veranlassung dazu wird, daß richtig erkannte und praktisch erprobte Anschauungen einfach über Bord geworfen werden, hat uns A. Voigt im I. und II. Abschnitt seines Werkes über „Kleinhaus und Mietkaserne" überzeugend geschildert.

Dritter Abschnitt.

Die natürliche Wertsteigerung des städtischen Bodens.

Es ist noch keineswegs sehr lange her, daß die Bodenfrage bei der Behandlung wohnungspolitischer Fragen eine so ausschlaggebende Rolle spielt, wie in der Gegenwart. Für viele begann das Studium dieser und verwandter Gebiete erst, als R. Eberstadt mit den bekannten Schriften: „Städtische Bodenfragen" (1894) und „Rheinische Wohnverhältnisse und ihre Bedeutung für das Wohnungswesen in Deutschland" (1903) neue und von der bisherigen Auffassung vielfach abweichende Gesichtspunkte vorbrachte. Nicht als ob dieselben allgemein und in allen Punkten überzeugt hätten. Im Gegenteil, die dort aufgestellte Behauptung, daß die gedrängte Bauweise und die Mietkaserne das Wohnen verteuere, wurde von Anfang an von vielen energisch angefochten und erschien wenig glaubhaft. Insbesondere waren es zunächst Abele, Rettig, Nußbaum und andere, die diese Theorie bekämpften. Im allgemeinen hatte man vorher das Empfinden gehabt, daß man Miethäuser und Mietkasernen dort baue, wo der Boden für Einfamilienhäuser zu teuer geworden sei und daß man deshalb lieber verschiedene Wohnetagen übereinanderlege, um die Mieten für die einzelnen Mietparteien wieder erschwinglich zu machen.

Andere waren allerdings ebenso sehr von der Richtigkeit der Eberstadtschen Theorien überzeugt, um so mehr wohl, je weniger sie selbst sich in diese Fragen genügend vertieft hatten.

Dann kam die bekannte Schrift von A. Voigt und P. Geldner: „Kleinhaus und Mietkaserne" (1905), die im wesentlichen eine Bekämpfung der Ansichten Eberstadts darstellt. Sie brachten wohl manchem Befreiung von den Zweifeln, in die sie durch R. Eberstadt gekommen waren. Vieles von dem, was sie sich selbst gegen die Behauptungen Eberstadts zurechtgelegt hatten, fanden sie hier wieder, nur klarer und systematischer bewiesen, als daß jemand, dem diese Fragen im allgemeinen ziemlich ferne lagen, vermocht hätte. Fast zur selben Zeit (1905) erschien der Bericht über den I. Allgemeinen Deutschen Wohnungskongreß in Frankfurt a. M., 16.—19. Oktober 1904, mit dem Referat von Pohle: „Die tatsächliche Entwicklung der Wohnungsverhältnisse in Deutschland in den letzten Jahrzehnten". Wenn dasselbe auch keinen direkten Angriff gegen Eberstadts Ansichten enthielt, so waren doch die Anschauungen, die dort über die Entstehung der Bodenwerte usw. vorgebracht wurden, vielfach denselben direkt entgegengesetzt. Das gab den letzten Ausschlag. Viele fühlten wieder sicheren Boden unter den Füßen, auf dem sie weiter bauen konnten. Im übrigen war man um eine bedeutsame Erfahrung reicher geworden und hatte einsehen gelernt, wie außerordentlich wichtig das Studium dieser wirtschaftlichen Fragen für jeden ist, der sich irgendwie mit dem Wohnungs- und Städtewesen befaßt.

Das wesentliche der Anschauungen Eberstadts liegt darin, daß er die natürliche Wertsteigerung des Bodens zwar nicht völlig negiert, sie im allgemeinen aber ganz unbeachtet läßt und die Entstehung der hohen städtischen Bodenwerte in ganz anderer Richtung sieht. Nach ihm liegen die Verhältnisse etwa so, daß erst durch die Zulässigkeit der starken Terrainausnützung, wie sie vor allem durch die Mietkaserne gegeben ist, die hohen städtischen Bodenwerte erzeugt wurden. Also nicht die hohen städtischen Bodenwerte seien das Primäre gewesen, wie man vorher annahm und hätten dann zu einer dichteren Bebauung und intensiveren Grundausnützung getrieben, sondern im Gegenteil erst die letztere, wie sie vor allem im Bau der Mietkasernen gegeben sei, habe die Bodenpreise auf eine so schwindelnde Höhe getrieben. Die so erzeugten Bodenpreise seien dann trotz der stärkeren Grundausnützung die Ursache der hohen Mietpreise, und da sei es bezeichnend, daß die übertriebene Intensität der Bebauung keineswegs zu einer Verbilligung, sondern zu einer Verteuerung der Wohnungen führe. Die Mietkaserne beherberge nicht nur die schlechtesten, sondern auch die teuersten Wohnungen.

Vor Eberstadt war man meist anderer Ansicht, man hätte es allerdings auch, namentlich im hygienischen Interesse lieber gesehen, wenn man die großstädtische Bevölkerung weit weniger in Mietwohnungen und Mietkasernen hätte unterbringen können. Aber man war im allgemeinen der Überzeugung, daß das nun einmal wegen der leidigen Kostenfrage nicht gehe und daß es immer noch besser sei, sich mit einer guten und billigen Etagenwohnung, deren Preis die gesamte Wirtschaftsführung nicht allzu sehr belaste, zu behelfen, als eine vielleicht bessere aber ungleich teuere Wohnung im Einfamilienhause mit einem Verzicht auf viele andere zum Leben und zur Gesundheit nötigen Dinge erkaufen zu müssen. Man war eben der Meinung, daß der hohe Preis des städtischen Bodens eine absolut selbstverständliche und natürliche Wertsteigerung sei, und daß man deshalb mit diesem hohen Wert bei der Anlage städtischer Wohnungen rechnen müsse.

Diese natürliche Wertsteigerung ist es auch, welche A. Voigt, Pohle und andere Eberstadt gegenüber aufrecht erhalten. Wir wollen uns deshalb im folgenden etwas eingehender mit derselben und ihrem Werdegang in den Städten befassen.

So sehr die Meinungen auch über die Ursachen der Wertsteigerung des städtischen Bodens auseinandergehen, in dem einen Punkte stimmen sie alle überein, daß diese Wertsteigerung in allen wachsenden Städten vorhanden ist und ihre Höhe im allgemeinen mit der Größe der Städte wächst. Es kann diese Tatsache schlechterdings auch nicht in Abrede gestellt und es sollen deshalb nur einige Zahlen (nach Rost, v. Mangoldt[1]) und anderen) angeführt werden.

In Berlin kostete schon 1872 1 qm Bauland unter den Linden 1270, in der Leipziger Straße 630, in der Gegend des Spittelmarktes (1869) etwa 1400 Mk.

Nach A. Voigt betrug der Grundrentenkaufwert der bebauten Grundstücke am Hausvogteiplatz im Durchschnitt pro qm 1865 115, 1880 344, 1895 990 Mk.

In Charlottenburg waren an der Berliner Straße die Preise 1827—40 1,80—3, um 1860 herum 5—6, 1868—1875 15—30, Ende der achtziger Jahre 60, 1898 80—85 Mk.

A. Voigt berechnet den Bodenwert der bebauten Grundstücke der Stadt Berlin 1830 auf 17, 1898 auf 2118 Millionen Mark, von Philippovich den Wert des bebauten Bodens von Wien 1860—65 auf 317 Mill. Gulden, 1900 dagegen auf 1113 Mill.

In München betrugen die Preise für 1 qm Bodenfläche:

	1862/65	1896/1900
in der Ludwigstraße . . .	14 Mk.	114 Mk.
„ „ Theresienstraße .	23 „	97 „
„ „ Haidhausen . . .	3 „	52 „
am Markt	185 „	534 „
in der Sendlingerstraße .	141 „	593 „
am Promenadenplatz . .	342 „	820 „
„ Gärtnerplatz	125 „	321 „
„ Königsplatz	63 „	334 „

In Mannheim beträgt der Bodenpreis im Herzen der Innenstadt 1000 bis 2000 Mk. für den Quadratmeter, am Bahnhof und am Friedrichsplatz 300 bis 1000 Mk.

Im allgemeinen zeigen die Bodenwerte in allen in steter Vergrößerung begriffenen Städten eine teilweise sehr rasche Zunahme. Immerhin — das wird auch von denen zugegeben, welche diese Wertsteigerung größtenteils als ein künstliches Produkt spekulativer Machenschaften auffassen — findet auch zeitweise ein Wertstillstand und nicht selten sogar eine recht beträchtliche Wertminderung statt, die zu förmlichen Krisen auf dem Grundstückmarkt führen kann, doch schließlich auch ein Beweis dafür, daß die Spekulation nicht einfach die Preise diktieren und den Grundstückmarkt ganz nach Gut-

[1]) a. a. O.

dünken beherrschen kann. Zunächst erscheint es auch durchaus selbstverständlich, daß in rasch wachsenden Städten die Bodenpreise steigen, das rasche Wachstum derselben ist ja weiter nichts als der Ausdruck der schnellen und günstigen wirtschaftlichen Entwicklung und die muß zu einer Höherbewertung der Wohnungen und damit des Bodens führen. Umgekehrt erscheint es ebenso natürlich, daß in Städten, deren Entwicklung stille steht, die Bodenpreise ebenfalls sich auf gleicher Höhe halten, höchstens der Geldentwertung entsprechend allmählich steigen. Daß der letztere Fall im allgemeinen ziemlich selten vorkommt, liegt aber lediglich daran, daß Deutschland und unsere deutschen Städte sich in einer *Periode ungeheuren wirtschaftlichen Aufschwunges* befinden. Es gibt nur sehr wenig Städte, welche nicht eine ständige Bevölkerungszunahme zu verzeichnen hätten.

So äußert sich *Pohle* auf dem Frankfurter Wohnungskongreß (s. Kongreßbericht, S. 171): „In einer Stadt, deren Einwohnerzahl fortwährend wächst und der daher vor allem im Stadtinnern die Besiedelungsdichtigkeit zunimmt, ist das Anwachsen der Bodenwerte eine durchaus natürliche und notwendige Erscheinung, zu deren Erklärung es in keiner Weise des Heranziehens der Bodenspekulation bedarf. Bewirkt wird die Steigerung der Bodenwerte durch die Konkurrenz, die sich die wachsende Menschenzahl um den Besitz des Bodens macht.

Was die Verteilung der Bodenwerte innerhalb ein und *derselben Stadt* anlangt, so kann man sich von derselben ungefähr folgendes Bild machen. Im Inneren der Stadt, da wo das geschäftliche Leben sich am meisten entfaltet, in kleineren Städten sich das *Geschäftsviertel*, in größeren nach und nach die *City* herausbildet, sind die *Bodenpreise am höchsten. Von hier stufen sie sich nach der Peripherie hin allmählich ab*, gewiß nicht im Sinne einer mathematischen Gesetzmäßigkeit, daß immer auf einen Ring bestimmter Bodenpreise ein weiterer konzentrischer folgt, in dem sie alle etwas niedriger stehen usw. Wo z. B. eine Straße mit besonders starkem geschäftlichen Verkehr ruhige Wohnviertel durchschneidet, ragen auch die Bodenpreise über die Umgebung hervor, bilden gleichsam unregelmäßige Zacken und Ausläufer hoher Bodenwerte in dem sonst schon mittlere oder niedere Werte aufweisenden Stadtgebiet. Je weiter man sich aber vom geschäftlichen Mittelpunkt entfernt, umso niedriger werden im allgemeinen die Bodenwerte, stehen *an der Grenze des bebauten Teils allerdings meist noch erheblich höher als dem landwirtschaftlichen Ertrag entspricht* und erreichen erst weit außerhalb der Städte schließlich diese niedere Wertstufe.

Daß von dieser gleichmäßigen und allmählichen Abstufung *allerlei Unregelmäßigkeiten und Abweichungen* vorkommen, ist besonderen Umständen zu verdanken. So ist z. B. nicht selten das Geschäftsviertel in der Altstadt von einer Zone minderwertiger, weil unmodern gebauter und veralteter Gebäude umgeben, bei denen der Grund und Boden noch nicht bis zu dem Grad der baulichen Ausnutzung, wie ihn die Bauordnung gestattet, ausgenutzt ist. Es kann dann sehr wohl sein, daß weiter draußen in einem neueren Stadtteil, in dem nur Gebäude aus neuerer Zeit, 4 oder 5 stöckige Etagenhäuser mit entsprechenden, „mit allem Komfort der Neuzeit" ausgestatteten „Herrschaftswohnungen" zu vermieten sind, die Bodenpreise wesentlich höher stehen, weil die Mieterträgnisse zunächst höher sind. Das ist aber sehr häufig nur ein vorübergehender Zustand, weil die Besitzer der alten, unmodern gewordenen Häuser nach und nach dieselben abreißen und durch neue mit mehr Komfort ausgestattete und bis zur Höchstgrenze der baupolizeilichen Erlaubnis aufgeführte Gebäude ersetzen oder die betreffenden Viertel „saniert" werden, Geschäftsviertel daraus werden usw. Und bis dahin läßt man eben die alten Häuser und Wohnungen verfallen. In ihnen siedelt sich dann oft das schlimmste Proletariat an, hier finden sich die „Verbrecherhöhlen" der Großstädte. Diese Abweichungen von der Regel beweisen aber gar nichts gegen eine Bildung der städtischen Grundrente auf Grund des Abstandes von Zentrum, wie Eberstadt[1]) behauptet. Sie beweisen nur, daß dieselbe nicht streng schematisch erfolgt, sondern daß auf Grund von allerlei weiterhin mit dem Bau der Städte verknüpften Erscheinungen bei der Bildung der städtischen Grundrente und ihrer Abstufung nach der Peripherie Unregelmäßigkeiten bleibender oder vorübergehender Art auftreten. Es ist aber gerade Aufgabe einer diesbezüglichen, wie jeder anderen wissenschaftlichen Betrachtungsweise, aus dieser scheinbaren Regellosigkeit die tatsächliche Gesetzmäßigkeit herauszulesen. Auch der Umstand, daß gegenwärtig vielfach die Innenstadt, hauptsächlich von den wohlhabenden Ständen verlassen und die Außenbezirke als Wohngegenden bevorzugt werden, dadurch dort dann unter Umständen die Bodenwerte rasch steigen und eventuell höher stehen als in den peripheren Stadtteilen, ist keine Widerlegung für diese Entstehung der Bodenwerte und die Tatsache, daß dieselben im allgemeinen nach dem Zentrum und Stadtinnern ansteigen. Es drückt sich in diesem Umstande vielmehr schon eine Art natürlicher Regulierung gegen die hohen Bodenwerte im Innern der Städte aus, wie sie gegenwärtig durch allerlei Verhältnisse (s. später unter Dezentralisation) begünstigt und ermöglicht wird. Will man aber die Entstehung der Bodenwerte in früherer Zeit ergründen und auf diese Erkenntnis dann Reformmaßregeln aufbauen, so muß man sich auch auf diese ursprünglichen Verhältnisse beschränken und sie nicht mit den Zuständen, wie sie bereits als „Gegenmittel" gegen dieselben im Werden begriffen sind, zusammenwerfen. Auf diese Weise bekommt man nie ein klares Bild der Verhältnisse.

Wie weit sich die Zone, wo die Bodenwerte den landwirtschaftlichen Wert erreichen, hinausschiebt, hängt von der Größe und vor allem dem mutmaßlichen Entwicklungsgang der betreffenden

---

[1]) Handbuch des Wohnungswesens und der Wohnungsfrage. 2. Aufl. 1910. S. 114 ff.

Stadt ab. Erfolgt dieser sehr rasch, können deshalb die Besitzer der noch weit draußen liegenden Grundstücke mit einiger Sicherheit darauf rechnen, in absehbarer Zeit in die bebaute Zone einbegriffen zu werden, so kann sie sehr weit außerhalb der Städte liegen. So wird namentlich bei Großstädten, erst recht bei Millionenstädten, die in sehr rascher Entwicklung begriffen sind, im weitesten Umkreise der Stadt mitsamt ihrer Vororte keine Parzelle mehr zu finden sein, die der Besitzer zu einem dem landwirtschaftlichen Werte entsprechenden Preis verkaufen wird. Umgekehrt sind bei Städten, die in ihrer Entwicklung nicht recht voran kommen, die Bodenwerte oft in der nächsten Umgebung kaum höher als dem landwirtschaftlichen Wert entspricht.

Die absolute Höhe der Bodenwerte richtet sich vor allem nach der Größe und der Entwicklungstendenz der Stadt. Wo innerhalb aufblühender Städte beide Faktoren im günstigsten Sinne zusammentreffen, sind sie am höchsten und erreichen in einzelnen Fällen ganz extreme Werte, so berichtet Rost [1]) von einem Stückchen von 4 qm, das in Berlin in der Königsstraße mit 50 000 Mk. bezahlt wurde.

Auch in mittleren und kleineren Städten ist diese Wertsteigerung und ihre Abstufung vom Zentrum zur Peripherie zu beobachten, meist sogar in regelmäßigerer Form, wenn auch die absolute Höhe der Werte natürlich viel geringer ist.

Von diesem Gesetz, daß sich die Höhe der Bodenwerte unter sonst gleichen Verhältnissen nach der Größe des Ortes richte, kommen bemerkenswerte Ausnahmen vor, die scheinbar demselben widersprechen. So kann die enorme Höhe der Bodenpreise, wie sie in den Seebädern, z. B. in Ostende und kleineren Orten, wie Mariakerke, Heyst etc. für am Dique gelegene Grundstücke gezahlt werden, keineswegs aus der Größe dieser Orte erklärt werden. Für ihre Bewertung sind vielmehr das ganze diese Orte jährlich aufsuchende Badepublikum und die sich dadurch für einen Hotelbau bietenden Ertragsmöglichkeiten maßgebend. In gewissem Sinne stellt der sich der belgischen Küste entlang ziehende Dique nicht eine Straße des zufällig an ihm liegenden Fischerdörfchens dar, sondern die Straße, mit der das ganze belgische Land und die benachbarten Landesteile, aus welchen die belgischen Seebäder ihre Besucher erhalten, an das Meer angrenzen. Die hier gezahlten Grundstückpreise sind wirkliche Monopolpreise (s. S. 111), insofern als diese Grundstücke nicht beliebig vermehrbar sind und deshalb nur einer sehr beschränkten, wenn einmal die ganze Küste ausgebaut ist, überhaupt keiner weiteren Konkurrenz mehr unterliegen.

Ähnliche Überlegungen zeigen, daß zur Erklärung der teilweise enormen Bodenwerte, wie sie in den besten Geschäftslagen der Großstädte gezahlt werden, nicht nur die Verhältnisse dieser Stadt, sondern

[1]) a. a. O. S. 118.

die Kaufkraft der Bevölkerung im weitesten Umkreis mit herangezogen werden müssen. Ein Ladeninhaber in der Friedrichstraße in Berlin profitiert nicht nur von der Kaufkraft der Berliner Bevölkerung, sondern auch der des die Reichshauptstadt besuchenden Provinz- und Fremdenpublikums. Darnach richtet sich der Ertrag seines Geschäftes und darnach die Miete für die Geschäftslokalitäten, die er dem Hausbesitzer zahlen kann und unter dem Drucke der Konkurrenz auch zahlt.

In ähnlicher Weise richtet sich die Höhe der Bodenwerte in einem Villenvorort einer Großstadt, der hauptsächlich als Wohnsitz der wohlhabenden städtischen Bevölkerung dient, keineswegs nach der Größe dieses Vorortes selbst, sondern bis zu einem gewissen Grade nach der Größe der zugehörigen Mutterstadt, weil er seinen Einwohnern an den Vorzügen derselben teilzunehmen gestattet. Die dadurch gegebene Werthöhe erfährt allerdings wieder einen gewissen Abzug, weil der Besuch der städtischen Zentrale mit allerlei Unbequemlichkeiten und Kosten für die Benutzung der betreffenden Verkehrsgelegenheiten verbunden ist. Diese Überlegung ist nicht unwichtig für die Frage, wer die Wertzuwachssteuer, welche in diesem Vororte erhoben werden kann, einstecken soll, ob nur die Tochtergemeinde oder auch die Mutterstadt. Wir werden später bei den Eingemeindungen (s. S. 203) sehen, daß nur die Eingemeindung des betreffenden Vororts eine gerechte und zweckmäßige Lösung dieser und ähnlicher wirtschaftlicher Fragen ermöglicht.

Im allgemeinen zeigen also diese Überlegungen auf Grund der allerorts zu beobachtenden Tatsachen, daß die Bodenpreise überall mit dem geschäftlichen Leben, dem Aufschwung, den eine Stadt oder ein Stadtteil genommen hat, also den Erwerbsmöglichkeiten und sonstigen Vorteilen, den die Ansiedelung in dem betreffenden Stadtteil für die Wohnungssuchenden bietet, parallel gehen. Wenn Unregelmäßigkeiten vorkommen, so sind es regelmäßig solche, welche auch der Wohnungsnachfrage das Wohnen an der betreffenden Stelle je nachdem angenehmer oder unangenehmer machen.

Wir können also schon vorgreifend konstatieren, daß die Wohnungsnachfrage sehr wesentlich mit an dieser Preisbildung beteiligt sein muß, daß sie sich nicht beliebige Mietpreise diktieren läßt, wie so oft von Leuten der gegenteiligen Meinung behauptet wird, sondern daß sie in den Preisen, die sie zahlt, einen sehr erheblichen Unterschied macht je nach dem Wert der betreffenden Lage. Das wirkt dann auf die Bodenwerte zurück.

Wir haben bei der Besprechung des Werdegangs unserer Städte gesehen, wie die Menschen vom Lande in die Städte strömten, wie alles zunächst in den zentralen Stadtteilen, den späteren Geschäftsvierteln wohnen wollte, da, wo am meisten zu verdienen und am meisten zu sehen war. Eine Trennung von Arbeitsstätte und Wohnsitz gab es damals kaum, wer in der Stadt ein Geschäft hatte, wohnte auch dort, meist im selben Hause. So entwickelte sich hier eine fortgesetzte und starke Nachfrage nach Wohnungen und Bauland, der nur ein relativ beschränktes Angebot gegenüberstand. Denn wenn auch mit der Zeit die Geschäftsviertel durch Überführung benachbarter Wohnstraßen in Geschäftsstraßen sich vergrößerten, so ging das doch nur langsam und allmählich, die große Menge konnte und wollte darauf nicht warten, sie mußte in dem Geschäftsviertel wohnen und so ist es erklärlich, daß die scharfe Konkurrenz unter den Wohnungssuchenden die Preise in die Höhe trieb. Nicht, was der Besitzer fordert, ist hier das ausschlaggebende, sondern was die Nachfragenden oder einzelne derselben, die die Konkurrenten aus dem Felde schlagen wollen, zu zahlen gewillt sind. Das zeigt die Tatsache, daß bei Versteigerungen von bebauten oder unbebauten Grundstücken in diesen Stadtteilen ebenso hohe, nicht selten noch höhere Preise erzielt werden als bei freihändigem Verkauf, weil dann die Reflektanten oft selbst die Preise stark in die Höhe treiben. Der naheliegende Einwand, daß ein solch einzelner Fall nichts beweise, da richte sich der Preis nach den andern durch die Spekulation diktierten Preisen, ist nicht stichhaltig. Denn im Falle der Versteigerung zwingt doch niemand den Käufer, den betreffenden Preis zu bieten. Er bietet eben so viel, wie ihm nach seiner Berechnung das Grundstück wert zu sein scheint und das richtet sich nach dem Ertrag, den er aus demselben voraussichtlich erzielen kann.

Die Nachfrage nach derartig bevorzugten Geschäftslagen ist es also, die hier durch ihre gegenseitige Konkurrenz die hohen Werte schafft.

Aber dieser hohe Wert wirkt nach und nach auch auf die Umgebung ein. Steigen die Mietwerte in dem betreffenden Viertel immer weiter, so kommt schließlich der Zeitpunkt, wo ein Geschäftsmann, der hier ein neues Geschäft auftun will, sich sagt, daß er in dieser Straße bei den hohen Ladenmieten trotz des enormen Umsatzes, den er vermutlich erzielen wird, keine entsprechende Rentabilität herauswirtschaften kann; daß er sich besser steht, wenn er in einer Seitenstraße oder einem entlegeneren Teil der betreffenden Straße ein Geschäftslokal mietet. Wenn auch zunächst der Kundenkreis kleiner ist, so kann er durch entsprechende Reklame, schöne Auslagen und gute Geschäftsführung mit der Zeit einen größeren Kundenkreis heranziehen; dafür braucht er anderseits nur eine viel geringere Miete zu zahlen. So klug wie dieser sind dann aber bald auch andere, immer mehr folgen seinem Beispiel, und so wird aus der ursprünglichen Wohnstraße ebenfalls eine Geschäftsstraße. Damit steigen dann langsam und sicher die Erträgnisse der Grundstücke, die Mieten und so der Bodenwert.

So wirkt die absolute Höhe der Bodenwerte in der teuersten Lage, im Geschäftsviertel naturgemäß auf die weitere Umgebung und diese ähnlich wieder auf die noch entlegeneren Stadtteile ein. Keineswegs nur auf die sich neu bildenden Geschäftsstraßen, sondern auch auf die zwischen diesen verbleibenden, nicht dem Durchgangsverkehr dienenden ruhigen Seitenstraßen, die deshalb, zunächst wenigstens, für Geschäftszwecke nicht recht in Frage kommen und überwiegend zu Wohnzwecken dienen. Viele Geschäftsinhaber und das in den Geschäften, Bureaus usw. beschäftigte Personal wünschten und suchten früher in nächster Nähe der Arbeitsstätte zu wohnen. Für kleinere Städte gilt das auch heute noch. Dadurch wird die Nachfrage nach den in der Nähe gelegenen Wohnungen am größten, die Preise steigen entsprechend, dadurch werden dann die Leute geringeren Einkommens veranlaßt, ihre Wohnungen in weiter abgelegenen Stadtteilen zu nehmen, wo die Mieten noch billiger sind; geht die Entwicklung weiter, so fangen mit der Zeit durch die stets wachsende Nachfrage auch hier die Preise zu steigen an, immer entlegenere Stadtteile werden dann aufgesucht usw.

So wie hier geschildert, verläuft die Entwicklung in kleineren Städten noch heute und verlief sie auch früher in den jetzigen größeren Städten. Man kannte ursprünglich die jetzige Trennung von Wohnung und Arbeitsstätte nicht; solange kein zwingender Grund dafür vorhanden war, wohnte jeder und wohnen in kleinen Orten auch jetzt noch viele möglichst nahe bei ihrer Arbeitsstätte. Wenn sich jetzt im Zeitalter der Dezentralisation, des städtischen Verkehrs usw. immer mehr Personen zu dieser Trennung entschließen, so ist das eine Entwicklung, die keineswegs von Anfang an vorhanden war, in der vielmehr schon eine Art Reform, eine aus den ursprünglichen Zuständen sich erst sekundär herausbildende weitere Erscheinung dargestellt wird. Sie darf füglich nicht herangezogen werden, wenn man die Entstehung der Bodenwerte in unseren Städten, wie sich schon vor Einsetzen der Dezentralisation herausbildeten, verfolgen will.

Wenn demnach Eberstadt[1]) sagt: „Zwischen großstädtischer Geschäftsmiete und Wohnungsmiete besteht unter den heutigen Wirtschaftsverhältnissen kein Parallelismus, sondern ein Gegensatz", so ist das teilweise, aber auch nur unter dieserVoraussetzung, zuzugeben. In den älteren Städten hat er aber bestanden, ist in kleineren Städten auch noch heute vorhanden und muß deshalb zur Erklärung der Bodenpreise herangezogen werden. Im übrigen besteht auch heutzutage durchaus nicht immer ein solcher Gegensatz. Wenn Eberstadt sagt: „Gleich um die Ecke der Geschäftsstraße ist die Lage schon minderwertig oder zum Teil für Geschäftszwecke wertlos", so muß man dem gegenüber halten, daß sich in solchen Seitenstraßen von Geschäftsstraßen sehr häufig Bureaus, Agenturgeschäfte, Ärzte, Zahnärzte, Engros-Geschäfte, Schneider, kleine Weinstuben, Teesalons etc. etablieren, die wohl auf eine Lage im Geschäftsviertel, aber nicht direkt in der Hauptgeschäftsstraße Wert zu legen brauchen, weil sie keine Läden und Auslagen benötigen. Diese Verwendungsmöglichkeit treibt aber natürlich auch den Preis in diesen Straßen „um die Ecke herum" in die Höhe, selbst wenn sie ursprünglich nur Wohnstraßen sind.

Im übrigen gibt es auch heutzutage trotz hochentwickelten städtischen Verkehrs noch Leute genug, die möglichst nahe ihrer Arbeitsstätte in dem Geschäftsviertel wohnen wollen oder müssen, und ihre

[1]) a. a. O. S. 113.

Nachfrage bewirkt mit den oben erwähnten Umständen zusammen die geschilderte Höherbewertung der umliegenden Wohnviertel. Natürlich ist diese nicht so hoch wie die des Geschäftsviertels selbst, eine Gleichheit ist demnach zwar nicht, wohl aber ein Parallelismus vorhanden, d. h. die Bodenwerte in den umliegenden Wohnvierteln bewegen sich in einer Kurve, die der Bodenwertkurve im Geschäftsviertel parallel verläuft, nur um ein entsprechendes niedriger liegt. Im gewöhnlichen Sprachgebrauch nennt man das einen Parallelismus. Vor allem wird dadurch aber ausgedrückt, daß zwischen den Bodenwerten im Geschäftsviertel und den umliegenden Wohnvierteln eine Abhängigkeit besteht, und nur darauf kommt es an. Daran ändert auch die Tatsache nichts, daß in der Umgebung der City der Millionenstädte sich nicht selten aus den S. 56 genannten Gründen verwahrloste Häuser und Stadtteile finden, die deshalb für das bessere Publikum nicht recht als Wohnviertel in Frage kommen. Das sind Ausnahmen, die nur für ganz wenige größte Städte zutreffen und größtenteils einen vorübergehenden Zustand darstellen. Wir müssen also daran festhalten, daß die Bodenpreise in den umliegenden Wohnvierteln im allgemeinen von den Geschäftsstraßen abhängig sind, nur daß sie entsprechend niederer, eben abgestuft sind und daß sich diese Abstufung entsprechend nach außen hin fortsetzt.

Wenn also Eberstadt[1]) sagt: „Eine gleichmäßige Ausstrahlung der im Zentrum geschaffenen Mietwerte findet nicht statt“ . . . und an anderer Stelle: „Die gute Geschäftsstraße entsteht nicht zugunsten, eher auf Kosten der Nicht-Geschäftsstraßen“, so können wir ihm darin nur teilweise folgen, wenn er aber weiterhin die Folgerung zieht, „für die Entwicklung der Hausplatzrente“ (so nennt er die Grundrente, die der Boden abwirft, wenn er mit einem Wohngebäude bebaut wird) „ist nicht entscheidend der im Zentrum geschaffene Bodenwert, sondern lediglich die Art der städtischen Ausdehnung und Stadterweiterung, d. h. die Gesamtheit der Bedingungen, unter denen die Wohnungsproduktion in dem neu angegliederten Außenbezirk erfolgen kann“, so sind wir zu direkt gegenteiligen Schlüssen gelangt. Zum mindesten für die Städte, bei denen noch keine ausgesprochenen Dezentralisationsbestrebungen zu erkennen sind.

Wir sehen, soviel man die Sache auch dreht und wendet, es ist immer die Rente, welche auf Grund der in einem Stadtteil herrschenden Nachfrage aus einem Gebäude herausgewirtschaftet werden kann, die wertbestimmend für die Bildung der Bodenpreise wirkt. Je mehr bei dem stetigen Wachstum der Städte, dem immer intensiver werdenden wirtschaftlichen Aufschwung und Geschäftsleben die Nachfrage nach Wohnungen in denselben steigt als Ausdruck dafür, daß immer mehr Menschen dort wohnen und Geld verdienen wollen, um so höher wird auch die Rente, die aus Geschäfts- und Wohngebäuden erzielt werden kann.

Der Ertrag ist bei einem bebauten Grundstück im Zentrum einer Großstadt, mögen die Räume nun als Geschäftslokal, Warenhaus, Restau-

---

[1]) a. a. O. S. 114/15.

rant, Kinematographentheater, Anwaltskanzlei, Friseurladen, Ärztewohnung usw. vermietet sein, natürlich weit höher als wenn genau dasselbe Gebäude in der Vorstadt oder in einem kleinen Landort läge. Für eine ganze Reihe der angeführten Geschäftsarten kann man die Kundschaft direkt proportional der Menschenmasse setzen, die täglich vorüberströmt, und zum Teil dem Anreiz der Reklame, der Schaufensterausstellungen usw. Folge leistend das betreffende Lokal besuchen.

Diese Menschenmasse ist wieder in dem dichtbesiedelten Geschäftsviertel, der City am größten. Dem widerspricht nicht die sogenannte „Aushöhlung" der City, die Tatsache, daß die Einwohnerzahlen solcher Stadtteile ständig zurückgehen, es werden die Leute eben dort gezählt, wo sie schlafen, nicht, wo sie arbeiten.

Diese mit dem größeren Menschenstrom sich steigernde Erwerbsmöglichkeit ist es, welche die betreffenden Geschäftsinhaber veranlaßt, die hohen Mieten zu zahlen, obwohl sie in anderen Stadtteilen viel billigere Lokalitäten haben könnten.

Große Firmen, die in verschiedenen Städten Zweiggeschäfte haben, setzen sogar den Wert des Bodens in verschiedenen Städten in Rechnung, sie wissen ganz genau, daß sie in der Leipzigerstraße in Berlin, der Oxfordstreet in London etc. auf einen ganz anderen Umsatz rechnen können als in der Kaufingerstraße in München oder der Geschäftsstraße einer kleinen Provinzstadt und bemessen danach die Höhe der Ladenmieten, die sie an dem einen oder anderen Orte zahlen können und wollen. Je mehr solcher großen Firmen mit Filialen in fast allen größeren Städten aufkommen, um so mehr wird auch bewirkt, daß für die Höhe der Preise in den Geschäftsvierteln nicht nur die jeweils in der betreffenden Stadt selbst verfügbaren Lokalitäten in Betracht kommen, sondern natürlich im entsprechenden Verhältnis auch die entsprechenden Plätze anderer Städte. Die betreffenden Hausbesitzer können also keineswegs beliebige Preise diktieren, oder auch nur mit der Konkurrenz des Angebots in der eigenen Stadt rechnen, in immer steigendem Maße kommen durch die geschilderten Umstände auch entsprechende Geschäftslokale anderer Städte mit in Betracht.

Kann eine große Firma für irgend eine Filiale in Berlin oder Leipzig kein geeignetes Geschäftslokal finden, so geht sie nach München, Wien, Paris usw. Je internationaler unsere großen Handelshäuser werden, um so mehr muß das zu einem Nivellieren der Mietpreise und damit schließlich der Bodenwerte der entsprechenden Lagen in den einzelnen Städten führen, erst recht können dann die Grundstückbesitzer nicht einfach die Preise fordern, die sie haben wollen, sondern das, was der Nachfrage die betreffenden Lokalitäten wert sind, wie hoch dieselben von der internationalen Geschäftswelt eingeschätzt werden.

Selbstverständlich wirken diese Preise dann aber auch auf die Wohnungen der betreffenden Stadt ein. Alle die Menschen, die in den Geschäften der City arbeiten, müssen auch irgendwo in der Stadt wohnen, und je höher die Geschäftslage eingeschätzt wird, um so mehr müssen auch die Wohnungen begehrt werden. Wenn Eberstadt [1]) sagt, „die aus der sogenannten City abwandernde Bevölkerung bilde nur einen kleinen Bruchteil der in der Stadterweiterung angesiedelten Volksmassen“, und damit begründet, daß die Citybildung der Großstädte und die hierdurch erzwungene Abwanderung der Wohnbevölkerung aus der Stadtmitte nicht die Ursache sein könne, die den Bodenwert in den Außenbezirken (und wir fügen hinzu, überhaupt in den Wohnbezirken) in die Höhe treibe, so läßt sich auch gegen diese Anschauung allerlei einwenden.

Zunächst sind bei der Beurteilung der Frage, was die Citybildung für die Wohnverhältnisse derselben Stadt bedeute, keineswegs nur die Angestellten der Geschäfte etc. zu berücksichtigen, sondern, was viel mehr heißt, auch ihre Familien, Kinder, ihre Dienstboten usw., dann aber auch eine ganze Reihe von Kleinhändlern, Zwischenhändlern und in sonstigen Erwerbszweigen Beschäftigten, die diesen eben angeführten Teil der Bevölkerung versorgen und dadurch ihren Unterhalt finden. Diese hängen alle direkt oder indirekt mit der City zusammen, sie leben von dem Gelde, was die Ernährer der betreffenden Familien der City verdienen, sie alle sind gezwungen, deshalb in der betreffenden Stadt zu wohnen. Je größer die City ist, je mehr Geld dort verdient wird, um so begehrter sind auch die Wohnungen der Stadt, um so höher müssen sie im Preise stehen. Zwischen den Geschäftsmieten der Städte und den Wohnungsmieten muß also unter allen Umständen ein Parallelismus bestehen (s. auch oben S. 60).

So lange es sich um eine im allgemeinen konzentrisch gebaute kleinere Stadt ohne besondere öffentliche Verkehrsmittel handelt, werden sich die Wohnungspreise ziemlich gleichmäßig vom Zentrum zur Peripherie hin abstufen.

In den modernen Großstädten tritt durch die Dezentralisation, die Entwicklung der Vororte, den Trambahn- und sonstigen Verkehr darin eine sehr weitgehende Abweichung auf, vor allem wird die Zeit, in welcher man dann mit der besten und relativ billigsten Verkehrsgelegenheit (nicht mehr wie früher zu Fuß) die Wohnung von der City aus erreichen kann, ein neues Vergleichsmoment für sonst gleiche Wohnungen. In nächster Nähe einer Untergrundstation, z. B. in einem Vorort, gelegene gleichartige Wohnungen, werden dann ziemlich gleich eingeschätzt, als räumlich gleich weit vom geschäftlichen Mittelpunkt der Stadt betrachtet, einerlei ob sie demselben nun im übrigen näher oder entlegener liegen.

Aber an dem Prinzip der Abhängigkeit der Wohnungspreise von den Preisen der Geschäftsviertel ändert das alles nicht viel. Nur bestimmt dann nicht mehr die Entfernung für den Fußverkehr, sondern der relativ (zum Preis) besten Verkehrsmittel den Abstand von

[1]) a. a. O. S. 115.

der City und damit unter sonst gleichen Verhältnissen die Bodenwerte; dadurch werden dann die Zonen gleicher Wohnungspreise entsprechend größer, weiter vom Zentrum hinausgezogen. Die Abstufung bleibt im übrigen dieselbe.

Nun kann es gewiß sein, daß sich außer dem einen geschäftlichen Mittelpunkt, wie ihn die City darstellt, in einzelnen weit vorgeschobenen Stadtteilen und in Vororten noch kleinere, sekundäre Geschäftsviertel herausbilden. Auch diese beeinflussen dann wieder die Wohnungspreise der näheren und weiteren Umgebung, nicht minder die Geschäftsstraßen, die als Ausläufer der City die anderen Stadtteile radiär durchdringen. Dadurch werden dann natürlich die Verhältnisse unübersichtlicher, allerlei Unregelmäßigkeiten und besondere Umstände treten hinzu, aber an dem zugrunde liegenden Prinzip der Abhängigkeit der Wohnungsmieten etc. von der Entwicklung der Geschäftsviertel wird nichts geändert.

Wir können also die Betrachtungen dieses Abschnittes dahin zusammenfassen, daß wir sagen: Die städtischen Bodenwerte nehmen ihren Ausgang im Zentrum der Städte, im Geschäftsviertel der City. Hier richten sie sich nach dem Ertrag, der aus den betreffenden Gebäuden durch Vermieten der Geschäftslokale, Läden usw. erzielt werden kann, und dieser richtet sich wieder nach der Erwerbsmöglichkeit, die dem einzelnen Geschäftsinhaber durch die Verhältnisse der betreffenden Stadt (und in derselben wieder der einzelnen Lagen) geboten wird.

Diese Werte sind dann auch maßgebend für die umgebenden Stadtteile in mehr oder minder gleichmäßiger Abstufung nach der Peripherie hin, je nach den Gewohnheiten der betreffenden Bevölkerung, den lokalen Verkehrsverhältnissen usw.

Diese natürliche Wertentwicklung des städtischen Bodens genügt völlig, um die Verschiedenheiten in der Preisgestaltung verschiedener Orte im Vergleich zueinander und ebenso die lokalen Verschiedenheiten innerhalb ein und derselben Stadt zu erklären. Es bedarf dazu nicht noch weiterer Momente, wie sie von seiten anderer Autoren in der oft behaupteten Umklammerung der Städte durch die Spekulation vermutet wird.

Diese natürliche Wertsteigerung vollzieht sich also vom Zentrum zur Peripherie hin, die städtische Grundrente wächst von innen nach außen, nicht, wie nach Eberstadt viele behaupten, von außen nach innen.

So sagt Oppenheimer auf dem Frankfurter Wohnungskongreß 1904 (s. Kongreßbericht S. 372): „Rudolf Eberstadt hat das Wort geprägt: „Die städtische Grundrente kommt von außen, nicht von innen“. Nie ward ein wahreres Wort gesprochen.“

Ob sich zu dieser natürlichen Wertsteigerung von innen nach außen, die, wie wir sahen, zur Erklärung der gegenwärtigen Höhe der Bodenpreise völlig ausreicht, nun noch ein weiteres Moment hinzugesellt, ob nämlich draußen in dem unbebauten Terrain und auch innerhalb der Stadt selbst spekulative Machenschaften und eine fehlerhafte Stadterweiterung imstande sind, ihrerseits die Preise weit über den natürlichen Wert zu steigern und dadurch gleichsam eine von außen nach innen sich vollziehende Wertsteigerung hervorzurufen, die sich zu jener anderen hinzuaddiert, soll in späteren Abschnitten besprochen werden.

Es ist interessant und wichtig für das Verständnis der Ansichten derer, welche der natürlichen Wertsteigerung nur eine untergeordnete Bedeutung zumessen und die heutigen Bodenpreise im wesentlichen als ein künstliches, durch allerlei Umstände begünstigtes Produkt der Spekulation ansehen, zu erfahren, wie sie sich zu der natürlichen Wertsteigerung, namentlich in den Geschäftsvierteln stellen. In den älteren Schriften Eberstadts ist zwar die Rede davon, sie werden aber ausdrücklich nicht berücksichtigt. So sagt er in den „Rheinischen Wohnverhältnissen", S. 39 „Die hochwertigen Geschäftsstraßen wie die bevorzugten Wohnungslagen kommen für unsere Untersuchung" (es handelt sich um die Entwicklung der Bodenpreise in Düsseldorf) „nicht in Frage" ... „Unsere Erörterung hat sich vielmehr zu beschränken auf die Gebiete der Stadterweiterung ...". Wenn allerdings bei einer Untersuchung über die Entwicklung der Bodenwerte ausdrücklich diejenigen Stellen, wo die höchsten Bodenwerte sich herausbilden und also die ganze Entwicklung einsetzt, ausgenommen werden, kann man sich nicht wundern, daß ein ganz anderer Vorgang ihrer Entstehung abgeleitet wird, als den tatsächlichen Verhältnissen entspricht.

Ähnlich verfährt v. Mangoldt, der in den Verhältnissen des schmalen Rands (siehe spätere Ausführungen) vor allem die Ursache der hohen städtischen Bodenwerte sieht. Auch er spricht zwar mehrfach von den hohen Bodenwerten im Inneren der Städte, den Geschäftslagen usw., betont dann aber bei seinen Untersuchungen über die Bodenwertbildung (Die städtische Bodenfrage 1907, S. 208): „Wir wollen nun zunächst versuchen, die Preise für die Baustellen in den Außenbezirken, an der Peripherie der Städte zu erklären." So kümmert er sich bei diesem Erklärungsversuch dann auch zunächst gar nicht um die Verhältnisse und die hohen Bodenwerte im Inneren der Stadt, leitet vielmehr diese erst sekundär aus der von ihm vermuteten und behaupteten Entstehungsursache derselben in den Außenbezirken ab. Auf diese Weise kommt auch er zu einer Erklärung, bei der die natürliche Bodenwertsteigerung gar nicht berücksichtigt ist und dadurch zu einer Überschätzung von Ursachen, die gegenüber der natürlichen Wertsteigerung eine ganz untergeordnete Rolle spielen, und umgekehrt wie diese von außen nach innen wertsteigernd wirken sollen.

Vierter Abschnitt.

Die Bedeutung der Bodenspekulation für die Entwicklung der städtischen Bodenpreise.

Est ist dies eines der umstrittensten Gebiete der Wohnungsfrage. Gehen schon die Ansichten der Nationalökonomen und Wohnungspolitiker darüber außerordentlich auseinander, so ist das naturgemäß noch mehr der Fall bei dem weiteren Kreis all der Personen, welche direkt oder indirekt mit der Wohnungsfrage zu tun haben oder zum mindesten sich dafür interessieren.

Im allgemeinen kann man wohl sagen, daß jemand um so mehr geneigt ist, alle Schuld an den hohen Bodenpreisen und allen Mißständen, die dadurch hervorgerufen werden, den Bodenspekulanten zuzuschreiben, je weniger er sich mit der Bodenfrage befaßt hat. Es ist das auch leicht erklärlich. Man hält sich eben zunächst an diejenigen, welche die hohen Gewinne bei der Wertentwicklung des städtischen Bodens eingesteckt haben. Das sind die Haus- und Grundbesitzer, die Bauunternehmer, Terrainunternehmer, also all die Personen, welche von Grundstück-, Gebäude- und Wohnungshandel leben. Das große Publikum faßt wegen des spekulativen Charakters, den diese Tätigkeit nicht selten trägt, all diese Leute als Spekulanten zusammen. Da diese Spekulanten die Gewinne einstecken, sind sie für die meisten auch die Ursache, das treibende Moment der Wertsteigerung. Diese weitverbreitete Meinung über die Bodenspekulation und die Beweggründe dazu schildert treffend A. Voigt in seiner Schrift: „Kleinhaus und Mietkaserne“ 1905, S. 160.

„Zunächst entspricht die Theorie, wonach die Bodenspekulation an allem Unheil auf dem Gebiet des Wohnungswesens schuld ist, so recht dem populären Bedürfnis nach einem Sündenbock. Man will jemand haben, dem man die Schuld aufbürden, über den man sich moralisch entrüsten und den man politisch bekämpfen kann. Der Spekulant an sich ist ja schon moralisch anrüchig und wirtschaftlich verdächtig. Er ist ein Schmarotzer, der sich vom unverdienten Gewinn nährt, den er natürlich ehrlichen Leuten entzieht.“

Deshalb glaubt das große Publikum auch allgemein, eine Besserung der Wohnverhältnisse lasse sich vor allem durch eine Bekämpfung der Spekulation erzielen, z. B. dadurch, daß man ihr hohe Steuern und andere Lasten aufbürdet, den Wertzuwachs beschneidet oder besser ganz wegnimmt usw. Ein verhängnisvoller und für die Entwicklung unseres Wohnungswesens folgenschwerer Irrtum, wie wir noch sehen werden.

Wie verhält es sich also, um von vorne zu beginnen, mit dem Einfluß der Bodenspekulation auf die Bodenwerte und dadurch auf die Wohnungsmieten?

Daß nicht einfach die Spekulation in irgend welchen Gütern,

also der Wunsch und Wille der jeweiligen Besitzer, genügt, die Preise in die Höhe zu treiben, ist eine allgemeine anerkannte Tatsache. Auch der Laie drückt durch das Wort Spekulation aus, daß es sich, ganz einerlei, in was spekuliert wird, immer um ein riskantes Geschäft handelt, bei dem ebensoviel zu gewinnen wie zu verlieren ist. Wäre das nicht so, so würden sicherlich noch viel mehr Personen versuchen, durch Spekulation in irgend welchen Gütern mühelos zu Reichtum zu gelangen. Aber die üblen Erfahrungen, die andere ,die „verkrachten Spekulanten" gemacht haben, halten sie ab, keineswegs „moralische" Bedenken, wie manche annehmen möchten. Das gilt voll und ganz für die neben der Grundstückspekulation bekannteste Spekulationsform, die an der Börse. Niemand kann von der Börsenspekulation im Ernst behaupten, daß der Spekulant, sei es nun ein einzelner oder eine Spekulantengruppe, einen dauernden Einfluß auf die Kursgestaltung, also die Wertbemessung der betreffenden Wertpapiere ausüben könne. Gewiß kann von beteiligten Kreisen an der Börse für das eine oder andere Papier Stimmung gemacht werden, das dem Börsengeschäft fernerstehende und meistens wenig darüber orientierte Publikum in der Provinz dadurch für diese Werte interessiert und zu Käufen veranlaßt werden. So können die Kurse zeitweilig sehr stark zum Steigen gebracht werden. Aber es wird doch niemand behaupten wollen, daß dadurch an dem tatsächlichen inneren Wert des betreffenden Papiers, z. B. der Aktien eines industriellen Unternehmens, auch nur im geringsten etwas geändert wird. Zeigt der nächste Geschäftsabschluß, daß die Hoffnungen auf eine entsprechende Dividende, also den Ertrag, den das Papier dem Besitzer bringt, verfehlt waren, so sinkt der Kurs wieder ebenso rapide, wie er vorher gestiegen war, und zwar im allgemeinen auf das Niveau, wie es der durch die zur Verteilung kommende Dividende erzielten tatsächlichen Verzinsung des angelegten Kapitals entspricht. Die große Masse der Spekulanten, welche durch irgend einen Bankier ihre Kaufordres zu der betreffenden Börse schickt, kann die Kurse aber überhaupt nicht, auch nicht vorübergehend, willkürlich zum Steigen bringen. Ob sie einen Gewinn oder einen Verlust bei ihrer Spekulation erzielen, hängt nur davon ab, ob der Kurs des betreffenden Papieres steigt oder fällt, bei längerem Halten desselben davon, ob das betreffende Unternehmen höhere Erträgnisse liefert oder nicht. In Jahren der Dividendenlosigkeit sinken die Kurse rapid, in Jahren hoher Dividenden steigen sie entsprechend, immer ist der Ertrag das schließlich für den Kurs, d. h. Wert des betreffenden Papieres Maßgebende. Diese Unsicherheit, diese Möglichkeit dadurch allerdings auch rasch große Gewinne zu erzielen, ist es ja gerade, die so viele verleitet, ihr Glück zu versuchen. Aber es wäre all den großen und kleinen Spekulanten wirklich zu viel Ehre angetan, wenn man glaubt, daß sie durch ihre Spekulationen irgend einen Einfluß auf das betreffende Industrieunternehmen z. B. und seine Rentabilität ausüben könnten. Viele derselben spekulieren nicht einmal aus Gewinnsucht, mehr aus Langeweile, um sich die kleine Nervenaufregung zu verschaffen, die mit diesem, wie mit jedem Glücksspiel verbunden ist, andere spekulieren in Werten, für die gerade Stimmung gemacht wird, von denen sie im übrigen oft nicht mehr wissen, als daß andere Leute sie gekauft und Geld daran verdient haben.

Überträgt man nun diese Verhältnisse sinngemäß auf die Bodenspekulation, so fällt zunächst auf, wieviel höher von einem großen, man kann sagen, überwiegenden Teil des Publikums die Gewinnchancen dieser Art der Spekulation eingeschätzt werden. Während jeder von der Börsenspekulation weiß und annimmt, daß den großen Gewinnen des einen meist auch große Verluste des anderen gegenüberstehen, redet man bei der Bodenspekulation nur immer von den großen und unverdienten Gewinnen. Warum besteht dieser Unterschied? Es handelt sich doch auch beim Boden in der Umgebung oder in den Städten um ein Gut, dessen tatsächlicher Wert, bemessen nach der Rentabilität, die aus dem bebauten Grundstück erzielt werden kann, nicht mit Bestimmtheit vorauszusagen ist. Niemand kann wissen, wie rasch sich die Stadt weiter entwickelt, ob nicht wirtschaftliche Krisen eintreten, ob nicht durch eine Änderung der Mode und des Geschmacks, die auch im Wohnungswesen eine Rolle spielen, der Menschenstrom nach anderen Stadtteilen abgelenkt wird. Auch die Stadterweiterungspolitik und sonstige Maßnahmen der städtischen Verwaltungen und Baupolizeibehörden spielen eine weitere große Rolle bei der Wertbemessung des städtischen Bodens. Wäre nicht dieses Risiko vorhanden, dann wäre der Handel in Grundstücken gar keine Spekulation mehr, wüßten Käufer und Verkäufer genau, wie hoch später der Ertrag sein wird, so wäre es ein ganz gewöhnlicher Kauf zu festen Preisen. (A. Voigt.)

Insofern ist also zunächst kein Grund einzusehen, warum zwischen den Gewinnchancen eines Mannes, der sich die Aktien z. B. einer Goldmine irgendwo in Südaustralien oder Afrika, und denen eines anderen, der sich weit außerhalb der Stadt ein paar Morgen Landes kauft, ein Unterschied bestehen soll. Das Publikum folgert allerdings gewöhnlich weiter, daß die Bodenpreise in und um unsere Städte seit Jahrzehnten tatsächlich fast überall in einer beständigen Steigerung begriffen sind und naturgemäß, solange die Größenzunahme der Städte anhält, sich auch weiter in entsprechendem Maße steigern werden. Er sagt, der Bodenspekulant könne sich bezüglich seiner Gewinnchancen also auf all die vorhergegangenen Gewinne stützen. Dabei vergißt man aber völlig, daß der Verkäufer des Bodens auch diesen Entwicklungsgang kennt und als Besitzer des Bodens die Gewinnchancen sicherlich nicht geringer einschätzt, als der als Käufer auftretende Spekulant. Soweit er also diese Wertsteigerung einigermaßen voraussehen kann, verlangt er auch einen wesentlich höheren Kaufpreis, als dem gegenwärtigen Ertrag entspricht. Der Käufer, der Spekulant muß ihm eben die mit einiger Sicherheit eintretende Zukunftschancen vorausbezahlen. Von der, man könnte sagen, automatisch eintretenden Wertsteigerung profitiert der Spekulant also gar nicht, die hat er schon mitbezahlt, er erzielt erst einen Spekulationsgewinn, wenn diese Wertsteigerung rascher und in höherem Maß eintritt, als man beim Verkauf annehmen konnte. Tritt dieselbe aus irgend einem Grunde aber einmal später und in geringerem Maße ein, so erleidet er einen Verlust. Dabei muß man allerdings dem Spekulanten das Recht zubilligen, von seinem für das Grundstück gezahlten Kapital auch für die Jahre, wo es noch nicht bebaut ist, entsprechende Zinsen in Rechnung zu setzen. Das ist eigentlich so selbstverständlich, daß man darüber kein Wort zu verlieren brauchte. Da es aber merkwürdigerweise immer noch Leute gibt, die das bestreiten, so mögen einige Bemerkungen dazu gestattet sein.

Der sogenannte Bodenspekulant ist nicht nur Spekulant, sondern auch Terrainunternehmer, d. h. er übernimmt die für das städtische Wohnungswesen hochbedeutsame Aufgabe der Aufschließung des unbebauten Geländes und seine Überführung in fertige Baustellen. Ob er dabei spekulative Absichten hat, oder nicht, ist zunächst ganz gleichgültig. Nun kann doch im Ernst niemand von einem Unternehmer verlangen, daß er eventuell Jahre, vielleicht Jahrzehnte lang sein Kapital in sein Unternehmen, in diesem Falle den Boden, steckt und dafür keine Zinsen in Anrechnung bringt. Während jeder andere Mensch, selbst wenn er sein Geld auf die Sparkasse bringt und sich sonst absolut nicht darum kümmert, eine Verzinsung seines Kapitals erzielt, sollen die Terrainunternehmer ihr Betriebskapital unverzinst jahrelang für ihre Unternehmung verwenden und sich diesen Zinsverlust nicht einmal berechnen dürfen. Dabei ist das Aufkaufen und Aufschließen von Baugelände, seine Überführung in Baustellen usw. meist eine so zeitraubende und langwierige Sache, daß in den meisten Fällen Jahre darüber hingehen, ehe die Baustellen an einen Baulustigen verkauft werden können. Man kann also dem Unternehmer nicht einmal einen Vorwurf dafür machen, daß das Terrain so lange Zeit unbenutzt und ohne Ertrag daliegt. Wer würde sich überhaupt noch zu einem solchen Geschäft hergeben, wenn man ihm nicht einmal eine Berechnung des Zinsverlustes gestattete?

Meist erhält man die Antwort: Die Allgemeinheit, die Gemeinde. Man solle die Aufschließung der Terrains, die Stadterweiterung zu einem öffentlich-rechtlichen Geschäft machen, die Terrains in weitgehendster Weise enteignen usw. Davon, ob das in praxi überhaupt jemals möglich sein wird, soll in späteren Abschnitten (Bodenpolitik) die Rede sein, hier nur einige Äußerungen in obigem Sinne zitiert werden.

Bodenreform, 19. Jahrgang, Heft 12, freie Aussprache über Zinsverlust und unverdienten Wertzuwachs. S. 382: „Land ist kein Kapital, hat also keinen Anspruch auf Zins."

„Zins ist Entgelt oder Vergütung für ein Darlehen, d. h. für eine Arbeitsleistung, für arbeitendes Kapital. Ungenützter Boden ist wie vergrabenes Gold oder wie ein schlafender Arbeiter. Das Gold, das ich vergrabe, kann sich nicht verdoppeln, und der Arbeiter, der schläft, kann keinen Lohn dafür ansprechen." Der letzten Bemerkung gegenüber könnte man sagen, daß der Boden während der Zeit, wo er infolge der Terrainaufschließung unbenutzt daliegt und keinen Ertrag liefern kann, ebenso gut einem Beamten zu vergleichen wäre, der Ferien oder einen Erholungsurlaub hat, indem er sich für seine spätere Tätigkeit vorbereitet, und doch in dieser Zeit seinen Gehalt weiterbezieht.

Um nun zu den Verlusten der Terrainspekulation zurückzukommen, möge man folgende Überlegung anstellen.

Ein Börsenspekulant, der Aktien irgend eines soliden Unternehmens erwirbt, das jahrelang die gleiche Dividende gezahlt und annähernd den gleichen Kursstand gehabt hat, legt seiner Spekulation diesen Durchschnittskurs zugrunde. Man könnte diesen also in Gestalt einer näherungsweise horizontal verlaufenden Wertkurve aufzeichnen. Er hofft also, daß aus irgend einer Ursache in diesem horizontalen Verlauf plötzlich eine stärkere Steigerung eintritt. Für den Bodenspekulanten besteht unter den angegebenen Verhältnissen der Unterschied nur darin, daß die Wertkurve des Bodens eine ansteigende Linie ist (mit den entsprechenden Schwankungen) und daß er bei seiner Spekulation hofft, daß in diesem Ansteigen plötzlich eine stärkere oder frühere Erhebung sich einstellt, als allgemein vermutet wird. Solange die späteren Bodenwerte sich innerhalb dieser ansteigenden Linie halten, erzielt auch er trotz der absoluten Steigerung keinen Gewinn, weil er diese Steigerung dem Verkäufer bereits mitbezahlen mußte; bleiben sie etwas darunter, einen Verlust trotz absoluten Höhersteigens.

Insofern kann also auch der Bodenspekulant trotz gleichmäßigen Ansteigens der Bodenpreise Verluste erleiden und die praktische Erfahrung hat das oft genug bestätigt.

Vor allem aber besteht kein Unterschied darin, daß nun etwa der Bodenspekulant lediglich durch seinen Willen, daß dem so sei, die Preise im gewünschten Sinne steigern könne. Ob diese später höher stehen, wie zunächst zu erwarten war, hängt lediglich von den nach der Bebauung erzielten Mieten ab, diese aber wieder von den Verhältnissen des Wohnungsmarktes, dem, was die Wohnungssuchenden für die betreffenden Wohnungen im Vergleich zu anderen zahlen wollen und können. Findet aber z. B. in den Jahren, in denen das Grundstück zur Bebauung kommt, eine sehr lebhafte Wohnungsproduktion statt, sind womöglich in einem nahgelegenen, infolge guter Verkehrsangelegenheiten leicht erreichbaren Vororte gute und preiswerte Wohnungen zu haben, so lassen sich die Mieter absolut nicht die Preise diktieren, wie sie der Spekulant (oder sein angeblicher „Helfershelfer", der vorgeschobene Bauunternehmer oder Hausbesitzer) auf Grund seiner Kalkulationen haben will, sondern wie sich ihr reeller, nach den Vorzügen der Lage bemessener Wert stellt. Diese dereinstigen Mieterträgnisse sind das entscheidende für den Ausgang der Spekulation. Sind sie niedriger, als er berechnet hat, so erleidet er einen Verlust, wenn er nicht zufällig einen Dummen findet, der ihm das bebaute Grundstück zu einem viel zu hohen Preis abnimmt. Dann zahlt der die Zeche, der tatsächliche Wert wird weiter nicht dadurch beeinflußt.

Glauben zu wollen, die ganze ungeheure Wertentwicklung des städtischen Bodens seit mehr als einem Jahrhundert sei überwiegend die Folge spekulativer Machenschaften, kommt auf dasselbe heraus, als wenn man behaupten wollte, die starke Steigerung, wie sie z. B. die Kurse der Mehrzahl der Aktien der chemischen Industrie in den letzten Jahren aufgewiesen haben, sei den Manövern der Börsenspekulanten zuzuschreiben. Genau wie hier die Ursache in dem Aufschwung liegt, den eben diese Industrie in den letzten Jahren durch allerlei Umstände genommen hat, so ist die Wertentwicklung des städtischen Bodens in dem wirtschaftlichen Aufschwung der Städte und des ganzen Reichs zu suchen. Hätte die Entwicklung der chemischen Industrie und die unserer Städte den umgekehrten Verlauf genommen, dann hätten die Spekulanten ebenso große Verluste erzielt, trotz ihres Willens zum Gewinn, und trotzdem von manchen behauptet wird, daß die Bodenspekulation grundsätzlich von der Spekulation in beweglichen Gütern unterschieden sei.

Daß im übrigen trotz der durchschnittlich stark steigenden Tendenz der Bodenpreise in den letzten Jahrzehnten auch bei der Bodenspekulation große Verluste erzielt wurden, beweisen die Krisen auf dem Grundstückmarkt, die doch vielerorts vorgekommen sind und in der Regel auch zum wirtschaftlichen Ruin einer Reihe von Spekulanten geführt haben.

Derartige Krisen beweisen aufs schlagendste, daß auch der Bodenspekulant, wie jeder andere Spekulant nicht lediglich durch seine Gewinnabsicht oder durch die besondere Natur der Bodenspekulation hohe Preise zu erzielen imstande ist, sondern von der tatsächlichen Wertsteigerung seines Spekulationsobjektes abhängt. Diese ist beim Boden aber die natürliche Wertsteigerung, wie sie im vorigen Kapitel behandelt wurde. Gewiß kann auch hier durch allerlei Stimmungsmache, durch schwunghaft aufgebauschte Schilderungen der zu erzielenden Gewinne usw. ein Spekulationsfieber erzeugt werden, dem, ähnlich wie bei der Börsenspekulation, namentlich solche Personen zum Opfer fallen, die absolut nichts vom Grundstückhandel verstehen. Diese sind es, die dann von sachverständigen und geriebenen Spekulanten ausgebeutet, zum Realisieren ihrer durch diese Manöver erzielten Gewinne benutzt werden. Diejenigen, welche durch ihre Stimmungsmache die Preise emporgetrieben haben, haben meistens auch eine sehr feine Nase dafür, wenn es Zeit ist, die erzielten Gewinne zu realisieren. Aber auch gerissenen Spekulanten kann es passieren, daß sie die Weiterentwicklung der Stadt, den wirtschaftlichen Aufschwung eines Stadtteiles überschätzt haben und daß ihnen, wenn endlich das Grundstück zur

Bebauung kommt, durch die in der Zwischenzeit aufgelaufenen Zinsen und sonstigen Lasten ein Verlust entsteht, zum mindesten kein Gewinn erwächst.

Daß es Leute gibt, die dem Bodenspekulanten und somit überhaupt dem Terrainunternehmer nicht das Recht zugestehen, von dem im Boden angelegten Kapital irgendwelche Zinsen in Rechnung zu bringen, solange der Boden unbebaut ist, wurde schon erwähnt, s. S. 69 und die dort angeführten Gegengründe.

Um diese spekulativen Machenschaften und die bei der Bodenspekulation vorkommenden Verluste, die oft recht schwere Folgen für die betreffenden Personen nach sich ziehen, handelt es sich aber hier zunächst gar nicht. Hier ist die Frage zu beantworten, was hat nun der dereinstige Wohnungskonsument, der Mieter, mit diesen Verhältnissen zu tun? Von der Börsenspekulation weiß jeder, daß der tatsächliche Wert, bemessen nach der Dividende, nicht im mindesten durch die Sprünge, die sich die Spekulation in dem betreffenden Papier leistet, beeinflußt wird, daß im Gegenteil sehr bald der tatsächliche Ertrag die Kurse reguliert. So ist es auch bei der Terrainspekulation. Wenn einmal die Bebauung wirklich kommt, wenn sich dann zeigt, welche Mieten sich erzielen lassen, dann erst läßt sich sagen, ob die von der Spekulation gezahlten Preise berechtigt waren oder nicht. Waren sie zu hoch, dann zahlen nicht die Mieter, sondern die verkrachten Terrainunternehmer und Bauspekulanten die Zeche.

Und so können, wie Pohle [1]) ausführt, „Die Preistreibereien der Spekulation jedenfalls nicht zu einer dauernden Belastung der Konsumenten durch höhere Mieten führen. Die Preistreibereien der Bodenspekulation können den Mietern daher ziemlich gleichgültig sein, denn die Überspannung der Preise muß entweder zu einem Zusammenbruch der Bodenspekulation und einer Grundstückkrisis führen . ., oder aber, wenn die Spekulanten ihre Gewinne noch realisieren können, so sind es die Bauunternehmer und Hausbesitzer, die den Nachteil haben.“ . . . Und an weiterer Stelle fährt er fort: „So ist es also eine irrige Vorstellung, daß die Spekulation nach ihrem Belieben die Bodenpreise in die Höhe zu schrauben vermöge und daß wegen der von ihr künstlich hervorgerufenen hohen Bodenpreise dann auch die Mieten dauernd festgehalten werden müssten.“

Man wird sich also bezüglich der Bedeutung der Bodenspekulation doch zu etwas anderen Ansichten, als sie vielfach herrschen, bequemen müssen, so bequem es ja auch vielleicht ist, die Spekulation für alle Mißstände im Wohnungswesen verantwortlich zu machen und in ihrer Bekämpfung die Hauptaufgabe der Boden- und Wohnungsreform zu erblicken. Das macht weiteres Nachdenken überflüssig und findet stets den Beifall der großen Menge.

Daß tatsächlich außerordentliche Wertsteigerungen des städtischen Bodens erzielt wurden, zum Teil auch in die Taschen der Spekulanten flossen, bestreitet niemand. Den größten Anteil des Gewinns haben aber meist gar nicht die Spekulanten im gewöhnlichen Sinne, sondern die sogenannten „Urbesitzer“ eingesteckt, die „glücklichen“ Leute, die noch von ihren Vätern her die Grundstücke in Besitz hatten und

[1]) Die Wohnungsfrage II, 1910.

dann auf einmal von der raschen Entwicklung der Großstadt überrascht wurden. Jahrzehntelang hatten sie als schlichte Bauern den Pflug über ihre Scholle geführt, dann kam auf einmal die Stadt, die sie in ihren Kinderjahren noch in weiter Ferne, in ihren Dunstkreis eingehüllt, beobachtet hatten, näher und näher, und dann kam plötzlich über Nacht das Glück in Gestalt eines Terrainspekulanten, der ihnen ihren Besitz für hohen Preis abhandeln wollte. Gerade diese „Millionenbauern", die man doch kaum zu den berufsmäßigen Spekulanten rechnen kann, haben die größten Gewinne erzielt, den „dicken Rahm" oben abgeschöpft und den eigentlichen Spekulanten oft nur noch relativ geringe Gewinne übergelassen.

Daß sie dann, als das „Glück" kam, nicht einfach dem ersten besten, der ihren Besitz kaufen wollte, ihre Grundstücke abtraten, kann man ihnen auch nicht ohne weiteres als spekulative Zurückhaltung des Baulandes deuten. Vielfach waren es Leute, die an dem von den Vätern ererbten Besitz mit großer Liebe hingen, anderen kam aber auch oft erst infolge des stürmischen Werbens der Terrainspekulanten um ihren Besitz die Erkenntnis, welchen Wert derselbe inzwischen erlangt hatte und daß sie durch Zuwarten nur gewinnen konnten.

Dieses hartnäckige Festhalten der Urbesitzer an ihrem Besitz ist oft eine recht große Schwierigkeit für die Terrainunternehmung und die Aufschließung des Geländes. Von verschiedenster Seite ist auch hervorgehoben worden, daß eben infolge der hohen Preise an die Urbesitzer die Gewinne, welche die Terrainunternehmer, z. B. die großen Terraingesellschaften erzielen, keineswegs mehr sehr hohe sind, oft nicht einmal dem landesüblichen Zinssatz entsprechen.

So berichtet v. Mangoldt (die städtische Bodenfrage, S. 148 ff), daß in Dresden die finanziellen Erfolge der eigentlichen Terrainunternehmung vielfach gar nicht so glänzend waren, daß die Dividende mancher Terraingesellschaften im Durchschnitt für alle Jahre des Bestehens der Gesellschaft nicht mehr als etwa 5 % betragen habe, daß bei anderen Gesellschaften die Aktionäre nie einen Pfennig Dividende erhielten, und daß schließlich das ganze Aktienkapital verloren ging, andere von verlustreichen Liquidationen ereilt wurden usw.

Professor A. Weber kommt in seinem Buch über Bodenrente und Bodenspekulation 1904, S. 172 sogar zu dem Resultat, daß die Gesamtverluste der Terraingesellschaften, natürlich unter Berücksichtigung der Zinseinbußen, die Gesamtgewinne der Terraingesellschaften nicht unwesentlich übersteigen. Gelte das schon für die organisierte Spekulation, so gelte das erst recht für die private Spekulation.

Ein sehr gründlicher Kenner dieser Verhältnisse, Ph. Stein, äußerte sich zu dieser Frage auf dem Frankfurter Wohnungskongreß 1904 (Kongreßbericht S. 411): „Wie allein schon eine Vergleichung der Bilanzen der Terrain- und Baugesellschaften . . . zeigt, beruht die Meinung von den riesigen Gewinnen und den besonders günstigen Risikoverhältnissen im Bodengeschäft auf sehr, sehr schwachen Unterlagen . . . Es kommen außerordentlich hohe Gewinne vor, . . . aber ihnen stehen außerordentlich hohe Verluste gegenüber."

Auch A. Voigt berichtet in: „Kleinhaus und Mietkaserne" S. 189/190 von schlechten Resultaten von Terraingesellschaften in München.

Es scheint doch aus allen diesen Beispielen, die sich beliebig vermehren lassen, vor allem auch aus den Bilanzen der Terraingesellschaften, wie sie in den Handelsteilen der Tagespresse veröffentlicht werden, hervorzugehen, daß das Risiko der Terrainunternehmung ein besonders hohes sein muß, trotzdem die Bodenpreise in den letzten Jahrzehnten fast überall in steigender Entwicklung begriffen waren.

Gerade in letzter Zeit sind eine Reihe von Bilanzen von Terraingesellschaften und ähnlichen Unternehmungen, die sich mit dem Grundstückgeschäft befassen, für das Jahr 1910 veröffentlicht worden, die vielfach die Verhältnisse auf demselben als recht unbefriedigende darstellen. So führt z. B. die Bank für Grundbesitz in Dresden aus, daß in dem Jahre 1910 die Lage des Grundstückgeschäftes eine recht unbefriedigende gewesen sei. Obwohl für Dresden der Bau von Wohnhäusern tatsächlich ein Bedürfnis ist, war die Bautätigkeit doch recht ungenügend. Die Gründe seien vor allem in dem Mißverhältnis zwischen den Herstellungskosten der bebauten Grundstücke und dem Mieterträgnis zu suchen, in der Abneigung der Privatkapitalisten gegen den Erwerb von bebauten Grundstücken als Kapitalsanlage, in der schwierigen Beschaffung von zweitstelligen Hypotheken, in der erheblichen Belastung des Grundstückverkehrs, wie sie durch die neue Reichsstempelabgabe bei Grundstücksübertragungen und die drohende Reichswertzuwachssteuer verursacht werde usw.

Dieser Bericht ist recht charakteristisch für die Schwierigkeiten der Terrainunternehmung, die man gemeinhin als Terrainspekulation bezeichnet. Warum gelingt es ihr hier und in vielen anderen Fällen nicht, entsprechend hohe Gewinne zu erzielen, wenn wirklich die Gewinnaussichten so viel besser sind, als bei jeder anderen Spekulation? Es scheint also auch das Risiko ein recht hohes zu sein. v. Mangoldt [1]) und andere haben eine Reihe derartiger Momente, die ein besonders großes Risiko bedingen, zusammengestellt, von denen wir einige der wichtigsten hier anführen.

Das Risiko beginnt bereits, wenn der Terrainunternehmer das zur Aufschließung nötige Land zusammenkauft und einzelne Urbesitzer hartnäckig an ihrem Besitz, der innerhalb des bereits gekauften Landes liegt, festhalten. Das zwingt den Unternehmer dann für diese „Zwangsstücke" oft außerordentlich hohe Preise zu zahlen.

Ein weiteres Risiko liegt darin, daß in dem Wachstum der Stadt, auf welches sich die ganze Spekulation gründet, ein Stillstand oder auch nur eine langsamere Entwicklung eintritt, wie der Spekulant seiner Berechnung zugrunde legte.

Ein ferneres in den Maßnahmen der Stadterweiterung, die nur sehr zögernd und allmählich dem Verlangen des Terrainunternehmers nach Aufschließen seines Landes durch Straßen usw. nachkommen und dadurch den Absatz der Baustellen erheblich verzögern kann.

[1]) a. a. O. S. 269 ff.

Dazu kommt die Gefahr, daß durch eine Neuordnung der baupolizeilichen Bestimmungen die Bebauungsvorschriften für die betreffende Gegend verschärft, eine Reihe die Ausnutzung sehr erschwerender Baubeschränkungen auferlegt werden, daß schließlich die fertigen Baustellen außerordentlich lange unverkauft liegen bleiben, und so die Zinsen (z. B. infolge einer Krise auf dem Grundstückmarkt) zu immer größeren Summen auflaufen, die schließlich jeden Gewinn unmöglich machen. Es sind also eine ganze Reihe Schwierigkeiten und von dem Spekulanten unberechenbarer Ereignisse möglich, die jederzeit noch den Erfolg seiner Spekulation zunichte machen können. Wenn also tatsächlich auch zeitweise große Gewinne erzielt werden, so muß man denselben billigerweise auch die zeitweilig großen Verluste gegenüberstellen.

Diese Andeutungen mögen genügen, zur weiteren Information verweisen wir auf die genannten und andere Autoren und konstatieren zusammenfassend:

1. daß gerade die größten und verblüffendsten, dem Publikum am meisten in die Augen fallenden Gewinne nicht von der eigentlichen, gewerbsmäßigen Bodenspekulation, sondern den Urbesitzern gemacht werden, und demnach alle Repressalien, die man gegen die berufsmäßige Spekulation anwenden würde, gar nicht den eigentlichen Sündenbock treffen,

2. daß die Gewinne der Bodenspekulation sich recht oft in sehr geringer Höhe bewegen und nach dem Urteil einer Reihe namhafter Volkswirte, den Ergebnissen der Terraingesellschaften usw. im Durchschnitt keineswegs den landesüblichen Unternehmergewinn, wie er die Selbstkosten, das Risiko und den Unternehmergewinn decken muß, überschreiten, sehr häufig sogar darunter bleiben.

Nicht selten hört man auch die weitere Behauptung, daß die bei der Bodenspekulation erzielten Gewinne nur in die Taschen einiger weniger Leute gekommen seien, daß den Interessen einiger weniger Wucherer die Wohnverhältnisse und damit das gesundheitliche Wohl und Wehe der ganzen Bevölkerung ausgeliefert werde. Auch diese Bemerkung fordert zu einer Entgegnung auf. In der Regel ist die Zahl der Umsätze, die sich an dem unbebauten und erst recht an dem bebauten Grundstück vollziehen und vollzogen haben, eine recht erhebliche. Wenn man einmal berechnen könnte, wie viele Personen z. B. an der Wertsteigerung des bebauten Bodens der Stadt Berlin von 17 Millionen im Jahre 1830 bis auf 2118 Millionen im Jahre 1898 beteiligt waren, mit mehr oder weniger großen Gewinnen, würde man höchstwahrscheinlich zu verblüffend hohen Zahlen gelangen. Und da man immer nur von den wirtschaftlichen Schäden spricht, die diese „enorme Verschuldung" des städtischen Bodens bedeute, so muß anderseits auch einmal hervorgehoben werden, daß diesen Schäden zum Teil auch recht erhebliche Vorteile für eine große Zahl von Personen und damit auch für die wirtschaftliche Entwicklung der betreffenden Stadt, des betreffenden Landesteils und die Allgemeinheit gegenüberstehen.

Ist es denn wirklich so bedeutungslos, wenn ein sehr erheblicher Teil der städtischen Bevölkerung durch das Steigen der Grundrente zu Vermögen und entsprechendem Einkommen gelangt? Einmal sind es allerdings die verhaßten Hausagrarier selbst, die dadurch nicht selten in den Stand gesetzt sind, sich langsam aus kleinen und bescheidenen Verhältnissen emporzuarbeiten, meist durchaus nicht so einfach und mühelos, wie vielfach angenommen wird. So können sie nach und nach ihre Familie in die Höhe bringen, ihren Kindern eine entsprechende Erziehung geben und sie zu nützlicheren und brauchbareren Mitgliedern der menschlichen Gesellschaft machen, als es nach vieler Leute Meinung die Väter waren. Es ist doch recht charakteristisch, daß der Sohn eines reich gewordenen Bauunternehmers so gut wie nie das Geschäft seines Vaters fortführt. Wären da wirklich so mühelos Riesengewinne zu erzielen, so könnte er doch nichts Besseres tun, als in die Fußstapfen seines Vaters treten.

Wenn anderseits ab und zu aus den Söhnen im Grundstückgeschäft plötzlich sehr wohlhabend gewordener Millionenbauern und Emporkömmlinge nichtstuende Müßiggänger werden, so ist das gewiß ein Grund, sich moralisch zu entrüsten; vom rein praktischen Standpunkte betrachtet, sorgen diese Lebemänner aber meist dafür, daß das Geld sehr rasch wieder unter die Leute kommt und einem großen Teil der Allgemeinheit zugeführt wird, auch ohne Wertzuwachssteuern.

Auch daß alle die durch das Steigen der städtischen Grundrente reich gewordenen zu teilweise recht zahlungsfähigen Steuerzahlern werden — der Haus- und Grundbesitzer zahlt besonders hohe Steuern — kann sich die Allgemeinheit gern gefallen lassen. Anderseits bedeutet aber auch die enorme Wertsteigerung des städtischen Bodens im Deutschen Reich eine ungeheure Mehrung des Nationalvermögens. Eberstadt berechnet allein den verschuldeten, d. h. den als hypothekarisches Darlehen erscheinenden Teil auf 60 Milliarden, dazu kommt dann noch der bar bezahlte Anteil. Daß diese Kapitalbildung im Interesse der Volkswirtschaft wünschenswert und nötig ist, ist schon oft von hervorragenden Nationalökonomen betont worden. Dabei handelt es sich hier keineswegs um die Bildung von Großkapital, sondern es sind gerade sehr viele kleine und einfache Leute zu bescheidenen Vermögen gekommen.

Man muß auch weiterhin bedenken, daß die betreffenden Besitzer diese 60 Milliarden nun keineswegs in den Kasten gelegt haben und ängstlich bewachen, sondern daß sie die ihnen daraus erwachsende Rente (sofern sie z. B. als Hypotheken auf den betreffenden Gebäuden eingetragen sind), zur Bestreitung ihrer Lebensbedürfnisse, ihrer Vergnügungen, ihres Luxus etc. verwenden und dadurch recht vielen kleinen Leuten, Geschäftsinhabern usw. Verdienst und Erwerbsmöglichkeiten verschaffen.

Ein sehr erheblicher Teil der durch das Steigen der städtischen Grundrente gebildeten Kapitalien wird aber auch nach und nach realisiert, die freigewordenen Kapitalien von den Besitzern, wenn auch gewiß in gewinnsüchtiger Absicht, in irgendwelche Unternehmungen, z. B. Aktiengesellschaften gesteckt, seien es nun Banken, industrielle Werke, Schiffahrtsgesellschaften, Kolonialanteile und dergleichen. Auf diese Weise verhelfen sie auch wieder anderen, z. B. all den in diesen Werken angestellten Personen indirekt zu Stellungen, Arbeitsgelegenheit und Verdienst, helfen mit an der Förderung des Weltverkehrs, der Erschließung und Nutzbarmachung der Kolonien usw. Selbst wenn der Besitzer sein Geld auch nur in irgend welchen Staats- oder städtischen Anleihen anlegt, so geschieht auch dann etwas damit für die Allgemeinheit, sei es nun, daß der Staat oder die Gemeinden Straßen, Eisenbahnen und Brücken davon bauen, die Kosten der Landesverteidigung davon bestreiten, oder städtehygienische Einrichtungen, wie Schlachthäuser, Müllverbrennungsanlagen, Kläranlagen, Kanalisation usw. schaffen.

Man muß also mit Nachdruck darauf hinweisen, daß alle diese Kapitalien, wie sie durch die Bodenwertsteigerung geschaffen wurden, zunächst allerdings nur in die Taschen relativ weniger geflossen sind, mit der Zeit aber immer mehr auch anderen Personen zugute kommen. Meist sind sie schon nach wenigen Generationen völlig zersplittert und fallen so doch schließlich der Allgemeinheit anheim.

Hätte man also die unverdienten Gewinne gleich ganz oder teilweise durch irgend eine Wertzuwachssteuer der Allgemeinheit zugeführt, so würde das Resultat nach einigen Generationen auch kein wesentlich anderes sein, wie das oben geschilderte. Das Geld wäre allerdings gleich an die Allgemeinheit gekommen und hätte sich nicht erst in einzelnen Händen angesammelt. Daß der letztere Vorgang aber auch sehr bedeutende Vorteile hat, eben dadurch, daß diese Personen dann ihre verfügbaren Kapitalien zu allerlei, auch der Allgemeinheit zugute kommenden Unternehmungen verwenden können (s. oben), läßt sich nicht bestreiten.

Damit möchte ich mich keineswegs ohne weiteres gegen eine Wertzuwachssteuer aussprechen, soweit sich dieselbe ohne erhebliche Hemmung und Erschwerung des Grundstückhandels (ein Umstand, den ja dann doch wieder die Wohnungskonsumenten zahlen müßten) durchführen läßt. Es verdient nur hervorgehoben zu werden, daß auch ohne solche Wertzuwachssteuern der Allgemeinheit ein recht erheblicher, von den meisten Personen allerdings nicht gewürdigter oder viel zu gering eingeschätzter Anteil, wenn auch erst nach Generationen, zufließt. Im Leben der Völker spielen aber einige Generationen keine große Rolle.

Geht umgekehrt durch Wertzuwachssteuern ein großer Teil dieser Kapitalien sofort in den Besitz z. B. der betreffenden Gemeinden über, so lassen sich mit diesem Gelde zweifellos eine Reihe Verbesserungen des Wohnungswesens, der Städteanlage und Städtehygiene erzielen, vielleicht werden dann auch die sonstigen Kommunalsteuern verringert, sicherlich aber von all diesen Kapitalien nichts mehr übrig bleiben zur

Gründung von industriellen und anderen Unternehmungen, wie das durch die privaten Bsitzer bei dem anderen Modus geschieht. Ob das im Interesse der Volkswirtschaft, der Industrie usw. bedeutungslos ist, namentlich wenn man bedenkt, daß der Jahr für Jahr neu hinzukommende Bevölkerungszuwachs von 800 000 Menschen doch auch Beschäftigung und Erwerb finden muß, vor allem in neu zu gründenden Industriewerken oder Erweiterungen bestehender Werte, wozu immer wieder Kapital nötig ist, erscheint sehr fraglich.

Auch noch eine andere Behauptung muß entkräftet und richtig gestellt werden. Man redet immer vom mühelosen Gewinn des Boden- und Häuserspekulanten, sogar des Hausbesitzers.

So sagt H. Rost (Das moderne Wohnungsproblem, 1909): „In den letzten drei Jahrzehnten sind in den deutschen Großstädten den Besitzern städtischen Bodens 7—8 Milliarden Mark mühelos in den Schoß gefallen" und fährt dann im Widerspruch zu seinen sonstigen Ansichten, wonach er in dem „wucherigen Charakter des Boden- und Häusermarktes" (S. 115) und dem künstlichen und gewaltsamen Indiehöhetreiben der Häuserwerte durch die Hausbesitzer (S. 114) die Ursache der städtischen Grundrentensteigerung erblickt, merkwürdigerweise fort: „Einfach, weil Millionen von Menschen in die Städte wanderten und sich ausbreiteten." Daß diese Tatsache das Primäre der Bodenwertsteigerung und alles andere davon abgeleitet ist, kommt ihm aber nicht in den Sinn. Diese Phrase von dem mühelosen Gewinn des Bodenspekulanten und Hausbesitzers kehrt in tausend Varianten immer wieder. Das trifft höchstens für die Urbesitzer zu, diese sind aber gar nicht den Spekulanten zuzurechnen.

Bei etwas weiterem Eindringen in diese Verhältnisse muß man einsehen, daß die Tätigkeit des Terrainunternehmers, Bauunternehmers und namentlich auch des Hausbesitzers durchaus nicht immer eine leichte und mühelose Arbeit ist. Das wird auch von einer Reihe gewissenhafter Autoren zugegeben. Es ist deshalb zweckmäßig, wenn wir uns die Mühen, Sorgen, und Schwierigkeiten der Terrainunternehmung einmal etwas genauer ansehen, wobei allerdings in erster Linie an die aufschließenden Terrainunternehmer gedacht ist, der aber im gewöhnlichen Sinne mit zu den Bodenspekulanten gerechnet wird. Dabei folgen wir teilweise einer Darstellung, wie sie v. Mangoldt [1]) über diese Verhältnisse gegeben hat.

Da handelt es sich zunächst um die Schaffung der Baustellen, also den Zusammenkauf eines für die Aufschließung und Verwertung als Baustellen geeigneten Landkomplexes, was keineswegs sehr leicht und einfach ist, namentlich bei zersplittertem Besitz, wenn dazwischen einige schwerfällige Urbesitzer liegen oder berechnende Querköpfe, die mitten in dem vom Terrainunternehmer benötigten Terrain liegen, auf seine Zwangslage spekulieren und ihm so erhebliche Beträge abnötigen können. Wie viel Ärger, Verdruß, Lauferei und Schreibereien, Schikanen unangenehmster Art, die der Terrainunternehmer zu überwinden hat, bis er mit den sämtlichen Vorbesitzern fertig geworden ist und ein geeig-

[1]) a. a. O. S. 138 ff.

netes Terrain zusammen hat, kann sich wohl jeder leicht vorstellen. Wir sehen vor allem nicht ein, warum man diese Art von Tätigkeit nicht auch als eine Arbeit, teilweise sogar eine recht mühsame und zeitraubende und eventuell wenig einbringende ansehen soll.

Dann muß der Terrainunternehmer sich mit der betreffenden Stadtverwaltung behufs Zustandekommen eines Bebauungsplanes in Verbindung setzen, denn ehe dieser aufgestellt und genehmigt ist, darf in der Regel nicht aufgeschlossen werden. Daß bei einem solchen Verhandeln mit städtischen Behörden auch allerlei Mühen und Verdruß, eventuell auch Schikanen unterlaufen, ist sicher. Dann kommt die an den meisten Orten unentgeltliche Abtretung des Straßenlands, die Einteilung des Baulands in geeignete Baustellen, der Bau der Straßen, meistens auf Kosten des Terrainunternehmers durch das städtische Tiefbauamt, was alles wieder eine Unmenge von sich lang hinziehenden Verhandlungen mit allerlei Behörden nötig macht. Dann erst ist der Unternehmer im Besitz bebauungsfähiger Baustellen und kann daran denken, sie mit Gewinn zu veräußern, meist an gewerbsmäßige Bauunternehmer, die „Bauspekulanten". Das mag in Zeiten günstiger Konjunktur eventuell leicht von statten gehen, immerhin bereitet die anerkannte Mittellosigkeit und vielfache Unsolidität mancher Bauunternehmer auch dann stets große Schwierigkeiten. In schlechten Zeiten dagegen wird der Absatz der Baustellen oft recht spärlich und mühsam, läßt sich nur durch Gewährung reichlicher Baugelder an die Baustellenabnehmer durchführen, und stockt zeitweise ganz. Also auch da wieder eine Menge von Scherereien und Plackereien mit Leuten, die selbst durchaus keine uneigennützige Absichten haben, vielmehr den Interessen der Terrainunternehmer sehr energisch auch ihre Interessen gegenüberstellen.

Eberstadt sagt allerdings (a. a. O. S. 101): „Die Bodenspekulation ist an der Realisierung eines möglichst hohen Bodenpreises interessiert; eine wirtschaftsgemäße Preisbildung könnte nur zustande kommen, wenn im Gegensatz hierzu der Bauunternehmer an der absoluten Niedrigkeit des Preises interessiert wäre oder wenn er auch nur den Wunsch und Willen hätte, auf niedrige Bodenpreise zu halten. Es ist der Bodenspekulation in Deutschland gelungen, an dieser wichtigen Stelle der Preisbildung die Gegenpartei völlig auszuschalten, und sich ein Bauunternehmertum großzuziehen, das lediglich die Aufträge der Bodenspekulation ausführt; sicherlich eine der bedeutsamsten Leistungen des Spekulantentums." Warum, fühlt man sich versucht zu fragen, gibt es denn so viele Terrainbesitzer, die ihre Grundstücke absolut nicht los werden können, warum ziehen diese sich nicht auch solche Bauunternehmer groß? Warum versagt denn die Bautätigkeit so oft? (s. auch den Bericht der Bank für Grundbesitz in Dresden S. 74). Es scheinen also die Bauunternehmer doch oft den Wunsch und Willen zu haben, auf niedrige Bodenpreise zu halten.

Dazu kommt dann noch das große Risiko, von dem schon vorher die Rede war, die Möglichkeit, daß in dieser ganzen Kette mühsamer und langwieriger Verhandlungen irgend eine Verzögerung, ein unerwartetes Ereignis eintritt, das seine ganze Rentabilitätsberechnung zu Schanden macht und den erwarteten Gewinn in einen Verlust verwandelt.

Das alles gilt für die große organisierte Terrainspekulation ebenso wie für die kleine, nur daß die letztere schlechte Zeiten infolge ihrer geringeren Kapitalkraft meist schlechter durchhalten kann. Gewiß sind auch von Spekulanten, nicht nur von Urbesitzern in der Umgebung großer und rasch wachsender Städte ab und zu mühelose Gewinne erzielt werden, denen stehen aber ebenso viele gegenüber, wo erst nach jahrelanger Arbeit, Mühe und Unsicherheit über den definitiven Ausgang Gewinne erzielt wurden, die zu der aufgewandten Mühe, dem Risiko usw. durchaus im richtigen Verhältnis stehen, die man demnach nach allgemeinem Sprachgebrauch als Verdienst bezeichnen muß. Nicht selten bedeuten aber auch die später beim Verkauf der Baustellen erzielten Preise im Verhältnis zur aufgewandten Mühe, dem Zinsverlust, dem entgangenen Geschäftsgewinn einen Verlust.

Die Terrainunternehmung ist also durchaus nicht auf Rosen gebettet. Die landläufige Vorstellung vom Terrainspekulanten, der mühelos und ohne Risiko die größten Gewinne auf anderer Leute Kosten in die Tasche steckt, trifft sicherlich nicht zu.

Man kann auch weiterhin nicht behaupten, daß das Grundstückgewerbe (und das dazu gehörige Baugewerbe) sich von seiten der Gesetzgebung, der städtischen Verwaltungen usw. einer guten Behandlung zu erfreuen gehabt hätte, im Gegenteil, man kann ohne Übertreibung sagen, daß vom gesamten Unternehmerstand gerade diese vielfach als Stiefkinder im wirtschaftlichen Leben behandelt werden. Das ist um so bedauerlicher, als sie doch für die Produktion eines der für die Gesundheit unseres Volkes wichtigsten und unentbehrlichsten Güter, der Wohnungen, das ausschlaggebende Moment darstellen. Zwar hat es durchaus nicht an Stimmen gefehlt, die für diese private Unternehmung eintraten (wir werden später Belege dafür bringen), aber meist blieb es bei den Worten; in den Geist der städtischen Verwaltungen, der Mitglieder der Körperschaften und Kommissionen, die bei diesen Aufgaben der städtischen Verwaltungstätigkeit mitzureden haben, sind diese Anschauungen nicht gedrungen. Allzu tief wurzelt da das Mißtrauen gegen den Spekulanten, speziell den Bodenspekulanten, und so war man immer gerne bereit, in wohlmeinendster Absicht dem Grundstückgeschäft neue Lasten und Steuern aufzuhalsen. Diese sollten, wie man sagte, die „ungesunde" Spekulation zurückdämmen und dadurch dem Wohnungswesen nützen. In Wirklichkeit haben sie alle, wie die Umsatzsteuer, die Steuer nach dem gemeinen Wert, die Wertzuwachssteuer schon vor ihrer Verwirklichung eine Erschwerung des Grundstückgeschäftes überhaupt mit sich gebracht, nicht nur der Tätigkeit der ungesunden Spekulation, und damit eine Erschwerung des Wohnungsbaues. Und das ist doch gerade das, was man verhindern soll.

So ist z. B. nach dem Jahresbericht des Vereins Berliner Grundstücks- und Hypothekenmakler für 1910 der Gesamtumsatz an Grundstücken in Groß-Berlin von 940 Millionen Mk. im Jahre 1909 auf 882 Millionen im Jahre 1910, also um 58 Millionen zurückgegangen, und in früheren Jahren waren die Rückgänge teilweise noch größer. Der Bericht sagt weiter, daß einzig und allein der ungeheuren Belastung des Grundstücksbesitzes und der Beunruhigung durch gesetzgeberische Maßnahmen, eben die kommende Wertzuwachssteuer, diese Verhältnisse zuzuschreiben sind.

Gewiß mag es bei diesen Steuern gehen, wie bei anderen, nach einiger Zeit stellen sich die früheren Umsatzverhältnisse wieder her, aber erst dann, wenn es den Besitzern der betreffenden Ware, in diesem Fall der Grundstücke, gelungen ist, die Steuern auf das Publikum, d. h. die Mieter und Wohnungssuchenden abzuwälzen. Die sind es, die dann schließlich die Steuern in Gestalt höherer Mieten zahlen müssen.

Auch Eberstadt, der in seinen früheren Schriften sicherlich kein Freund der Terrainunternehmer ist (s. z. B. Rheinische Wohnverhältnisse, S. 41), kommt in seinem Handbuche des Wohnungswesens, II. Aufl. S. 321 zu dem Schluß, daß es sich nicht auf Grundlage der bestehenden Verhältnisse empfehle, neue Steuern aufzubauen, die den Gewinn aus der spekulativen Wertsteigerung des Bodens zum Gegenstand nehmen. „Die Bodenspekulation würde jeden Pfennig an neuer Belastung, durch Zuschläge vermehrt, vermittelst Bauunternehmer und Hausbesitzer auf die Bevölkerung fortwälzen: Die Mißstände im Wohnungswesen würden sich dabei schwerlich vermindern."

An gleicher Stelle, S. 70 ff. unterscheidet R. Eberstadt, wie bei jeder anderen, so auch bei der Bodenspekulation, eine Handelsspekulation, welche zwar auf Spekulation arbeitet, im übrigen aber Güter für den Markt, wenn auch nicht für einen im voraus bestimmten Abnehmer, produziert, und eine reine Wertspekulation, die von der materiellen Verarbeitung der Wirtschaftsgüter losgelöst lediglich an der Wertbewegung und Preisänderung einen Geldgewinn machen will.

In der Handelsspekulation sieht auch er einen der bedeutsamsten Faktoren der Volks- und Weltwirtschaft, und betont, daß auch im Städtebau die wichtigste Aufgabe darin bestehe, diese Handelsspekulation im Baugewerbe zu stärken. Seine sonstigen Ausführungen über den nachteiligen Einfluß der Bodenspekulation, die spekulative Umklammerung der Städte durch dieselbe, die preissteigernde Wirkung derselben auf die Bodenpreise beziehen sich also wohl auf die reine Wertspekulation im Boden.

Gewiß wird ihm jeder in der Verdammung dieser Form der Bodenspekulation, die in keinem Fall eine wirtschaftsfördernde Leistung darstellt, beistimmen. Aber was ist mit dieser Unterscheidung der beiden Bodenspekulationen für die Praxis gewonnen? Folgerichtig müsse man die Handelsspekulation im Boden, früher nannte man das wohl auch die „gesunde" Spekulation, in jeder nur denkbaren Weise fördern, und die andere, die „ungesunde Spekulation", wie man früher sagte, in jeder nur denkbaren Weise bekämpfen. Und es fehlte weder früher noch jetzt an Leuten, die sich in diesem Sinne ausgesprochen haben, und all die Repressalien, die man gegen die Bodenspekulation in Vorschlag gebracht oder angewandt hat, waren zunächst nur gegen die „ungesunde“ Spekulation, die reine Wertspekulation gemünzt. Getroffen haben sie aber stets beide. Wie läßt sich denn in der Praxis die Trennung dieser beiden Spekulationsarbeiten, die formal und begrifflich gewiß wunderschön ist, durchführen? Auch der Handelsspekulant, der für gewöhnlich an dem Boden, den er umsetzt, irgend eine wirtschaftsfördernde Tätigkeit vornimmt, wird gelegentlich, wenn er gerade günstige Gelegenheit dazu hat, den Boden ohne weiteres veräußern und so zum reinen Wertspekulanten, er muß das schon, um sich für eventuelle Verluste schadlos zu halten. Der reine Wertspekulant, der ein Grundstück zunächst nur kauft, um es baldmöglich nach entsprechender Steigerung wieder abzustoßen, wird ebenso oft durch die Unmöglichkeit eines solchen Verkaufs zum Handelspekulanten, er muß dann das Grundstück, um es überhaupt loszuwerden, durch einen Bauunternehmer der Bebauung zuführen lassen. Trotz seiner an und für sich also zu verdammenden Tätigkeit vollbringt er in diesem Falle eine wirtschaftsfördernde Leistung, für die man ihm danken muß.

So muß man wohl zu der Anschauung kommen, daß sich praktisch diese beiden Spekulationsformen nie trennen und gesondert, die eine fördernd, die andere hemmend, behandeln lassen. Diese Scheidung führt höchstens dazu, daß nach wie vor in dem Glauben, die reine Wertspekulation zu treffen, eine Reihe den Grundstückhandel überhaupt erschwerender Maßnahmen getroffen werden, die zwar auch diese, vor allem aber auch die gesunde Handelsspekulation treffen und belästigen.

Richtiger wäre es daher unserer Meinung nach, diese ungesunde Spekulation als Auswüchse des Grundstückhandels zu betrachten, die nun einmal mit diesem Geschäft wie mit jedem anderen, das spekulativen Charakter trägt, verknüpft sind. Gewiß kommen dabei recht bedauerliche Erscheinungen vor, einzelne Existenzen werden dadurch ruiniert, aber im großen und ganzen sind die Schäden, die der Allgemeinheit dadurch erwachsen, keineswegs so groß, wie gemeinhin angenommen wird. Das größere Übel wäre jedenfalls, wenn durch irgendwelche Maßnahmen zur Bekämpfung der ungesunden Spekulation auch der gesunde Grundstückhandel erschwert würde. Das wäre der härteste Schlag, den man dem Wohnungswesen unserer Städte zufügen könnte.

Wenn man bedenkt, was in den letzten zwei Jahrzehnten über die Wohnungsfrage theoretisiert und an Maßnahmen zur Verbesserung der Wohnverhältnisse vorgeschlagen wurde, und damit dann das, was vielerorts bis heute erreicht wurde, vergleicht, kann man sich nicht der Überzeugung verschließen, daß man sich vielfach auf einem falschen Wege befunden hat. Es war eben immer die Angst vor der schädlichen Wirkung der Spekulation, die Veranlassung gab, dem Grundstückgeschäft allerlei Lasten und Steuern aufzuerlegen. Damit hat man dann auch dem soliden Grundstückhandel und Bauunternehmertum eine schwere Last aufgebürdet, die Gewinnmöglichkeiten, die ohnehin nicht sehr hoch sind, beschnitten, und kann sich nicht wundern, wenn diese Leute schließlich die Lust verlieren, unter so unrentablen Bedingungen ihre Tätigkeit auszuüben. Das hat dann immer eine ungenügende Wohnungsproduktion mit entsprechendem Wohnungsmangel und Ansteigen der Mieten im Gefolge.

So betrug z. B. nach der Volkszählung (nach Mitteil. der M. N. N.) mit Wohnungszählung im Dezember 1910 in München die Zahl der leerstehenden, d. h. wirklich vermietbaren Wohnungen nur 662, d. h. nicht ganz ½ % des Gesamtwohnungsbestandes. Von diesen 662 leeren vermietbaren Wohnungen waren 235 mit 4 und mehr Zimmern, 112 mit 6 und mehr und nur 337 kleinere Wohnungen von 1—3 Zimmern (das in einer Stadt von rund 595 000 Einwohnern). Dazu kamen allerdings in unfertigen Neubauten 1766 Wohnungen, die aber meist erst nach Monaten beziehbar sind und deshalb am Zähltage für den Wohnungsmarkt nicht in Frage kommen. Der Jahresbedarf an neuen Wohnungen beträgt rund 2500 Wohnungen. Am 7. November 1909 war ein Bestand von 838 für den Wohnungsmarkt sofort verfügbarer Wohnungen, d. i. 0,6 % vorhanden. Bei geordneten Verhältnissen, ca. 3 % leerstehenden Wohnungen müßten ca. 5000 Wohnungen leer stehen. Man kann also sicherlich von einer drückenden und gefährlichen Wohnungsnot sprechen. Die Richtigkeit dieser Wohnungszählung wurde mehrfach stark angezweifelt. Es wurde deshalb eine revidierte Zählung angeordnet, die ein etwas besseres Resultat ergab, 914 leere sofort beziehbare Wohnungen anstatt 662 bei der ersten Zählung, dagegen nur 1683 erst nach dem 1. Dezember beziehbare Wohnungen in noch unfertigen Neubauten an Stelle von 1766 bei der ersten Zählung. Auch das Ergebnis dieser revidierten Wohnungszählung ist keineswegs günstig. Man hat berechnet, daß am 1. April 1911 voraussichtlich nur etwa 1500 Wohnungen, darunter 600 Kleinwohnungen zur Verfügung stehen werden, so daß sich nur ein Überschuß von 0,7 %, bei den Kleinwohnungen nur von 0,3 % ergeben würde.

Diese Zahlen zeigen doch, daß das Baugewerbe entschieden keine rechte Lust mehr hat, die Herstellung von Wohnungen zu betreiben, aus Gründen, die sich gewiß nicht ohne weiteres beurteilen lassen, die man aber doch wohl in den oben angegebenen Verhältnissen vermuten muß. Siehe auch den Bericht der Bank für Grundbesitz, Dresden, S. 74.

Der Magistrat hat dann in geheimer Sitzung den Beschluß gefaßt, zur Förderung der Herstellung von Kleinwohnungen durch Genossenschaften oder Private zunächst den Betrag von 3 Millionen zu bewilligen. Darlehen aus dieser Summe sollen in Zukunft tunlichst auf zweite Hypothek gegeben werden, während die Darlehenssucher für Beschaffung von Hypotheken an erster Stelle an die Hypothekenbanken bzw. die städtischen Sparkassen verwiesen werden. Ob diese an und für sich recht begrüßenswerte Entschließung die Wohnungsnot, namentlich bezüglich der Kleinwohnungen, wirklich beseitigt?

München hat gewiß eine ganze Zahl von Wald- und Villenkolonien in seiner näheren und ferneren Umgebung (im Isartal, an der Starnberger Linie, bei Nymphenburg usw.), die aber meist nur für gutsituierte Leute in Betracht kommen, für den ärmeren Teil der Bevölkerung ist noch viel zu wenig Gelegenheit, in entlegeneren, aber durch gute Verkehrsverhältnisse mit der Hauptstadt verbundenen Vororten zu wohnen. Es fehlt an einer entsprechenden Dezentralisations- und Verkehrspolitik, durch welche die Umgebung Münchens im großen Stil auch für das Wohnbedürfnis erschlossen wird. So liegen z. B. im Osten der Stadt an der Strecke Ostbahnhof-Kirchseeon (die Rosenheimer Linie) in 12—15 km Entfernung vor den Toren der Stadt ideale Baugelände unerschlossen, obwohl sie von einer sehr frequenten Hauptbahn durchschnitten sind.

Welche Gründe und Überlegungen in München dazu geführt haben mögen, daß man nicht in diesem Sinne eine großzügigere Erschließung der Außengelände vorgenommen hat, bei dem schon seit langem bestehenden Mangel an Kleinwohnungen, ist mir unbekannt.

Nicht selten ist von Wohnungspolitikern bis in die letzte Zeit die Befürchtung ausgesprochen worden, durch Vorortbahnen und entsprechende Erschließung von Außengeländen begünstige man dort die Bodenspekulation und steigere so die Bodenpreise, und diese Furcht vor der Bodenspekulation mag oft die Ursache gewesen sein, weshalb man solche Maßnahmen unterließ.

So wurde auf der 25. Verslg. d. D. V. für öffentl. Gesundheitspflege zu Trier 1900 von einem der Referenten bezüglich der Ausbildung von Verkehrsmitteln, Vorortbahnen und Eingemeindungen angeführt, daß man sich darüber doch nicht täuschen kann, „daß einige der Mittel sehr zweischneidig sind. Denn die Anlage von Vorortbahnen steigert wieder die Bodenpreise, hat wenigstens entschieden die Tendenz dazu; auch wirken die Eingemeindungen sehr leicht nach dieser Seite hin. Ebenso ist es mit der Umlegung, auch mit der Straßenherstellung, Fluchtlinienplan-Aufstellung. Alle diese Maßregeln, welche an und für sich geeignet sind, mehr Gelände aufzuschließen und dadurch verbilligend zu wirken, haben zugleich die umgekehrte Tendenz, wiederum verteuernd zu wirken, weil sie das Eingreifen der Spekulation vielfach anzeigen und erleichtern.“

Solange man diese Mittel allerdings nur in sehr beschränktem Maße anwendet, schafft man freilich der Bodenspekulation ein günstiges Feld ihrer Tätigkeit. Wenn z. B. einer Stadtverwaltung, die sich bisher jeder Dezentralisationsbestrebung widersetzt hat, keinerlei Verkehrspolitik getrieben und der rasch wachsenden Einwohnerschaft nur das relativ beschränkte Stadtgebiet und seine nähere Umgebung zur Befriedigung ihres Wohnbedürfnisses zur Verfügung gestellt hat, auf einmal eine Inspiration kommt, und sie entschließt sich nach langen und schweren Nöten eine einzige entsprechend gut organisierte Verkehrsverbindung zu einem einzigen gut gelegenen Vorort zu schaffen, so kann sie sich freilich nicht wundern, wenn die „eingepreßte“ Bevölkerung in Massen dorthin abströmt und sich in diesem aufblühenden Ort alsbald ein rasches Ansteigen der Bodenpreise bemerkbar macht. Auch hier hat dann die Bodenspekulation gewiß nicht das Höhersteigen der Bodenwerte veranlaßt, nur davon profitiert. Der Grund der Steigerung liegt in dem zaghaften und kleinmütigen Vorgehen der betreffenden Stadtverwaltung, die, statt im vollen eine großzügige Erschließung genügend großer Geländeflächen vorzunehmen, sich mit einem solchen Mittelchen begnügte. Jedes Mittel hört auf zu wirken, wenn es in zu kleinem Umfange angewandt wird. Wenn man aber in möglichst großem Umfange die Außengelände erschließt, eine Reihe von Vororten durch günstige Verkehrsverbindungen mit der städtischen Zentrale in Verbindung setzt und dadurch einen großen Vorrat von anbaufähigem Land schafft, ist die Bodenspekulation absolut nicht in der Lage, die Preise willkürlich zu steigern, dazu ist dann das Angebot im Verhältnis zur Nachfrage viel zu groß. Das sorgt schon dafür, daß die Preise nicht über den reellen Wert des Bodens steigen.

Auch aus anderen Städten werden ähnliche Fälle von Wohnungsnot berichtet. So ist berechnet worden, daß in Pest im Lauf der letzten zwei Jahre die Mieten um ca. 30 Millionen Kronen in die Höhe gegangen sind. Es gibt Stadtteile, wo alle Wohnungen um 50 % und mehr teurer sind, als vor einem halben Jahrzehnt, und dabei sei die Zahl der verfügbaren Wohnungen anhaltend so gering, daß die Mieter den Hausherren vollständig ausgeliefert seien.

Also auch hier die Erscheinung, daß trotz großer Wohnungsnachfrage das Baugewerbe nicht für die genügende Zahl von Wohnungen sorgt. Glaubt man wirklich, durch allerlei Repressalien, die das Grundstück- und Baugeschäft noch mehr erschweren, an diesen Zuständen etwas zu ändern? So lange sich in den Anschauungen der maßgebenden Kreise nicht grundlegende Änderungen über die Bedeutung dieser Unternehmungsformen für das Wohnungswesen unserer Städte vollziehen, kann von einer Besserung der Verhältnisse keine Rede sein.

Überall, wo die Stadterweiterung bisher in der Hauptsache ein privates Geschäft gewesen ist, und das war bei uns so ziemlich überall der Fall, hat die private Terrainunternehmung die Aufschließung des städtischen Terrains besorgt. Dabei wurde sie allerdings je nachdem mehr oder weniger durch öffentliche Faktoren beeinflußt, durchaus nicht immer gefördert, sehr oft gehemmt. So lange der Wunsch v. Mangoldts (siehe die städtische Bodenfrage), die Stadterweiterung möge immer mehr, womöglich ausschließlich, ein öffentlich-rechtliches Geschäft werden, noch nicht in Erfüllung gegangen ist, muß man sich also bei der privaten Terrainunternehmung für diese wichtigste Voraussetzung städtischen Wohnbedürfnisses bedanken.

Das sind aber nicht nur die Terraingesellschaften, sondern auch die privaten Terrainunternehmer, ein gut Teil der Leute, die man gemeinhin als „Bodenspekulanten“ charakterisiert.

Wir haben weiter gesehen, mit welchen Schwierigkeiten, welchem Risiko und oft recht wenig bedeutendem Gewinn sie nicht selten ihre Tätigkeit ausüben, eine Tätigkeit im übrigen, welche für die Allgemeinheit nicht nur nützlich, sondern unbedingt nötig und unentbehrlich ist. Es ist deshalb ein grundsätzlicher Fehler jeder städtischen Verwaltungs- und Bodenpolitik, diese Tätigkeit durch allerlei Maßnahmen zu hindern und lahmzulegen. Immer wird das Wohnungswesen die größten Nachteile davon haben. Je weitere Kreise man für diese Terraingeschäfte interessiert, je größere Geländeflächen man durch sie erschließen und in baureifes Land überführen läßt, um so leichter wird es gelingen, durch die große Konkurrenz der Unternehmer untereinander, durch das große Angebot an baureifem Land etwaige Auswüchse der Spekulation und ein künstliches Emportreiben der Bodenpreise zu verhüten.

Fünfter Abschnitt.

Der gewerbsmäßige Hausbesitzer- und Bauunternehmerstand.

Auch die städtischen Hausbesitzer, sofern sie sich gewerbsmäßig mit dem Vermieten von Wohnungen befassen, werden von vielen für die städtische Wohnungsnot verantwortlich gemacht, und da sie außerdem in enger Beziehung zu den Grundspekulanten und Bauunternehmern stehen, soll ihnen hier ein besondererAbschnitt gewidmet werden.

Schon derjenige, der nur in der Tagespresse die andauernden und stets wiederkehrenden Klagen der Hausbesitzer, ihre Versammlungen zur Abwehr irgend einer neuen ihnen drohenden Belastung verfolgt, könnte daraus, selbst wenn er die Übertreibungen abzieht, entnehmen, daß auch sie es nicht gerade leicht haben und daß ihnen keinesfalls extreme Gewinne zufließen. Wer sich dann weiterhin die Mühe gibt, durch Umfrage bei verschiedenen städtischen Hausbesitzern sich gewissenhaft über ihre Auslagen und Einnahmen zu orientieren, wird in dieser Ansicht in der Regel noch bestärkt. Daß außerordentliche Lasten und Abgaben auf dem städtischen Grundbesitz ruhen, ist allbekannt. Das in einem Gebäude steckende Kapital wird zur Vermögens-, Einkommen- und Gebäudesteuer herangezogen, dazu kommen vielerorts Kanalgebühren, Müllabfuhrgebühren, Wassergeld, welches bis zu einer gewissen Höhe auch dann bezahlt werden muß, wenn viel weniger gebraucht wurde, dann die Versicherungsprämien gegen Feuersgefahr, Einbruch, ev. Wasser- und Sturmschäden, dazu je nachdem die Kosten der Straßenreinigung, zum mindesten der Trottoirreinigung und ev. entsprechende Haftpflichtversicherung, die ständigen Reparaturen etc. Zu diesen fortlaufenden Ausgaben kommen dann, besonders bei Kleinwohnungen, die Verluste durch zahlungsunfähige Mieter, das zeitweilige Leerstehen der Wohnungen, nicht zuletzt auch der allerdings selbst verschuldete Umstand, daß viele Hausbesitzer in Zeiten aufsteigender Konjunktur ihr Haus viel zu teuer gekauft haben, entweder aus Unkenntnis oder durch falsche Angaben der Vorbesitzer getäuscht, oder aber in der Hoffnung, es werde sich mit der Zeit der Ertrag schon steigern lassen. Häufig ist das in rasch sich entwickelnden Städten auch der Fall, sehr häufig bleibt aber auch diese gehoffte Entwicklung aus oder tritt langsamer ein, der Hausbesitzer versucht dann, wie so gerne gesagt wird, die Mieten in die Höhe zu „schrauben", aber das geht keineswegs so ohne weiteres, im allgemeinen nur dann, wenn ein sehr geringes Angebot leerstehender Wohnungen einer viel stärkeren Nachfrage gegenübersteht.

Verschiedentlich ist nachgewiesen worden, daß die Mieterträgnisse der bebauten Grundstücke vielfach sehr geringe sind, oft im Durchschnitt nur 5 % ausmachen. So bewegten sich nach dem statistischen Jahrbuch der Stadt Dresden 1903 die Mieterträgnisse der verkauften bebauten Dresdener Grundstücke zwischen 4,7 und 5,4 %, gewiß eine Verzinsung, die in Anbetracht der großen Lasten, des Risikos usw. eine sehr geringe genannt werden muß.

Nun gibt es freilich Leute genug, die der Meinung sind, ein Hausbesitzer könne ganz zufrieden sein, wenn er nach Abzug seiner Unkosten etc. noch ein etwas über die landesübliche Verzinsung hinausgehendes Erträgnis aus seinem Hause erziele. Sie bedenken dabei nicht, daß man zur Erzielung einer 3 ½—4 % Verzinsung das Geld nur auf irgend eine Sparkasse zu bringen oder in erstklassigen Hypotheken anzulegen braucht, und daß es unter den an den Börsen gehandelten sog. Rentenpapieren eine ganze Reihe gibt, die eine 4 ½ bis 5 % Verzinsung mit fast der gleichen Sicherheit, wie unter den heutigen Verhältnissen der städtische Hausbesitz, gewähren. Nur ist diese Verzinsung dann wirklich mühelos erzielt, was man vom Hausbesitzer bei all der Schererei mit seinen Mietern etc. nicht behaupten kann. So lange also jemand nur eine derartige Verzinsung erzielen will, wird er sicher nicht nach dem Besitz eines städtischen Miethauses trachten, mit all der Arbeit und Plackerei, die ihm dadurch erwächst. So spricht auch der Bericht der Bank für Grundbesitz in Dresden, siehe S. 74, von der Abneigung der Privatkapitalisten gegen den Erwerb bebauter Grundstücke als Kapitalsanlage und sieht darin unter anderem einen der Gründe für die mangelnde Bautätigkeit.

Es muß also noch etwas anderes sein, was so viele veranlaßt, städtischer Hausbesitzer zu werden und das Vermieten von Wohnungen berufsmäßig zu betreiben. Das ist natürlich die Tatsache, daß es dank unserem Hypothekenwesen mit sehr wenig eigenem Kapital möglich ist, in den Besitz eines größeren Miethauses zu gelangen und dadurch die Einnahme aus dem eigenen Kapital erheblich zu vergrößern.

Wir wollen einmal ein bestimmtes Zahlenbeispiel zugrunde legen, ohne daß die Zahlen Anspruch auf absolute Genauigkeit machen, und annehmen, jemand, der 10 000 Mk. Vermögen hat, sei in der Lage, ein städtisches Miethaus von 100 000 Mk. zu erwerben, weil er ca. 60 000 Mk. als erste Hypothek und ca. 30 000 Mk. als zweite Hypothek auf dieses Objekt erhalten kann. Nehmen wir den Mietertrag des Hauses gleich 6000 Mk. an, die Zinsen der ersten Hypothek zu 4 % mit 2400 und die der zweiten zu 5 % mit 1500 Mk. an, so betrügen die Hypothekenschulden 3900 Mk., rechnet man dann ganz roh 1100 Mk. für Steuern, die sonstigen Lasten, Reparaturen usw., so macht das zusammen 5000 Mk. Der betreffende Hausbesitzer behält also 1000 Mk. als Reingewinn seiner Tätigkeit für sich, d. h. eine 10 % Verzinsung seiner 10 000 Mk. eigenes Kapital Außerdem lockt ihn natürlich die Möglichkeit, daß das Gebäude mit der Zeit im Werte steigt und er bei einem späteren Verkauf ev. eine größere Summe, 20 000, 30 000, selbst 50 000 Mk. mehr erzielt, als er selbst bezahlt hat. Ist ihm das einige Male geglückt, oder hat er selbst mehr Kapital, so kauft er sich entweder größere Objekte, wie in dem oben angenommenen Fall, oder er legt sich eine entsprechende größere Zahl von Häusern zu, also z. B. 10 nach obiger Annahme. Dann erzielte er dementsprechend aus 100 000 Mk. eigenem Kapital statt 4000 Mk. Zinsen nach dem landesüblichen Zinssatz 10 000 Mk.

Die 6000 Mk. mehr sind dann sein Gewinn und sein Verdienst für die mühsame Tätigkeit als Besitzer und Verwalter dieser 10 Häuser.

Nun gibt es Leute genug, die ein solches Verdienst und eine solche Beschäftigung, mit anderer Leute Geld sich Häuser zu kaufen um sich daran zu bereichern, für unmoralisch und im höchsten Grade für bedenklich halten. Warum aber? Daß die 6000 Mk. Verdienst in unserem Beispiel eine zu große Bezahlung seien für die Arbeit, 10 Miethäuser mit zusammen vielleicht 60 Mietparteien (wobei für jede einzelne Wohnung ein durchschnittlicher Mietpreis von 1000 Mk. angenommen ist; handelt es sich um Gebäude mit Kleinwohnungen, so sind es entsprechend mehr, ca. 180—200 bei einem Durchschnittsmietpreis von ca. 300 Mk.) zu verwalten, sich mit all diesen Mietparteien herumzuzanken, all ihren Wünschen und Klagen gerecht zu werden, ihre Streitigkeiten zu schlichten, immer rechtzeitig die leerwerdenden Wohnungen zu vermieten, die nötigen Reparaturen vornehmen zu lassen, die 60 000 Mk. Miete, die jährlich zahlbar sind, von den Mietparteien einzutreiben, davon die Hypothekenzinsen an die Hypothekengläubiger abzuführen, weiter die mannigfachen Lasten und Steuern zu zahlen etc., wird niemand, der sich in diese Arbeit hineindenkt, behaupten wollen.

Man muß einen derartigen Hausbesitzer eben als das auffassen, was er wirklich ist, als den Vermögensverwalter all der Leute, welche die 900 000 Mk. Hypotheken, die in unserem Beispiel insgesamt auf den Häusern lasten, hergeliehen haben. Darin liegt denn auch die Anerkennung seiner Tätigkeit, in gewissem Sinne die Notwendigkeit derartiger Existenzen für unsere städtischen Wohnungsverhältnisse, und daraus leitet sich dann auch die Berechtigung dieser Leute nach einem entsprechenden Verdienst, bzw. einer entsprechend höheren Verzinsung ihres eigenen in den Häusern steckenden Kapitals ab (in unserem Beispiel 10 % von 100 000 Mk.).

Das ist doch eigentlich alles durchaus natürlich und selbstverständlich. Und doch regen sich immer wieder so viele Leute darüber auf, behaupten, das seien ganz unhaltbare Zustände, derartige Hausbesitzer seien ganz unmögliche Existenzen, die auf Kosten der Mieter ein Schlaraffenleben führen usw. Man könnte diese berufsmäßigen Hausbesitzer und Wohnungsvermieter unserer Großstädte auch als Händler auffassen, die mit Wohnungen handeln, so gut ein anderer Geschäftsmann mit anderen Gütern handelt, bedenken, daß sie dadurch eine außerordentlich bedeutsame Aufgabe erfüllen und naturgemäß bei diesem Handel einen entsprechenden Gewinn erzielen wollen. Im anderen Falle würden sie auf diese mühsame Beschäftigung mit Freuden verzichten. Dann sollen sie es lassen, hört man manche sagen, das wäre der größte Segen, wenn einmal dieser ganze Hypothekenunfug, die ganze „Bodenverschuldung“ usw. aufhörte. Wer soll denn aber nach der Ansicht dieser Leute die städtischen Miethäuser und Wohnhäuser, die städtischen Wohnungen herstellen, verwalten und den Wohnungssuchenden anbieten?

Es braucht wohl nicht besonders erörtert zu werden, daß unter den modernen städtischen Verhältnissen ein ganz *erheblicher Prozentsatz*, weit mehr als die Hälfte *der Bevölkerung auf Mietwohnungen angewiesen* ist. Das sind z. B. alle die, welche durch die Art ihrer beruflichen Tätigkeit wenig seßhaft sind, z. B. solche Beamte, die oft versetzt werden können, Arbeiter, die oft die Arbeitsstätte wechseln, dann all die Leute mittleren und kleineren Einkommens, die in den Städten infolge ihrer geringen Einkommensverhältnisse nicht im eigenen Hause wohnen können, dann weiter der große Kreis derer, welche zwar vermögend genug sind (oder entsprechendes Einkommen haben), um sich selbst ein Einfamilienhaus zu bauen oder zu kaufen, die aber die Lasten und Mühen des Hausbesitzers scheuen, lieber, wie sie sagen, etwas mehr Miete zahlen, als sich selbst die Last eines eigenen Hauses aufbürden und dergleichen.

All diese Leute müssen gleichwohl in der Stadt unterkommen und so kann man es nur als ein Glück und einen Segen für die Allgemeinheit betrachten, daß sich mit der Größenzunahme unserer Städte in immer steigendem Maße *ein besonderer Stand, der städtische Hausbesitzerstand* herausgebildet hat, der diesen gegen frühere Zeiten gänzlich veränderten Wohnbedürfnissen Rechnung trägt, der die Produktion und das Vermieten, also den *Handel mit Wohnungen*, gewerbsmäßig betreibt und so den Wohnungssuchenden die Mühen und Schwierigkeiten der Wohnungsbeschaffung außerordentlich erleichtert. Naturgemäß erfahren dadurch die Wohnungen einen gewissen Preisaufschlag, das ist hier nicht anders, wie bei jedem Zwischenhandel. Auch der städtische Hausbesitzer stellt einen solchen *Zwischenhändler* dar, der sich zwischen die Wohnungsproduktion durch das gewerbsmäßige Bauunternehmertum und die Wohnungsnachfrage von seiten der Mieter einschiebt.

Der städtische Hausbesitzerstand erfüllt also eine *hochbedeutsame Aufgabe*, die keinesfalls unterschätzt und gehemmt werden darf. Nicht minder das *gewerbsmäßige Bauunternehmertum*, das eng mit jenem zusammenhängt. Meist gestaltet sich dies Verhältnis so, daß ein Bauunternehmer vom Terrainunternehmer oder „Bodenspekulanten“ das Grundstück kauft und bebaut, dieses Haus nun zunächst selbst „verwaltet“, d. h. der „Besitzer“ ist, bis er es über kurz oder lang, wenn das möglich ist, mit entsprechendem Nutzen verkaufen kann. Sehr häufig ist also das private Bauunternehmertum zugleich Hausbesitzer.

Dieses *private Unternehmertum* ist es also, welches die städtischen Wohnungen tatsächlich erbaut hat; ob gut, ob schlecht, ist eine andere Sache, für die dasselbe allein nicht verantwortlich gemacht werden kann. Geschmack des Publikums, herrschende Richtung in der Architektur, Stand der Bautechnik, die Preisbildung der städtischen Bodenwerte, die Stadterweiterungsmaßnahmen, die städtische Bodenpolitik, die Förderung oder Hemmung durch baupolizeiliche Vorschriften, der jeweilige Zinsfuß und die Möglichkeit sich Baugeld zu verschaffen beeinflussen ihn bei dieser Tätigkeit und müssen für das entstandene Produkt mit verantwortlich gemacht werden.

Es bricht sich deshalb auch immer mehr die Überzeugung Bahn, daß der städtische Bauunternehmer- und Hausbesitzerstand keineswegs all die Vorwürfe und Schmähungen verdient, die man ihm so oft entgegenschleudert, und zwar sind es gerade angesehene und erfahrene Praktiker im Wohnungswesen, die zu diesem Urteil gelangen. So sagt Stübben 1900 in Trier auf der 25. Versammlung des D. V. für öffentliche Gesundheitspflege zu Trier: „Die Unternehmertätigkeit ist es, die im wesentlichen für die Beschaffung von Neubauten sorgt. Die Bauunternehmer bauen auf den Verkauf an einen einzelnen Liebhaber oder zur Vermietung an Viele, beides aus Erwerbsrücksichten. Diese Rücksichten zu tadeln, wäre verfehlt. Die Bauunternehmer haben bisher im allgemeinen ihre Pflicht erfüllt; sie haben das Wohnungsbedürfnis zumeist nicht ganz, aber doch annähernd gedeckt, und man darf wohl sagen, daß die neueren Wohnungen gegenüber den früheren wesentliche, auch gesundheitliche Fortschritte zeigen.“

Auch Adickes, einer der erfahrensten Wohnungspolitiker, schließt sich am gleichen Orte dieser Meinung an und betont vor allem, wie wichtig es sei, nicht durch irgendwelche Maßregeln die private Unternehmertätigkeit zu hindern, sie vielmehr soweit als möglich zu fördern und zu beleben.

Stein sagt in seinem mehrfach erwähnten Referat auf dem Frankfurter Wohnungskongreß (a. a. O. S. 431): „Eine Organisierung der Bautätigkeit ohne Mitwirkung der an der Vorbereitung und dem Betrieb der Bautätigkeit zunächst beteiligten, ist ein Unding, und ebenso der Versuch, das Werk unter Ausschaltung des Gewinnes allein auf gemeinnütziger oder öffentlicher Grundlage durchzuführen.“

Kurz und bündig sagt A. Voigt (a. a. O., S. 207): „Förderung, nicht Hemmung der privaten Unternehmertätigkeit muß der oberste Grundsatz städtischer und staatlicher Wohnungspolitik sein.“

Um auch die Vertreter anderer Ansichten zu Wort kommen zu lassen, höre man, wie H. Rost zu diesen Fragen Stellung nimmt (Das moderne Wohnungsproblem, S. 113): „Dieses Geschäft der gewerbsmäßigen Hausbesitzer und Bauunternehmer ist ganz einträglich. Man ist bestrebt den ganzen Rattenkönig von Zinsen für Hypotheken, Anzahlung Steuern, Unterhalts- und Verwaltungskosten, Mietausfälle auf die Mieter abzuwälzen.“ (Will Rost damit sagen, daß der Hausbesitzer all diesen Lasten, die doch zu den Produktionskosten der vom Mieter benutzten Wohnung gehören, und deshalb auch von diesem zu bezahlen sind, selbst bestreiten solle ?).

Und weiter: „Je geringer die Anzahlung aus eigener Tasche ist, je höher also das Haus verschuldet ist, um so größer ist der Gewinn. Denn das höchstverschuldete Haus kann ja am leichtesten verkauft werden.“ . . . „Mit stets (?) steigendem Preise werden solche Spekulationshäuser von Käufer zu Käufer weiter geschoben. . ., die Werte der Häuser werden bei jeder passenden Gelegenheit künstlich und gewaltsam in die Höhe getrieben.“ „Die Praxis des Boden- und Häusermarktes trägt sonach einen wucherigen Charakter“ usw.

Aber auch manche von denen, die die Notwendigkeit des städtischen Hausbesitzerstandes anerkennen, fragen, warum braucht man denn den ganzen Darlehensschwindel, wie er das Hypothekenwesen darstellt, diese enorme „Bodenverschuldung"? Es wäre doch viel richtiger, wenn die städtischen Hausbesitzer die wirklichen Hausbesitzer, nicht nur die Vermögensverwalter ihrer Hypothekengläubiger waren, wenn sie also ihre Häuser ganz mit eigenem Gelde gekauft hätten.

Der Schluß ist naheliegend und es soll auch wirklich solche Besitzer städtischer Miethäuser geben. Viele sicher nicht, denn wer so viel eigenes Kapital hat, verzichtet gerne auf das zweifelhafte Vergnügen eines derartigen Besitzes.

Es wird vielfach darüber geklagt, daß der Besitz von Eigenheimen, also der Besitz eines Hauses zu eigenem Gebrauch, in unseren Städten immer mehr in Abnahme begriffen sei, und das natürlich mit Recht. Nur ist nicht recht einzusehen, wie sich das in unseren Großstädten und bei den besonderen Verhältnissen der städtischen Bevölkerung in absehbarer Zeit wird ändern lassen. Wir sahen schon, daß ein sehr erheblicher Teil der Bevölkerung auf Mietwohnungen angewiesen ist, daran wird auch die Dezentralisation der Städte zunächst nicht viel ändern. Solange das der Fall ist, braucht man sich über die Tatsache, daß die Mehrzahl der städtischen Miethäuser größtenteils mit fremdem Gelde gekauft ist und meist nicht zum eigenen Gebrauch des Hausbesitzers dient, gar nicht aufzuregen. Man muß das als eine besondere großstädtische Unternehmungsform auffassen, die mit der Frage des Eigenheims überhaupt nicht zusammengeworfen darf werden. Wie wäre es denn, wenn große Aktiengesellschaften, nicht nur gemeinnützige Baugesellschaften, in Zukunft den Bau städtischer Etagenhäuser in großem Stil betrieben, also auch mit fremdem Gelde, dem der Aktionäre, die Wohnungen herstellten, die Vermietung einem Verwalter übertrügen usw.? Das wird wohl jeder als ein ganz selbstverständliches und berechtigtes Unternehmen auffassen. Der gegenwärtige Hausbesitzer unterscheidet sich von letzterem Beamten der betreffenden Aktiengesellschaft nur dadurch, daß er keinen festen Gehalt bezieht, sondern auf den Überschuß der schwankenden Mieterträge angewiesen ist, daß er also das Risiko trägt, das im anderen Falle die Gesellschaft übernimmt.

Für den Mieter würde das aber kaum einen Unterschied ausmachen. Erstens würden die Hausbesitzer, auch wenn sie „tatsächliche Besitzer" der Häuser wären, also alles mit eigenem Gelde gekauft hätten, ihren Mietern genau dieselben Mieten abfordern, nämlich so viel, wie sie nach der Lage des Wohnungsmarktes verlangen können, und nicht etwa nur so viel, als eine angemessene Verzinsung des angelegten Kapitals bedeuten würde. Das mag ein neugebackener Hausherr vielleicht im Anfang zeitweilig tun, aus Angst, die Mieter laufen ihm weg, später, wenn er sich in seiner Hausherrenwürde sicher fühlt und die Verhältnisse des Wohnungsmarktes etwas genauer kennt, aber sicher nicht mehr.

Zweitens übersieht man, daß alle die Leute, welche unter den gegenwärtigen Verhältnissen Hypotheken auf städtische Miethäuser hergeben, oder sich die Pfandbriefe der Hypothekenbanken kaufen, was auf dasselbe herauskommt, sich durchaus nicht dazu verstehen würden, selbst die Mühen und Lasten eines solchen Hausbesitzes zu übernehmen. In der Regel sind das sehr wohlsituierte Leute, Kapitalisten, die einen Teil ihres Vermögens absolut sicher, wenn auch zu verhältnismäßig niederem Zinsfuß anlegen wollen und deshalb die Grundstückbeleihung wählen, die dafür den übrigen Teil ihres Vermögens in um so riskanteren, dafür aber auch höhere Zinserträgnisse liefernden Börsenwerten anlegen. Oder es sind Leute mit gutem Einkommen, wie z. B. Ärzte, Rechtsanwälte usw., die ihre Ersparnisse absolut sicher unterbringen wollen und auch deshalb wieder erststellige Hypotheken wählen, deren Zinsfuß doch in der Regel noch etwas höher ist, als der erstklassiger Rentenpapiere. Oder aber es sind die Hypothekenbanken, die aber weiter nichts sind, als die Verwalter der ihnen von ihren Pfandbriefbesitzern zufließenden Kapitalien und die für diese das Geschäft der Hypothekenbeschaffung, das doch immerhin eine gewisse Mühe macht, übernehmen.

Also all diese Personen denken gar nicht daran, sich die Mühen und Ärgernisse eines städtischen Hausbesitzes aufzuladen, selbst wenn sie dadurch eine erheblich höhere Verzinsung ihrer Kapitalien erzielen könnten. Sie sind nur dann bereit, ihre Kapitalien dem Grundstückgeschäft und Baugeschäft zufließen zu lassen, wenn es in der jetzigen Form geschieht, wo der Hausbesitzer weiter nichts ist als ihr Vermögensverwalter, wenn man so will, ihr Sklave, dessen Besitz sie sofort subhastieren können, wenn er einmal die Zinsen nicht zahlt. Würden aber einmal diese Leute ihre Kapitalien aus irgend einem Grunde vom Immobiliarkredit zurückziehen, dadurch dem Bauunternehmertum und Hausbesitzertum das nötige Baukapital etc. entziehen, so könnte das nur die Folge haben, daß die Wohnungsproduktion eingeschränkt würde, ev. unterbliebe, und eine drückende Wohnungsnot wäre die Folge. So wird ja auch oft darüber geklagt, daß in Zeiten industrieller Hochkonjunktur, wenn die Kurse der betreffenden Börsenwerte in andauerndem Steigen begriffen sind, das Kapital in diesen eine höhere Gewinnchance bietenden Werten Anlage sucht und es außerordentlich schwer ist, billiges Baugeld zu bekommen. Auch der Kapitalist legt sein Geld dort an, wo es die größten Gewinnaussichten hat, das ist eine Eigenschaft, die er also mit den Hausbesitzern, Bodenspekulanten usw. zu teilen scheint.

Das sind alles selbstverständliche Dinge, die zu erörtern nur deshalb nötig ist, weil so oft diese Verhältnisse ganz anders dargestellt und aufgefaßt werden, von manchen das Hypothekenwesen geradezu mit für die Wohnungszustände verantwortlich gemacht wird, vor allem auch dank der diesbezüglichen Ansichten einiger Wohnungspolitiker in Laienkreisen.

Sechster Abschnitt.

Die hypothekarische Verschuldung des städtischen Grund und Bodens als angebliche Ursache der hohen Bodenpreise.

R. Eberstadt hat zuerst wohl die Aufmerksamkeit weiterer Kreise auf diese Verhältnisse gelenkt. Analog entsprechenden Ausführungen in früheren Arbeiten sagt er [1]): „Die städtische Grundrente endlich, die als eine Quelle des nationalen Reichtums erschien, ist die größte Last für die Bevölkerung geworden, denn sie besteht in nichts anderem als in einer erdrückenden Verschuldung, die von der Gesamtbevölkerung getragen werden muß". Und an anderer Stelle (S. 118 ff.) führt er aus, daß die künstliche Steigerung der städtischen Bodenwerte nur durchführbar sei durch dieses Verschuldungswesen. Insofern sei die Bodenverschuldung die entscheidende Stelle für die Bodenpreisbildung selbst. „Bodenspekulation ist . . . nichts anderes wie Hypothekenspekulation."

A. Voigt hat schon 1905 darauf aufmerksam gemacht [2]), daß Eberstadt die hypothekarische Belastung der städtischen Grundstücke an sich als ein Übel ansehe und von dieser Verschuldung stets wie von einem nationalen Unglück spreche. Für 1900 hatte Eberstadt diese Bodenverschuldung auf 42 Milliarden Mk. berechnet, neuerdings kommt er sogar auf 60 Milliarden.

Was heißt hier überhaupt Verschuldung? Doch zunächst weiter nichts, als daß diese 60 Milliarden die Gesamtheit all der Hypotheken darstellen, welche von seiten irgendwelcher Kapitalisten direkt oder indirekt durch Vermittlung von Hypothekenbanken usw. auf die Gesamtheit der Grundstücke hergegeben worden sind. Natürlich bedeutet für die betreffenden Haus- und Grundbesitzer diese Summe eine Schuld, aber diesen Schuldnern stehen umgekehrt die Hypothekengläubiger gegenüber, bei denen diese 60 Milliarden als Kapital, als Besitz erscheinen. Daß diese nicht in barem Gelde vorhanden sind, ändert daran nichts, die Hauptsache ist, daß sie ihnen die entsprechenden Zinsen tragen und im Bedarfsfalle realisiert werden können. Wenn auch freilich nicht alle auf einmal, so kann doch jede einzelne Hypothek für sich zur ausbedungenen Zeit gekündigt und ausbezahlt werden, zum mindesten in der Weise, daß der betreffende Hausbesitzer sich einen neuen Hypothekengläubiger sucht, mit dessen Gelde er den anderen befriedigt. Die betreffenden Milliarden sind also tatsächlich vorhanden, wenn auch im Boden festgelegt, sie liefern dem Besitzer Erträgnisse,

[1]) Handbuch des Wohnungswesens, 2. Aufl. 1910, S. 67.

[2]) Kleinhaus und Mietskaserne 1905, S. 198.

die er für sich und die Seinen verwenden kann, und dadurch ist es ihm möglich, seine sonstigen Einkünfte und etwaigen Kapitalien in andere Unternehmungen zu stecken, zu seinem eigenen Interesse, aber auch dem der gesamten Volkswirtschaft. (Siehe auch die Ausführungen auf S. 76.) Die 60 Milliarden stellen also gewiß für die betreffenden Hausbesitzer eine Verschuldung, im übrigen aber eine sehr bedeutsame Mehrung des Nationalvermögens dar, sie erscheinen als steuerpflichtiges Vermögen, ihre Erträgnisse als steuerpflichtiges Einkommen usw. Allerdings muß ein großer Teil der Bevölkerung „sauren Schweiß“ vergießen, um diese enormen Zinseslasten aufzubringen [1]), aber sie erhalten auch etwas dafür, nämlich ihre Wohnung. Ob sie im übrigen diese Zinsen direkt an einen Kapitalisten, der selbst Hausbesitzer ist, abführen, oder durch ihn an seine Hypothekengläubiger, kann ihnen ganz gleich bleiben, vielfach wissen sie auch nicht, wer nun schließlich das Geld bekommt. Auch wenn die Bodenverschuldung gar nicht bestände, wenn alles in barem Geld bezahlt und nicht größtenteils hypothekarisch eingetragen worden wäre, würden die Mieter doch immer die Zinsen dieser Summen aufzubringen haben.

Warum redet man also von der drückenden Last dieser Verschuldung und erweckt so den Anschein, als brauche man nur dieses Hypothekenwesen und die damit zusammenhängende Verschuldung zu beseitigen, um die Bevölkerung von dieser Last zu befreien? In Wahrheit müßte sie dann natürlich genau dieselbe Wohnungsmiete zahlen. Warum sagt man nicht einfach, was dasselbe bedeutet, daß die hohen Wohnungsmieten, die Summen, die das deutsche Volk jährlich für seine Mieten zahlen muß, eine drückende Last seien? Dann nennt man wenigstens das Kind beim richtigen Namen.

Wie klingt es z. B., wenn man sagt, die Berliner Bevölkerung muß alljährlich infolge dieser erdrückenden Verschuldung durch die hypothekarische Belastung des Grund und Bodens 140 Millionen Mk. zahlen. In Jedem, der sich weiter mit diesen Fragen nicht befaßt hat, wird dadurch der Anschein erweckt, als handle es sich hier um eine reine Folge unseres städtischen Realkreditwesens, als brauche man dieses nur zu beseitigen, um die Berliner von dieser Last zu befreien. Wieviel einfacher und natürlicher klingt es, wenn man sagt, die Berliner Bevölkerung muß alljährlich 140 Millionen Mk. an Mieten zahlen, was doch schließlich das Wesen der Sache ist. Niemand würde sich darüber aufregen, daß in einer solchen Riesenstadt insgesamt so hohe Summen für Wohnungsmieten bezahlt werden, im Gegenteil, viele werden denken, wer in einer solchen Großstadt leben, Geld verdienen und die Vergnügungen genießen will, muß auch entsprechende Mieten für seine Wohnung zahlen.

Auch daß es der städtischen Bevölkerung teilweise recht schwer

---

[1]) Rost a. a. O. S. 121.

fällt, die hohen Mieten zu zahlen, ist gewiß bedauerlich, an und für sich aber nicht sehr verwunderlich, vor allem wird es ihr nicht deshalb schwerer, weil diese Mieten nun größtenteils zur Verzinsung hypothekarischer Darlehen verwandt werden und nicht direkt eine Einnahme des Hausbesitzers bedeuten.

Diese fortwährende Betonung der erdrückenden Bodenverschuldung ist also wenig geeignet, richtige Vorstellungen über die Bedeutung unserer Kreditorganisation, insbesondere unseres Hypotheken- und Grundbuchwesens zu schaffen. Wir müssen vielmehr hier ausdrücklich im Einverständnis mit tausend anderen konstatieren, daß nur durch diese bequeme und sichere Art der Kreditierung eine genügende Wohnungsbeschaffung in unseren Städten unter den heutigen Verhältnissen möglich ist. An und für sich ist in dieser Art der Geldbeschaffung durchaus nichts Besorgniserregendes zu erblicken, ebensowenig wie in der vorher geschilderten Tätigkeit der gewerbsmäßigen Hausbesitzer. Es wird vielmehr die hochbedeutsame Funktion, welche dieselben im wirtschaftlichen Leben der Städte und ihrem Wohnungswesen erfüllen, nur durch diese Kreditorganisation ermöglicht. Wären die Wohnungssuchenden auf solche Hausbesitzer angewiesen, welche nur mit eigenem Kapital ihre Häuser erworben haben, so würde ein schrecklicher Wohnungsmangel und entsprechende Wohnungsteuerung die Folge sein. Würde man durch irgendwelche Mittel die Kreditbeschaffung durch Hypotheken erschweren, so würde das dieselben schwerwiegenden Nachteile für das Wohnungswesen haben, wie die Erschwerung der Geschäfte des Terrain- und Bauunternehmers, wovon vorher die Rede war.

Da manche also in der Bodenverschuldung ein Grundübel der Volkswirtschaft, ein nationales Unglück erblicken, und diese Ausführungen anderseits für weitere Kreise bestimmt sind, bei denen nicht immer die Vorzüge der leichten Kreditbeschaffung durch das Hypothekenwesen als bekannt und genügend gewürdigt vorauszusetzen sind, so mögen hier ein paar Beispiele aus dem Leben folgen, die ihre ungeheure Bedeutung für das Wohnungswesen und die Wohnungsbeschaffung klarlegen sollen. Diese Ausführungen sind speziell gedacht für diejenigen, welche auf Grund der oben zitierten Anschauungen Eberstadts und anderer geneigt sein werden, unsere ganze Kreditorganisation im Immobiliarverkehr in toto zu verurteilen.

Irgend ein Beamter, Lehrer usw. mit festem Gehalt, aber nur einigen tausend Mark Vermögen, die er sich nach und nach erspart hat, findet für seine kinderreiche Familie immer schwerer eine entsprechende Mietwohnung. Die anderen Parteien und dadurch auch der Hausherr beschweren sich über den Lärm, den die Kinder machen. Immer mehr macht sich das Bedürfnis nach einem kleinen Gärtchen, in dem die Kinder sich austoben können, fühlbar. Nun erfährt er, daß an der Peripherie der Stadt ein freundliches Einfamilienhaus mit Gärtchen, für seine Bedürfnisse völlig ausreichend, zu 25 000 Mk. zu verkaufen ist. Er denkt aber, wie soll ich von meinem Einkommen 25 000 Mk. sparen. Da erfährt er, daß ohnehin auf dem Objekt eine erste Hypothek mit 15 000 Mk. zu 4 % steht, die er nur zu übernehmen braucht, daß in der Stadt weiter eine städtische Hypothekenbank für zweite Hypotheken besteht, die ihm mindestens noch weitere 5000 Mk., wahrscheinlich noch mehr zu etwas höherem, aber immerhin noch mäßigem Zinsfuß an zweiter Stelle hergibt, sodaß er allerhöchstens ein eigenes Kapital von Mk. 5000 benötigt. Soviel hat er schon erspart, er wird also Hausbesitzer, hat für sich und seine Kinder ein eigenes, behagliches Heim, in dem ihm niemand etwas zu sagen hat, niemand ihm die Miete steigern kann. Von dem Moment ab, wo er ein eigenes Heim bewohnt, hört er, wie der Volksmund nicht mit Unrecht sagt, auf, ein Proletarier zu sein. Nach 10 Jahren wird er versetzt, inzwischen hat sich die ganze Gegend sehr gehoben, und er kann das Haus für 30 000 Mk. verkaufen; neben allen Annehmlichkeiten, die ihm das Wohnen im eigenen Hause brachte, hat er sich auch noch sein eigenes Kapital um 5000 Mk. vermehrt; darüber, daß das unverdienter Wertzuwachs ist, beunruhigt er sich allerdings nicht weiter, er betrachtet diese Mk. 5000 sogar als Prämie dafür, daß er sich der wohnungs und sozialpolitischbesten Wohnform bedient hat, vor allem dafür, daß er sich die Mk. 5000, die ihm die Anzahlung ermöglichten, erspart hat. So hat ihm unsere geschmähte Kreditorganisation 10 Jahre lang die Nutznießung des Grund- und Bodens, behagliches, unabhängiges Wohnen ermöglicht und schließlich noch sein kleines erspartes Kapital von Mk. 5000 verdoppelt, ihn also an der Wertsteigerung des Grund und Bodens teilnehmen lassen, und merkwürdigerweise, ohne daß er irgend „einem Spekulantenring angehört, der auf Kosten der Allgemeinheit sozialen Raubbau treibt“, und wie diese Sprüche sonst lauten.

Ein anderes Beispiel. Ein Arzt, Spezialist, hat eine gutgehende Praxis erworben und möchte im eigenen Hause wohnen, statt immer Gefahr zu laufen, daß ihm von seinem Hausherrn die Miete gesteigert wird, wenn er merkt, daß sein Haus eine gute Lage für Ärzte hat. Schließlich schwankt er zwischen zwei gleich großen Einfamilienhäusern (es sind Aachener Verhältnisse zugrunde gelegt), einem zwar in zentraler und ganz guter Stadtgegend, aber doch in einer Nebenstraße abseits des großen Verkehrs gelegenen, das 50 000 Mk. kosten, und einem anderen in erstklassiger Lage an einer der Hauptstraßen, das 70 000 Mk. kosten soll. Er entscheidet sich für das letztere, obwohl er hier jährlich mindestens 1000 Mk. mehr verwohnt. Er sagt sich, daß er das durch die bessere Lage ohne weiteres wieder hereinbekommt, wahrscheinlich wesentlich mehr. Es ist das eine treffende Illustrierung unseres Satzes von der natürlichen Wertsteigerung des Bodens in den Städten, denn von irgend einer spekulativen Machenschaft von seiten des betreffenden Hausbesitzers kann hier gar keine Rede sein. Der Arzt kauft das teuere Haus, weil es ihm soviel mehr wert ist, weil ihm seine Praxis in diesem Hause soviel mehr einbringt, er entscheidet, ob das Haus soviel wert ist, und nicht der Hausbesitzer. Und die Kapitalbeschaffung? 40 000 Mk. läßt ihm der frühere Besitzer als erste Hypothek zu 4 % auf dem Hause stehen, weitere 20 000 Mk. geben ihm Freunde und Bekannte, sogar zu 4 ½ % an zweiter Stelle, weil sie ihn als fleißigen Mann kennen und das Haus ihnen nicht überbezahlt erscheint, und 10 000 Mk. kann er von seinen Ersparnissen bestreiten. Die Erwartungen täuschen nicht. Die Praxis wird immer besser und lukrativer, nach einer Reihe von Jahren wäre er imstande, die sämtlichen Hypothekenschulden zu bezahlen. Anfangs hatte er das auch vor, sehr bald kommt er aber zu der Ansicht, daß es für ihn viel vorteilhafter ist, wenn er die Hypotheken ruhig stehen läßt und seine Ersparnisse in soliden Bankaktien und guten Industriewerten anlegt, die ihm eine 5 %ige und selbst höhere Verzinsung gewähren. Eventuell verkauft er außerdem das Haus später leichter, weil der neue Käufer, der doch meist auch über kein eigenes Kapital verfügt, sich dann nicht erst um die Hypothekenbeschaffung kümmern muß.

Wir wollen auch dieses Beispiel noch bis zu einem späteren Verkauf fortführen. Hat der betreffende Arzt in diesem Hause 30—40 Jahre lang eine glänzende Praxis gehabt, ist die Stadt inzwischen weiter fortgeschritten, so kann man mit

Sicherheit annehmen, daß er oder seine Erben, die dann das Haus verkaufen wollen, mindestens 100 000 Mk. für dasselbe bekommen, auch wenn sie es meistbietend versteigern würden, weil schon allein die Ärzte gleicher Spezialität sich um dieses Haus eine sehr scharfe Konkurrenz machen werden, da sie mit Recht annehmen, daß das Publikum sich an dieses Haus gewöhnt hat und zum großen Teil wenigstens seine Gunst einem Arzt gleicher Spezialität, der das Haus übernimmt, zuwenden wird.

Also auch hier wieder der Beweis dafür, daß es gerade durch unser Hypothekenwesen möglich ist, daß jemand, der nur über kleine Ersparnisse verfügt, im übrigen ein fleißiger und strebsamer Mensch ist, zu großen Vorteilen und Vermögenszuwachs gelangen kann.

Was hier für den einzelnen Fall zutrifft, wiederholt sich doch in tausend Fällen immer wieder, gerade durch die Organisation des Hypothekenwesens ist es jedem Menschen mit etwas Ersparnissen möglich geworden, sich an der Wertsteigerung des städtischen Bodens zu beteiligen, einen Teil davon für sich nutzbar zu machen.

Wenn nicht noch mehr von dieser Möglichkeit Gebrauch machen, so beweist das höchstens, daß die Kreditbeschaffung durch Hypotheken noch mehr erleichtert werden muß, wie es ja auch verschiedentlich durch die Einrichtung von städtischen Hypothekenbanken, speziell auch für zweite Hypotheken, geschehen ist oder beabsichtigt wird. Es beweist das aber auch weiterhin, daß die Wohnungsmieten in städtischen Etagenhäusern keineswegs so ungeheuer über dem tatsächlichen Wert liegen können, sonst würden mehr Leute von obiger Einrichtung Gebrauch machen und sich in den Besitz eines eigenen Hauses setzen.

Man vergleiche mit diesen Ausführungen gegenteilige Behauptungen: [1] „Die ganze Mietbevölkerung ist durch dieses System der Boden- und Häuserspekulation einer Hand voll Grund- und Hauseigentümer, bzw. dem Kapital der Hypothekenbanken in der unerhörtesten Weise zinspflichtig geworden.“ „So ersteht das deutsche Wohnhaus“, sagt Zimmermann im Türmerjahrbuch 1905, „von vornherein mit einer künstlich ins Ungemessene geschraubten Grundrente erblich belastet, auf einem Boden, an dem zumeist der Fluch gemeinschaftsschädlicher Spekulation klebt“. Wenn es weiter so oft heißt: „Die städtische Bodenschuld entbehrt jeder Tilgung, weder der verkaufende noch der kaufende Teil haben ein Interesse daran, die Hypotheken mit Bargeld abzulösen“, so ist das gewiß richtig, es sind einfach Zweckmäßigkeitsgründe analog dem oben gewählten Beispiel. Sehr oft kaufen sich recht gutsituierte Leute ein Haus und nehmen eine oder mehrere Hyptheken darauf, weil sie, wie sie selbst sagen, mit ihrem Gelde mehr machen können oder das Haus gegebenenfalls leichter verkaufen. Man darf aber nicht ohne weiteres folgern, daß durch diesen Zahlungsmodus einfach der Kaufpreis beliebig, nach der Ansicht mancher Leute ins Ungemessene „künstlich und gewaltsam“ gesteigert werden könne. Ob der Käufer das Haus in bar bezahlt oder das Geld durch Hypotheken aufbringt, bleibt sich für ihn ziemlich gleich, er muß sich immer zunächst fragen, ob ihm das Wohnen in diesem Hause den entsprechenden Zinsbetrag wert ist, bzw. wenn er das Haus vermietet, ob er durch die Mieten die Zinsen, sei es nun des bar bezahlten Kaufpreises oder die Hypothekenzinsen, hereinbringt, und dieser mutmaßliche Mietertrag ist maßgebend für den Kaufpreis, nicht die Leichtigkeit der Hypothekenbeschaffung. Mit dem einfachen Unterschreiben einer weiteren Hypothek, wie Rost sagt [2],

[1]) Rost, a. a. O. S. 114.

[2]) a. a. O. S. 113.

ist es nicht getan, die Hypothekenzinsen wollen auch bezahlt werden, und haben schon manch einen, der ein Haus zu teuer gekauft hat, ruiniert.

Wenn weiter von Mangoldt[1]) zur Begründung der „verhängnisvollen Einwirkung des städtischen Realkreditwesens“ anführt, „daß es eine allgemein menschliche Eigenschaft sei, daß man viel leichter einen hohen Preis bewilligt, wenn man ihn kreditiert bekommt, als wenn man ihn gleich in bar bezahlen muß“, so gilt das gewiß für kleinere Wertobjekte, die man später, wenn es einem paßt, von seinen laufenden Einnahmen bestreiten kann. Für den Ankauf von städtischen Wohn- und Miethäusern ist das aber nicht ohne weiteres zuzugeben. Gerade derjenige, welcher nur oder fast ausschließlich mit fremdem Gelde derartig große Wertobjekte, wie sie solche Häuser meist darstellen, kauft, überlegt sich sehr genau, welche horrende Last er sich damit aufläd, berechnet sich genau die Zinsensumme, welche die Hypotheken jährlich verschlingen und weiß, daß er im Subhastationsfalle höchstwahrscheinlich sein eigenes kleines, zur Anzahlung verwandtes Kapital verlieren muß. Je weniger einer selbst besitzt, um so schmerzlicher wird für ihn dieser Verlust, um so ängstlicher sucht er denselben zu vermeiden. Derjenige, der über Hunderttausende verfügt und sich ein städtisches Wohngebäude für 100 000 Mk. kauft, was er bar bezahlt, braucht da viel weniger ängstlich zu sein. Auch wenn er das Haus einmal durch ein paar schlechte Jahre mit geringen Mieteinnahmen durchhalten muß, verschlägt ihm das nicht viel. Für denjenigen, der ein solches Haus aber fast nur mit fremdem Geld gekauft hat, bedeuten derartige Jahre den Ruin, weil er die horrenden Hypothekenzinsen nicht aufbringen kann und subhastiert wird. Warum wird denn von so vielen Orten über ein Darniederliegen der Bautätigkeit trotz entschiedenen Bedürfnisses geklagt? Es scheinen die Bauunternehmer doch recht oft zu denken, daß es mit dem einfachen Unterschreiben von Hypotheken noch nicht getan ist, sondern daß auch die Mieterträgnisse dementsprechend sein müssen, und das bezweifeln sie offenbar.

Wir sehen also, daß an und für sich das Hypothekenwesen eine außerordentlich segensreiche Einrichtung ist, die es auch dem wenig Begüterten, sofern er nur über ein entsprechendes Einkommen verfügt, ermöglichen, sich in den Besitz von Grund und Boden und eines eigenen Hauses zu setzen, also an der Wertsteigerung der städtischen Grundrente zu profitieren. So sind es auch nicht das Hypothekenwesen an sich, sondern sein Mißbrauch, seine Auswüchse, welche nach der Ansicht mancher Autoren so ungeheuere volkswirtschaftliche Schäden mit sich bringen (siehe die vorhergehenden Zitate).

Es sei vor allem die Verbindung von Bodenspekulation und Hypothekenwesen, die die städtische Grundrente so ungemessen emportreibe (Eberstadt).

Wir müssen also kurz auf diese Auswüchse eingehen. Da ist zunächst der sogenannte Bauschwindel. Allerlei keineswegs dazu befähigte Leute geben sich als angebliche Bauunternehmer dazu her, von irgend einem Terrainspekulanten für eine zur höchsten Möglichkeit gesteigerte Summe ein Grundstück zu erwerben und dies zu bebauen. Der entsprechende Kaufpreis wird dann als erste Hypothek auf das Grundstück eingetragen, je nachdem auch die vorgeschossenen Baugelder. Diese reichen nicht aus, ev. wird noch eine weitere Hypothek beschafft. Der Bau übersteigt die Zahlungsfähigkeit des betreffenden

[1]) städt. Bodenfrage, S. 281/282.

Bauunternehmers und die Bauhandwerker, Materiallieferanten usw. werden zunächst nicht bezahlt. Wenn schließlich der Bau fertig wird, ist er viel zu teuer, die Mieterträgnisse bleiben weit hinter dem erhofften Betrag zurück, der Unternehmer kommt in Zahlungsschwierigkeiten und der Bau muß subhastiert werden. In anderen Fällen kann der Bau überhaupt nicht vollendet werden. Da die erste Hypothek aber bisweilen die bei der Subhastation zu erzielende Summe übersteigt, gehen die Bauhandwerker und Lieferanten leer aus, sind mit anderen Worten um ihr Geld und ihre Arbeit betrogen.

A. Voigt [1]) hat schon 1905 nachgewiesen, daß es eine grenzenlose Übertreibung sei, diesen Bauschwindel geradezu als das typische Geschäft auf diesem Gebiete hinzustellen, und ihm irgendwelchen maßgebenden Einfluß auf die Gestaltung unserer Wohnverhältnisse einzuräumen, daß es in der Regel gelinge, diese unvermeidlichen Auswüchse auf ein Minimum zu reduzieren, daß vor allem nach den anfänglichen Erfahrungen die Bauhandwerker selbst immer vorsichtiger werden mit der Annahme von Bauarbeit und auch der Grundstückunternehmer selbst ein viel größeres Interesse daran hat, mit soliden Bauunternehmern zu arbeiten als mit solchen Schwindelexistenzen.

Gewiß sind derartige Vorfälle im Interesse der Bauhandwerker sehr bedauerlich und es ist sehr zu wünschen, daß die Bestrebungen, den Forderungen der beim Neubau beteiligten Handwerker, Lieferanten und Arbeiter ein Vorzugsrecht vor allen anderen Belastungen einzuräumen, von Erfolg gekrönt werden. Auch sonstige Maßnahmen zum Schutz der Bauhandwerker, wie sie z. B. durch das Gesetz zur Sicherung der Bauforderungen vom 21. Juni 1909 angestrebt werden, wollen in ähnlichem Sinne wirken.

Für die Fragen, die hier behandelt werden, kommt es aber auf diese gelegentlich vorkommende Benachteiligung der Bauhandwerker etc. gar nicht an, sondern darauf, ob durch diese Vorfälle die Wohnverhältnisse beeinflußt, vor allem die Mieten über das natürliche Maß gesteigert werden. Das wird aber doch niemand behaupten können? Im Gegenteil, es gibt kaum eine bessere Widerlegung der Anschauungen Eberstadts und anderer, daß die Mieter fast völlig in die Hand der Bauspekulanten gegeben seien, und ihnen jede Beeinflussung der Mietpreise fehle, daß sich jede gewerbsmäßige, spekulative Steigerung auf die Mieterschaft fortwälzen lasse [2]), als diesen Bauschwindel.

Wenn der Mieter wirklich so abhängig ist von dem, was derHausherr fordert, warum können denn in diesen Fällen die betreffenden Bauunternehmer nicht die gewünschten und zur Gesundung ihrer Verhältnisse nötigen Mieten durchsetzen. Hier wäre nun doch die beste Gelegenheit ihre Macht zu erproben, warum versagt sie gerade hier, wo sie am nötigsten wäre? Ein weiterer Auswuchs sind die Mißbräuche des Beleihungs- und Taxwesens, die Übertaxierungen, die Eber

[1]) a. a. O. S. 196.

[2]) s. Eberstadt, Handbuch des Wohnungswesens, 2. Aufl. 1910, S. 298.

stadt mit den Worten schildert: „Das Grundstück wird nach der Beleihung gewertet, d. h. der Preis des Grundstückes wird bestimmt durch die Höhe, bis zu der es gelingt, die Beleihung hinaufzutreiben. Nicht wirtschaftliche Maßstäbe, sondern die grundbuchlichen Beleihungsziffern werden maßgebend für die Gestaltung unserer Bodenwerte" [1]). Gewiß kommen solche Übertaxierungen vor, wie es denn überhaupt schwer ist, einwandfreie Taxen aufzustellen, selbst bei strengster Objektivität. Das liegt zum Teil in den Verhältnissen unserer städtischen Entwicklung begründet, infolge deren viele Grundstücke tatsächlich außerordentlich rasch an Wert steigen. In etwa muß das beim Aufstellen der Taxe berücksichtigt werden, sie wird also leicht über den tatsächlichen Wert hinausgehen. Nun hat ein Bauunternehmer usw. gewiß ein Interesse daran, die ganze Summe, die er benötigt, womöglich schon als erste Hypothek zu erhalten. Die städtischen Sparkassen, Hypothekenbanken usw. beleihen aber im allgemeinen städtische Objekte an erster Stelle nur bis zu 50 oder 60 % des Taxwertes. So lange dieser Grundsatz für die hypothekarische Beleihung festgehalten wird, kann ein weiterer Darlehensgeber dann ruhig noch weitere 20—30 % an zweiter Stelle hergeben und hat genügende Sicherheit. Infolgedessen hat der Darlehensnehmer gewiß ein Interesse daran, eine möglichst hohe Taxe zu erhalten, womöglich gar dem doppelten Wert entsprechend, um in dem Falle, daß die Beleihung innerhalb 50—60 % der Taxe bleibt, die gewünschte möglichst hohe Summe schon an erster Stelle zu erhalten. Selbstverständlich wird in einem solchen Fall, wo die erste Hypothek zwar nur die Hälfte der Taxe, in Wirklichkeit aber den vollen Wert des betreffenden Objektes ausmacht, die Beschaffung weiterer Hypotheken um so schwieriger und nur gegen entsprechend höhere Zinsen, ev. überhaupt nicht möglich sein. Jeder, der sich hinter einer ersten Hypothek an zweiter, dritter Stelle usw. eintragen läßt, verläßt sich jedoch nicht nur auf die Taxe; das sagt schon der Spruch: „Taxen sind Faxen", sondern prüft selbst den Wert und die Zukunftsaussichten des von ihm zu beleihenden Objektes, und wenn ihm die der ersten Hypothek zugrunde liegende Taxe zu hoch erscheint, gibt er entsprechend weniger an zweiter und weiterer Stelle her. So darf man derartigen Übertaxierungen nicht allzuviel Bedeutung beimessen. Ist das Objekt wirklich übertaxiert, so wird sich das im Lauf der Jahre an den Mieterträgnissen schon zeigen und die nötige Korrektur wird sich von selbst einstellen. Den Schaden haben dann aber die letzt eingetragenen Kreditgeber, die leichtsinnig genug waren, ein derart übertaxiertes Objekt noch an zweiter oder dritter Stelle zu beleihen, vor allem auch die Hausbesitzer, nicht die Mieter. Es ist aber auch möglich, daß die wirtschaftliche Weiterentwicklung des Ortes, die damit eintretende Höherbewertung des städtischen Bodens usw.

---

[1]) Handbuch des Wohnungswesens, 2. Aufl. S. 118 ff.

mit der Zeit die anfängliche Übertaxierung in Rücksicht auf den späteren Wert als richtig erscheinen läßt.

Ist es erst einmal gelungen, eine möglichst hohe Beleihung durchzuführen und hypothekarisch festzulegen, so sind nach Eberstadt und anderen diese Werte dauernd festgelegt. Der betreffende Grundstückbesitzer verkauft dann zu entsprechendem Preis das Grundstück an irgend einen Bauunternehmer, der ihm natürlich ohne weiteres diesen Preis zahlt, dieser überträgt dann das fertige Haus dem Hausbesitzer als „letztem Hüter der Hypotheken“ und dieser ist „in seiner ganzen Existenz mit der Festhaltung und Erhöhung der übernommenen Werte verknüpft“. So ist es also auf diese einfache Weise im städtischen Grundbesitz möglich (immer nach Eberstadt a. a. O. S. 298) einseitig und gewerbsmäßig durch eigene geschäftsmäßige Einrichtungen den Bodenwert aufzutreiben, die spekulativen Gewinne zu realisieren und durch eine auf 90—100 % des gesteigerten Wertes getriebene Verschuldung auf die Bevölkerung fortzuwälzen in der Kette Bodenspekulant, Bauunternehmer, Hausbesitzer, Mieterschaft.

Man ist gewiß geneigt zu fragen, läßt sich dann das letzte Glied der Kette, das die ganze Sache schließlich bezahlen muß, die Mieterschaft, das so ohne weiteres gefallen, aber wir wissen ja, daß Eberstadt dieser jeden individuellen Einfluß auf die Preise abstreitet, daß sie nur als „objektive Voraussetzung der Wertbewegung“ in Betracht kommt, daß sie nach ihm und anderen bedingungslos den Hausbesitzern ausgeliefert ist, „obwohl sie als Masse mit streng einheitlichen Interessen einer kleinen Minderheit gegenübersteht“.

Es ist klar, daß diese ganze Theorie, nach der es der Spekulation möglich sei, mit Hilfe unseres Hypotheken- und Grundbuchwesens die Bodenwerte beliebig ins Ungemessene zu steigern, jedenfalls weit über ihren natürlichen Wert, mit dieser bedingungslosen Abhängigkeit der Mieter von ihren Hausherren, steht und fällt. Wir müssen diesem Punkt deshalb unser besonderes Interesse zuwenden. Befindet sich der Mieter wirklich in dieser bedingungslosen Abhängigkeit?

Das mag in beschränktem Maße dann zutreffen, wenn einmal gelegentlich in Zeiten wirtschaftlicher Hochkonjunktur, wo sich das Kapital andersartigen Unternehmungen zuwendet und deshalb die Wohnungsproduktion nachläßt, ein sehr erheblicher Mangel an sofort beziehbaren Wohnungen vorhanden ist. Dann haben die betreffenden Wohnungsbesitzer natürlich eine wirtschaftliche Übermacht. Wir wissen aber, daß solchen Perioden fast immer entgegengesetzte folgen, daß die Mieten, die dann erzielt werden können, nun wieder zu einer stärkeren, weil jetzt wieder lohnenden Wohnungsproduktion Veranlassung geben, namentlich wenn, wie das bei der Wellenbewegung des Wirtschaftslebens doch stets der Fall ist, der Hochkonjunktur ein wirtschaftlicher Niedergang folgt. Das Geld wird dann billig und stellt sich deshalb wieder leichter der Bauunternehmung und dem Immobiliarkredit zur Verfügung.

Nicht selten folgen dann Zeiten, wo im Gegenteil ein sehr großer Vorrat an Wohnungen da ist, eine förmliche Überproduktion stattfindet, die sehr bald zu einem Absinken der Mieten führen muß. Wenn behauptet wird, die Hausbesitzer ließen lieber ihre Wohnung leer stehen, als die Mieten herabzusetzen, so ist das eine sehr kühne Behauptung. Jeder, der die oft sehr prekäre Lage der Hausbesitzer kennt, die so ziemlich von allen Autoren zugegeben wird, weiß, daß für die meisten einige Jahre Mietausfall wegen der auflaufenden Hypothekenzinsen den wirtschaftlichen Ruin bedeuten würden. In solchen Zeiten setzen sich also die Mieten wieder zu ihrem reellen Wert, d. h. dem, was sie dem Wohnungssuchenden tatsächlich nach ihrer Lage in der Stadt usw. wert sind, ins Gleichgewicht.

Man muß überhaupt stets die außerordentliche Konkurrenz im Auge halten, die auch unter den Hausbesitzern herrscht. Die Mehrzahl der Mieter ist keineswegs auf eine bestimmte Lage, einen bestimmten Stadtteil, auch nicht auf eine bestimmte Wohnungsgrößenklasse angewiesen. Jeder neu sich entwickelnde Vorort, jede günstige Verkehrsverbindung, jeder aufblühende Stadtteil schafft eine Reihe neuer als Konkurrenz für die alten in Frage kommenden Wohnungen. Je mehr der Eisenbahnverkehr, Vorortverkehr, ev. elektrischer Schnellverkehr sich herausbildet, um so mehr kommen für eine ganze Reihe von Wohnungssuchenden immer entlegenere Gelände zur Ansiedelung in Frage. Eine ganze Reihe der sogenannten freien Berufsarten ist ohnehin durchaus nicht auf einen bestimmten Ort angewiesen, und kann sich einer Wohnungsteuerung in einer Stadt durch Verlegung seines Wohnsitzes nach einer anderen Stadt mit besseren Wohngelegenheiten entziehen. Dadurch werden immer wieder Wohnungen frei für diejenigen, welche unbedingt in der betreffenden Stadt wohnen müssen. Je mehr also unsere Verkehrsverhältnisse sich ausbilden, und da stehen wir doch gerade in einer mächtigen Entwicklung, um so mehr kommen für die Wohnungssuchenden Wohnungen der verschiedendsten Preislagen in den verschiedensten Orten in Frage. Wenn gleich wohl die teueren Wohnungen in bester Stadtlage immer noch begehrt und bezahlt werden, so ist das dann doch ein Beweis dafür, daß es schließlich immer die Mieter sind, denen diese Wohnung so begehrenswert erscheint, daß sie den betreffenden, hohen Preis zahlen. Im anderen Falle könnten sie ja andere, billigere Stadtteile aufsuchen.

Eine weitere Reihe von Mietern könnte sich dieser Abhängigkeit vom Hausherrn, der Gefahr, daß sie ganz willkürlich von ihm sich jederzeit die Mieten steigern, sich „abringen lassen" müssen, dadurch entziehen, daß sie selbst Hausbesitzer werden, sich dank der Einrichtung des Hypothekenwesens, der wohl immer mehr sich herausbildenden städtischen Hypothekenbanken auch für zweite Hypotheken, entweder ein Haus auf verhältnismäßig billigem Außengelände selbst bauen, oder ein anderes käuflich erwerben. Selbst wenn sie auch ein Haus in teuerer Lage erwerben, so sind sie doch vor jeder weiteren Mietsteigerung gesichert, können ev. sogar, wenn sie das Haus nicht allein bewohnen, sondern teilweise vermieten, von jeder allgemeinen Mietsteigerung mitprofitieren.

Wäre die Höhe der Mieten so „ins Ungemessene" gesteigert, so würden sicherlich weit mehr Personen bei der Leichtigkeit der Kapitalbeschaffung von diesem Mittel Gebrauch machen. Daß es so selten geschieht, könnte am besten zeigen, daß die Höhe der Wohnungsmieten im Durchschnitt dem reellen Wert entspricht, kein künstliches Produkt spekulativer Machenschaften darstellt.

Eine ganze Reihe Autoren sind deshalb auch direkt gegenteiliger Meinung, wie Eberstadt und seine Anhänger. So äußert sich A. Voigt (Kleinwohnhaus und Mietskaserne 1905, S. 219): „Betrachten wir die Hausbesitzer und deren Einkommen in bezug auf die Mieten. Ein Prozent des gesamten in einem Gebäude angelegten Kapitals über die übliche hypothekarische Verzinsung hinaus gilt .... als der normale Gewinn des Hausbesitzers. Ob er dieses Prozent wirklich erhält, ob mehr ob weniger, das liegt natürlich nicht in der Hand des Hausbesitzers, sondern hängt von der Konjunktur ab. Er zitiert zum Beweis seiner Ansichten auch v. Philippovich: „Die Mietpreise sind das Ergebnis von Verhältnissen, auf welche der einzelne Besitzer einen Einfluß auszuüben gar nicht in der Lage ist, die Mietpreise sind etwas Gegebenes, Feststehendes und sind dafür maßgebend, ob. bzw. mit welchem Aufwand ein Haus erbaut oder erworben werden kann. Außerordentlich klar legt Stein auf dem Frankfurter Wohnungskongreß (Kongreßbericht, S. 430) diese Verhältnisse dar: „Die Miete setzt und regelt den Bodenwert. Sie ist aber wiederum wesentlich bestimmt durch das Verhältnis vom Wohnungsangebot und Nachfrage .... Jedes Steigen und jedes Fallen der Mieten schlägt sich automatisch im Bodenwert nieder ... Der gesamte Boden reichert sich gleichsam an, wie er einem nachhaltigen Rückgange der Mieterträgnisse in einer Minderung seines Wertes folgt." Wäre die Abhängigkeit der Mieter wirklich so groß, wie vorgebracht wird, so wäre es ganz unverständlich, daß tatsächlich noch so viele städtische Häuser eine so geringe Verzinsung erzielen lassen, daß die Lage der Hausbesitzer in vielen Städten eine recht kümmerliche ist, daß so häufig Subhastationen vorkommen. Alles das könnten die Hausbesitzer doch leicht vermeiden, wenn sie nur von der Abhängigkeit ihrer Mieter entsprechenden Gebrauch machen wollten. Warum tun sie das in diesen Fällen nicht?

Man kann also sagen, daß die Abhängigkeit des Mieters in dem von Eberstadt behaupteten Sinne nicht besteht, zum mindesten außerordentlich übertrieben ist. Damit wird aber auch die ganze Kette, wie er sie konstruiert, daß nämlich der Bodenspekulant die von ihm gewollte künstliche Preissteigerung ohne weiteres über den Bauunternehmer und Hausbesitzer auf die Mieterschaft abwälzen könne, hinfällig. Das heißt, in Wirklichkeit besteht die Kette, aber im umgekehrten Sinne, wie Eberstadt meint. Beim letzten Glied muß man anfangen. Die Mieten, welche die Wohnungssuchenden zu zahlen gewillt sind, bestimmen den Preis, diese sind maßgebend für das, was der Hausbesitzer dem Bauunternehmer und dieser wieder dem Bodenspekulanten zahlen kann.

Daß die Mieter der Großstädte die teueren Mieten freiwillig zahlen, und sich keineswegs ohne weiteres abringen lassen, beweist am besten die Tatsache, daß unsere Großstädte sich eines so raschen Wachstums zu erfreuen haben. Ziehen all die Menschen dahin und zahlen dort die enormen Mieten, weil die Hausherren als letztes Glied der Kette zum Bodenspekulanten es so haben wollen, oder ziehen sie dorthin, weil sie die Vorzüge und Annehmlichkeiten dieser Städte so hoch einschätzen, daß ihnen trotz der durch ihre Konkurrenz entstandenen hohen Mieten das Leben dort begehrenswerter erscheint, als auf dem Lande, bzw. in kleineren Städten mit geringeren Mieten?

Wenn unsere Städte dank ihrer raschen Entwicklung im allgemeinen eine aufsteigende Tendenz der Mietpreise haben, so ist das die durchaus natürliche Folge der Tatsache, daß immer mehr Menschen in diese Städte hinein und dort wohnen wollen. Es ist aber ein sehr verfehlter Schluß, behaupten zu wollen, daß diese Steigerung der Mietpreise und die dadurch bedingten Mißstände größtenteils durch die Spekulation und die sie begünstigende moderne Kreditorganisation entstanden seien.

So sagt Eberstadt: „Das herrschende System (gemeint ist das Wohnungswesen usw.) ist willkürlich entstanden, es hat nicht die geringste natürliche oder geschichtliche Grundlage ... es ist durch administrative Maßnahmen geschaffen und wird durch die gleichen künstlichen Mittel festgehalten“ [1]). Und weiter (S. 124) führt er aus: „Diese Bewegung“ (gemeint ist die spekulative Preisbewegung der Mieten mit ihren Folgen) „ist nicht vorübergehender und konjunkturgemäßer, sondern dauernder Art und in den Institutionen begründet. Ein Stillstand kann nur eintreten, wenn der hier geschilderte Aufbau in seiner Grundlage, bei der Bodenspekulation abgeändert wird.“ Kann ihm da jemand folgen? Diese Worte sagen doch, daß, ganz unabhängig von der Konjunktur, also vom Stande unserer wirtschaftlichen Entwicklung, die Mieten, Bodenpreise usw. fort und fort steigen würden, wenn wir nur Bodenspekulanten und unseren Immobiliarkredit behielten. Also wenn einmal eine Umkehrung im Aufschwunge unseres Wirtschaftslebens, ein Stillstand oder gar ein Rückgang der Bevölkerung einträte, unsere Städte statt zu wachsen an Bevölkerungszahl abnehmen würden, dann würde gleichwohl diese Preisbewegung sich fortsetzen. — Ich glaube das nicht und andere auch nicht.

Von Anhängern dieser Eberstadtschen Anschauungen [2]) wird vor allem vorgebracht, daß es „durchaus bedenklich sei, wenn Spekulationen, Erwartungen auf die Zukunft hypothekischer Natur durch hypothekarische Beleihung so festgelegt werden, daß die Zukunft sie als zu verzinsendes Kapital ansehen muß“. Diese und ähnliche Anschauungen gehen also von dem Gedanken aus, als sei durch die jetzige Preisfeststellung und eine entsprechende Eintragung der Hypotheken ins Grundbuch der Wert eines bebauten Grundstückes ein für allemal für die kommenden Geschlechter fixiert, als müßten sie unweigerlich diesen Preis respektieren und im Schweiße ihres Angesichts daran ar-

---

[1]) a. a. O. S. 67.

[2]) s. z. B. Hecker, Die Wohnungsfrage usw. (a. a. O.), S. 148.

beiten, dieses nun einmal vorhandene Kapital zu verzinsen. — Sie werden sich schönstens bedanken, die kommenden Generationen. Wenn sie es wirklich tun, dann geschieht es, weil auch ihnen das betreffende Gut, Grundstück, Gebäude, und was es sei, das gleiche oder mehr wert ist, wie ihren Vorfahren.

Kurz und bündig, wenn auch nicht gerade sehr höflich, sagt Pohle (Wohnungsfrage II. S. 58) von diesem Bestreben, unser deutsches Grundbuchrecht und die Organisation unseres Bodenkredits für die Höhe der städtischen Bodenpreise verantwortlich zu machen: „das ist der Gipfelpunkt des nationalökonomischen Widersinns. Die Grundstücke werden nicht deshalb hoch bewertet und zu hohen Preisen verkauft, weil sie hoch mit Hypothekenschulden belastet sind, sondern sie können ohne Schaden hoch beliehen werden, weil sie auf Grund ihres gegenwärtigen oder zukünftigen Ertrages hoch im Werte stehen."

Zu wie merkwürdigen Schlußfolgerungen oft die Anhänger der Eberstadtschen Ansichten gelangen, möge folgende „schnurrige Geschichte der Kapitalbildung", die uns von einem derselben erzählt wird, illustrieren. „Ein Gastwirt hat ein paar lebensfrohe Töchter, die in der Wirtsstube helfen, die Wirtschaft geht infolgedessen gut und weist hohen Konsum auf. Ein Taxator findet sich bereit, eine hohe Taxe für das Haus zu machen und das Grundstück, auf dem die Wirtschaft steht, wird entsprechend hoch hypothekarisch beliehen. Der Frohsinn der Töchter figuriert für die Zukunft in der Volkswirtschaft als Kapital oder anders betrachtet, er haftet als Grundschuld am Boden."

Armes, deutsches Volk, wenn dem wirklich so wäre! Wie vieler Wirtstöchter Frohsinn würde sich in der Bodenverschuldung verbergen, die du im Schweiße deines Angesichts verzinsen mußt. Glücklicher Käufer auch dieser Wirtschaft, der zu dem hohen Taxwert das Grundstück einschließlich der Wirtschaft gekauft hat. Wenn auch wegen fehlenden Liebreiz seiner Töchter die Wirtschaft miserabel geht, er bald Fiasko macht und das Haus, das er viel zu teuer gekauft hat, verkaufen muß, er muß immer wieder einen Käufer finden, der es ihm zu gleichem Preise abnimmt, denn die Zukunft muß ja den einmal festgesetzten Taxwert und damit den Liebreiz der ehemaligen Wirtstöchter als zu verzinsendes Kapital ansehen. Es ist doch etwas Schönes um das Wörtchen „müssen". Kurz und bündig, wenn auch nicht sehr höflich, könnte man auch hier sagen: Das ist der Gipfelpunkt des nationalökonomischen Widersinns.

Noch ein weiteres Beispiel: Denken wir uns eine Badestadt mit einer weltberühmten heißen Quelle, ähnlich dem Kochbrunnen in Wiesbaden, und dieselbe umgeben von den bekannten großen Hotels, teilweise Millionenobjekten, die alle natürlich nicht bar bezahlt werden, sondern bis fast zu ebenso hohem Betrag hypothekarisch belastet sind. Das Bad nimmt an Ruhm zu, immer größer wird die Zahl der Gäste, immer größer die Einnahmen der Hotels, und so werden dieselben bei jedem Verkauf mit steigendem Preis umgesetzt. Die neuen Besitzer übernehmen die alten Hypotheken, und da weder sie noch die Vorbesitzer ein Interesse daran haben, den Mehrbetrag in bar zu zahlen, unterschreiben sie eine weitere Hypothek. Von einem künstlichen Emportreiben der Preise kann gar keine Rede sein, denn auch der neue Hotelier kommt auf seine Kosten und macht gute Geschäfte. Hätte er das Objekt nicht genommen, so würden sich genug andere Käufer gefunden haben. — Nun versagt auf einmal der Kochbrunnen, und alle Versuche, ihn wieder hervorzuleiten, scheitern. Glaubt jemand, daß die spekulative Absicht der ehemaligen Grundbesitzer, die hypothekarische Belastung etc. des Hotels genügen würde, die einmal gezahlten Preise für die Hotels aufrecht zu erhalten? Nach Jahren würden sie vermutlich nicht mehr die Hälfte des Wertes haben und der entsprechende Teil der Bodenverschuldung wäre spurlos verschwunden, obwohl er eigentlich nach obigem dauernd in der Volkswirtschaft als Kapital figurieren müßte.

Dieser widersinnige Irrtum von der preissteigernden Wirkung unserer Kreditorganisation im Bodengeschäft konnte nur entstehen, weil sich unser Wirtschaftsleben seit einem Jahrhundert in unausgesetztem Aufschwung befindet, der auch ohne dieselbe zu den gleichen Bodenpreisen geführt haben würde. Aus diesem zufälligen Zusammentreffen, welches sich bei einem entsprechenden Niedergang in das Gegenteil verwandeln würde, hat man dann diesen kausalen Zusammenhang konstruiert. Wir haben jetzt auch Papiergeld. Warum behauptet man nicht, alle Objekte, die bar bezahlt werden müßten, ständen jetzt höher im Preise, weil es viel bequemer und einfacher sei, mit Tausendmarkscheinen zu zahlen als ganze Säcke Metallgeld herbeizuschleppen?

Auf die von Eberstadt vertretenen Theorien führen sich wohl auch Anschauungen folgender Art, wie man sie jetzt häufig zu lesen bekommt, zurück. Da wird uns z. B. erzählt, daß auf dem Berliner Boden Tausende von Millionen deutschen Sparvermögens durch die Hypothekenbanken, Lebensversicherungsgesellschaften, Sparkassen usw. investiert seien. Infolge dieser enormen Bodenverschuldung sei das ganze deutsche Reich an den Berliner Grundstücksverhältnissen auf das allerlebhafteste interessiert, und eine Berliner Immobiliarkrise würde in ihren Wirkungen bis an die Grenzen des Reichs empfunden werden. — Zweifelsohne würde das so sein, aber würden sich die Verhältnisse günstiger gestalten, wenn die bebauten und unbebauten Berliner Grundstücke alle nicht verschuldet, vielmehr bar bezahlt wären? Wenn dann aus irgend einem Grunde eine Entwertung des Grund und Bodens einträte (wie sie z. B. bei einer sehr ausgedehnten Pflege der städtischen Dezentralisation in manchen alten Stadtteilen auftreten könnte, siehe S. 180), würden dann die Vermögensverluste weniger groß sein? Es würden dann nur verhältnismäßig wenige Personen, eben die Besitzer der betreffenden Grundstücke, die Verluste tragen und sie und ihre Familien dadurch völlig ruiniert. Bei dem bestehenden Modus würden sich die Verluste dagegen auf eine Unmenge von Pfandbriefbesitzern und Hypothekengläubigern verteilen, und selbst der Zusammenbruch einer besonders stark an dem Berliner Grundstückgeschäft interessierten Hypothekenbank würde kaum zum wirtschaftlichen Ruin irgendwelcher Personen führen, da im allgemeinen doch niemand so unvorsichtig ist, seinen Besitz in Pfandbriefen ein und derselben Bank anzulegen, denselben vielmehr möglichst auf Pfandbriefe verschiedener Institute zu verteilen bestrebt ist. Die Verluste einzelner

Personen würden sich also meist in recht bescheidenen Grenzen halten und in der Regel ohne schwere und dauernde Schädigung überwunden werden. Je mehr Personen also dank der Organisation des Immobiliarkredits und des Pfandbriefwesens an dem im Berliner Boden investierten Kapital mit mehr oder weniger großen Summen beteiligt sind, um so geringer werden die etwaigen Verluste für den einzelnen sein. Geringere Verluste der betreffenden Hypothekenbanken schädigen die Pfandbriefbesitzer überhaupt nicht, sondern zunächst nur die Aktionäre, und das sind meist kapitalkräftige Leute, die einen solchen Verlust schon ertragen können.

Siebenter Abschnitt.

Zusammenfassung.

Die vorangegangenen Ausführungen haben gezeigt, daß überall eine große Wertsteigerung des städtischen Bodens zu konstatioren ist, als Folge des enormen wirtschaftlichen Aufschwungs, den Deutschland und die deutschen Städte seit etwa einem Jahrhundert genommen haben. Diese Wertsteigerung kam in erster Linie natürlich den ursprünglichen Besitzern des Grund und Bodens, den Urbesitzern zu gute; es wurden aber durch diese andauernde Steigerung auch eine Reihe anderer Personen veranlaßt, durch Erwerb und zeitweiligen Besitz dieses Gutes sich an dieser Gewinnmöglichkeit zu beteiligen; die Gruppe von Leuten, welche man im weitesten Sinne als Boden- und Häuserspekulanten bezeichnet.

Wir haben weiterhin gesehen, daß diese Spekulantengruppe im allgemeinen zwar gelegentlich die Bodenpreise vor der Zeit, in Erwartung der zukünftigen Steigerung, über den reellen Wert emportreiben kann, daß dieses Beginnen aber stets von Rückschlägen gefolgt ist, und daß im allgemeinen die Kurve der städtischen Bodenwerte einen Verlauf nimmt, der ihrem tatsächlichen reellen Wert entspricht und im Durchschnitt nicht von den spekulativen Machenschaften beeinflußt wird.

Es ist zwar richtig, wenn man aus dem gleichzeitigen Vorhandensein dieser Wertsteigerung und der Spekulation auf einen kausalen Zusammenhang dieser beiden Geschehnisse schließt, derselbe liegt aber in direkt entgegengesetzter Richtung, als es von der mehrfach erwähnten Gruppe von Autoren angenommen wird. Die Spekulation ist nicht das Primäre und hat auch nicht durch den Willen zum Gewinn das Ansteigen der Bodenwerte erzeugt, das Umgekehrte ist der Fall. Weil die Bodenpreise infolge der geschilderten Verhältnisse in stetem Steigen begriffen sind, hat sich die Spekulation zu ihnen hinzugesellt und von dieser Gewinnmöglichkeit zu profitieren gesucht[1]). Es ist also

[1]) Siehe meine Abhandlung in der Sozialen Medizin und Hygiene, 1906, a. a. O., S. 422.

nicht die Spekulation die Ursache der hohen Bodenpreise, sondern umgekehrt sind die steigenden Bodenpreise die Ursache der Spekulation. Es handelt sich also um eine Verwechslung von Ursache und Wirkung.

„Die normale Spekulation treibt nicht die Preise in die Höhe", sagt A. Voigt (Kleinhaus und Mietkaserne, S. 149), sondern wo die Preise eine steigende Tendenz haben, stellt sie sich ein, um ihre Gewinne einzuheimsen, ihre Ernte zu halten .... Die Spekulation ist also lediglich eine Folge der genannten wirtschaftlichen Erscheinungen auf dem Gebiete des Städtewesens, des Verkehrs, des Handels, nicht selbst eine treibende Ursache."

Auch wenn man sich die Spekulation ganz weg denkt, würden die Bodenpreise im Durchschnitt dieselben geworden sein. In zweierlei Richtung könnte man sich das vorstellen. Die Grundstücke sind entweder nur auf „normalem Wege", d. h. durch den Todesfall des Vorbesitzers oder durch einen Verkauf ohne jeden spekulativen Charakter an einen neuen Besitzer gekommen. Dann sind dieselben zwar weniger oft umgesetzt worden, die Wertsteigerung im ganzen ist aber doch dieselbe geblieben; statt vieler kleiner Gewinne haben dann nur einige wenige Personen sehr große Gewinne erzielt, und das ist doch entschieden noch unsozialer als der jetzige Modus, wo die Gewinne vielen zugute kommen und dadurch rascher verteilt und an die Allgemeinheit überführt werden. Oder man könnte denken, der Boden sei überhaupt nicht in Privatbesitz, sondern ganz in kommunalen oder staatlichen Besitz. Wir wollen hier ganz davon absehen, ob das möglich sei, die radikalste, ursprüngliche Richtung der Bodenreform strebte diesen Zustand ja an (siehe spätere Ausführungen). Auch dann würden die Bodenwerte ungefähr die gleiche Höhe erreichen; ob die Allgemeinheit sie dann realisiert, ist etwas anderes, was mit dieser Frage der Wertsteigerung an sich nichts zu tun hat. Auch in „einem sozialistisch verwalteten Gemeinwesen, in dem der Grund und Boden der Gesamtheit gehörte und die von der Zentralbehörde gebauten Wohnungen an den Meistbietenden vermietet wären, würden, trotzdem die Bodenspekulation vollkommen ausgeschaltet wäre, die Mietpreise nicht niedriger sein als sie heute in einer Stadt unter sonst gleichen Umständen sich bilden." Pohle, auf dem Frankfurter Wohnungskongreß 1904, S. 171, des Kongreßberichtes.

Achter Abschnitt.

Besondere Mittel, deren sich die Bodenspekulation zum Höhertreiben der Bodenpreise bedienen soll.

Im allgemeinen muß man zugeben, daß die Mehrzahl der ernst zu nehmenden Wohnungspolitiker diesen Standpunkt, daß der einfache Wille zum Gewinn von seiten der Spekulanten genüge, um die Preise in die Höhe zu treiben, nicht teilt. Mit um so größerer Hartnäckigkeit hält aber das Publikum, die Wohnungskonsumenten, an dieser Meinung fest. Da diese Ausführungen auch für weitere Kreise bestimmt sind, war es nötig, etwas ausführlicher auf diese Verhältnisse einzugehen.

So suchen denn andere nach besonderen Mitteln, deren sich die Spekulation bedienen könne, um ihren Willen zum Gewinn auch wirklich gegenüber denen, die nun schließlich diese Gewinne zahlen müssen, in letzter Linie sind es immer die Mieter, durchzusetzen.

Die eine sagen, die Spekulation treibe die Preise dadurch in die Höhe, daß infolge eben dieser spekulativen Betätigung ein sehr häufiger Umsatz, ein fortwährendes Hin und Her der Grundstücke aus einer Hand in die andere stattfinde. Da bei jedem derartigen Umsatz natürlich ein Gewinn draufgeschlagen werde, sonst würde man ja nicht verkaufen, so müßte der Preis mit der Höhe der Umsätze steigen.

„Daß der öftere Verkauf von Grundstücken und Häusern eine preissteigernde Wirkung hat, liegt doch auf der Hand. Jeder will verdienen!" läßt A. Voigt [1]), der wohl zuerst dieser Meinung entgegengetreten ist, einem Vertreter dieser Richtung sagen. Diese Theorie von dem wertsteigernden Einfluß des häufigen Umsatzes ist also weiter nichts als eine Umschreibung der Theorie vom Willen zum Gewinn und bereits widerlegt.

Eine fernere Ansicht ist die sehr häufig vorgebrachte Anschauung, die Spekulation halte absichtlich das Bauland möglichst lange zurück, um dann später höhere Preise zu erzielen.

Die Grundbesitzer „sperren ihr Eigentum gegen das Bau- und Wohnungsbedürfnis, geben es nicht eher her, als bis ihnen der Preis gezahlt wird, den sie verlangen, und dieser Preis ist nie geringer als der letzte, erpreßbare Wucherpreis." (Oppenheimer auf dem Frankfurter Wohnungskongreß 1904, Kongreßbericht S. 372.) R. Eberstadt vor allem vertritt diesen Standpunkt: „Bei dem städtischen Boden kann der Verkäufer den Markt einfach dadurch beeinflussen, daß er ihm fern bleibt: sein Interesse liegt hier regelmäßig weit weniger im Angebot als im Nichtangebot. Der Wert des städtischen Bodens kann unter normalen Verhältnissen einfach durch Zurückhaltung und Aussperrung gesteigert werden." (Handbuch des Wohnungswesens, 2. Aufl. 1910, S. 100.) Diese Behauptung ist so oft und von den verschiedensten Seiten widerlegt worden, daß hier einige Andeutungen genügen mögen.

Daß die Urbesitzer oft recht lange und zähe an ihrem Besitz festhalten, ist allerdings richtig. Sie sind in der Lage, aus dem Ertrag ihrer landwirtschaftlich bebauten Grundstücke das zum Leben nötige Einkommen zu beziehen, sie können also warten und tun das in der Hoffnung auf die eventuelle Gewinnvergrößerung erst recht. Aber diese Urbesitzer kann man unmöglich zu den Spekulanten rechnen, bloß weil sie ihre Äcker, die sie von ihren Vätern ererbt haben, nicht einfach dem nächsten Terrainunternehmer abtreten. Der Terrainspekulant selbst aber, der ihnen das Land zu meist schon verhältnismäßig hohem Preis abgekauft hat, ist in viel prekärerer Lage. Er hat in der Regel

[1]) a. a. O., S. 138.

keinen anderen Beruf, der ihn, wenn das Terraingeschäft einmal schlecht geht, ernähren kann. In der Regel ist er auch nicht sehr kapitalkräftig und auf fortwährend fließende Einnahmen aus dem Terraingeschäft angewiesen. Außerdem hat er meist schon einen recht hohen Preis für die Grundstücke bezahlt und kann nur gelegentlich durch Verpachtung, Abgabe als Lagerplätze usw. einen Ertrag aus denselben herauswirtschaften. In der Regel liegt das Terrain, sobald es baureif geworden ist, brach, weil sich zu seiner landwirtschaftlichen Bebauung so leicht niemand mehr entschließen wird. Es ist eine eigene Sache, unmittelbar an der Peripherie der Großstadt Ackerbau, Gartenzucht usw. auf nicht vom Besitzer selbst bewohnten und bewachten Grundstücken zu treiben. Der Janhagel und das großstädtische Proletariat ernten dann meistens die Früchte, die andere gesät haben. Infolge dieser Ertragslosigkeit bedeutet jedes Zurückhalten von Baustellen für den Besitzer enorme Zinsverluste. Dazu kommen noch die hohen Steuern und sonstigen Lasten, die auf dem Grundstück ruhen, auch wenn es keinen Ertrag liefert. So ist es recht erklärlich, daß er im allgemeinen bestrebt sein muß, wenn einmal das Land baureif geworden ist, es möglichst schnell zu verkaufen, um nicht durch diesen Zinsverlust allzusehr geschädigt zu werden. Namentlich wenn die weiteren Zukunftchancen sehr wenig zu übersehen sind, wird er lieber einen, wenn auch kleineren Gewinn durch Verkauf realisieren, als riskieren, daß ein Stillstand oder eine Krise auf dem Grundstückmarkt kommt und er infolge des dann enorm anwachsenden Zinsverlustes überhaupt keinen Gewinn mehr erzielen kann, selbst wenn die Preise später sehr hohe sind. Er hat im allgemeinen wie jeder vernünftige Kaufmann, den Grundsatz, lieber durch häufige Umsätze, wenn auch bei bescheidenen Gewinnen, ein entsprechendes Verdienst zu erzielen, als durch einzelne große, im übrigen unberechenbare Gewinne.

Bei großen Terraingesellschaften mag das noch eher gehen. Sie arbeiten schließlich mit dem Gelde der Aktionäre und können schlechte Zeiten durchhalten; wenn an die Aktionäre einmal in solchen Jahren keine Dividende ausgeschüttet wird, so trifft das die Verwaltung zunächst wenig. Auf die Dauer führt das aber immer zu einem Zusammenbruch des betreffenden Unternehmens, mindestens zu einer Sanierung durch Zusammenlegen der Aktien und wird im allgemeinen als ein recht unerfreulicher Zustand angesehen. Also auch diese großen Gesellschaften haben entschieden ein Interesse daran, Jahr für Jahr Gewinne zu erzielen und von ihrem Grundstückbestande zu verkaufen.

Erst recht der kleine Terrainunternehmer mit seinem meist geringen Kapital. Jede größere Krise auf dem Grundstückmarkt kann zu seinem Ruin führen. Er ist also darauf angewiesen, baldmöglichst etwaige Gewinne zu realisieren.

„Aus allem ergibt sich, nicht in der theoretischen Konstruktion, sondern in der Wirklichkeit das manchen bisherigen Meinungen entgegengesetzte Verhältnis, daß die Bauspekulanten und auch die Grundstückspekulanten — auf dem Wort

Spekulanten liegt der Nachdruck — sich weniger auf das Warten verlegen, sondern auf flotten Absatz hinarbeiten, damit die Zinsen ihnen nicht den Gewinn wegnehmen oder dieser durch einen Wandel der ihren Einflüssen größtenteils entrückten Verhältnisse ganz zu nichte wird [1])."

Also auch diese Argumente, einmal der künstlich gesteigerte, häufige Umsatz der als Spekulationsobjekte in Betracht kommenden Grundstücke, und andernteils die gegenteilige Aussperrung des baureifen Landes von der Bebauung erweisen sich nicht als stichhaltig für die wirtschaftliche Übermacht der Bodenspekulanten.

Man hat deshalb nach weiteren Erklärungen dieser verhängnisvollen Machtstellung geforscht und ist vielfach zu der Meinung gekommen, der Einfluß der Spekulation auf die Preissteigerung liege in einer besonderen eigenartigen Monopolstellung der Grundbesitzer bzw. Bodenspekulanten, die ihnen wiederum durch den besonderen Charakter des in ihren Besitz befindlichen Gutes, des Bodens, verliehen werde. Die Vertreter dieser Ansicht geben im allgemeinen zu, daß die Bodenpreise aus natürlichen Ursachen gestiegen sind, daß im allgemeinen die Tatsache, daß im Boden eine lebhafte Spekulation stattfindet, nicht genüge, die Preise willkürlich und dauernd über den reellen Wert zu steigern, daß aber durch den besonderen Charakter des Bodens, speziell des städtischen Bodens, ganz eigenartige Verhältnisse geschaffen würden, die den Handel in diesem Gute völlig verschieden von dem in anderen Gütern gestalten. Diese bewirkten im allgemeinen, daß jeweils immer nur ein sehr geringer Teil des Bodens auf dem Grundstückmarkt erscheinen könne; dadurch könne das gewöhnlich herrschende Gesetz von Angebot und Nachfrage hier nicht zur Geltung kommen, vielmehr sei hier das Angebot in der Lage, willkürlich die Preise zu diktieren und weit über ihre dem reellen Wert entsprechende Höhe zu steigern. Wir müssen uns mit diesen Theorien deshalb ausführlicher befassen.

Neunter Abschnitt.

Das Bodenmonopol und die Theorie des „schmalen Randes".

Zunächst müssen wir festzustellen suchen, wann in der Nationalökonomie von einem Monopol geredet wird. Pohle äußert sich dazu: „Nach der bisher in der Nationalökonomie üblichen Terminologie spricht man nur dann von der Monopolstellung eines Verkäufers oder einer Verkäufergruppe, wenn das gesamte Angebot einer Ware oder wenigstens einer bestimmten Warenqualität in der Weise einheitlich zusammengefaßt ist, daß eine Konkurrenz beim Verkauf nicht mehr

[1]) Ph. Stein auf dem Frankfurter Wohnungskongreß 1904. Kongreßbericht, S. 416.

stattfindet[1])." A. Voigt[2]) stellt als einziges entscheidendes Moment für die Monopoleigenschaft eines Gutes die Vereinigung aller Güter derselben Art in einer Hand zum Zwecke der Beseitigung der Konkurrenz und zur Ermöglichung einseitiger Bestimmung des Preises hin. Eberstadt dagegen betont auf dem Internationalen Wohnungskongreß, daß das Bestehen und Benutzen wirtschaftlicher Übermacht zur Definierung des Monopols genüge.

Versuchen wir diese Erklärungen auf den städtischen Boden anzuwenden und halten uns dabei im allgemeinen an die von Pohle gegebene klare Definition.

Man hat zunächst behauptet, die einheitliche Zusammenfassung des städtischen Bodens in der Hand einer Verkäufergruppe, eben der Bodenspekulanten, sei dadurch bedingt, daß der Boden unvermehrbar sei. Dieser Auffassung ist mit Recht entgegengehalten worden, daß von einer Unvermehrbarkeit des städtischen Bodens keine Rede sein könne, denn es stehe doch das ganze ungeheure Gelände, welches die Städte ringsum umgebe, zur Verfügung, und der städtische Wohnungsboden wird ja auch ständig von hier aus vermehrt. Man muß also von vornherein zugeben, daß von einer Zusammenfassung des ganzen Gutes in der Hand einer Verkäufergruppe keine Rede sein kann.

Nun könnte man nach der Definition von Pohle noch weiter gehen und sagen, die gesamte Ware ist allerdings nicht in Händen der Verkäufergruppe, diese Ware ist aber auch nicht gleichwertig, der städtische, bereits bebaute Boden stellt eine ganz andere Warenqualität dar, als der ländliche Boden in der Umgebung, diese beiden kann man zunächst gar nicht vergleichen. Wenn auch durch Vergrößerung an der Peripherie ständig neue Baustellen geschaffen und dadurch der städtische Boden vermehrt wird, so ist das eine ganz andere Qualität, die nach ihrer Nutzungsmöglichkeit und demnach ihrem Preis gar nicht mit dem bereits im Stadtinnern gelegenen Boden konkurrieren kann, wenigstens nicht, so lange wir noch an der gegenwärtigen Zentralisation der Städte festhalten.

So wird besonders die Verkäufergruppe, welche in der besten Lage (Geschäftsviertel, City), Grundstücke inne hat, durch diese an der Peripherie ständig sich vollziehende Vermehrung des Baulandes zunächst nicht berührt, da dieses ihrem Besitz in absehbarer Zeit keine Konkurrenz machen kann. Es ist ja nicht der Boden an sich, die so und so viel qm Oberfläche, welche beim städtischen Boden bezahlt werden, sondern die Lage, das Recht und die Möglichkeit, nun gerade auf dieser Bodenfläche ein Geschäftshaus, Warenhaus usw. zu errichten, um so den Vorzug der Lage für sich ausnützen zu können. In diesem Sinne kann man von einer gleichen Qualität des an der Peripherie ständig vermehrbaren

---

[1]) Pohle, Die Wohnungsfrage, II. S. 75.
[2]) a. a. O., S. 172.

Bodens mit dem Innenboden nicht sprechen. Also müßte man den Besitzern der Grundstücke in den besten Lagen im Innern der Stadt eine monopolartige Stellung einräumen.

Bis zu einem gewissen Grade wenigstens muß man das zugeben, man muß aber auch noch weiter gehen und sagen, daß der an der Peripherie neu hinzukommende Boden zwar gewiß kein gleichwertiges Gut, keine Konkurrenz für den Geschäftsboden bedeutet, daß aber jede Vergrößerung an der Peripherie wieder Platz für so und soviele macht, die bis dahin noch in der Stadt, in der Umgebung der City wohnten, daß andererseits neu Hinzuziehende hier wohnen können und so die Bedingungen für eine weitere Steigerung des Geschäftslebens und damit der City geschaffen werden. Es kann sich dann, wenn draußen immer wieder neuer Platz geschaffen wird, der Aushöhlungsprozeß der zentralen Stadtteile, die Citybildung, immer weiter fortsetzen und letztere sich vergrößern. Insofern ruft die ständige Vermehrung des städtischen Bodens an der Peripherie zwar nicht direkt, aber indirekt doch wieder eine Vermehrung des Bodens in den zentralen Lagen und selbst dem Geschäftsviertel hervor, und damit entfällt wieder der Monopolcharakter; das Gut und sein Angebot ist zwar nicht beliebig vermehrbar, es können aber doch immer wieder neue Verkäufer gleichen oder doch sehr gleichartigen Gutes auftreten und den anderen Konkurrenz machen.

Man muß allerdings hier die ausdrückliche Voraussetzung machen, daß nun tatsächlich an der Peripherie der Städte eine ständige Vermehrung des städtischen Bodens, sagen wir lieber des sofort anbaufähigen, baureifen Bodens statthaben kann. Diese Vermehrungsmöglichkeit darf durch nichts weiter als das gegenseitige freie Verhältnis zwischen Angebot und Nachfrage bestimmt werden und irgend welche, das Expansionsbedürfnis der städtischen Bevölkerung hindernde Schranken dürfen hier nicht auftreten.

Wäre das einmal für längere Zeit der Fall, z. B. dadurch, daß die Stadt bei ihrer ständigen Vergrößerung an einen Festungsgürtel herankommt, außerhalb dessen, wie das früher öfters der Fall war, Massivbauten nicht aufgeführt werden dürfen, so würde dadurch die Stellung der derzeitigen Besitzer der städtischen Grundstücke in den verschiedensten Lagen sofort eine monopolartige, vor allem an der Peripherie, denn hier kann ein gleichartiges Gut durch weitere Vergrößerung nicht beschafft werden, während die Innenviertel z. B. das Geschäftsviertel, sich immer noch auf Kosten der angrenzenden Stadtteile vergrößern könnten. Das würde aber sehr bald eine Grenze haben.

Immerhin bliebe auch dann noch die Konkurrenz etwaiger Vororte und nahe gelegener Städte, aber davon wollen wir vorläufig ganz absehen.

Es zeigen diese Überlegungen, daß die Frage, ob es sich bei dem städtischen Boden um ein monopolartiges Gut handelt, lediglich darauf hinausläuft, ob die Besitzer der Baustellen an der Peripherie ein Monopol haben oder nicht, d. h. ob gerade hier Verhältnisse vorliegen, die diesen Besitzer des „schmalen Randes" wie man sie genannt hat, eine monopolartige Stellung einräumen.

So ist denn auch von einer ganzen Reihe von Autoren auf dem Gebiete des Wohnungswesens, in letzter Zeit besonders wieder von v. Mangoldt[1]) die Ansicht vertreten worden, daß die Besitzer des an das bereits bebaute Gebiet sich unmittelbar anschließenden noch unbebauten Geländes, des von ihm so genannten „schmalen Randes" sich in einer monopolähnlichen Stellung gegenüber der Nachfrage befinden oder doch wenigstens in einer Stellung, wo sie nur einer beschränkten Konkurrenz ausgesetzt sind.

Es ist das ein Gedanke, der uns in ähnlicher, etwas verallgemeinerter Form auch sonst vielfach in der Wohnungsliteratur begegnet, die Vorstellung von dem Ring, mit dem die Bodenspekulanten die Städte umschließen, der „unsichtbare Wall von Grundrente, der die Städte einschnürt und die von ihm eingepreßte Bevölkerung zwingt, zähneknirschend zu bewilligen, was die Bodenherren verlangen" (Oppenheimer, a. a. O., S. 372), oder, wie Eberstadt sagt[2]): „Es ist dies gewissermaßen die Zernierung, die den Belagerungskrieg einleitet. Die freie Zufuhr ist nun abgeschnitten. Mit diesem Augenblick hört jede Preisbildung nach freiem Angebot auf; es beginnt die Bauweise, die wir rein spekulativ nennen, weil sie in allen Stadien durch die Spekulation bestimmt und beherrscht wird."

Wir müssen also zunächst zusehen, wie v. Mangoldt diese Anschauung begründet. Auch er geht von der Überzeugung aus, daß Güter, die monopolartig in einer oder wenigen Händen vereinigt sind, oder doch wenigstens einer sehr beschränkten Konkurrenz unterliegen, weit über ihre Produktionskosten im Preise stehen können, und dies werde auch tatsächlich der Fall sein, wenn sich eine sehr starke, dringliche und zahlungsfähige Nachfrage auf sie richtet. Derartige Verhältnisse liegen nach seiner Meinung für die Besitzer des „schmalen Randes" vor.

Zur Begründung führt er an, daß dieselben sich zunächst einer starken und zahlungsfähigen Nachfrage von seiten der wachsenden Bevölkerung gegenüber befänden. Zwar ständen dieser zunächst die fertigen Baustellen zur Verfügung, aber deren Vorrat sei meist nicht sehr groß, so daß er bald aufgezehrt werde. Natürlich würde es soweit nicht kommen, denn es werde vorher wieder weiter aufgeschlossen. Es bestehe also immer eine starke Nachfrage nach noch unaufgeschlossenem Land, das sich zur baldigen Bebauung eigne. Für diese Nachfrage stände

---

[1]) Die städt. Bodenfrage, 1907. S. 232 ff.

[2]) Handbuch des Wohnungswesens. 2. Aufl. 1910. S. 100.

aber jeweils praktisch nur das Gelände des schmalen Randes und auch dieses nicht vollständig zur Verfügung, während das über den schmalen Rand hinausliegende Gelände aus einer Reihe von Gründen fast nicht in Betracht komme.

Für diesen letzteren Umstand führt v. Mangoldt folgende Gründe an:

1. Die Abneigung der städtischen Bevölkerung in isoliert liegende, vom geschlossen bebauten Ortsgebiet durch längere unbebaute Strecken abgetrennte Straßen und Häuser zu ziehen.

2. die bedeutenden Kosten der Straßen, die nötig sind, um über den schmalen Rand hinüber zu kommen.

3. die außerordentliche Schwierigkeit, um nicht zu sagen Unmöglichkeit, ohne Einwilligung der Besitzer des schmalen Randes überhaupt an das dahinter gelegene Land heranzukommen. Wenn nämlich dies Gelände aufgeschlossen werden soll, so sind dazu Verbindungsstraßen nötig, die den schmalen Rand durchkreuzen. Dazu würden die Besitzer desselben im allgemeinen nicht bereit sein. Zwar haben die Gemeinden das Recht, behufs Straßenbau das nötige Land zu enteignen, wenn ein öffentliches Interesse es erfordert, im allgemeinen seien dieselben aber meist nicht geneigt, von diesem Recht zur Aufschließung des jenseits des schmalen Randes liegenden Terrains fleißig Gebrauch zu machen.

4. Die Straßenpolitik der Gemeinden, die es im allgemeinen nur gestattet, an einigermaßen ordentlich hergestellten Straßen, eventuell sogar nur mit Kanalisation und Wasserleitung versehenen zu bauen, und anderseits auch die Entscheidung darüber in Händen hat, ob solche Straßen entstehen sollen oder nicht. Es herrsche daher in den Gemeinden die Tendenz vor, den Vorrat an anbaufähigen Straßen in ziemlich engen Grenzen zu halten, zunächst wegen der hohen Kosten, die dadurch erwachsen, um so mehr, als diese erst dann von den Anliegern wieder eingezogen werden können, wenn dieselben Gebäude an den betreffenden Straßen errichten. Dann wegen der Befürchtung, eine zu zerstreute, unordentliche Stadtanlage zu bekommen, sowie auch wegen der Schwierigkeit, die zahlreichen zerstreut stehenden Häuser an die Versorgungsnetze für Gas, Wasser, Elektrizität und Kanalisation anzuschließen. Soweit die Theorie des schmalen Randes nach v. Mangoldt.

Die Mehrzahl dieser Gründe muß man ohne weiteres anerkennen, insofern als dadurch tatsächlich bewirkt wird, daß die Stadterweiterung sich im allgemeinen konzentrisch im unmittelbaren Anschluß an das jeweils bebaute Terrain vollzieht. Eine andere Frage ist aber die, ob der Vorrat an Baustellen, der auf diese Weise zustande kommt, jeweils so gering ist, daß er genügt, den Besitzern eine monopolartige Stellung im Sinne v. Mangoldt zu gewähren und es ihnen ermöglicht, die Preise ihrer Grundstücke weit über den reellen Wert emporzutreiben.

Daß zunächst die Preise der Grundstücke im schmalen

Rand, einerlei ob es sich um ohne weiteres anbaufähige Baustellen oder noch unaufgeschlossenes Land handelt, erheblich höher sind als die Produktionskosten, also der landwirtschaftliche Wert allein oder einschließlich der Kosten der Aufschließung, erklärt sich auch leicht ohne eine monopolartige Stellung der betreffenden Besitzer, lediglich infolge der natürlichen Wertsteigerung, die nun einmal städtisches Gelände gegenüber ländlichem erfährt. Allerdings muß man dabei an die Verhältnisse einer aufblühenden, in steter Vergrößerung begriffenen Stadt denken. Nur unter solchen Verhältnissen sind die Bodenpreise im schmalen Rand aber auch erheblich höher als dem landwirtschaftlichen Wert entspricht.

Zum Verständnis dieser fundamentalen Erscheinung wollen wir uns die Abstufung der städtischen Bodenwerte vom Zentrum zur Peripherie einmal für verschiedene Fälle genauer vorstellen.

Nehmen wir zunächst eine Stadt an, die sich in früheren Jahrzehnten langsam und gleichmäßig, im allgemeinen konzentrisch entwickelt, seit Jahren aber nicht mehr weiter vergrößert hat, von der auch niemand mehr in absehbarer Zeit eine solche Vergrößerung erwarten kann. Würden wir hier die Bodenwerte, wie sie sich in irgend einem Durchmesser der Stadt vom Zentrum, der angenommenen Lage des Geschäftsviertels, beiderseits nach der Peripherie hin und darüber hinaus abstufen, in Gestalt einer Kurve, deren Ordinaten dem durchschnittlichen Bodenpreis pro qm entsprechen, aufzeichnen, so würde die Kurve ihre höchste Erhebung in diesem Zentrum aufweisen, von hier (aus früher S. 61 angegebenen Gründen, siehe auch die entsprechenden Einschränkungen und Voraussetzungen) ziemlich gleichmäßig nach beiden Seiten hin abfallen und am schmalen Rand bereits den niederen Stand erreichen, wie er dem landwirtschaftlichen Bodenpreis entspricht, denn dieses Gelände hat unter der angenommenen Voraussetzung in absehbarer Zeit keine Aussicht, Bauterrain zu werden und so höhere Erträge zu liefern. Von hier würde die Bodenwertkurve dann näherungsweise horizontal nach außen verlaufen, entsprechend dem landwirtschaftlichen Wert. Von den kleinen Wellenbewegungen, wie sie durch allerlei Unregelmäßigkeiten hervorgerufen werden, sehen wir natürlich ganz ab.

Nun stellen wir uns eine Stadt ähnlicher, gleichmäßiger und konzentrischer Entwicklung vor (aber natürlich ohne Dezentralisation, Vorortsverkehr usw.), die in steter Vergrößerung und rascher Fortentwicklung begriffen ist, von der auch jedermann diese Entwicklung für die Zukunft vermutet. Zeichnen wir uns entsprechend obigem hier die Bodenwertkurve auf, so hat sie natürlich wieder im Zentrum ihre höchste Erhebung, fällt nach beiden Seiten ziemlich gleichmäßig ab, steht aber am schmalen Rand noch wesentlich höher als dem landwirtschaftlichen Wert entspricht, und erreicht diese niedere

Höhe erst weit draußen in dem Gelände, wo in absehbarer Zeit niemand an eine Überführung des Ackerlandes im Bauterrain denken kann.

Warum dieser Unterschied der letzteren Kurve? Sehr einfach deshalb, weil hier die Besitzer von Grundstücken im schmalen Rand und weiter hinaus mit Bestimmtheit auf Grund der Entwicklung der Stadt damit rechnen können, daß in 5, 10, 20 usw. Jahren ihr Grundstück in den bebauten Teil einrücken, bzw. daß die Stadt sich dann bis dort hinaus erstrecken wird. Sie rechnen dann bei einem eventuellen Verkauf ihrer Grundstücke mit diesem später erzielbaren Preis. Kann z. B. einer dieser Grundstückbesitzer annehmen, daß sein Grundstück, das jetzt einen landwirtschaftlichen Wert von 1000 Mk. hat, nach 20 Jahren in die bebaute Zone einrücken und dann ca. 20 000 Mk. wert sein wird, so verlangt er jetzt für sein Grundstück mindestens 10 000 Mk. Eine 5 %ige Verzinsung gerechnet, würde er dann nach 20 Jahren inklusive der Zinsen ebenfalls 20 000 Mk. haben (Zinseszinsen und den landwirtschaftlichen Ertrag, den ihm das Grundstück in der Zwischenzeit abwirft, nicht berücksichtigt), es bleibt sich also für ihn ziemlich gleich, ob er jetzt zu 10 000 oder nach 20 Jahren zu 20 000 Mk. verkauft.

Ähnliche Überlegungen machen natürlich erst recht diejenigen, welche noch näher an der Peripherie der Stadt liegen und mit noch größerer Wahrscheinlichkeit den Zeitpunkt berechnen können, zu dem ihr Grundstück bebaut werden wird. Je näher dieser Zeitpunkt rückt, um so mehr werden sie geneigt sein, auch beim sofortigen Verkauf den ganzen später zu erzielenden Preis zu fordern, und nicht erst noch die Zinsen für die zwischenliegenden Jahre von demselben in Abzug zu bringen.

Die späteren hohen Werte werden also im voraus diskontiert, wie der kaufmännische und börsentechnische Ausdruck lautet. Es ist das eine allgemein übliche Preisfestsetzung für Güter, die später sicher oder auch nur voraussichtlich einen höheren Wert als in der Gegenwart haben werden und die von jedem, auch nicht kaufmännisch geschulten gewissermaßen von selbst geübt wird. So berechnet sich schon der Schüler den Wert seiner Briefmarkensammlung nicht danach, was seine Marken jetzt, zurzeit, wo er sie sammelt, wert sind, sondern danach, was sie einmal später, wenn sie längst außer Kurs gesetzt und selten geworden sind, wert sein werden usw.

Aber auch in den bereits bebauten peripher gelegenen und sonstigen Stadtteilen wird in einer sich rasch vergrößernden Stadt eine solche Vorausdiskontierung von Zukunftsmöglichkeiten stattfinden, weil jeder Stadtteil mit zunehmender Vergrößerung immer weiter von der Peripherie weg, und wenn auch nicht absolut, so doch relativ näher zum Zentrum hinrückt, eventuell bei sonst zunehmender Vergrößerung sogar Aussicht hat, später einmal in die City einbezogen zu werden und damit den höchstmöglichen Bodenwert zu erreichen. Sogar die Bodenwerte in der City können durch eine solche Vorausdiskontierung höherer Mieterträge der Zukunft beeinflußt werden, weil mit der Vergrößerung der Stadt auch die Erwerbsmöglichkeiten der Geschäftsinhaber in der City wachsen. Es tritt deshalb in einer sich stets vergrößernden Stadt an Stelle der einfachen Bodenwertkurve der ersteren Annahme mit Ordinaten, die überall dem derzeitigen Ertragswerte entsprechen, eine andere, deren Ordinaten überall dem vorausdiskontierten zukünftigen Ertragswerte gleich sind (nach entsprechendem Abzug der Zinsen für die zwischenliegenden Jahre). Diese vorausdiskontierten Ertragswerte werden natürlich auch dem Kaufpreis bei einem eventuellen Verkauf zugrunde gelegt.

„Daß ein Grundstück, welches zwar heute noch Ackerland ist, jedoch etwa in Jahren nach menschlichem Ermessen mit städtischen Wohnhäusern bebaut sein wird, schon heute nicht den seinem Ertrag als Ackerland entsprechenden Wert hat, sondern einen dem zukünftigen Mietertrage des auf ihm zu bauenden Hauses entsprechenden, ist ebenso natürlich und wirtschaftlich begründet, wie daß ein nach 3 Monaten zahlbarer Wechsel schon heute einen dementsprechenden Wert hat. Kennte man genau den Zeitpunkt der Bebauung des Grundstücks und genau den Mietertrag, den es nachher bringen wird, dann würde man auch den gegenwärtigen Wert desselben so auf den Pfennig genau berechnen können, wie den eines nach bestimmter Frist fälligen Wechsels. A. Voigt in Kleinhaus und Mietkaserne 1905, S. 127.

Es erklärt sich also auf diese Weise sehr einfach die Tatsache, daß in einer wachsenden Stadt die Preise des schmalen Rands schon wesentlich höher sind, als der rein landwirtschaftliche Wert des Bodens. Diese Vorausdiskontierung eines in Zukunft mit Sicherheit oder größter Wahrscheinlichkeit eintretenden Gewinnes ist etwas absolut Selbstverständliches und Natürliches und untrennbar mit der Wertsteigerung des städtischen Bodens überhaupt verknüpft.

Eine solche Vorausdiskontierung findet auch bei jedem anderen Gut, z. B. den an der Börse gehandelten Werten statt. Erscheinen aus irgend einem Grunde plötzlich die Aussichten eines Industriezweiges sehr viel günstiger, als man bisher angenommen hat, so gehen die Kurse der entsprechenden Werte oft sprunghaft in die Höhe. Die Ankündigung im Etat, daß demnächst von seiten der Staatseisenbahnen größere Aufträge in rollendem Material vergeben würden, bringt a tempo die Aktien der Waggonfabriken zum Steigen, die Übergabe des neuen Ehrlichschen Syphilismittels an die Höchster Farbwerke veranlaßt eine starke Preissteigerung dieser Werte, jede günstige Aussicht für die elektrische Industrie, elektrische Schnellbahnprojekte, Elektrisierung der Eisenbahnen, Untergrundbahnen etc. bringt diese Werte zum Steigen. Tritt dann endlich das erhoffte und erwartete Ereignis wirklich ein, so bleiben die Kurse unbewegt, gehen eventuell sogar um einige Prozent zurück, weil alle zukünftigen Gewinnaussichten bereits im voraus, sogar oft im Übermaß diskontiert wurden.

Mit dieser Erklärung, die den höheren Wert der Grundstücke im schmalen Rand auf die Vorausdiskontierung des späteren Wertes des bebauten Bodens zurückführt, geben sich die Anhänger der Monopoltheorie, vor allem auch v. Mangoldt [1]) nicht zufrieden. Sie glauben, daß die betreffenden Grundstückbesitzer nicht nur diesen vorausdiskontierten Wert, sondern noch einen besonderen, erheblich

---

[1]) a. a. O. S. 231.

höheren Mehrbetrag erhalten, den sie dank ihrer monopolartigen Stellung aus den angeführten Gründen der Nachfrage abpressen können. Vor allem deshalb, weil das jenseits des schmalen Rands liegende Gelände als Konkurrenz für ihre Grundstücke nicht in Frage komme.

Das würde z. B. in ausgesprochenem Maße der Fall sein, wenn in einer an Einwohnerzahl stets wachsenden Stadt einmal die Stadtverwaltung für Jahre kein weiteres Terrain aufschließen ließe, auch Privaten nicht die Genehmigung erteilte und der Vorrat an fertigen Baustellen ohnehin knapp wäre. Dann könnten die Besitzer dieser wenigen Baustellen im schmalen Rand allerdings Monopolpreise fordern. Die hier gezahlten hohen, künstlich durch diese Verhältnisse weit über den reellen Wert geschraubten Preise wirken dann natürlich auch auf den bereits bebauten Boden im Innern der Stadt zurück. Da an der Peripherie keine entsprechende Vermehrung des Baulandes stattfindet, so würden auch im Innern die Preise weit über ihren reellen Wert gesteigert.

Ein solch völliges Fehlen und Versagen der aufschließenden und stadterweiternden Tätigkeit der Stadtverwaltung ist aber natürlich auch in einer noch so schlecht verwalteten Stadt ganz ausgeschlossen, aber zwischen einem solch völligen Versagen der stadterweiternden Tätigkeit und dem Gegenteil, einer durch sehr ausgedehnte und großzügige Stadterweiterungsmaßnahmen geschaffenen, fast unbeschränkten Konkurrenz der Außengelände als Bauland gibt es nun alle möglichen Übergänge.

So würde man bei einer sehr beschränkten Konkurrenz und Vereinigung der sofort bebauungsfähigen Baustellen in wenigen Händen zwar nicht direkt von einem Monopol, aber doch immerhin von einer monopolartigen Stellung, oder wenigstens einer Stellung reden können, in der die Baustellenbesitzer des schmalen Randes nur einer sehr beschränkten Konkurrenz unterlägen, wie das v. Mangoldt auch tut.

Es wäre also zu untersuchen, ob und inwieweit derartige Verhältnisse am „schmalen Rand" unserer Städte tatsächlich vorkommen.

Auch v. Mangoldt [1]) gibt zu, daß die Vorstellung, als lege „die Bodenspekulation" einen Ring um unsere anwachsenden Städte, indem sie das Land aufkaufe, es von der Stadterweiterung aussperre und so für die wenigen Stücke, die sie freigebe, ungeheuerliche Preise erziele, nicht haltbar sei. Es sei vielmehr die Mangelhaftigkeit „des Enteignungsrechtes in Verbindung mit der ganzen so unsagbar verderblichen Auffassung der Stadterweiterung als eines privaten Geschäfts" und all die Gründe, die wir S. 115 bereits aufgezählt haben. Er fährt dann fort: „er ist vorhanden, er legt sich wie eine würgende Schlange um die Brust unserer Städte und schnürt sie ein mit unheimlicher Gewalt. Alter und Jug nd seufzen unter ihm, er hat die Vergangenheit belastet, er ist im Begriff, die Zukunft zu verderben."

Es handelt sich also zunächst darum, zu prüfen, ob die v. Mangoldt angegebenen, von uns auf S. 115 angeführten Gründe, die im wesentlichen in Maßnahmen der Stadterweiterungspolitik liegen, tatsäch-

---

[1]) a. a. O. S. 264.

lich, wie es zur Erzeugung der monopolartigen Stellung der Besitzer der Fall sein müßte, zu einem Mangel oder ungenügenden Vorrat an fertigen, sofort bebauungsfähigen Baustellen führen. Denn darauf stützt sich die ganze Theorie des schmalen Randes zu. Ist trotz der angegebenen Gründe doch meist ein überreicher Vorrat an solchen Baustellen um die Städte herum vorhanden, so fällt damit die ganze Theorie und die Gründe erweisen sich als nicht stichhaltig. v. Mangoldt selbst drückt sich über diesen Punkt, der doch gewissermaßen der Prüfstein seiner Theorie des „schmalen Randes" ist, recht vorsichtig aus. Er sagt [1]): „Der Nachfrage gegenüber stehen zunächst die fertigen Baustellen, aber ihr Vorrat ist im allgemeinen nicht so groß .... und in den meisten Fällen werden einige Jahre Wachstum der betreffenden Stadt genügen, um ihn völlig aufzuzehren, oft sogar ein viel geringerer Zeitraum. Natürlich wird dieser Zustand völligen Aufgezehrtseins der fertigen Baustellen, in größeren Städten wenigstens, in der Regel nicht eintreten." Er scheint also doch selbst damit zu rechnen, daß in der Regel ein Vorrat an fertigen Baustellen vorhanden ist, der das Mehrfache des Jahresbedarfs an Baustellen beträgt, wie aus obiger Bemerkung hervorgeht.

An anderer Stelle äußert er sich sogar [2]): „Auf der anderen Seite darf man sich aber freilich auch nicht vorstellen, als ob nun im allgemeinen geradezu eine Knappheit an Baustellen herrschte. Es ist vielmehr sehr wahrscheinlich, daß in größerern Orten wenigstens, meist das Mehrfache des tatsächlichen Jahresbedarfs für Bauzwecke jeweils an Baustellen vorhanden ist." (Die Sperrung rührt von uns her.)

Er bringt auch einige Angaben, nach denen in Dresden 1906 4700 Baustellen vorhanden waren bei einem tatsächlichen jährlichen Baustellenbedarf von 500—600, also das 8—9 fache des Jahresbedarfs. In Berlin war 1901 mindestens das 6 fache des durchschnittlichen Jahresbedarfs an Baustellen vorhanden und ähnliches wird aus anderen Städten berichtet.

Man braucht nur die Außengelände unserer großen Städte zu durchwandern, um sich zu überzeugen, daß im allgemeinen an sofort bebaubaren Baustellen kein Mangel ist, im Gegenteil, man hat nicht selten den Eindruck einer direkten Überproduktion, der durch die Reklameplakate der Terraingesellschaften, privater Terrainbesitzer usw. noch verstärkt wird. Leider existieren exakte Zahlen über diesen Vorrat fertiger Baustellen in den wenigsten Städten. So wollen wir denn, wohl im Einverständnis mit v. Mangoldt annehmen,, daß im allgemeinen in größeren Städten ein den Jahresbedarf um etwa das sechs- bis siebenfache übersteigender Vorrat derselben vorhanden ist, naturgemäß meist am schmalen Rand gelegen. Noch eine weitere Voraussetzung müssen wir machen, daß nämlich in einer rasch wachsenden Stadt natürlich ein ständiger Verbrauch vorhanden ist, im allgemeinen aber auch weiter aufgeschlossen wird, und daß die Stadtverwaltungen im allgemeinen zum mindesten soviel, als etwa dem Jahresbedarf an Baustellen ent-

---

[1]) a. a. O., S. 233.
[2]) a. a. O., S. 248.

spricht, jährlich neu aufschließen oder aufschließen lassen. Das heißt mit anderen Worten, daß dieser angenommene Vorrat an fertigen Baustellen ziemlich stationär bleiben wird, eine Voraussetzung, die für die Mehrzahl der Städte jedenfalls zutrifft. Sehen wir nun weiter, ob unter solchen Verhältnissen von einer wirtschaftlichen Übermacht, einem Monopol der Baustellenbesitzer des „schmalen Randes" die Rede sein kann.

Fassen wir einmal ein bestimmtes Jahr, z. B. das Jahr 1910 ins Auge, so steht in diesem der Nachfrage nach Baustellen ein dieselbe um mindestens das sechsfache übersteigendes Angebot gegenüber. Das ist gewiß ein ziemlich reichlicher Vorrat, er allein würde aber doch den Besitzern infolge ihrer relativ geringen Konkurrenz eine gewisse monopolartige Stellung einräumen. Man darf aber nicht vergessen, daß nun fort und fort, Jahr für Jahr, immer wieder neue Baustellen infolge der Maßnahmen der Stadterweiterung erschlossen werden. Wenn also auch im Jahre 1910 der sechste Teil der vorhandenen Baustellen verkauft wird, so kommt von dem bis dahin unerschlossenen Außengelände wieder ebensoviel neu hinzu, und die Besitzer, welche noch nicht verkauft haben, haben ihre Lage keineswegs verbessert, es besteht für sie noch eine genau ebensogroße Konkurrenz.

Wenn also v. Mangoldt diesbezüglich sagt [1]: „In diesem Falle verbessert in gewissem Sinne die Verwirklichung der Verkäufe der Konkurrenz die Lage der übrig bleibenden Verkäufer; denn durch den Anbau und die Bebauung der betreffenden Gegend werden die noch übrig bleibenden Grundstücke in eine höhere Wertlage und eine größere relative Seltenheit hinaufgehoben," so ist das nur teilweise richtig. Es treten vielmehr bei unserer Annahme an Stelle der 1910 verkauften Grundstücke schon im selben Jahre ebensoviele neue hinzu, im Jahre 1911 ist es wieder so usw. in jedem folgenden Jahre. Für diejenigen, welche schon 1910 fertige Baustellen liegen hatten, aber noch nicht verkaufen konnten oder wollten, weil sie auf höhere Preise warten möchten, kommt also diese Konkurrenz von seiten der damals noch jenseits des schmalen Rands liegenden Baustellen Jahr für Jahr neu hinzu und muß schon im Jahre 1910 im voraus mit in Erwägung gezogen werden. In der Regel ist das allerdings keine ganz gleichwertige Konkurrenz, insofern, als diese Grundstücke etwas weiter draußen liegen, dafür sind sie aber meist auch etwas später oder zu entsprechend billigerem Preis erworben worden, haben noch nicht solange brach gelegen, es sind also die Zinsen noch nicht so hoch aufgelaufen, die Kosten der Aufschließung, Straßenbaukosten usw. erst vor kurzer Zeit bezahlt worden, was wieder einen entsprechend geringeren Zinsbetrag ausmacht usw.; sie können deshalb von dem jeweiligen Besitzer auch entsprechend billiger hergegeben werden, wie die schon längere Zeit fertig daliegenden Grundstücke. Dieses

[1]) a. a. O., S. 261.

Moment gleicht den geringen Unterschied der Lage wieder vollständig aus, wenn auch nicht absolut, so ist die jedes Jahr neu auftauchende Konkurrenz doch relativ im Verhältnis zu den Produktionskosten gleichwertig. Ein Besitzer, der schon 1910 eine fertige Baustelle am schmalen Rand hatte, verbessert also durch längeres Zuwarten seine Lage bezüglich der Konkurrenz keineswegs, wie v. Mangoldt[1]) anzunehmen scheint. Nicht selten, wenn z. B. die ganze Gegend von einer Verkehrsstraße mit Trambahnverbindung durchschnitten wird, werden die Baustellen- und Wohnungssuchenden die nur um eine Kleinigkeit entferntere Lage gar nicht als Nachteil empfinden, sie z. B. nach der Entfernung der nächsten Trambahnhaltestelle, Untergrundstation usw. berechnen, welche für die Baustellen des Jahres 1910 bis 1915 usw. ziemlich gleich sein kann. Dazu kommt dann noch, daß der Besitzer von 1910 nun für all die Jahre des Wartens die großen Zinsverluste und Lasten in Anrechnung bringen muß, alles Momente, die seine Lage im Verhältnis zu der Lage derjenigen, deren Besitz erst 1915 oder noch später aufgeschlossen und baufertig wurde, sehr verschlechtern.

Wenn also v. Mangoldt sagt[2]): „Nach alledem kann kein Zweifel sein; die ohnehin schon so beschränkte Konkurrenz, der die Besitzer des schmalen Rands unterworfen sind, wird vollends beeinträchtigt in ihrer Wirkung durch den Umstand, daß das längere Warten auf einen günstigen Preis nicht mit Nachteilen für den Besitzer verknüpft ist, und durch den weiteren, daß dieses Zuwarten in der Tat die Aussicht auf Erzielung höherer Preise eröffnet“, so sind wir hier zu teilweise direkt gegenteiligen Schlüssen gelangt.

Der Schluß, der hier gemacht wird, ist offenbar nur möglich, wenn man für die Beurteilung der Lage der Baustellenbesitzer eines bestimmten Jahres nur an die gerade in diesem Jahre vorhandene Konkurrenz denkt und das noch unaufgeschlossene Land jenseits des schmalen Randes unberücksichtigt läßt. Der Schluß ist aber irrig, weil der Vorrat fertiger Baustellen in der Regel den Jahresbedarf erheblich, nach unserer Annahme um das 6-fache übersteigt, demnach die Mehrzahl der Baustellenbesitzer noch Jahre durch der Konkurrenz der jährlich neu hinzukommenden Baustellen unterworfen ist.

Man kann also die monopolartige Stellung der Baustellenbesitzer im schmalen Rand nicht damit erklären, daß man sagt, das noch unaufgeschlossene Land komme als Konkurrenz der fertigen Baustellen nicht in Frage, lediglich deshalb, weil es gewissermaßen noch ein Rohstoff sei, der erst in das fertige Produkt, die sofort anbaufähigen Baustellen, überführt werden müsse. Es kommt vielmehr darauf an, ob zurzeit ein genügender Vorrat an solchen Baustellen vorhanden ist und das noch unaufgeschlossene Land dann, wenn es tatsächlich zur Bebauung nötig wird, baureif geworden ist oder baureif gemacht werden kann, eben durch die Maßnahmen der Stadterweiterung, die im allgemeinen Jahr für Jahr stetig weiter geführt werden.

Es geht also nicht an, als Konkurrenz der Grundstücke des schmalen Rands nur gerade die in diesem liegenden Grundstücke aufzufassen.

---

[1]) a. a. O., S. 260/61.

[2]) a. a. O., S. 261.

Mit fast mathematischer Regelmäßigkeit schiebt sich Jahr für Jahr unausgesetzt diese Zone des schmalen Rands mit ihrem Vorrat baufertiger Baustellen in das umgebende Gelände hinaus und immer wieder taucht für die abgehende neue Konkurrenz auf, die aus den oben angegebenen Gründen durchaus gleichartig ist.

Dieser Versuch, aus den Verhältnissen des schmalen Randes eine Monopolstellung der dortigen Baustellenbesitzer zu konstruieren, liegt ähnlich, als wolle man für die Händler, die in einer Stadt irgend ein Fertigfabrikat verkaufen, z. B. Schuhwaren, eine Monopolstellung damit begründen, daß sie etwa zu einem gegebenen Zeitraum den ganzen Bestand an fertigen Schuhwaren auf ihrem Lager haben. Warum sagt man hier nicht, sie unterliegen einer sehr beschränkten Konkurrenz und jeder Verkauf verbessert ihre Lage, sie können deshalb Monopolpreise fordern? Einfach deshalb, weil Rohmaterial, d. h. Leder, genug da ist, und die Schuhfabriken fortgesetzt daran arbeiten, dieses Rohprodukt in das Fertigfabrikat zu verwandeln und an die Zwischenhändler, eben die Schuhläden, zu überführen Würden diese einmal die Preise zu hoch stellen, so würden sofort neue Schuhgeschäfte mit billigeren Preisen sich auftun.

Beim Boden liegen die Verhältnisse in Wahrheit ebenso. Das Rohprodukt, das unaufgeschlossene Land ist in Hülle und Fülle vorhanden, der jeweilige Vorrat des Fertigfabrikats, die fertigen Baustellen befinden sich allerdings in Händen der Grundstückbesitzer des schmalen Rands. Aber Jahr für Jahr sorgen die Maßnahmen der Stadterweiterung dafür, daß dieser Vorrat dem Bedarf entsprechend erneuert wird, daß neue Baustellenhändler auftreten, und dieser neu auftretende, in der Zukunft bestimmt zu erwartende Vorrat an Baustellen ist unbedingt als Konkurrenz zu berücksichtigen. v. Mangoldt wird nach seinen Ausführungen (S. 260) geneigt sein zu sagen, daß ein sehr wesentlicher Unterschied darin bestehe, daß die Baustelle bei längerer Lagerung an Wert gewinne, die Schuhwaren aber nicht, dieselben im Gegenteil an Wert verlören. Diesen höheren Zukunftswert des Bodens hat der Baustellenbesitzer aber seinerzeit bereits mitbezahlt, wie wir sahen. Dieses mit Sicherheit vorauszusehende Steigen nutzt ihm also noch gar nichts. Außerdem kommen dann noch die Nachteile des längeren Wartens, s. oben, hinzu.

Wie so oft, ist es auch hier zweckmäßig, sich die beiden möglichen Extreme einmal vorzustellen. Das eine Extrem wäre der Fall, daß die betreffende Gemeinde nun eine äußerst umfassende und weitgehende Stadterweiterungs- und Geländeaufschließungspolitik betriebe, daß sie also im weitesten Umkreise, weit über den Bedarf hinaus Straßen anlegte, den Bau von Villenkolonien begünstigte, in liberalster Weise Baugesuche auch an noch nicht fertigen Straßen genehmigte usw. Jeder wird sagen, was hat das für einen Zweck, weit draußen im Gelände, in dem in absehbarer Zeit doch niemand wohnen will, eine solche Menge Straßen anzulegen, dadurch erhebliche Kapitalien mit entsprechendem Zinsverlust festzulegen, was hat es für einen Sinn, so unendlich viel mehr Baustellen zu schaffen, als dem tatsächlichen Bedürfnis entspricht? Man soll die Aufschließung doch nur so weit treiben, daß der Nachfrage nach fertigen Baustellen ein entsprechender Vorrat gegenübersteht, das genügt, und diesen von Jahr zu Jahr vergrößern, wenn das Bedürfnis dazu vorhanden ist.

Das andere Extrem wäre der Fall, daß man überhaupt Jahre lang nicht aufschließt, bis der vorhandene Vorrat an Baustellen völlig erschöpft ist. Dann wäre tatsächlich ein Monopol der Besitzer der noch vorhandenen Baustellen gegeben.

Nun muß es aber doch zwischen diesen beiden Extremen eine Grenze geben, wo der Vorrat an baufertigen Baustellen einerseits so groß ist, daß er völlig genügt, um der Nachfrage einen genügenden Spielraum und dem Angebot doch keine monopolartige Stellung zu gewähren, anderseits aber doch wieder so klein, daß ein unnötiger Zinsverlust der im Straßenbau angelegten Kapitalien vermieden wird, immer unter Berücksichtigung dessen, daß infolge der stetigen Maßnahmen der Stadterweiterung an Stelle der wegfallenden neue Baustellen hinzukommen. Das Ideal einer Stadterweiterungspolitik wäre es, diese Grenze genau zu erraten, und demnach dafür zu sorgen, daß der dieser Grenze entsprechende Vorrat an fertigen Baustellen immer vorhanden wäre.

Wie groß der nun sein muß, wird von vielen Faktoren abhängen und sich schwerlich genau feststellen lassen. Man kann gewiß gerne auch nach der einen Seite, wo durch allzu reichliche Auslegung von Straßen Zinsverluste auftreten, etwas weiter gehen, als nötig wäre, aber im allgemeinen wird man auf Grund der beigebrachten Überlegungen doch annehmen können, daß ein Vorrat, der den Jahresbedarf um das sechsfache übersteigt, zum mindesten für völlig ausreichend erklärt werden kann, immer wieder eine stetige, gleichmäßige Stadterweiterungspolitik vorausgesetzt.

Die letztere Voraussetzung wird im allgemeinen wohl erfüllt sein, schon allein wegen der Schwerfälligkeit, mit der der ganze Stadterweiterungsapparat naturgemäß arbeitet. Zunächst muß derselbe sich durch statistische Erhebungen eine Kenntnis des jährlichen Baustellenbedarfes und der jährlichen Größenzunahme der Stadt verschaffen, dann muß ein genereller Bebauungsplan vorhanden sein oder gemacht werden und überlegt werden, wieviel etwa jedes Jahr weiter erschlossen werden muß, die entsprechenden Summen in den Etat eingestellt werden usw. Ist das alles einmal im Gange, so wird man im allgemeinen dabei bleiben, im nächsten Jahre wieder ebenso viel aufschließen und nicht ohne zwingenden Grund in diesem Arbeitsplan Änderungen eintreten lassen, weil das doch immer wieder eine Reihe von Verhandlungen, Abänderungen bereits getroffener Anordnungen usw. mit sich bringt.

Wir glauben also im allgemeinen konstatieren zu können, daß um unsere Städte herum ein genügender Vorrat an baureifen Baustellen vorhanden ist, und schon deshalb von einer monopolartigen Stellung der Besitzer derselben, namentlich auch im „schmalen Rand", nicht die Rede sein kann. Es kann füglich auch eine erhebliche Steigerung der Bodenwerte der ganzen Stadt, wie die Vertreter dieser Theorie annehmen, aus diesen Verhältnissen nicht abgeleitet werden. Nicht wegen der Verhältnisse des schmalen Rands sind hier und weiter im Innern der Stadt die Bodenwerte so hoch, sondern wie wir früher sahen, wegen ihrer natürlichen Wertsteigerung, wobei eventuelle Zukunftschancen allerdings bereits im voraus diskontiert werden.

Daß ausnahmsweise und vorübergehend einmal Verhältnisse, wie sie v. Mangoldt für den schmalen Rand annimmt, vorkommen und dann vorübergehend eine monopolartige Stellung der betreffenden Baustellenbesitzer erzeugen können, soll nicht abgestritten werden. Aber v. Mangoldt und die übrigen Vertreter dieser Theorie des schmalen Randes wollen diese Erscheinung gar nicht als Ausnahme betrachtet wissen, sondern stellen sie als allgemeingültige Regel hin und glauben, daß die hohen Bodenpreise der Städte eben auf Grund derselben weit über ihre natürliche Höhe „künstlich“ gesteigert seien. Diese Annahme erscheint uns aber nach obigem unhaltbar zu sein.

Am weitesten geht wohl in dieser Anschauung R. Eberstadt. Er betont [1], daß die Spekulation damit beginne, daß sie sich in den Besitz des verfügbaren Landes setze, und so durch Geländeankauf einen weiteren Ring um die Stadt lege.

„Mit diesem Augenblicke hört jede Preisbildung nach freiem Angebot auf; es beginnt die Bauweise, die wir die rein spekulative nennen, weil sie in allem durch die Spekulation bestimmt und beherrscht wird . . . Die spekulative Umklammerung wirkt nun wieder auf den Bodenwert der Innenstadt und ganz allgemein auf die bebauten Bezirke zurück, und zwar findet hier eine fortwährende Wechselwirkung statt, wobei ein Keil den anderen treibt. Die preismäßigende Wirkung des Baulandes der Außenbezirke ist aufgehoben. Hierdurch werden die Bodenwerte der Innenstadt hochgetrieben, die dann ihrerseits wieder eine Steigerung und Hochhaltung der Außenböden ermöglichen.“

Diesen Anschauungen Eberstadts stehen andere ebenso gewichtige der gegenteiligen Meinung gegenüber. A. Voigt, Pohle und andere bestreiten diese Monopol- und schmale Randtheorie. So sagt unter anderem auch Stein [2]: „Die Vorstellung von dem Ringe, mit dem die Bodenspekulanten die Städte umschließen, ist sehr drastisch und manche Zeichen scheinen ihre Richtigkeit zu verbürgen, in Wirklichkeit erweist sie sich jedoch im allgemeinen als eine spekulative „Konstruktion“.

Die tatsächlich bestehenden Verhältnisse, der Vorrat an fertigen Baustellen um unsere Städte usw. widerlegen schon diese Theorie des schmalen Randes. Wir wollen aber zur weiteren Klarstellung auch noch auf einzelne der auf S. 115 angeführten Gründe v. Mangoldts eingehen, die seine Entstehung veranlassen sollen. So soll es z. B. (siehe unter 3) nahezu unmöglich sein, ohne Einwilligung der Besitzer des schmalen Rands an das dahinter gelegene Land heranzukommen. Dabei liegt die Vorstellung zugrunde, als vollziehe sich die Aufschließung des Terrains und die Schaffung neuer Baustellen um unsere Städte herum im allgemeinen in einem Streifen, der sich gleichmäßig und konzentrisch um die bereits bebaute Stadt wie ein Gürtel herumlege. In Wirklichkeit vollzieht sich aber die Erweiterung unserer Städte durchaus nicht so schematisch im Sinne einer konzentrischen Figur, sondern vielfach geradezu in radiärer Richtung, d. h. die Städte dehnen sich meist entlang einzelnen radiär gerichteten Linien aus, z. B.

[1] a. a. O., S. 80 ff.
[2] a. a. O., S. 416.

entlang den großen Landstraßen, welche von der Umgebung in die Städte hineinlaufen. Selbst in mittelgroßen Städten sind das oft schon 10 und mehr, in Großstädten ist ihre Zahl meist erheblich größer. Die Straßenzüge entwickeln sich bald nach ihrem Eintritt entweder zu Geschäftsstraßen oder doch zu wichtigen Verkehrsstraßen, in denen Trambahnen, Motoromnibusse usw. laufen und den weiter draußen wohnenden bequeme und schnelle Verkehrsgelegenheit zur Stadt hin bieten. An ihnen entlang vollzieht sich zunächst die Erweiterung der Städte. Auch v. Mangoldt hat das beobachtet [1]), indem er von der Stadt sagt: „Wie ein großes, vielgliederiges, gefräßiges Ungeheuer liegt sie da zwischen den grünen Fluren, an den großen Landstraßen entlang reckt es seine Fangarme, in der Mitte liegt der einförmige Körper zusammengeballt." So ähnelt die Stadt weniger einem Kreis, als etwa einem Seestern, nur daß die Arme viel häufiger sind und sich viel weiter hinaus erstrecken.

Entlang diesen Armen geht die Stadterweiterung hauptsächlich vor sich, vor allem wohl wegen der besseren, diesen folgenden Verkehrsgelegenheiten, und überall, wo sie ziehen, ist der Ring v. Mangoldts durchbrochen, auseinandergesprengt und die „eingeschnürte" Bevölkerung kann der „würgenden Schlange" entrinnen. Wenn ein Ring aber schon an Dutzenden von Stellen durchbrochen ist, bleibt von ihm nicht mehr viel übrig.

Das Hinterland dieser Straßenzüge bleibt oft lange Jahre unbebaut, dient als Gärten, Gemüsefelder, Lagerplätze usw., bis dann in einem weiteren Stadium, wenn die Bebauung entlang diesen Straßenzügen oft schon sehr viel weiter vorgerückt ist, Seitenstraßen von hier in dieses unbebaute Land hineingetrieben werden, oft nur wenige 100 m weit, um dann vorläufig blind zu endigen. So bleiben denn in den toten Ecken, den Winkeln zwischen den Armen des Seesterns, oft Jahrzehnte lang Ländereien unbebaut liegen, nicht weil sie hier ein Ring von Spekulanten festhält, sondern weil zunächst niemand nach ihnen Verlangen hat. Denn in den großen Straßenzügen und ihren Seitenstraßen sind Baustellen genug und in vorteilhafterer Lage vorhanden. Oft kann man sogar konstatieren, daß hier in diesen toten Winkeln ganz gute Straßen sind, die sehr wohl das Gelände erschließen, daß aber niemand auf den fertigen Baustellen bauen will. Hier ist der schmale Rand als Aufschließung erschwerendes Moment im Sinne v. Mangoldts überhaupt nicht vorhanden, aus dem einfachen Grunde, weil hier niemand aufschließen will. Wenn aber ein Ring an einer Reihe von Stellen durchbrochen, an anderen überhaupt nicht vorhanden ist, hört er auf, ein Ring zu sein.

Bei weiterer Entwicklung kommt die Aufschließung sogar in der Weise vor, daß von den „Armen des Seesterns" aus Straßen in das zwischenliegende Land hineingeführt und bis zum nächsten „Arm" verlängert werden, sie durchschneiden dann das zwischenliegende un-

---

[1]) a. a. O., S. 88.

bebaute Gelände, erschließen es und schaffen so für das in den toten Ecken liegende Gelände nun auch noch von außen her einen Zugang, die Zernierung in dem Belagerungskrieg Eberstadts[1]) ist überrumpelt worden, die eingeschlossene Bevölkerung ist ihrem Feind, den sie umschließenden Spekulanten, in den Rücken gefallen.

Man mag die Sache drehen wie man will, es bleibt nicht viel von dem Ring und der schmalen Randtheorie übrig. Am ehesten könnten noch solche Verhältnisse entstehen, wenn die Gemeinde selbst große Terrains im schmalen Rand in Besitz hat und diese als „Vexierstreifen", wie das Volk sagt, benutzt, um das weiter draußen liegende, Privaten gehörige Terrain von der Bebauung auszuschließen. Sie selbst kann dann natürlich eine Durchschneidung dieser Vexierstreifen durch Straßenzüge verhindern. Private Besitzer im schmalen Rand dagegen, wenn wir ihn einmal annehmen wollen, laufen immer Gefahr, daß die Stadt nun doch von ihrem ihr zustehenden Enteignungsrechte zu Straßenanlagen Gebrauch macht und so das dahinter liegende Terrain aufschließt, oder daß die Flut der Bebauung rechts und links entlang den großen Landstraßen an ihnen vorüberströmt, weiter draußen hinter ihnen zusammenschlägt und so ihre spekulativen Hoffnungen auf Ausschließung dieses Terrains zu schanden macht. Zwar können sie dann natürlich erst recht verkaufen, eine solche noch unbebaute Insel wird sehr rasch von der umspülenden Flut verschlungen, aber sie haben meist schon vor Jahrzehnten zu hohen Preisen gekauft, all die Jahre Zinsverlust gehabt, Steuern und Lasten getragen; während ihre neu auftauchenden Konkurrenten da draußen in dem Gelände, das sie so viele Jahre von der Aufschließung ausgesperrt haben, eben infolge dieses Umstandes meist viel später oder viel billiger das noch unerschlossene Land erwerben konnten. Die Besitzer dieses Landes bedeuten deshalb bei seiner nun doch von der Seite und von rückwärts her erfolgten Aufschließung trotz der entfernteren Lage von der Stadtmitte eine übermächtige Konkurrenz, da dieser Nachteil bei weitem durch den viel geringeren Preis, den sie bei gleichem Gewinn zu fordern in der Lage sind, wieder ausgeglichen wird.

Dazu kommen noch die auch gerade in großen Städten oft zutreffenden Verhältnisse, daß weit draußen im unbebauten Gelände, also außerhalb des schmalen Rands und der Einwirkung der hier sitzenden Spekulanten entzogen, von Terraingesellschaften, Villenkolonien, Vororten mit günstigen Verkehrsverbindungen mit der städtischen Zentrale usw. Terrains erschlossen werden, daß sich auf diese Weise in dem noch unbebauten Terrain um die Städte Inseln bebauten Terrains bilden, die sich nach und nach vergrößern und schließlich mit dem zusammenhängend bebauten Terrain der Stadt und untereinander zusammenfließen. Das ist dann auch wieder Konkurrenz für die Besitzer des schmalen Rands, oft eine sehr scharfe und eine, die

[1]) a. a. O., S. 80.

gerade die Außengelände erschließt, welche sie aussperren wollten. Dabei muß betont werden, daß die letztgenannten Verhältnisse, welche man bekanntlich als Mittel gegen den „schmalen Rand“ empfiehlt, nun keineswegs erst jetzt, wo wir unter dem Zeichen der „Dezentralisation“ stehen, vorkommen, sondern daß sie gerade in den großen Städten schon recht lange und in sehr umfangreicher Weise bestanden haben, man denke nur an die vielen Terraingesellschaften, welche schon seit Jahrzehnten um unsere Städte herum bestehen (die Vorortentwicklung z. B. Berlins usw.). Also doch zu einer Zeit und an Orten, wo nun gerade die Anhänger der Theorie des schmalen Rands die hohen Bodenpreise durch diesen erklären wollen. Wenn aber die Gegenmittel, die sie gegen die Wirkung des schmalen Rands empfehlen, an vielen Orten schon so lange und teilweise in recht umfangreicher Weise bestanden haben, warum haben sie bisher so wenig Einwirkung gehabt, warum sind doch die Preise immer noch höher und höher gestiegen? Einfach deshalb, weil der schmale Rand und die Übermacht der dort sitzenden Spekulanten ein fingiertes Gebilde ist, das den tatsächlichen Verhältnissen nicht entspricht, weil die Bodenpreise in unseren sich enorm vergrößernden Städten aus ganz anderen Ursachen steigen, wie wir das zur Genüge erörtert haben.

Auch mit der Stadterweiterungspolitik ist es eine eigene Sache, wenn wir sie vom Standpunkt des Bodenspekulanten im „schmalen Rand“ und nicht dem des Baustellenkäufers aus betrachten wollen. Gewiß mag die Stadt ab und zu zu wenig aufschließen oder aufschließen lassen, nicht unnötig und gern von ihrem Enteignungsrechte Gebrauch machen, aber die Besitzer des schmalen Rands sind über die Vorgänge im Rathaus im allgemeinen sehr wenig orientiert. Es kann ein „neuer Mann“ ans Ruder kommen, eine ganz veränderte Bodenpolitik Platz greifen, ein neuer Bebauungsplan gemacht werden usw. Was bedeutet es diesen Möglichkeiten gegenüber, wenn es in dem Enteignungsgesetz z. B. von Preußen und Sachsen heißt, daß als Voraussetzung der Enteignung das Vorliegen eines öffentlichen Interesses bei dem betreffenden Unternehmen vorliegen müsse? Wenn die Körperschaften, die darüber zu entscheiden haben, der Meinung sind, daß Mangel an Baustellen vorliege und deshalb im Interesse des Wohnungsbedürfnisses hier und da neue Straßen angelegt werden müssen, so ist damit eben ein öffentliches Interesse erklärt. Wenn ein moderner Bebauungsplan gemacht wird im „großzügigen“ Sinne, wie man jetzt so gerne sagt, wo möglich begutachtet oder angefertigt von einer Städtebauautorität, wenn die Stadt im Anschluß daran aus Gründen der gedeihlichen Entwicklung der Stadt nun Jahr für Jahr die vorgesehenen Straßen in das unerschlossene Gelände hineinführen läßt, so geschieht auch das wieder im öffentlichen Interesse. Ganz einerlei, ob die Straße nun im einzelnen Fall unbedingt nötig war oder nicht, sie gehört zu dem gesamten Bebauungsplan und ist damit als notwendig für das öffentliche Wohl sanktioniert. Die Baustellenbesitzer im schmalen Rand sind dagegen machtlos, sträuben sie sich, so wird das nötige Land enteignet. Dazu kommt die Unkenntnis und Unsicherheit über alle diese Maßnahmen der Verwaltung, die ja meist bis zuletzt geheim gehalten werden, um nicht vorzeitige Spekulationen in den neu zu erschließenden Gebieten zu veranlassen. Die Besitzer des schmalen Rands hängen also bezüglich der ihnen unterschobenen Absicht, das außerhalb gelegene Terrain von der Aufschließung und Konkurrenz auszuschließen, von all diesen Faktoren ab, die sie nicht kennen, auf die sie keinen Einfluß haben und die doch über Nacht all ihre Spekulationen über den Haufen werfen können.

All diese Überlegungen zeigen, daß dieser Grund, den v. Mangoldt für die Richtigkeit seiner Theorie vom schmalen Rand anführt, es sei ohne Einwilligung der Besitzer desselben fast unmöglich an das dahinter gelegene Land heranzukommen, wenn überhaupt, nur in sehr beschränktem Maße gültig ist.

Vor allem schwebt die Möglichkeit, daß die Außenterrains, deren Aussperrung ja ihr Hauptziel sein soll, doch in irgend einer Weise erschlossen werden können, immer wie ein Damoklesschwert über ihrem Haupte und macht längeres Zurückhalten ihrer Baustelle sehr riskant. Wie uns denn überhaupt das Risiko dieser Besitzer des „schmalen Rands" keineswegs geringer zu sein scheint, wie das der Bodenspekulanten überhaupt. Gewiß haben sie die nächstgelegenen, für die Bebauung in Betracht kommenden Baustellen in Besitz, dafür sind diese aber auch im Verhältnis zu den weiter draußen gelegenen, wie schon erwähnt, vor längerer Zeit oder zu höherem Preis erworben, die Zinsen schon viel länger aufgelaufen usw., also die Produktionskosten erheblich höhere. Je mehr sich übrigens der Wert einer Baustelle bereits von dem landwirtschaftlichen Wert des Bodens entfernt hat, je höher also der absolute Wert des qm Baufläche ist, um so größer ist naturgemäß auch das Risiko, daß dieser Wert eventuell wieder auf ein erheblich niederes Niveau zurückgeschleudert wird. In dem Sinne tragen also die Besitzer der Baustellen im schmalen Rand, die von allen unbebauten Grundstücken den höchsten Wert haben, auch das höchste Risiko. So ist denn für die Anlieger des schmalen Rands längeres Zuwarten mindestens ebenso riskant, wie für jeden sonstigen Bodenspekulanten, gerade sie müssen wegen der Unsicherheit und Unberechenbarkeit der geschilderten Verhältnisse noch am ehesten darauf bedacht sein, baldmöglichst einen namhaften Gewinn, der doch zunächst nur auf dem Papier steht, zu realisieren.

Auch v. Mangoldt würdigt sonst die Nachteile langen Liegenbleibens fertiger Baustellen für den betreffenden Spekulanten. Er sagt [1]: „Jede Verzögerung des Endeffektes seiner Unternehmung, des Absatzes der Baustellen, insbesondere aber natürlich das Liegenbleiben der fertigen Baustellen, in die bereits

[1]) a. a. O., S. 148.

die vielen Kosten der ganzen Unternehmung hineingeflossen sind — jede solche Verzögerung aber bedeutet für den Terrainunternehmer große Verluste.“ Warum denkt sich v. Mangoldt die Lage der Terrainunternehmer im schmalen Rand so viel günstiger? Warum wendet er nicht auch hier diese Gründe an?

Man könnte die Lage der Besitzer der fertigen Baustellen im schmalen Rand mit der Lage der Hausbesitzer vergleichen, die zu einem bestimmten Termin über die freistehenden Wohnungen einer Stadt verfügen. Auch da müßte man dementsprechend von einem Monopol reden, weil sie den ganzen Vorrat sofort beziehbarer Wohnungen in Händen haben. Aber daß man hier nicht die Konkurrenz der jederzeit neu entstehenden Wohnungen ausschalten kann, scheint doch jedermann selbstverständlich. Man gibt sich allgemein damit zufrieden, wenn 3 % des gesamten Wohnungsbestandes an leeren Wohnungen vorhanden sind, weil man sagt, das genüge zunächst für die Nachfrage und inzwischen werden wieder ebensoviele neue gebaut, als durch Vermietung wegfallen. Das nennt man geordnete Verhältnisse auf dem Wohnungsmarkt. Analog müßte man auch auf dem Baustellenmarkt urteilen. Es würde genügen, wenn etwa 3 % der gesamten bisher bebauten Baustellen zu einem bestimmten Zeitpunkt zur Verfügung ständen, und wenn dafür gesorgt würde, daß immer ebensoviele neu hinzukommen, wie neu bebaut werden. Für gewöhnlich aber scheint dieser Vorrat an fertigen Baustellen erheblich größer zu sein, als 3 % der bereits bebauten. So hatte z. B. Dresden 1906 ca. 15 000 bebaute Grundstücke, dabei einen Vorrat von 4700 Baustellen, also etwa 30 %, siehe S. 120.

Wir halten demnach den „schmalen Rand“ im Sinne einer spekulativen Umklammerung unserer Städte für ein Phantasiegebilde und können den Besitzern der dort gelegenen Baustellen keineswegs eine besondere wirtschaftliche Übermacht zuerkennen.

Wenn demnach Eberstadt[1]) die Frage aufwirft, wie die Marschroute der Bodenspekulation verläuft, ob von innen nach außen oder von außen nach innen, und dann auf Grund der Verhältnisse des schmalen Rands (seiner Zernierung der Städte durch die Spekulation) zu der Ansicht kommt, daß diese spekulative Umklammerung die städtische Grundrente zunächst in den Außenbezirken steigere, Gedanken, die in seinem viel zitierten Satz: „Die städtische Grundrente kommt von außen, nicht von innen“ gipfeln, so muß auch diese Anschauung als den tatsächlichen Verhältnissen nicht entsprechend zurückgewiesen werden.

Es berührt sonderbar, erklärt anderseits aber auch die Entstehung seiner Anschauungen, daß v. Mangoldt bei der Begründung seiner Theorie mehrmals betont[2]), „daß diese ganze Theorie des „schmalen Rands“ ihre eigentliche Anwendung doch nur in anwachsenden Orten findet“ und anderseits an anderer Stelle[3]) zugibt, daß in stillstehenden Orten kein Anwachsen der Grundrentenkaufwerte, sondern Stillstand, selbst Rückgang eintrete. Wenn man allerdings beweisen will, daß der schmale Rand die hohen städtischen Bodenpreise erzeugt und beschränkt sich ausdrücklich nur auf die rasch wachsenden großen Städte, wo die Bodenpreise (aus anderen Ursachen, wie wir sahen) in stetem Steigen begriffen sind, so muß man

[1]) a. a. O., S. 78.
[2]) a. a. O., z. B. S. 262.
[3]) z. B. S. 78.

natürlich zu seiner Ansicht kommen. Der Schluß ist aber genau derselbe als wolle jemand beweisen, daß die Sonne alle Menschen schwarz färbe, setzt dann aber ausdrücklich hinzu, natürlich beschränken wir uns zur Beweisführung auf die Menschen, die wirklich schwarz sind, wie die Neger usw. und lassen die weißen außer acht.

Wenn wirklich die Verhältnisse des schmalen Rands und die spekulativen Machenschaften der dortigen Grundstückbesitzer die hohen städtischen Bodenpreise veranlassen, warum sind diese Bodenpreise in kleinen, weniger schnell wachsenden Städten so viel niedriger? Ein schmaler Rand, d. h. eine Zone, wo das bebaute Land an das noch unbebaute Land angrenzt, müßte da noch am ehesten vorhanden sein. Die betreffenden Grunsdtücksbesitzer haben jedenfalls auch den Wunsch nach spekulativen Gewinnen, warum gelingt es ihnen nicht, hier die Bodenpreise emporzutreiben? v. Mangoldt sagt (S. 262), „weil die Nachfrage fehlt oder doch nur sehr klein ist,“ und gibt damit selbst zu, daß eben doch die Nachfrage, d. h. die Wohnungssuchenden, das ausschlaggebende Moment sind. Nur davon, ob diese Nachfrage groß und stürmisch ist, wie das in jeder großen, rasch wachsenden Stadt der Fall ist, hängt es ab, ob die Preise steigen oder nicht, das ist dann aber die natürliche Wertsteigerung des Bodens, der „schmale Rand“ hat damit nichts zu tun.

So wären wir denn am Ende dieser langen Untersuchung über die Entstehung der hohen städtischen Bodenwerte angelangt. Wir sind dabei zu der Überzeugung gekommen, daß die natürliche Steigerung der Bodenwerte, wo sie als Folge der außerordentlich großen Zunahme unserer Städte anzusehen ist, völlig zu ihrer Erklärung genügt. Dagegen haben wir eine der Theorien nach der anderen, welche sonst zur Erklärung derselben herangezogen wurden und dieselben im wesentlichen als künstliches Produkt irgend welcher spekulativen, dem Gemeinwohl schädlichen Machenschaften zu bezeichnen suchten, zurückweisen müssen. Wir können nicht sagen, daß uns diese Erkenntnis Freude bereitet. Es wäre gewiß viel schöner, wenn man irgend einen schuldigen Teil fände, den man für die hohen Bodenpreise und all die Mißstände, die sie im Gefolge haben, zur Verantwortung ziehen konnte, dem man dann nur in irgend einer Weise seine Tätigkeit unmöglich zu machen brauchte, um weitgehende Besserung zu erzielen.

Das ist auch zweifellos der Beweggrund gewesen, der so viele veranlaßt hat, immer wieder nach der Lösung des vermeintlichen Rätsels, der hohen städtischen Bodenpreise, zu forschen. Und so beschuldigte man der Reihe nach Hausbesitzer, Bauspekulanten, Grundspekulanten, die Organisation unseres Realkredits usw., aber all diese Theorien sind teilweise längst widerlegt, selbst von radikalen Boden- und Wohnungsreformern wieder aufgegeben worden.

So klammerte man sich denn schließlich noch an diese Verhältnisse des schmalen Rands, hier wenigstens wollte man noch ein Bollwerk der Spekulation erblicken, das man stürmen und niederlegen, so die Bodenpreise wieder heruntertreiben und der „eingepreßten“ Bevölkerung Luft machen könnte.

Aber wir haben feststellen müssen, daß auch diese Theorie des schmalen Rands den tatsächlichen Verhältnissen nicht entspricht, daß auch sie ein Phantasiegebilde ist, die „würgende Schlange" um unsere Städte existiert nicht.

Es hat mir bei den vorangegangenen Ausführungen nichts ferner gelegen, als ein persönlicher Angriff auf diejenigen, welche die andersartigen Anschauungen verfechten, aber das gleiche Recht und das gleiche Verlangen, welches sie zur Ergründung der städtischen Bodenpreise und zur Aufstellung ihrer Theorien veranlaßte, darf auch ich für mich in Anspruch nehmen. Kam ich dabei zu andern Schlüssen, so blieb mir nichts anderes übrig, als zu versuchen, die gegenteiligen Ansichten zu widerlegen, so leid es mir auch persönlich tut, einen anderen, der aus Überzeugung eine andere Theorie aufstellt, zu bekämpfen.

Es geschah das aber nicht um zu streiten, sondern um über die Trümmer einer als falsch erkannten Theorie allmählich zur Klarheit über die tatsächlichen Verhältnisse zu gelangen. Die Bodenfrage ist keine Frage, die man um ihrer selbst willen betreibt, sie ist nur Mittel zum Zweck, die Grundlage, auf welche sich jede kommunale Bau- und Bodenpolitik, alle Maßnahmen zur Besserung der städtischen Wohnverhältnisse aufbauen müssen; ehe man nicht die Bodenfrage ergründet hat, ist es zwecklos, weiterzugehen.

So müssen falsche Theorien über die Entstehung der städtischen Bodenpreise schon deshalb bekämpft werden, weil sie die Grundlagen für praktische Maßnahmen der Stadtverwaltungen usw. werden, die dann naturgemäß auch vom richtigen Wege abirren.

Wenn z. B. der Reihe nach Terrainunternehmer und Bauunternehmer als Spekulanten bekämpft, jeder städtische Hausbesitzer als „Wucherer" erklärt wird, so ist das einmal wenig geeignet, richtige Vorstellungen über das Wesen und die Notwendigkeit dieser für unsere Städte hochbedeutsamen Unternehmungsformen zu erzeugen, anderseits führt es sehr leicht dazu und hat auch des öfteren dazu geführt, daß man die Tätigkeit dieser Unternehmer erschwert, lahmlegt und dadurch auch die Wohnungsproduktion hemmt. Die Folgen all dieser Repressalien, die nur geeignet sind, dem privaten Unternehmerstand das Errichten städtischer Mietwohnungen zu verleiden, haben wir schon besprochen.

Nun wird wohl mancher schon hier, wo es sich zunächst nur um die Ergründung der Ursachen der hohen Bodenpreise handelt, fragen, soll es denn wirklich der Weisheit letzter Schluß sein, daß die Bodenpreise der Städte nun einmal so hoch sein müssen und wird sich deshalb in dem Wohnungswesen unserer Städte nichts bessern lassen?

Davon ist keine Rede, aber eine solche Besserung kann nur erzielt werden, wenn sie sich auf eine richtige Erkenntnis der Ursachen der bestehenden Zustände aufbaut. Wir werden im dritten Abschnitt bei der städtischen Bodenpolitik, Dezentralisation usw. sehen, daß auch unter Zugrundelegung der Annahme, daß die hohen Bodenpreise eine natürliche Folgeerscheinung unserer städtischen Entwicklung sind, sich tiefgreifende Besserungen erzielen lassen. Gerade wenn man die Ursachen dieses natürlichen Ansteigens richtig erfaßt, wird man auch am ehesten durch allerlei Maßnahmen dasselbe beeinflussen und zurückhalten können.

Ehe wir dazu übergehen, müssen wir aber noch einige weitere Beziehungen, z. B. die Frage, inwiefern die Bodenpreise und die Bauweise, d. h. die mehr oder weniger starke Intensität der Bebauung, zusammenhängen und welchen Einfluß die Baubeschränkungen auf die Bodenpreise und damit die Mieten ausüben, festlegen. Das führt uns dann schon mehr zu den praktischen Nutzanwendungen des bisher besprochenen und auch schon hinüber zu den Fragen, welche man als kommunale Bodenpolitik zusammenfaßt.

Zehnter Abschnitt.

Der Einfluß der Bauweise auf die Bodenpreise.

Es handelt sich in diesem Kapitel, um gleich die Hauptsache zu betonen, vor allem um die Frage, inwieweit das städtische Miethaus und die Mietkaserne für die hohen städtischen Bodenwerte verantwortlich zu machen sind. Dabei wollen wir uns aber hier lediglich auf diese wirtschaftlichen Fragen beschränken, die Frage der hygienischen Beurteilung der Mietkaserne soll in späteren Arbeiten behandelt werden.

Schon früher hatte ich in zwei kleinen Arbeiten: „Die Stellungnahme des Arztes zur Bau- und Bodenpolitik", Soziale Medizin und Hygiene, 1906, und: „Hygienische Betrachtungen über offene und geschlossene Bauweise, über Kleinhaus und Mietkaserne", Deutsche Vierteljahrsschrift für öffentliche Gesundheitspflege, 1906, versucht, zur Klärung dieser Fragen beizutragen. In den folgenden Ausführungen, soweit sie in Anführungszeichen stehen, folge ich diesen früheren Darlegungen.

Wenn man unsere großen Städte durchwandert, kann man allerdings ziemlich überall die Tatsache konstatieren, daß da, wo die größten Miethäuser stehen, wo also die Intensität der Bebauung, namentlich im vertikalen Sinne, am stärksten ist, auch die höchsten Bodenpreise angetroffen werden, und man tut gewiß recht daran, diese beiden Momente in einen kausalen Zusammenhang zu bringen.

Machen wir uns zunächst klar, warum wohl und wann man in einem Orte angefangen hat, zur Mietwohnung und Mietkaserne überzugehen. So lange ein Ort klein ist, wenig Handel und Verkehr in ihm besteht, ist im allgemeinen wenig Neigung und Bedürfnis vorhanden, den Boden sehr stark auszunutzen. Sein Wert steht im allgemeinen noch wenig über dem landwirtschaftlichen Wert und kommt daher beim Bau eines Hauses nicht allzu sehr gegenüber den sonstigen Kosten in Frage, man braucht mit anderen Worten mit dem Boden, der noch nicht viel kostet, nicht sehr sparsam zu sein. Wenn der Ort wächst, aus einem Dorf ein Landstädtchen, schließlich eine Kleinstadt wird, ändert sich das. Zum mindesten die zentralen Lagen bieten einem gewissen Teil der Bevölkerung Vorteile gegenüber den übrigen Stadtteilen, es bildet sich hier der geschäftliche Mittelpunkt des Städtchens heraus mit Kirche, Wirtshaus, Läden usw. Hier gestalten sich also für Gewerbetreibende und Geschäftsleute die Lebensbedingungen und Erwerbsverhältnisse am günstigsten. Hier macht sich demnach bald eine stärkere Wohnungsnachfrage bemerkbar, die die Grundstücke mit der Zeit hier wertvoller macht, der Bodenwert steigt. Das führt dann, ohne daß der betreffende Grundstückbesitzer sich das alles im einzelnen ganz genau klar macht, dazu, daß er — instinktiv könnte man sagen — den Boden mehr auszunutzen versucht, denselben im horizontalen und auch im vertikalen Sinne stärker bebaut, um mehr Wohnungen auf demselben herstellen zu können. Er verteilt also den hohen Bodenwert auf mehr Anwohner.

Voraussetzung für diese Art der Bauweise ist immer, daß er auf eine entsprechende Wohnungsnachfrage rechnen kann, damit die Wohnungen nun auch tatsächlich vermietet werden. Der Fall ist aber unter der zugrunde gelegten Annahme gegeben. Je mehr nun der Ort wächst, um so charakteristischer bildet sich das Geschäftsviertel heraus, um so begehrter werden hier Ladenräume und Wohnungen, um so mehr versuchen natürlich die Grundbesitzer durch weitere bauliche Ausnutzung diesem Verlangen nachzukommen.

Das Etagenhaus wird die Regel, aber auch es wird mit der Zeit immer höher, weil die Wohnungsnachfrage noch immer wächst, das greift wieder über auf die angrenzenden Teile usw., nur daß hier im allgemeinen die Wohnungsnachfrage nicht mehr so dringlich ist, und im allgemeinen deshalb auch weniger hoch gebaut, das Terrain etwas weniger ausgenutzt wird.

Das sind selbstverständliche Dinge, wie sie auch seinerzeit der ursprünglichen Form der Zonenbauordnung zugrunde lagen. Dies wollte ja gewissermaßen diese Abstufung der Gebäudehöhe vom Zentrum zur Peripherie hin zum Gesetz machen, um zu verhindern, daß nun auf einmal in den Außenbezirken Mietkasernen errichtet würden, wo weder die bestehende Wohnungsnachfrage noch die hohen Bodenpreise dieselben nötig machten. Man ging also allgemein auch im deutschen Verein für öffentliche Gesundheitspflege, der sich gerade mit diesen boden- und wohnungspolitischen Fragen sehr oft befaßte, „von der Anschauung aus, daß der Preis des städtischen Bodens naturgemäß ein höherer sei als auf dem Lande und in kleineren Orten, weil ja auch die Ertragsmöglichkeiten aus demselben in den Städten größere seien, und man müsse deshalb, um den Bau billiger Wohnungen überhaupt zu ermöglichen, Miethäuser bauen“ [1]).

„Erst in dem Maße, wie sich die Städte immer mehr vergrößerten,

---

[1]) Siehe Bemerkung auf S. 133.

wie namentlich bei uns in Deutschland große Mengen wenig seßhafter Arbeiter in die Städte gelangten, vollzog sich ein allmählicher Umschwung im Wohnungswesen. Immer mehr machte sich das Bedürfnis nach einer Wohnform geltend, die diesen gänzlich veränderten Bedingungen, vor allem der in der Industrie beschäftigten Bevölkerungsklasse Rechnung trägt. So entstand eine neue Wohnform, die auch früher schon in Anläufen vorhanden war, aber doch verschwindend gering gegen das Eigenhaus. Die Platzbeschränkung, der Wunsch möglichst viele Menschen auf dem wertvoll gewordenen städtischen Untergrund unterzubringen, zwang zu einer intensiveren Terrainausnutzung, als es das alte, nur wenig Stockwerke besitzende und obendrein vielfach freiliegende, von Hof und Garten umgebene Einfamilienhaus erlaubte."

„So weit war also alles seinen natürlichen Weg gegangen, hatte sich in völlig zweckentsprechender Weise den veränderten Bedingungen, unter denen jetzt ein großer Teil der städtischen Bevölkerung lebte, angepaßt und brauchte deshalb, vorsichtig gesprochen, noch nicht schlecht zu sein."

„Es stellten sich aber bei weiterer Entwicklung dieses Systems die bekannten ernstlichen Mißstände ein. Dasselbe Moment, welches überhaupt den Bau von Mietwohnungen veranlaßte, der Wunsch oder die Notwendigkeit, mit dem wertvoll gewordenen städtischen Boden haushälterischer umzugehen, trieb auch zu Auswüchsen, zu einer derart intensiven Ausnutzung des vorhandenen Raums im horizontalen und vertikalen Sinne, daß teilweise sehr bedenkliche Mißstände, namentlich gesundheitlicher Art, eintreten mußten.

Natürlich war man sich in maßgebenden Kreisen von Anfang an darüber klar, daß an und für sich diese Wohnform, das Etagenhaus, und erst recht die Mietkaserne nicht wünschenswert sei, daß man ihr unbedingt das Einfamilienhaus vorziehen müsse. Aber man ließ sich von der Wucht der wirtschaftlichen Gründe leiten und vertrat im allgemeinen den Grundsatz, daß es im hygienischen Interesse liege, die Wohnungen nicht zu sehr zu verteuern, und daß man deshalb auf dem teuern städtischen Boden Miethäuser bauen müsse. Man war also allgemein der Meinung, daß der Übergang zum Etagenhaus die Wohnungen verbillige, weil man fühlte, wie A. Voigt [1]) kurz und treffend sagte, daß „nicht der absolute Preis des Bodens entscheidet, sondern der relative, d. h. der Anteil des Preises, der auf die Einheit des Wohnraums oder die Wohnfläche entfällt."

Wie in dieser damals herrschenden Anschauung durch das Werk Eberstadts: „Städtische Bodenfragen", welches 1894 erschien, ein Wandel, um nicht zu sagen eine förmliche Umwälzung bewirkt wurde, hat uns A. Voigt in seinem „Kleinhaus und Mietkaserne" 1905, S. 31 ff. anschaulich geschildert. Das wesentliche der Eberstadtschen Ausführungen ist nach ihm folgender Gedankengang:

1. Das Grundübel ist der Bebauungsplan mit seinen breiten Straßen;

---

[1]) a. a. O., S. 9.

2. diese haben zur Folge die großen Baublocks und
3. aus beiden ergibt sich mit Naturnotwendigkeit die Mietkaserne;
4. die Mietkaserne aber ist die Mutter der Bodenspekulation, welche die Bodenwerte zu schwindelnder Höhe treibt;
5. die hohen Bodenpreise erzeugen die hohen Mieten und daraus endlich folgt alle Wohnungsnot.

Die Anschauungen Eberstadts und vieler anderer, die ihm folgen, gipfeln also in dem Gedanken, daß erst die Zulässigkeit einer derart intensiven Bodenausnutzung, wie sie die städtischen Mietwohnungen und die Mietkasernen darstellen, die hohen städtischen Bodenwerte erzeugt habe. Wir begegnen hier also einer weiteren Ursache der städtischen Bodenwertsteigerung und müssen uns also noch mit dieser Frage näher befassen.

„Daß der Ertrag, der aus einem beispielsweise im Zentrum der Stadt gelegenen Grundstück herausgewirtschaftet werden kann, unter sonst gleichen Umständen steigt, wenn die bauliche Ausnutzung eine stärkere wird, wenn also z. B. auf einmal durch eine neue Bauordnung gestattet wird, daß statt der bisher erlaubten vierstöckigen etwa sechsstöckige Miethäuser errichtet werden können, ist wohl unbestreitbar. Aber doch nur unter der Voraussetzung, daß durch die neu hinzukommenden Mieten die durch die Vergrößerung entstehenden Baukosten entsprechend verzinst werden und darüber hinaus noch ein Mehrbetrag entsteht, und anderseits auch, und das ist das wesentlichste, daß in dem betreffenden Stadtteil die Wohnungsnachfrage tatsächlich so groß ist, daß die Wohnungen im fünften und sechsten Stock auch wirklich zum entsprechenden Preis einen Mieter finden"[1]. Sind diese beiden Voraussetzungen erfüllt, und das ist in den zentral gelegenen Stadtteilen unserer Großstädte allerdings meist der Fall, so liefern die betreffenden sechsstöckigen Gebäude tatsächlich einen höheren Ertrag, als die nach der alten Bauordnung gebauten vierstöckigen und damit steigt auch der Anteil des Ertrages, welcher auf die Bodenfläche entfällt, genau gesprochen der Grundrentenertragswert, im gewöhnlichen Leben Bodenwert genannt.

„Unter diesen Voraussetzungen, aber auch nur dann, wird also jeder Eberstadt Recht geben, wenn er behauptet, daß mit der intensiveren Ausnutzung des Bodens der Ertrag und damit schließlich der Bodenwert steigt."

Zunächst ist hiermit aber nur konstatiert, daß ein solcher Zusammenhang, eine solche Einwirkung der stärkeren baulichen Ausnutzung auf die Entwicklung der Bodenwerte vorkommen kann, und sie tut es aus Gründen, die wir noch darlegen, sogar recht oft. Keineswegs aber kann man jetzt weitergehen und sagen, daß dieser Zusammenhang auch bestehen müsse. Das ist ein grundlegender Irrtum.

So sagt Eberstadt in seinem Handbuch des Wohnungswesens, 2. Aufl., 1910, S. 77 ganz allgemein gültig: „Lediglich das Recht und der schematische Zwang, Mietkasernen in jeder Lage allgemein aufzuführen, treibt die Bodenpreise empor,

---

[1] Siehe Bemerkung S. 133.

indem der Vorteil der gedrängten Bauweise — also nicht etwa des Häuserbaues an sich — dem entsprechend gesteigerten Bodenpreis hinzugeschlagen wird."

Und ebenda S. 84: „Es ist ein unumstößliches Gesetz, daß die gedrängte Bauweise bei privatwirtschaftlichem Verkehr nicht etwa durch die intensivere Ausnutzung den Geländeaufwand auf die einzelne Wohnung verbilligt, sondern der Bodenpreis allein hat den Nutzen, er wird genau proportional zu der Bodenausnutzung erhöht." Und weiter:

„Der erste und sichere Erfolg der systematischen Anwendung der gedrängten vielstöckigen Bauweise in den Wohnbezirken und der hierauf beruhenden Preistreiberei des Bodens besteht in einer Erhöhung der Wohnungsmieten. So oft innerhalb eines Stadtbezirks die gedrängt vier- und fünfstöckige Bauweise dem niedrigen Flachbau an die Seite tritt, zeigt es sich, daß bei privatwirtschaftlicher Bautätigkeit der höhere Bau, trotz der stärkeren Ausnutzung der Grundfläche, höhere Mieten fordert. Das Ergebnis von Flachbau und Stockwerkshäufung bei privatwirtschaftlichem Bodenverkehr läßt sich in den Satz fassen: je höher der Bau, je höher die Mieten." (Die Sperrung rührt von mir her.)

Wir wollen uns zunächst die Frage vorlegen, ob denn die beiden obigen Voraussetzungen immer erfüllt sind. Ist also immer und überall nur deshalb, weil jetzt höhere Häuser dastehen und die Besitzer es so haben möchten, mit Sicherheit darauf zu rechnen, daß die neugeschaffenen Wohnungen zum entsprechenden Preis auch Mieter finden? Gewiß nicht. „Im allgemeinen ist das durchaus nicht überall der Fall, sondern nur da, wo die allgemeinen Lebensbedingungen und Erwerbsverhältnisse entsprechend günstige sind, also im allgemeinen um so mehr, je näher das betreffende Grundstück zum geschäftlichen Mittelpunkt einer großen Stadt gelegen ist. In diesem Falle würde aber auch, und das ist wesentlich, selbst dann, wenn die stärkere Grundausnutzung nicht genehmigt würde, durch den bei der starken Wohnungsnachfrage in diesem Stadtteil sich bald bemerkbar machenden Wohnungsmangel ein Ansteigen der Wohnungspreise sich bemerkbar machen, und damit schließlich doch bei weiterer gedeihlicher Forentwicklung der Stadt und der betreffenden Stadtgegend dieselbe Einnahme aus dem Hause erzielt werden, somit der Bodenpreis dieselbe Höhe erreichen" [1]).

Ein solches Ansteigen des Ertrags eines Gebäudes, an welchem selbst weiter nichts geändert wird, in einer aufblühenden Stadt, lediglich dadurch, daß mit der Zeit infolge der steigenden Nachfrage die Mieten gesteigert werden können, ist sogar das Gewöhnliche.

„Anderseits aber würde es einem Grundbesitzer draußen in einem Vorort oder gar auf dem platten Lande, wo gar keine besondere Wohnungsnachfrage besteht, absolut nichts nützen, wenn er auf einmal noch verschiedene Stockwerke auf sein Miethaus aufsetzen würde (wir wollen hier einmal davon absehen, daß das in der Regel erst bei einem Neubau möglich ist). Bei der geringen Wohnungsnachfrage würde er die neugeschaffenen Wohnungen zu einem so billigen Preis hergeben müssen, daß dadurch das zur Vergrößerung benötigte Kapital nicht entsprechend

[1]) Siehe Bemerkung S. 133.

verzinst wird, oder aber, wenn er höhere Preise fordert, wird er die Erfahrung machen, daß sich für die höheren Stockwerke keine Mieter finden und die Wohnungen leer stehen bleiben. Der Fall ist sogar denkbar und sicherlich schon oft dagewesen, daß die Mieten, die er nach der Erweiterung erzielt, nicht hinreichen, um den durch den Mehraufwand vergrößerten Wert des bebauten Grundstücks entsprechend zu verzinsen, daß außerdem durch die höheren Unterhaltungskosten und Reparaturkosten des vergrößerten Gebäudes noch eine Mehrbelastung des betreffenden Eigentümers resultiert, so daß der tatsächliche nach der Vergrößerung von ihm erzielte Reinertrag hinter dem vorher erzielten zurückbleibt. Damit sinkt aber der Wert und somit der Preis des Grundstücks und somit wird auch trotz der stärkeren baulichen Ausnutzung der Bodenpreis sinken.“

Diese Überlegungen, für die in der Praxis nur deshalb relativ wenig Beispiele aufzutreiben sind, weil die Grundbesitzer im allgemeinen ein sehr feines Gefühl dafür haben, wie weit sie in der baulichen Ausnutzung ihrer Grundstücke gehen können, zeigen doch deutlich, daß es nicht an und für sich das Miethaus ist, welches die Bodenwerte und die Mieten steigert, sondern eben wieder die natürliche Wertsteigerung des Bodens infolge der starken Wohnungsnachfrage. „Die stärkere bauliche Ausnutzung steigert nur da den Bodenpreis, wo die allgemeine Konjunkturlage eine derartige ist, daß für die neugeschaffenen Wohnungen in den höheren Stockwerken auch die entsprechenden Preise erzielt werden können.“

Nur da also, wo eine genügend große, starke und zahlungsfähige Wohnungsnachfrage vorhanden ist, vermag der Übergang zur Mietwohnung, zur Mietkaserne die Erträgnisse der bebauten Grundstücke und damit schließlich auch die Grundrentenertragswerte, d. h. die Bodenwerte zu steigern. In jedem anderen Falle wird sich der betreffende „Häuser spekulant“ gründlich verrechnen.

Was heißt es also, wenn E b e r s t a d t sagt[1]: „Die sichere Stellung der Bodenspekulation beruht auf der Höhe des Spekulationsgewinnes, wie ihn die gedrängte Bauweise und insbesondere die Mietkaserne verbürgt.“? Davon, daß immer und überall der Bau einer Mietkaserne genügt, um einen beabsichtigten Spekulationsgewinn zu erzielen und zu v e r b ü r g e n, kann doch gar keine Rede sein.

Wie steht es weiter mit dem Z u s a m m e n h a n g d e r M i e t e n mit d e r B a u w e i s e, speziell dem Übergang zu einer intensiveren Grundausnutzung? Ist der vielzitierte Satz: „j e h ö h e r d e r B a u, u m s o h ö h e r d i e M i e t e n“ wirklich ein allgemein gültiges Gesetz? Auch hier muß man sagen, daß die Höhe der erzielbaren Mieten zunächst nur von dem Verhältnis der Wohnungsnachfrage zum Wohnungsangebot abhängt. Wo die Wohnungsnachfrage gering ist, werden weniger hohe

[1]) a. a. O., S. 97.

Mieten zu erzielen sein, ist sie sehr gering, so werden, trotzdem die Mietkasernen die Spekulationsgewinne „verbürgen“, Wohnungen in denselben leer stehen bleiben.

Die Behauptung, daß die stärkere Ausnutzung des Bodens höhere Mieten bedinge, ist in der Allgemeinheit ausgesprochen, sicherlich unzutreffend.

Wenn sich so häufig hohe Mietpreise in städtischen Miethäusern finden, so liegt das an der starken Wohnungsnachfrage, die in dem betreffenden Stadtteil herrscht, dem Wunsch vieler, hier zu wohnen. Das veranlaßt sie dann, die teueren Mietpreise zu zahlen, nicht weil es Mietwohnungen sind, sondern trotzdem es solche sind, trotz der auch den Mietern bekannten Unannehmlichkeiten dieser Wohnform. Es handelt sich dann meist auch um aufblühende, in rascher Entwicklung begriffene Städte. Namentlich in unseren Großstädten treffen die letzteren Bedingungen zu; es ist also kein Wunder, daß in denselben trotz der vielfachen Minderwertigkeit ihrer Mietwohnungen die Wohnungspreise hoch stehen. Dieselben Miethäuser in eine kleine Provinzstadt gesetzt, würden einen erheblich geringeren Ertrag abwerfen, vielleicht in den obersten Etagen gar nicht mal vermietet werden können. Im übrigen bestehen, um das einmal ganz schematisch zu entwickeln, dreierlei verschiedene Möglichkeiten, wenn in irgend einem Stadtteil plötzlich eine viel stärkere Grundausnutzung, z. B. baupolizeilich, genehmigt wird.

1. Die Wohnungsnachfrage in dem betreffenden Viertel ist so gering, daß die vorhandenen Wohnungen noch nicht einmal alle besetzt sind, z. B. weil in etwas entlegeneren Stadtteilen ebenso angenehme und bei gleicher Größe billigere Wohnungen zu haben sind; die Wohnungsmieten werden dann auch nicht sehr hoch stehen. Unter diesen Umständen werden nur wenige Grundstückbesitzer in bevorzugter Lage des betreffenden Stadtteils bei eventuellen Umbauten oder Neubauten von der baupolizeilichen Erlaubnis Gebrauch machen, dadurch wird das Wohnungsangebot noch größer und die Mieten eher noch billiger. Würden noch mehr Grundbesitzer von der Erlaubnis Gebrauch machen, so würden eine Reihe Wohnungen leer stehen, dadurch ein noch weiteres Absinken der Mieten und bei Fortbestehen dieses Zustandes, wenn nicht inzwischen die Wohnungsnachfrage sich belebte, sogar ein Absinken der Bodenwerte eintreten.

2. Die vorhandenen Wohnungen des betreffenden Stadtteils sind alle besetzt, es besteht außerdem immer noch Wohnungsnachfrage, die Wohnungsmieten haben eine steigende Tendenz. Dann werden mit der Zeit immer mehr Grundstückbesitzer bei Neubauten und Umbauten von der Erlaubnis der stärkeren Grundausnutzung Gebrauch machen, oder bisher noch unbebaute Grundstücke werden sofort bis zu der baupolizeilich eben noch zulässigen Grenze bebaut. Dadurch kommt innerhalb kurzer Zeit ein sehr erheblicher Vorrat neuer Wohnungen auf den Markt, anfangs sinken die Mieten etwas, im all-

gemeinen reicht aber die Wohnungsnachfrage aus, sie zu besetzen und die Preise erreichen wieder die frühere Höhe. Solange dann aber die Wohnungsproduktion und die Nachfrage ziemlich gleichen Schritt halten, bleiben auch die Mietpreise ziemlich in gleicher Höhe, demnach auch die Bodenwerte.

3. In dem betreffenden Stadtteil besteht eine sehr dringliche und starke Wohnungsnachfrage, alle vorhandenen Grundstücke sind bebaut, meist schon bis zu der bis dahin zulässigen Höchstgrenze ausgenutzt. In diesem Falle werden naturgemäß sehr bald eine Reihe von Hausbesitzern von der Erlaubnis der stärkeren Grundausnutzung Gebrauch machen, die alten Häuser, soweit nötig, niederreißen und neue Miethäuser, entsprechend der neuen Bauordnung, an ihre Stelle setzen. Da das im allgemeinen nicht so rasch geht, so steigt in dem sich stets noch wirtschaftlich hebenden Stadtteil die Wohnungsnachfrage immer noch schneller, als die Wohnungsproduktion folgen kann, ein Fall, der in großen Städten in einzelnen Stadtteilen meist zutrifft. Es wollen eben immer noch mehr Leute in diesem Viertel wohnen, und so steigen die Mieten noch fortgesetzt, auch hier muß man aber sagen, nicht wegen der stärkeren Grundausnutzung, sondern trotz derselben, trotzdem dadurch in dem betreffenden Stadtteil noch eine ganze Reihe Wohnungen hergestellt wurden.

Wäre es bei der alten Bauordnung geblieben, so hätten der gleichen Wohnungsnachfrage nur die alten der Zahl nach viel geringeren Wohnungen gegenüber gestanden, die Preise wären dann erst recht gestiegen.

In der Praxis kommt nun allerdings, namentlich in unseren Großstädten — man denke nur an Berlin mit seiner enormen Vergrößerung, seinem riesigen Bevölkerungswachstum und der entsprechenden Wohnungsnachfrage — meist der dritte Fall vor. Warum wohl? Einmal entschließt sich jetzt wenigstens eine Stadtverwaltung nicht mehr so leicht, eine stärkere Grundausnutzung zuzulassen als unbedingt nötig ist, und anderseits sind unsere Bauunternehmer, der Not folgend, meist recht gerissene Geschäftsleute und haben ein sehr feines Gefühl dafür, ob sich der Übergang zu der baupolizeilich gestatteten höheren Bauweise lohnt oder nicht. Erscheint ihnen die Sache unrentabel, dann lassen sie die Finger davon.

Diese Verkettung von Umständen ist es, die in einem flüchtigen Beobachter, obendrein, wenn er in einer Großstadt sitzt und nur die dortigen Verhältnisse beobachtet, den Glauben erwecken kann, daß die gedrängte Bauweise die Ursache der hohen Mietpreise sei. In Wirklichkeit ist der Zusammenhang umgekehrt, die starke Wohnungsnachfrage und dementsprechend die steigenden Mieten haben das Verlangen nach einer intensiveren Bauweise hervorgerufen.

Würde man in diesen Fällen die intensive Grundausnutzung nicht gestattet haben, so würden die Wohnungsmieten sicher noch höher gestiegen sein, weil dann der Nachfrage eine erheblich geringere Zahl von Wohnungen gegenübergestanden hätte. Eine Verbilligung der Mieten in diesem Falle ließe sich nur erzielen, wenn man entweder das Angebot an Wohnungen vermehrte, also eine noch stärkere Grundausnutzung gestattete, wie sie der amerikanische Wolkenkratzer darstellt, womit wir diesem keineswegs das Wort reden wollen, oder aber versuchte, den Menschenstrom von diesen Vierteln in andere benachbarte Stadtteile oder in nahegelegene Vororte usw. abzulenken, siehe später unter Dezentralisation.

Der Zusammenhang zwischen Wohnungsmiete und Bauweise, für welchen Eberstadt aus den in Berlin und anderen Großstädten aus besonderen Gründen bestehenden Verhältnissen die Formel ableitet: „Je höher der Bau, um so höher die Mieten", stellt sich in Wirklichkeit, auf alle Orte angewandt, ganz anders, etwa in folgender Weise dar:

1. Das primäre ist die Hebung des betreffenden Stadtteils in wirtschaftlicher Beziehung, Handel und Verkehr steigen und ziehen große Menschenmassen dorthin, es wollen viel mehr Menschen dort wohnen als die vorhandenen Wohnungen bei weiträumiger Bebauung fassen können;

2. es herrscht also eine sehr starke Wohnungsnachfrage, der nur ein ungenügendes Wohnungsangebot gegenübersteht;

3. diese Verhältnisse ermöglichen es den betreffenden Grundbesitzern langsam und sicher die Mieten zu steigern;

4. die weitere Folge ist die Erscheinung, daß bei Neubauten und Abbrüchen immer höhere Etagenhäuser errichtet werden, weil man bei der starken Nachfrage sicher darauf rechnen kann, die Wohnungen alle zum entsprechenden Preis zu vermieten;

5. namentlich wenn baupolizeilich eine Höchstgrenze, 4, 5 Stockwerke usw. gestattet werden, werden im Laufe der Jahre alle Gebäude diese Höchstgrenze erreichen, dann ist die Bebauung des betreffenden Viertels abgeschlossen;

6. da aber immer noch die Wohnungsnachfrage nicht voll befriedigt wird, können die Mieten immer noch weiter gesteigert werden, es finden sich immer noch Mieter genug, die trotz dieser hohen Preise die betreffenden Wohnungen mieten wollen;

7. schließlich tritt aber auch da eine Höchstgrenze ein; inzwischen haben sich benachbarte Stadtteile mit vorläufig noch billigen Mieten entwickelt, eine billige und frequente Verkehrsgelegenheit macht es vielen möglich, in den Vororten Wohnung zu suchen, und so kann sogar wieder ein Abströmen der Bevölkerung aus diesen Vierteln stattfinden; dadurch werden mit der Zeit die Mieten sinken, wenn auch zunächst natürlich die Hausbesitzer versuchen werden, dieselben auf der alten Höhe zu halten. Schließlich vermieten sie aber doch lieber zu billigerem Preis, als überhaupt nicht. Bleiben diese Verhältnisse bestehen, so sinken

damit aber auch ebenso sicher die Grundrentenertragswerte und demnach schließlich beim nächsten Verkauf die Grundrentenkaufwerte.

Diese Rückwirkungen einer sehr intensiven Dezentralisation lassen sich schon jetzt an manchen Orten beobachten und werden sich bei Zunahme dieser Bewegung sicherlich in noch mehr Orten einstellen. Wie deckt sich das mit der Behauptung Eberstadts, daß die gedrängte Bauweise und die Mietskaserne den Spekulationsgewinn verbürge [1])? Was in den Fällen, die ihn zu dieser Behauptung veranlaßt haben, diesen hohen Gewinn in Gestalt der hohen Mieten verbürgte, war die starke, dringliche und nie ganz befriedigte Wohnungsnachfrage. In dem Moment, wo sie aus irgend einem Grunde nachläßt, muß das ganze Spekulationsgebäude zusammenbrechen.

Es ist demnach klar, daß der Bodenpreis das Resultat der Einwirkung der verschiedensten Faktoren ist. Auch der Zusammenhang zwischen Bauweise und Wohnungsmieten ist keineswegs ein direkter, sondern es spielen auch hier noch eine ganze Reihe verschiedener Umstände mit. So einfach, wie Eberstadt sich die Sache denkt, indem er das Gesetz aufstellt: „Je höher der Bau, um so höher die Mieten", liegen die Verhältnisse keineswegs. Er greift da aus der Summe der vielen Möglichkeiten einen einzigen Fall, wie er in Berlin und einigen Millionenstädten besteht — auf Grund allerlei besonderer Verhältnisse — heraus und verallgemeinert diesen. Wollte man das Gesetz, das hier in Erscheinung tritt, einigermaßen korrekt ausdrücken, soweit das bei solchen Dingen überhaupt möglich ist, so müßte man sagen: Drei variable Größen (man könnte noch mehr aufzählen, aber wir wollen uns einmal mit diesen begnügen) beeinflussen den Bodenwert. Das ist erstens die Nachfrage als Ausdruck für die Zahl der Menschen, die in dem betreffenden Orte wohnen wollen und ihre Bereitwilligkeit, für diese Wohnungen auch einen entsprechenden Preis zu zahlen, zweitens die Bauweise als Ausdruck für das Wohnungsangebot, indem es von der mehr oder weniger dichten Bebauung abhängt, eine wie große Zahl von Wohnungen dieser Nachfrage gegenübergestellt werden kann, und drittens die Mieten, welche die Wohnungssuchenden unter dem Einfluß von allerlei sonstigen Umständen, wobei namentlich die Konkurrenz anderer Stadtteile, nahe gelegener Vororte, die Verkehrspolitik der betreffenden Gemeinde eine Rolle spielen, zu zahlen gewillt ist.

Diese drei Größen sind von den verschiedensten Umständen abhängig und unterliegen den verschiedensten Schwankungen, sind also variabel. Sie beeinflussen stets zusammen, nie eine derselben allein, den Bodenpreis als resultierende Größe. Wollte man diese Abhängigkeit also graphisch in Gestalt einer Kurve aufzeichnen, so ließe sich das nicht einmal in der gewöhnlichen Weise mittels eines flächenhaften Koordinatensystems, sondern nur mittels eines räumlichen, dreiachsigen Koordi-

[1]) a. a. O., S. 97.

natensystems erreichen, indem man auf der x-, y- und z-Achse die entsprechenden Werte der drei variabeln Größen aufträgt. Einerlei, wie groß man auch dann die einzelnen Größen annimmt, immer gibt es einen Punkt im Raume, welcher diesen drei Größen entspricht und das ist der Ausdruck für den resultierenden Bodenwert.

Um nun auf die Umwälzung der Anschauungen, wie sie anfänglich durch die Arbeiten Eberstadts erfolgte, zurückzukommen, so muß entschieden betont werden, daß sehr bald wieder die ruhige Überlegung und die auf die Erfahrung aufgebaute Empirie an die Stelle des ersten Eindrucks traten. So äußerte sich Stübben in der Versammlung des deutschen Vereins für öffentliche Gesundheitspflege 1900 zu Trier:

„Wo der bereits hochgestiegene Bodenwert das große Miethaus notwendig macht, darf die Bauordnung nicht verbietend eingreifen, die wirtschaftlichen Schädigungen könnten sonst leicht schlimmer sein, als diejenigen Übelstände, die man bekämpfen will. Wo aber die Bodenwerte noch mit dem landwirtschaftlichen Maße gemessen werden, hat das polizeiliche Verbot von Mietkasernen nicht die geringste üble Wirkung."

Noch klarer und schärfer wird das von ihm im Jahre 1903 auf der Versammlung zu Dresden betont:

„Denn wirtschaftliche Rücksichten nötigen uns, die Theorie einzudämmen und auf dem Boden der Wirklichkeit zu bleiben. In Stadtteilen, wo der Baugrund bereits einen allgemein anerkannten Wert und eine bestimmte Höhe besitzt, die in Kauf- und Beleihung, Nutznießung und Besteuerung zum Ausdruck gekommen ist, da ist diese Werthöhe als etwas Gegebenes zu berücksichtigen, und wenn sie nur zur Rente gebracht werden kann durch Erbauung größerer Miethäuser, dann muß der Sozialpolitiker und Hygieniker vor der wirtschaftlichen Notwendigkeit die Segel streichen. Wir sind nicht so einseitig und unverständig, zu verlangen, daß die Erweiterung unserer Städte sich ausschließlich durch den Bau kleiner Einzelhäuser, umgeben von Gärten, vollzieht, in denen jedermann seinen eigenen Kohl pflanzt."

Die im deutschen Verein für öffentliche Gesundheitspflege vorgebrachten und gebilligten Ausführungen können als maßgebend für die Anschauungen weitester Kreise der Praxis gelten. Hier hat die Eberstadtsche Polemik gegen die städtischen Miethäuser und Mietkasernen nicht viel an dem, was wirtschaftliche Rücksichten nötig machen, zu ändern vermocht.

Einen viel bedeutenderen Einfluß haben diese von Eberstadt und später seinen Anhängern vorgebrachten Anschauungen aber auf weitere Kreise des Publikums gehabt. All diese Ideen schienen doch, wie alsbald nach dem Erscheinen der städtischen Bodenfragen 1894 auf der Versammlung des deutschen Vereins für öffentliche Gesundheitspflege zu Magdeburg 1894 von Hinkeldeyn betont wurde, den Nachweis erbracht zu haben, daß „durch die für Masseneinpferchung bestimmten fünfgeschossigen Riesenhäuser nicht etwa die Mieten für kleine und mittlere Wohnungen billiger geworden sind, sondern daß das Gegenteil eingetreten ist."

Das klang wie ein Evangelium für alle die, welche unter der Last der hohen städtischen Mieten seufzten, sich nach einem Garten, Natur usw. sehnten und sich bisher damit getröstet hatten, daß das in Großstädten nun einmal nicht anders gehe. Sie folgerten aus obigen Sätzen weiter, daß man nur die gedrängte Bauweise aufzugeben, zum Kleinhaus zurückzukehren brauche, und alles würde wieder viel schöner und viel besser werden. So weit ist Eberstadt selbst in seinen Konsequenzen nie gegangen:

Nachdem er alle die angeführten Mängel der gedrängten Bauweise genügend hervorgehoben hat, sagt er neuerdings: „Kein ernsthaft zu nehmender Autor hat sich jemals gegen die gedrängte Bauweise auf hochwertigem Boden ausgesprochen“ [1]).

Nun, andere haben diese Konsequenzen für ihn gezogen, wie oft bekam man zu hören, daß die Mietskaserne nicht nur die teuerste, sondern auch die überfüllteste Art der Wohnungen enthalte, daß diese Überfüllung geradezu ein notwendiges Zubehör der Mietkaserne sei, wie oft wurden die schrecklichsten Fälle von großstädtischem Wohnungselend aufgezählt und immer der Mietkaserne die Schuld daran zugeschoben? Wenn man derartige Bemerkungen liest, muß man sich wirklich fragen, haben sich diese Leute denn nie klar gemacht, daß in einer Millionenstadt nun einmal eine Unmenge verkommener und verelendeter Familien und Einzelexistenzen leben, die doch irgendwo hausen müssen und deren Wohnverhältnisse immer, ganz einerlei, ob im Kleinhaus oder in der Mietkaserne, als gräßlichstes Wohnungselend erscheinen werden? Diese Leute sollen doch einmal die Statistiken über die Zahl der Verbrecher, Trinker, Bettler, Prostituierten usw. lesen, die in den Großstädten leben, sich einmal klar machen, welche Massen arbeitsscheues Gesindel, oft der Auswurf eines ganzen Landes (man denke nur an die Verhältnisse im Osten Londons, in Whitechapel, Houndsditsch etc.) dort zusammenströmen und sich fragen, ob dann, wenn die betreffende Stadt nur aus Einfamilienhäusern, z. B. nach Art der „rheinischen Wohnverhältnisse“ bestände, die Wohnstätten all dieses Gesindels weniger überfüllt, weniger Stätten des Elends und des Lasters wären. Wie kann man in der Weise, wie das so oft geschehen ist, all dieses Elend, was mit der Großstadt als solcher und nicht der dort gerade herrschenden Wohnform zusammenhängt, ohne weiteres und unbesehen nur der gedrängten Bauweise zuschieben, dadurch den Anschein erwecken, als ob in einer Großstadt ohne Mietkaserne solche Dinge nicht vorkämen?

Irgendwo muß das Gesindel doch wohnen und wenn man, wie sogar Eberstadt sagt, auf hochwertigem Boden, wie es der Boden der Großstädte nun einmal ist, die gedrängte Bauweise anwenden muß, so muß es dort eben in Miethäusern wohnen; nicht diese, sondern die Großstadt ist dann schuld an dem Elend und der Überfüllung.

Wie kann man endlich aus den von Berlin und anderen Großstädten abgeleiteten Verhältnissen folgern, daß immer und überall, wo innerhalb eines Stadtbezirks die gedrängte vier- und fünfgeschoßige

[1]) a. a. O., 1910, S. 83.

Bauweise dem Flachbau an die Seite tritt, der höhere Bau trotz der stärkeren Ausnutzung der Grundfläche höhere Mieten fordert? Unsere Mittelstädte und Kleinstädte beweisen das direkte Gegenteil. Warum beziehen denn so viele Familien dort Etagenwohnungen in Miethäusern, doch nur, weil sie dort die gleiche Anzahl von Räumen zu oft erheblich billigerem Preis erhalten als in Einfamilienhäusern, weil sie die Mieten letzterer einfach nicht erschwingen können.

All diese teils übertriebenen, teils direkt unrichtigen Behauptungen haben nur die Folge, daß sie all die Leute, die auf städtische Mietwohnungen angewiesen sind und auch in Zukunft trotz aller Dezentralisationsbestrebungen zum großen Teil noch bleiben werden, unzufrieden machen, ihnen diese Wohnform verleiden, ohne auch nur im geringsten innerhalb der Städte etwas daran ändern zu können.

Es müßte mit der Zeit doch jedem einleuchten, daß ein Volk, das nun schon mehr als dreimal so groß ist als derBoden in rein landwirtschaftlichen Berufsarten ernähren kann — wenigstens bei der jetzigen Ausnutzbarkeit des Bodens — ein Volk, das zu mehr als der Hälfte bereits in Städten und zum fünften Teile bereits in Großstädten lebt, sich in seiner Wohnweise eben dadurch allerlei Einschränkungen gefallen lassen muß gegenüber der Wohnungsmöglichkeit auf dem Lande, ich sage Möglichkeit, weil in Wirklichkeit die Verhältnisse auf dem Lande oft noch viel schlechter sind. Auch das darf man sich nicht verhehlen, daß mit zunehmender Volkszahl immer noch mehr Menschen in die Städte strömen werden, weil auch diese das Land nicht ernähren kann, und daß trotz aller Dezentralisationsbestrebungen ein sehr erheblicher Teil derselben in Wohnungen nach dem Schema der gedrängten Bauweise und des städtischen Miethauses wird unterkommen müssen.

Es ist nun ferner ein direkter und krasser Widerspruch zu sagen, die städtische Mietkaserne enthält die überfülltesten Wohnungen und weiterhin zu verlangen, daß man sie durch niedere Wohnhäuser, eine weniger starke Grundausnutzung ersetzen soll.

Wenn schon die Mietkaserne überfüllt ist, wird eine Wohnform, die auf der gleichen Bodenfläche noch weniger Menschen unterzubringen gestattet, erst recht überfüllt sein. Wo sollen denn schließlich all die Menschen herkommen?

Daß es schon jetzt teilweise und erst recht später einmal gelingen wird, durch die Dezentralisation der Städte einen sehr erheblichen Teil der städtischen Bevölkerung außerhalb derselben in Vororten usw. anzusiedeln, hat damit gar nichts zu tun. Zur Zeit, als die städtische Mietkaserne entstand, kannte man und wollte die Bevölkerung vor allem selbst diese Dezentralisation noch nicht. Sie ist erst ein Kulturfortschritt der neuesten Zeit, begünstigt durch allerlei fördernde Momente, insbesondere die Entwicklung des Verkehrswesens usw. Vorher aber blieb nichts anderes übrig, als die städtische Bevölkerung in Mietwohnungen und selbst Mietkasernen unterzubringen, um ihr überhaupt eine Unterkunft zu gewähren.

So wie die gedrängte Bauweise in unseren Städten entstand, ist sie als logische Folge der ganzen städtischen Entwicklung und des Wohnbedürfnisses unserer Bevölkerung entstanden; behaupten zu wollen, dieses ganze System sei willkürlich, lediglich als Folge verkehrter administrativer Maßnahmen und spekulativen Machenschaften der Grundbesitzer entstanden, hänge mit den Vorgängen der Bevölkerungsbewegung gar nicht zusammen, bedeutet eine völlige Verständnislosigkeit gegenüber den bedeutsamsten Entwicklungsvorgängen unseres Volkes und unserer Städte.

Was in letzter Linie all diese Verhältnisse verursachte, war dasselbe Moment, das die Menschenmassen vom Lande in die Städte trieb, die ungeheure Volksvermehrung des vorigen Jahrhunderts und die Übervölkerung des platten Landes. Diese, die Not und das Verlangen nach Erwerb, hat die Menschen in die Städte geführt und dort zusammengedrängt, dieser Zug vom Lande in die Städte war es, der bei den damals herrschenden Wohnsitten und Verkehrsmöglichkeiten die gedrängte Bauweise und ihre Steigerung, die Mietkaserne, hervorrief. Diese Verhältnisse waren stärker als der Mensch, zu stark, als daß Einsicht und Wille sich hätten dagegen anstemmen können. Alles andere, was man vielfach als Ursache dieser Verhältnisse beschuldigte, die Spekulation, die Verhältnisse im Baugewerbe, unsere Kreditorganisation usw. waren Folgen, nicht Ursache dieser Entwicklung, Begleiterscheinungen, die sich den neu entstandenen Verhältnissen anpaßten. Mit dem gleichen Rechte könnte man die Entwicklung des Telephonnetzes einer Stadt und jede andere Folge der städtischen Entwicklung für ihre Größenzunahme und die Entwicklung der damaligen Wohnverhältnisse verantwortlich machen.

Wenn es jetzt, besonders im letzten Jahrzehnt, möglich wurde, eine Besserung zu erzielen, wenn sich tatsächlich Mittel und Wege finden werden, eine Dezentralisation der Städte, ein Hinausziehen der städtischen Bevölkerung auf das umliegende Land durchzuführen, so haben da eine Unsumme von Faktoren, die Entwicklung vor allem des Lokalverkehrs und der städtischen Verkehrsverhältnisse — Automobil und Motoromnibus einbegriffen — Telephon, Telegraph, die Entwicklung des Post- und Nachrichtenwesens, die Citybildung unserer Städte mit der damit zusammenhängenden Trennung von Wohnstätte und Arbeitsstätte etc. zusammengewirkt, meist Dinge, die früher überhaupt nicht oder in viel bescheideneren Anfängen vorhanden waren.

Wenn dank diesen Verhältnissen jetzt in der Gegenwart eine dem Zug in die Städte entgegengesetzte Strömung sich bemerkbar zu machen beginnt, ein Auszug eines großen Teils der städtischen Bevölkerung zurück und hinaus aufs umliegende Land, so drückt sich auch darin wieder ein großes und eisernes Gesetz der Natur und Bevölkerungsbewegung aus, die Tatsache, daß jeder Druck mit der Zeit einen Gegendruck erzeugt. Die Not und das Verlangen nach Erwerb war es, das die Menschen vom Lande in die Städte trieb und unter den damaligen Verhältnissen die gedrängte Bauweise mit all ihren Mißständen erzeugte. Je mehr diese Mißstände sich häuften, je mehr namentlich in den Großstädten das soziale Elend der städtischen Bevölkerung sich fühlbar machte, um so mehr mußte sich ein immer stärkerer Gegendruck gegen dieses Zusammendrängen der Bevölkerung bemerkbar machen. Es war eine andere Form der Not, die jetzt in Erscheinung trat, die städtische Wohnungsnot, das soziale Elend der Städte, der Hunger nach der Natur, der der Großstädter immer mehr entfremdet wurde. Begünstigt durch die obengenannten Faktoren muß diese Not mit der Zeit zu einem immer stärkeren Rückströmen der Bevölkerung, zwar nicht aufs platte Land, das erlauben die Erwerbsverhältnisse nicht, aber doch auf das Land in der Umgebung der Städte, in die Vororte und Villenkolonien führen, zum Rückzuge aus der Stadt hinaus aufs Land.

Eberstadt ist anderer Meinung. Er sagt (Handbuch des Wohnungswesens 1910, 2. Aufl., S. 3): „Mit Bezug auf die neuzeitlichen Wohnungszustände wird nicht selten die Meinung vorgebracht, die Bevölkerungszunahme und das Anwachsen der Städte trage die Schuld an den unbefriedigenden Wohnverhältnissen, und hier liege die Ursache der Schwierigkeit im Wohnungswesen. Für die Behauptung in dieser allgemeinen Form ist niemals ein Beweis versucht worden und es läßt sich leicht zeigen, daß ihr ein vollständiger Irrtum zugrunde liegt". Wir glauben in obigen Ausführungen allerdings diesen Beweis erbracht zu haben, natürlich unter der auch zutreffenden Voraussetzung, daß bei dem rapiden Größenwachstum der Städte im vorigen Jahrhundert die verschiedenen Faktoren, wie sie jetzt eine dezentralisiertere Stadtanlage ermöglichen, bei uns in Deutschland noch nicht vorhanden waren. Unter diesen Verhältnissen mußte allerdings das stürmische Wachstum der Städte zu den unbefriedigenden Wohnverhältnissen führen, wie wir das auch im ersten Abschnitt, der die Entwicklung der Städte gerade in Rücksicht auf diese Verhältnisse darlegt, schon gezeigt haben.

Es ist gewiß denkbar, und wir alle hoffen und wünschen es, daß, begünstigt durch die oben genannten Faktoren, eine Besserung der Verhältnisse, ein immer stärkeres Abströmen der städtischen Bevölkerung zurück aufs umliegende Land sich bemerkbar macht, dadurch die Städte wieder relativ entvölkert werden und so wieder eine Rückkehr zu einer weit geräumigeren Bauweise, eine Abnahme der Miethäuser und Mietkasernen möglich wird und vielleicht auch eintritt. Dann dürfen sich aber diejenigen, welche immer nur gegen die bestehenden Verhältnisse und die gedrängte Bauweise in den Städten raisoniert haben, nicht einbilden, daß sie durch ihr Schimpfen diese Besserung veranlaßt haben. Ebenso gut hätten sich diejenigen, welche zu Zeiten der alten Postkutsche gegen dieses langsame Beförderungsmittel raisonierten, einbilden können, sie hätten dadurch die Entwicklung der Eisenbahnen und des elektrischen Schnellverkehrs hervorgerufen. Wenn diese Besserung eintritt, tritt sie als Folge der Weiterentwicklung unseres Kulturlebens auf, der Fortschritte von Wissenschaft und Technik, als Gegendruck gegen die städtische Wohnungsnot und das städtische soziale Elend. Wenn die Frucht reif geworden ist, fällt sie ab, nicht etwa deshalb, weil manche das so haben möchten und ungeduldig darauf warten. In der Natur, im Leben der Völker und der Bevölkerungsbewegung reguliert sich alles nach unabänderlichen Gesetzen von selbst. Sich gegen diese anstemmen zu wollen, wäre zwecklos und töricht, höchstens kann und darf man sie begünstigen. Solange die geschilderten Verhältnisse zur Unterbringung der städtischen Bevölkerung die städtische Mietwohnung und selbst die Mietkaserne nötig machten, so lange war der einzig richtige Weg der, diese für die damaligen Verhältnisse notwendige Wohnform so auszugestalten und zu verbessern, daß ihre Mißstände möglichst beseitigt wurden, nicht aber sie grundsätzlich zu bekämpfen und nun gar für alle Mißstände im Wohnungswesen verantwortlich zu machen, wie das Eberstadt und andere getan haben und teilweise noch tun.

So habe ich mich schon 1906 (siehe Anmerkung S. 133) geäußert: „Im übrigen bezwecken die vorliegenden Ausführungen keineswegs, die Mietkaserne größeren oder kleineren Stils, mag man sie nennen wie man will, als allein selig machende Wohnform hinzustellen. Dieselben beziehen sich vielmehr lediglich auf die Errichtung von städtischen Wohnungen und auch hier noch speziell von Kleinwohnungen. Wenn hier die unerbittlichen Wirtschaftsgesetze einzig und allein durch die Errichtung großer Mietkasernen die Erstellung der nötigen Zahl von entsprechend geräumigen und billigen Kleinwohnungen ermöglichen, so kann bei sachgemäßer, die Forderungen der Gesundheitspflege tunlichst berücksichtigender Bauweise derselben auch der Hygieniker sich zufrieden geben. Das ist ein Zugeständnis, welches ja auch alle diejenigen machen, welche zuerst dem Drucke wirtschaftlicher Gesetze folgend, sich für die geschlossene Bauweise, die Errichtung von Miethäusern aussprachen. Auch sie wollen nicht die Mietkaserne, weil sie die beste, sondern unter den damals gegebenen Verhältnissen vielfach die einzig mögliche Wohnform war .... Wenn wir heutzutage da, wo räumliche Beschränkung, hohe Bodenwerte, enorme Straßenkosten und knappe Mittel die Mietwohnung und selbst die Mietkaserne nötig machen, einem großen Teil der städtischen Bevölkerung diese als normale Wohnform zuweisen, so können wir es bei sachgemäßer, alle Errungenschaften der Gesundheitstechnik berücksichtigender Herstellungsweise mit dem Gefühl tun, daß zwar nicht die absolut beste, aber doch eine Wohnform geboten wird, welcher der Fluch gesundheitlicher Minderwertigkeit nicht mehr anhaftet.“

Wenn später einmal und teilweise schon jetzt gänzlich veränderte Bedingungen im Siedelungswesen, wie sie die mehrfach genannten Faktoren und vor allem auch die Änderungen im Wohnbedürfnis der Bevölkerung selbst darstellen, eine dezentralisiertere Stadtanlage möglich und nötig machen, dann wird es vielleicht auch wieder Leute geben, die sich dieser natürlichen, nunmehr einsetzenden Regulierung gegen die städtische Wohnungsnot durch allerlei törichte Bedenken widersetzen, oder sie gar zu vereiteln suchen. Sie gehören zur selben Kategorie von Leuten wie diejenigen, die früher, als ganz andere Verhältnisse die gedrängte Bauweise in den Städten nötig machten, blind dagegen wüteten, alle Schuld an den städtischen Wohnverhältnissen nur dieser Bauweise, der Bodenspekulation, dem privaten Bauunternehmertum usw. zuschoben und, statt die natürliche und naturnotwendige Entwicklung der Dinge zu fördern, durch allerlei Repressalien den Grundstückhandel, die private Unternehmertätigkeit und so die städtische Wohnungsproduktion in der nachhaltigsten Weise erschwert haben — statt sie zu erleichtern, wie es richtig gewesen wäre. Sie haben die Zustände dadurch nicht verbessert, sondern verschlechtert. Es liegt mir nichts ferner, als diesen Leuten böswillige Absicht unterschieben zu wollen, es fehlte aber am nötigen Verständnis für die wirtschaftlichen Gesetze und die der Bevölkerungsbewegung.

Auch alle diejenigen, welche so gern die elendesten und krassesten Wohnungsmißstände unserer Großstädte hervorsuchen, sie als Beweis für die Mißstände der gedrängten Bauweise, eventuell der Mietkaserne anführen, die Ursache derselben in falschen administrativen Maßnahmen, einem willkürlich entstandenen Spekulationssystem, einem mangelnden Bodenrecht suchen, sollen sich mit derartigen Anklagen an die richtige Adresse wenden. Wir haben schon hervorgehoben, daß derartige Mißstände in Millionenstädten immer bestehen werden, daß sie von der Bauweise ganz unabhängig sind und nichts mit ihr zu tun haben. Wenn man also den wirklichen Ursachen nachgehen will, müßte man über die Großstädte selbst, die ganze moderne städtische Entwicklung und das, was sie verursacht hat, die enorme Volksvermehrung schimpfen. Sie ist die letzte Ursache davon. So weit geht aber wohl niemand, denn jeder weiß und fühlt, daß sich da Vorgänge und Geschehnisse im Leben der Völker abspielen, denen gegenüber wir völlig machtlos sind, und mit denen wir uns abfinden müssen. Bei der außerordentlich stürmischen Entwicklung dieser Verhältnisse war es durchaus natürlich, fast selbstverständlich, daß sich anfänglich erhebliche Mißstände im Wohnungswesen der förmlich aus der Erde gestampften Städte heraus gebildet haben. Wir zweifeln keinen Augenblick daran, daß diese Verhältnisse sich erheblich bessern werden, sobald einmal die Entwicklung in ruhigere Bahnen gelenkt ist, die Menschheit gelernt hat, sich mit den gänzlich neuen, in früheren Jahrhunderten noch nie dagewesenen Verhältnissen abzufinden. Wie sich auch hier gewissermassen von selbst mit der Zeit eine Regulierung dieser Mißstände einstellen wird, vorausgesetzt, daß der Mensch selbst sich dieser Regulierung nicht entgegenstemmt, habe ich bereits angedeutet und werde es im dritten Teil noch ausführlicher behandeln.

Elfter Abschnitt.

Bauordnung (Baubeschränkungen) und Bodenpreise.

An und für sich gestattet man dem Eigentümer eines Gutes ein freies Verfügungsrecht über seinen Besitz. Besonders beim Boden, namentlich innerhalb der Städte, machen besondere Verhältnisse Ausnahmen nötig. Wir haben schon gesehen, daß es im Interesse der Allgemeinheit und des öffentlichen Wohls nötig wird, teilweise sehr weitgehende Beschränkungen dieses freien Verfügungsrechtes aufzuerlegen. Nicht selten werden diese den Ertrag, den jemand aus seinem Besitz erzielen könnte, nicht unerheblich verringern. Derartige Beschränkungen stellen die Bauordnungen und Baupolizeivorschriften dar.

Das wichtigste derselben ist heutzutage eine Beschränkung der baulichen Ausnutzbarkeit der Grundstücke, vor allem im Interesse der öffentlichen Gesundheitspflege.

Ursprünglich waren diese Bestimmungen für den ganzen Stadtbezirk gleich, ein Zustand, wie er sich auch jetzt in kleineren Orten noch vielfach findet. In solchen geht das am ehesten auch noch an. Die Verschiedenheit der wirtschaftlichen Verhältnisse der einzelnen Stadtteile ist noch keineswegs so ausgesprochen, wie in den großen, rasch wachsenden Städten, immerhin macht sich hier zum mindesten eine gesonderte Behandlung der Außengelände und der Innenzonen nötig. Je größer aber ein Ort wird, je rascher er wächst, um so mehr machen sich in einzelnen Stadtteilen immer größere Verschiedenheiten bemerkbar, um so mehr ergibt sich das Bedürfnis, auch in der Bauordnung (und im Bebauungsplan) diese einzelnen, wirtschaftlich und sozial verschiedenen Stadtteile gesondert zu behandeln.

Zu dieser Auffassung führten vor allem folgende Überlegungen [1]. Wenn man die Bauordnungsvorschriften einheitlich gestaltet, also für das ganze Stadtgebiet dieselben Bestimmungen erläßt, so müssen diese naturgemäß auf den Verhältnissen der meist dicht besiedelten älteren Stadtteile der Innenstadt fußen. Sie lassen auch in den neueren Stadtteilen, Außenbezirken und Stadterweiterungsgebieten genau die gleiche Gebäudehöhe, Stockwerkzahl usw. zu, wie dort. Diese starke Grundausnutzung, wie sie in den älteren Stadtteilen durch die hohen Bodenwerte wirtschaftlich nötig gemacht wird, ist draußen in den Außenbezirken bei den viel niedrigeren Bodenwerten aber keineswegs erforderlich. Man kann hier vielmehr die im hygienischen Sinne unbedingt wünschenswerte Weiträumigkeit erzielen, ohne gegen berechtigte wirtschaftliche Interessen zu stoßen.

---

[1] S. die am Ende dieses Abschnittes angeführte Literatur.

Diese Gedanken, wie sie seit Jahrzehnten im Deutschen Verein für öffentliche Gesundheitspflege von den betreffenden Referenten, namentlich Stübben, entwickelt worden sind, führten nach und nach zu der zunächst sogenannten Zonenbauordnung.

Es war naheliegend, daß man anfänglich bei dem Bestreben, einzelne Stadtgebiete auf Grund der besonderen wirtschaftlichen Verhältnisse, wie sie durch die bestehenden Bodenwerte gegeben waren, gesondert zu behandeln, ziemlich schematisch vorging. Wir haben ja schon mehrfach betont, daß die Bodenwerte einer Stadt sich im allgemeinen von außen nach innen in einer fortgesetzten Steigerung befinden und schließlich in der City die höchsten Werte erreichen.

Die ursprüngliche Form der Zonenbauordnung war also die, daß man die Stadt in eine Reihe von Zonen einteilte, welche die innerste Zone, das Geschäftsviertel, in der ungefähren Gestalt konzentrischer Ringe umlagerten, bis schließlich die äußerste Zone das noch unbebaute Gebiet außerhalb der Städte darstellte. Für jede dieser Zonen schrieb man besondere Bestimmungen vor, so gestattete man z. B. in der Innenzone 5 oder 6 Geschosse, in der nächsten Zone 4 Geschosse, in der folgenden 3 Geschosse, wobei teilweise schon die offene Bauweise vorgeschrieben wurde, schließlich in der Außenzone nur mehr 2 Geschosse und überall offene Bebauung usw.

Diese Zonenbauordnung in ihrer ursprünglichen Gestalt war allerdings zu schematisch gehalten, und so ergaben sich auch mancherlei Mißstände nach ihrer Einführung. Vor allem wohl deshalb, weil ja gewiß im großen und ganzen eine Stadt sich zirkulär ausbreitet, im einzelnen aber, wie wir an anderer Stelle (S. 125) bereits ausführten, vielfach entlang den großen Verkehrs- und Landstraßen, auch in radiärem Sinne. Eine weitere Folge davon ist dann die, daß wirtschaftlich und topographisch, nach den sozialen Verhältnissen der Bewohner zusammengehörende, gleichartige Stadtgebiete durchaus nicht konzentrisch gelagert sind, erst recht nicht in Form eines Gürtels die ganze Stadt durchziehen, sondern oft nur mehr oder weniger breite, radiär gerichtete Gebiete darstellen, die nicht selten den großen Geschäftsstraßen folgen. Würde man durch eine solche Stadt rücksichtslos Ringzonen legen, so würde man damit derartige zusammengehörige Gebiete in zwei, selbst drei verschiedene Bauordnungsklassen auseinanderreißen, was ganz abgesehen von allem anderen auch große Ungerechtigkeiten und Härten für die betreffenden Grundbesitzer mit sich brächte. Welche innere Berechtigung läge denn z. B. vor, dem einen Grundbesitzer in diesem gleichartigen Gebiet 4, einem anderen dagegen nur 3 Geschosse zu gestatten, lediglich deshalb, weil er in die andere Bauzone fällt, einem weiteren womöglich nur 2 Geschosse, während vor Einführung dieser Bauordnung die Bodenwerte nahezu ganz gleich waren. Zur Erzielung einer gleichen Rentabilität müßte also auch überall die gleiche Grundausnutzung gestattet werden.

Von diesem anfänglichen Schematismus ist man aber auch sehr bald abgekommen. Schon 1896 schreibt Stübben[1]): „Die Zonen sind nicht etwa im geometrischen Sinne des Wortes Ringflächen, sondern es sind Geländeteile von unregelmäßiger Gestalt, deren Grenzen sich danach richten, ob für Fabrikbauten oder Villenbezirke die geeigneten Vorbedingungen vorhanden sind, ob es sich um eine Geschäftslage oder eine bloße Wohngegend, um billige oder teuere Grundstücke handelt." Späterhin ist dann auch das Wort „Zonenbauordnung" überhaupt fallen gelassen und durch „abgestufte Bauordnung" ersetzt worden, und die Umgrenzung der Bezirke für verschiedene Bauklassen immer verschiedener nach den lokalen Verhältnissen, insbesondere den wirtschaftlichen Möglichkeiten und den sozialen Bedürfnissen der Einwohnerschaft festgesetzt worden (Stübben, zur Frage der Stuttgarter Bauordnung, Deutsche Vierteljahrsschrift für öffentliche Gesundheitspflege 1903, Bd. 35, S. 349). Dadurch ist dann die irrtümliche, dem Wortsinn entnommene Ansicht, die Zonenbauordnung in bisherigem Sinne lege einfach grundsätzlich um jede Stadt Gürtel immer dünner werdenden Bebauung, von der tatsächlichen Entwicklung längst überholt worden.

Diese Abstufung der Bauordnungen, wie man sie jetzt nennt, geht in neueren Bauordnungen vielfach sehr weit, entsprechend dem Umstand, daß in großen Städten eben die derselben zugrunde liegenden Verschiedenheiten der einzelnen Stadtteile auch sehr ausgesprochen sind. Im übrigen waren nach einer Mitteilung in der Zeitschrift für Wohnungswesen 1905 auf der Dresdener Städteausstellung unter 120 Städten erst 20 abgestufte Bauordnungen vertreten.

Es gibt Städte, z. B. München, Dresden und andere, in denen 12 und mehr verschiedene Bauklassen oder Baustaffeln (daher auch Staffelbauordnung genannt) aufgestellt sind, die im allgemeinen gewiß in dem Sinne verteilt sind, daß die Weiträumigkeit der Stadtanlage nach außen hin, entsprechend den natürlichen Verhältnissen, immer mehr zunimmt, im übrigen aber keineswegs konzentrisch zueinander gelagert sind, sondern nicht selten auch radiär verlaufen, sich gegenseitig durchdringen usw.

Die Abstufung der Bauordnungen vollzieht sich weiterhin zurzeit keineswegs mehr nur nach „Ortsteilen", d. h. den verschiedenen Stadtgebieten, immerhin bleibt das gewissermaßen die Grundlage der Bestimmungen. Meist handelt es sich um 3—4 derartige Bauzonen oder Baubezirke, so enthält z. B. die Düsseldorfer Bauordnung vom Mai 1907 drei Bauzonen, die Bauordnung von Osnabrück vom Jahre 1905 vier Bauzonen usw. Dazu kommt dann in neuerer Zeit eine weitere Abstufung nach Straßen, sogenannte Straßenklassen, indem z. B. für Wohnstraßen, Geschäftsstraßen, Fabrikstraßen etc. ge-

[1]) Hygiene des Städtebaues, im Handbuch der Hygiene von Th. Weyl IV. Bd., S. 450/451.

sonderte Bestimmungen getroffen werden. Im allgemeinen gestattet man natürlich für die Geschäftsstraßen der Innenstadt, speziell der City, die weitgehendste Bodenausnutzung. Das ist deshalb gerechtfertigt, weil einmal die Bodenwerte hier am höchsten sind und unbedingte Berücksichtigung verlangen, um so mehr, als hier in der City gewissermaßen das Geld verdient wird, von dem der bei weitem überwiegende Teil der Stadtbevölkerung lebt. Hier ist also weitgehendste Rücksicht auf das Erwerbsleben geboten. Anderseits können hier die hygienischen Rücksichten, z. B. bezüglich der Hof- und Straßenbreite, der von der Bebauung frei zu lassenden Teile der Grundstücksfläche, der sonstigen Freiflächen, wie freie Plätze, gärtnerische Anlagen, Vorgärten usw. deshalb mehr zurücktreten, weil hier die Gebäude immer mehr lediglich zu Geschäftszwecken, Ladenlokalen, Kontorräumen usw. und nicht zu Wohnzwecken verwandt werden. Es fällt also vor allem die Rücksicht auf die Familien und Kinder fort, für die man neuerdings glücklicherweise immer mehr Spiel- und Tummelplätze auch innerhalb der Stadt, möglichst nahe den Wohnungen und Wohnvierteln, zu beschaffen bestrebt ist.

Um so weitgehendere Rücksicht auf die hygienischen Interessen ist dagegen in den Wohnstraßen zu nehmen. So unterscheidet die Düsseldorfer Bauordnung z. B. unter den Wohnstraßen wieder solche mit geschlossener Bebauung — je nachdem für Einfamilienhäuser, bessere Etagenwohnungen und Kleinwohnungen — und mit offener Bebauung.

Eine fernere sehr wichtige Abstufung ist die nach Gebäudegattungen, indem für große und kleine Gebäude, Miethäuser, Mietkasernen, Einfamilienhäuser, Gebäude mit Kleinwohnungen usw. gesonderte Bestimmungen getroffen werden. Grundsätzlich sollen und werden auch bereits in modernen Bauordnungen Bestimmungen getroffen, welche den Bau des Einfamilienhauses und Kleinhauses gegenüber dem großen Mehrfamilienhaus (der Mietkaserne) erleichtern. Bei strengen baupolizeilichen Bestimmungen zeigt es sich, daß der Kleinwohnungsbau sehr häufig völlig darniederliegt, weil er unter diesen Umständen für den Bauunternehmer und Hausbesitzer nicht mehr verlockend erscheint. Es ist deshalb mit Recht mancherorts versucht worden, den Kleinwohnungsbau durch allerlei Bauerleichterungen gerade für diese Gebäudegattung dem privaten Unternehmertum wieder rentabel zu machen.

Gegen diese Bauerleichterungen für Kleinwohnungen sind auch allerlei Bedenken geäußert worden, vor allem in dem Sinne, daß es nicht angängig sei, gerade für diese Wohnungskategorie Baubeschränkungen, die doch zunächst aus gesundheitlichen Gründen auferlegt würden, wegzulassen oder abzuschwächen. Man gebe damit von vornherein zu, daß man für den Arbeiterstand und die unteren Einkommensklassen minderwertige Wohnungen schaffen wolle. Dieser Einwand ist wohl hinfällig.

Wenn man z. B. in einem Stadtteil, in dem sonst nur drei Stockwerk gestattet sind, für Gebäude mit Kleinwohnungen vier Stockwerke gestattet, so wird dadurch, da es sich doch immer nur um vereinzelte Gebäude handelt, die Lichtversorgung vis-à-vis liegender Gebäude kaum beeinträchtigt. Der betreffende Kleinwohnungsbau selbst, bzw. das vierte Stockwerk hat sogar, da es sich über alle anderen Bauten erhebt, die günstigste Luft- und Lichtversorgung. Daß das Wohnen im vierten Stock aber bei entsprechender Ausführung des Gebäudes an und für sich keineswegs gesundheitliche Nachteile mit sich bringt, wird wohl im Ernst niemand mehr behaupten wollen (s. meine Ausführungen darüber in der Vierteljahrsschr. f. öff. Gesundheitspflege 1906, S. 468 ff.).

Aber selbst wenn einmal durch solche Bauerleichterungen kleine gesundheitliche Nachteile für derartige Kleinwohnungen erzeugt werden, so kommt es doch praktisch nur darauf an, was für den Arbeiter schließlich das Vorteilhafteste ist. Ob es also in dem einen Fall der gewährten Bauerleichterung wieder dem privaten Bauunternehmertum rentabel erscheint, Kleinwohnungen herzustellen und für ein genügendes Angebot desselben Sorge zu tragen, oder ob es durch die im übrigen wohlgemeinten Baubeschränkungen denselben unmöglich wird, mit entsprechendem Gewinn den Kleinwohnungsbau zu betreiben. Im letzteren Fall wird immer ein Mangel an Kleinwohnungen, dadurch eine Überfüllung derselben und hohe Mietpreise die Folge sein, die sie trotz der durch die Baubeschränkung erzwungenen hygienischen Vorzüge wieder minderwertig machen.

Endlich gibt es dann noch eine Abstufung nach Raumgattungen, indem für Wohnräume und Schlafräume z. B. bezüglich der Lichtversorgung ganz andere Forderungen gestellt werden als für Nebenräume, wie Waschküchen, Badezimmer, Treppenhäuser etc.

Man kann annehmen, daß mit der Zeit alle Städte diese Grundsätze der Abstufung in mehr oder weniger ausgesprochener Weise ihrer Bauordnungen zugrunde legen werden.

Wir wollen nun versuchen, eine Vorstellung darüber zu gewinnen, wie derartige Bauordnungen, bzw. die in denselben ausgesprochenen Baubeschränkungen, mit den Bodenwerten und eventuell den Mieten zusammenhängen. Daß das Verhältnisse sind, welche bei der Aufstellung von Bauordnungen unbedingt berücksichtigt werden müssen, ist selbstverständlich, wenn es vielleicht zunächst auch nicht so ganz leicht ist, darüber Klarheit zu gewinnen.

An und für sich führt schließlich jede Bauordnung, mag es nun eine gleiche, einheitliche Bauordnung für das ganze Stadtgebiet, eine Zonen- oder abgestufte Bauordnung sein, zu einem Schematismus, einer gewissen Schablonisierung der städtischen Entwicklung, wie auch mehrfach von Gegnern der Zonenbauordnung hervorgehoben wurde.

„Daß eine jede Bauordnung [1]) mit der Zeit eine solche Wirkung hervorbringen muß, ist leicht verständlich. Bei der Herstellung der überwiegenden Mehrzahl der städtischen Mietwohnungen durch das gewerbs-

---

[1]) S. meine frühere auf S. 133 Anmerkung erwähnte Arbeit in der Vierteljahrsschr. f. öff. Gesundheitspflege 1906.

mäßige Bauunternehmertum ist es natürlich, daß jeder Erbauer eines städtischen Miethauses in all den Dingen, die für ihn von pekuniärem Nutzen sind, also bezüglich Stockwerkzahl, Geschoßhöhe, Zimmergröße (Mindestluftraum) usw. bis zu der Grenze geht, wie sie eben von der Bauordnung noch zugelassen wird. So wird beispielsweise die Zulassung von vier Stockwerken in irgend einem Stadtteil natürlich nicht sofort, aber doch in dem Maße, wie die alten Häuser niedergerissen und durch neue ersetzt werden, dazu führen, daß alle Gebäude auch tatsächlich diese Höhe erreichen. So wirkt auch jede Mindestforderung, d. h. eine das Minimum des eben noch Zulässigen fixierende Bestimmung. Die Feststellung eines Mindestluftraums von z. B. 10 cbm für eine Mädchenkammer wird mit der Zeit bewirken, daß kein Unternehmer mehr eine wesentlich größere baut, er ist ja durch die Mindestforderung vor irgend welcher Beanstandung von seiten der Wohnungsinspektion gedeckt. Kurz, die in der Bauordnung als eben noch zulässig bezeichnete Grenze wird mit der Zeit geradezu als eine von der Baupolizeibehörde sanktionierte Norm gelten, als Schema, welches dem ganzen Bezirk, der „Zone", bei einheitlicher Bauordnung eventuell der ganzen Stadt, seinen Stempel aufdrückt. Insofern muß man, wenn man überhaupt die Berechtigung einer Bauordnung und der Mindestforderungen anerkennt, auch diese Gleichförmigkeit mit in Kauf nehmen."

Läßt sich in ähnlicher Weise vielleicht auch eine gleichmäßige Einwirkung auf die Bodenwerte und eventuell die Mieten innerhalb derselben Bauzone nachweisen? Wie gestaltet sich überhaupt diese Einwirkung?

Wir wollen uns zur Beantwortung dieser Frage einmal irgend ein bebautes Grundstück in einem Stadtteil vorstellen, in dem bis dahin überhaupt keine Grenzen für die Gebäudehöhe bzw. Stockwerkzahl festgesetzt war. Es werde nun eine Bauordnung aufgestellt, durch welche für dieses Gebiet eine Bauklasse mit drei Stockwerken vorgesehen wird. Welche Möglichkeiten sind da denkbar und kommen tatsächlich vor?

Zunächst die, daß es sich um einen bisher noch relativ wenig besiedelten Stadtteil handelt, ein Gebiet also, in dem keine erhebliche Wohnungsnachfrage besteht und zunächst auch nicht zu erwarten ist. Wenn man dasselbe gleichwohl in diese Baustaffel mit drei Stockwerken einbezog, so mag es deshalb geschehen sein, weil es zwischen Stadtteilen dichterer Besiedelung gelegen ist und man für die fernere Zukunft dieselbe Besiedelung auch für dieses Gebiet vermuten kann. Es ist also durch die betreffende Bauklasse für dasselbe eine Bebauung zugelassen worden, die zunächst noch erheblich über das Maß der zur Befriedigung der vorhandenen Wohnungsnachfrage gegebenen Grundausnutzung hinausgeht. Im allgemeinen werden dann die Bodenpreise kaum nennenswert durch den Erlaß dieser Bauordnung beeinflußt werden. Gewiß werden einzelne Grundstückbesitzer bei Neubauten in

Rücksicht auf die voraussichtliche Weiterentwicklung der Stadt die erlaubten dreistöckigen Miethäuser aufführen, da aber diesem stärkeren Wohnungsangebot zunächst noch keine erhebliche Nachfrage gegenübersteht, können sie dadurch keineswegs erhebliche Mehreinnahmen erzielen. Die Grundrentenertragswerte und somit auch die Grundrentenkaufwerte werden ziemlich dieselben bleiben. Ein Einfluß auf die Mieten ist natürlich erst recht nicht vorhanden.

Die zweite Möglichkeit ist die, daß durch die Erklärung der Zulässigkeit von drei Stockwerken durch die betreffende Bauklasse die Verhältnisse gerade so getroffen werden, wie sie ohnehin in der Entwicklung des betreffenden Stadtteils gegeben waren. In diesem Falle wird in einem Ort mit steter Vergrößerung wohl immer ausgiebiger von dieser Erlaubnis der drei Stockwerke Gebrauch gemacht werden. Die Wohnungsnachfrage wird aber sehr rasch steigen und gestatten, alle neu erstellten Wohnungen zu vermieten. Die Mieten werden zunächst die gleiche Höhe behalten, in dem Maße aber, wie die Wohnungsnachfrage wächst, alle zulässigen Wohnungen hergestellt sind und nicht weiter vermehrt werden können, nach und nach steigen. Demnach steigen auch die Grundrentenertragswerte und in Vorausdiskontierung der in der Zukunft vermutlich noch höheren Mieterträgnisse noch etwas mehr die Grundrentenverkaufswerte. Schon hier vermag der Erlaß der betreffenden Baubeschränkung also weder ein Ansteigen der Bodenpreise, noch ein Ansteigen der Mieten zu verhüten.

Der dritte Fall ist der, welcher in rasch wachsenden Städten am ehesten eintritt, daß nämlich durch die Baubeschränkung ein Gebiet betroffen wird, in welchem durch seine günstige Lage sich sehr bald ein wesentlich stärkeres Wohnbedürfnis geltend macht, als der Bau von dreistöckigen Etagenhäusern zu befriedigen vermag. Es wird in dem betreffenden Stadtteil also sehr bald ein ausgesprochener Wohnungsmangel sich bemerkbar machen, der nach einiger Zeit sicher dazu führt, daß die Mieten sehr rasch steigen. Ebenso schnell steigen dann auch die Grundrentenertragswerte, also die Bodenwerte, trotz der Baubeschränkung.

Würde in dem letzteren Fall keine Baubeschränkung auferlegt worden sein, hätten die Grundbesitzer die Grundstücke nach Höhe und Breite beliebig ausnutzen können, so wären allmählich vier,- fünf-, selbst sechsstöckige Miethäuser erbaut worden, es hätten dann der gleichen Nachfrage entsprechend mehr, vielleicht doppelt so viele Wohnungen gegenübergestanden und das hätte notwendigerweise dazu geführt, daß die Mieten eine wesentlich geringere Höhe erreichten. In einem solchen Falle steigert die Baubeschränkung also auf alle Fälle die Mietpreise.

Etwas anderes ist es allerdings mit dem Bodenwert. Der kann bei freier Nutzungsmöglichkeit der Grundstücke allerdings größer sein, weil in einem z. B. fünfstöckigen Gebäude ein erheblich höherer Ertrag erzielt werden kann als in einem dreistöckigen Gebäude (unter der Annahme der Baubeschränkung), so daß dadurch nicht nur die höheren Baukosten entsprechend verzinst werden, sondern auch noch darüber hinaus sich ein Mehrertrag ergibt, der als höhere Grundrente erscheint. Und zwar wird das um so mehr der Fall sein, je höher der Grundstückswert schon an und für sich im Verhältnis zu den Baukosten ist. Dann machen die Mehrkosten eines fünfstöckigen Gebäudes gegenüber einem dreistöckigen gleicher Grundfläche und gleichen Etagengrundrisses nur einen verhältnismäßig geringen Mehrbetrag in dem Wert des bebauten Grundstückes aus, wohingegen der Mietertrag sich fast verdoppelt.

Es wäre dann also durch die Baubeschränkung gelungen, den absoluten Wert des Bodens niedriger zu halten. Daß die Mieter von dieser Verbilligung aber keinen Vorteil haben, weil für sie gar nicht der absolute Bodenpreis, sondern der relative, d. h. der auf die Einheit des Wohnraums oder die Wohnfläche des betreffenden Gebäudes entfallende Anteil in Betracht kommt, hat A. Voigt in „Kleinhaus und Mietkaserne" 1905, S. 9 schon überzeugend dargetan.

Denkbar ist aber auch, daß bei sehr starker Wohnungsnachfrage in dem betreffenden Stadtteil die Mieten in den dreistöckigen Gebäuden infolge des geringeren Wohnungsangebots so viel höher sind als bei freier Nutzungsmöglichkeit in denen mit mehr Stockwerken, daß gleichwohl derselbe Ertrag aus den bebauten Grundstücken erzielt wird und demnach entsprechend den geringeren Baukosten bei den dreistöckigen Gebäuden die Grundrentenertragswerte in letzteren höher sind. In diesem Fall hätte dann die Baubeschränkung zur erheblichen Erhöhung der Mieten und zum mindesten nicht zu einer Verbilligung der Bodenwerte geführt. Immerhin ist der letztere Fall wohl der seltenere, dagegen wird sehr häufig in rasch wachsenden Städten mit großer Wohnungsnachfrage durch Baubeschränkungen zwar der absolute Bodenwert geringer, dagegen der relative auf die Wohnfläche entfallende und den einzelnen Mieter belastende Anteil größer sein als ohne solche Baubeschränkungen, d. h. mit anderen Worten, die Mieten werden höher sein. So urteilt auch Pohle: „Die Wohnungsnachfrage II, S. 103: „Für die Belastung des Mieters ist nur entscheidend die Höhe der Grundrente, die auf den Quadratmeter Wohnfläche entfällt; ist dieser Betrag niedrig, so kann es ihm gleichgültig sein, ob die Gesamtgrundrente der Grundstücke in einer Stadt im Durchschnitt hoch oder niedrig steht."

Wir müssen also im allgemeinen sagen, daß es durch Baubeschränkungen bis zu einem gewissen Grade möglich ist, in einem Stadtteil das Ansteigen der Bodenpreise, wenn auch nicht zu verhindern, so doch innerhalb gewisser Grenzen zu halten. Falsch ist es aber, zu glauben, daß die Mieter davon einen Vorteil in Gestalt billiger Mieten haben. Meist werden sie in rasch wachsenden Städten dadurch höher werden.

Pohle macht (s. oben, S. 105) mit Recht darauf aufmerksam, daß von der Wohnungsreform die Dinge gerne so hingestellt werden, „als wenn durch den Erlaß von baupolizeilichen Beschränkungen, die, wie man wohl am liebsten sähe, nur ein einziges Obergeschoß gestatteten, eigentlich nur der natürliche Zustand wieder hergestellt werde, der durch die Machinationen der Bodenspekulanten in sein Gegenteil verkehrt worden sei", und daß man dagegen sagen müsse, „daß das künstliche System hier nicht auf der Seite der unter Mitwirkung der Bodenspekulation vor sich gehenden Entwicklung, sondern vielmehr in den Eingriffen der Baubehörde liegt. Durch letztere wird die Art der Bebauung verhindert, die eigentlich nach der Einwohnerzahl eines Ortes, seinem wirtschaftlichen Charakter und den Wohnsitten der Bevölkerung die wirtschaftlich angezeigte, d. h. die billigste sein würde."

Demgegenüber muß nun doch betont werden, daß die Idee, welche zur Einführung der Zonenbauordnung und abgestuften Bauordnung geführt hat, ursprünglich wenigstens sicherlich nicht die war, das Wohnen an und für sich zu verbilligen, sondern vielmehr die bauliche Entwicklung der Stadt in Bahnen zu lenken, welche dem durchaus berechtigten Wunsch nach der hygienisch wünschenswerten Weiträumigkeit möglichst entgegenkomme. So war man sich auch im Deutschen Verein für öffentliche Gesundheitspflege im allgemeinen stets klar darüber, daß man von den Baubeschränkungen nicht willkürlich Gebrauch machen, also z. B. das Verbot der Mietkaserne, die Vorschrift der offenen landhausmäßigen Bebauung usw. nur da erlassen dürfe, wo die Bodenwerte es gestatteten, wie des öfteren auf den Versammlungen hervorgehoben wurde.

Vor allem wollte man durch derartige Baubeschränkungen das Überhandnehmen der Mietkasernen an der Peripherie der Städte und in den Stadterweiterungsgebieten verhindern, den Zustand, daß weit draußen auf dem Felde zwischen den Kartoffeläckern Mietkasernen auftauchten, und sagte sich mit Recht, daß ein solches Verbot hier, wo der Boden noch nicht erheblich über den landwirtschaftlichen Wert gestiegen ist, auch keinerlei wirtschaftlichen Nachteil im Gefolge haben kann.

Im Inneren der Städte dagegen haben die Stadtverwaltungen und Baubehörden sich stets äußerst zurückhaltend gegenüber den Forderungen nach weitgehenden Baubeschränkungen verhalten. Gerade die Männer der Praxis fühlten am ehesten, daß schließlich, trotz aller an und für sich gewiß berechtigten Wünsche nach einer hygienischen Ausgestaltung der Wohnungen, zunächst doch einmal das Wohnbedürfnis an und für sich befriedigt werden mußte, wenn man nicht noch viel unhaltbarere Zustände herbeiführen wollte, und so muß man anerkennen, daß die zwar vom besten Willen, aber ungenügenden Verständnis für die wirtschaftlichen Möglichkeiten zeugenden extremen Forderungen mancher Wohnungsreformer sich in der Praxis nie Eingang verschafft haben, und das im Interesse der Befriedigung des Wohnbedürfnisses mit Recht.

In den wenig besiedelten Außenbezirken wird sich dagegen die verteuernde Wirkung der Baubeschränkungen auf die Mieten noch am wenigsten fühlbar machen, weil hier die Voraussetzung dieses Einflusses, nämlich der Umstand, daß die durch Baubeschränkungen beschränkte Wohnungsproduktion für die Nachfrage kein genügendes Wohnungsangebot schaffen kann, fortfällt. Auch braucht hier auf dem weiten zur Verfügung stehenden Gelände im allgemeinen nicht am Grund und Boden gespart zu werden. Gleichwohl gilt auch hier der Grundsatz, daß die Mieten durch Baubeschränkungen im Sinne einer weiträumigen Bebauung nicht verbilligt werden, eher das Gegenteil bewirkt wird. Außerdem wird die ganze Stadtanlage weiter auseinandergezogen, die räumlichen Entfernungen zwischen der City und den draußen gelegenen Wohnvierteln vergrößert, ein Nachteil, der durch die Entwicklung der modernen Verkehrsverhältnisse aber leicht wieder ausgeglichen werden kann.

Bedenklich wirken derartige Baubeschränkungen dagegen, wenn durch sie die Befriedigung eines tatsächlich bestehenden starken Wohnbedürfnisses verhindert wird. Wenn z. B. in einem Stadtteil, dessen Größenausdehnung und räumliche Weiterentwicklung durch Berghänge, Flußläufe, bestehende Industriewerke etc. gehindert ist, eine im Verhältnis zur Wohnungsnachfrage viel zu weiträumige Bauweise gefordert wird, die unbedingt zu einem Wohnungsmangel, dadurch zu einer Wohnungsteuerung, und deshalb meist auch zu einer Überfüllung der vorhandenen Wohnungen führen muß. Dann ist es besser, auf Baubeschränkungen zu verzichten und lieber ein oder einige Stockwerke mehr zu gestatten und im Interesse einer geringeren Wohndichte lieber die Behausungsziffern steigen zu lassen, selbst wenn dann einmal ausnahmsweise der hygienische Lichteinfallswinkel nicht mehr ganz den im allgemein gültigen und berechtigten Anforderungen genügt.

Derartige Verhältnisse haben seinerzeit bei der Stuttgarter Stadterweiterung zu den heftigsten Meinungsverschiedenheiten geführt (siehe die Stuttgarter Stadterweiterung, herausgegeben vom Stadtschultheißenamt Stuttgart, 1901).

Daß man sich auch in Hygienikerkreisen über diese Nachteile der im hygienischen Interesse zunächst gewiß wünschenswerten Baubeschränkungen schon seit langem klar war, mögen einige Beispiele illustrieren.

So führte 1899 auf einer Sitzung des Vereins zur Besserung der Münchener Wohnungsverhältnisse Professor Buchner, der damalige Direktor des Münchener hygienischen Universitätsinstitutes aus: „Keineswegs handelt es sich bei der Wohnungsfrage um eine Frage des Komforts, der Lebensbequemlichkeit, sondern es handelt sich, mit dürren Worten gesagt, um die Frage des Mindestluftraums.“ So verlangte er denn weiter weder Einfamilienhäuser noch weiträumige Bauweise, sondern zunächst als erste und wichtigste Bedingung den nötigen Luftraum in der Wohnung für jeden einzelnen Bewohner. Ähnlich sprach sich auf dem Frankfurter Wohnungskongreß 1904 Professor Neißer, Direktor des städtischen hygienischen Instituts zu Frankfurt a. M., aus: Auch er kommt nach sachlicher Besprechung aller Faktoren, die von seiten der Wohnung auf den Menschen einwirken, zu dem Schlusse, daß vor allem die Geräumigkeit in der Wohnung der Kardinalpunkt sei, um den sich alles drehe, und dessen Erfüllung unsere erste Pflicht sei. „Hüten wir uns darum, vom hygienischen oder sanitätspolizeilichen Standpunkte aus Forderungen festzusetzen, die auf Kosten der Geräumigkeit gehen; seien wir vorsichtig mit den Forderungen nach jenen Baubeschränkungen, die wohl kleinere hygienische Vorteile, aber den enormen Nachteil der Wohnungsverteuerung und damit die Zunahme der Belegungsdichtigkeit nach sich ziehen. Denken wir immer daran, daß nicht die Wohnung, sondern das Wohnen die Hauptsache ist". (Kongreßbericht, S. 382/383.) Dabei gehören diese beide Autoren zu den Leuten, die, wie einmal über die wissenschaftlich arbeitenden Hygieniker geurteilt wurde „mit wissenschaftlichen Formeln und im Laboratorium großstädtische Gesundheitspflege treiben". Es könnte dabei mancher, der über die Theoretiker der Wohnungsfrage und Wohnungshygiene mit ein paar abfälligen Bemerkungen hinwegzugehen sich berechtigt hält, lernen, daß eine überwiegend wissenschaftliche Tätigkeit keineswegs hindert, mit den Dingen des praktischen Lebens in Fühlung zu bleiben und gleichfalls zu dem Versuch führt, die Ergebnisse wissenschaftlicher Forschung mit den wirtschaftlichen Möglichkeiten ins Einvernehmen zu setzen.

Mit diesem und ähnlichen Einschränkungen kann jedenfalls eine vernünftige und mit größter Vorsicht aufgestellte *abgestufte Bauordnung* äußerst segensreich wirken, kann die zu große Besiedelungsdichtigkeit der Innenstadt durch eine entsprechende *Weiträumigkeit der äußeren Stadtteile* wieder in etwa kompensieren, hier z. B. für Freiflächen, wie Parks, Spielplätze, Sportplätze, Kindergärten, Promenaden usw. sorgen, welche man bei der Anlage der Altstadt zu schaffen versäumt hat und so auch die Bewohner der Innenstadt, insbesondere die Jugend, an diesen Vorteilen der weiträumigeren Bauweise teilnehmen lassen.

Wenn dadurch auch die Wohnungen im allgemeinen *keineswegs verbilligt* werden, so werden sie doch zweifellos in hygienischer Beziehung außerordentlich *verbessert*, nicht minder die ganze Stadtanlage. Wir werden später (im dritten Abschnitt) noch zu dem Schluß gelangen, daß es überhaupt nicht das letzte Ziel der städtischen Wohnungspolitik sein kann, unbedingt eine *größtmögliche Billigkeit der Wohnungen* zu erzielen, keinesfalls auf Kosten gesundheitlicher Mindestforderungen. Nun hat ja *früher* vielfach die Gefahr bestanden, daß durch die infolge der Baubeschränkungen eintretende Wohnungsknappheit die Vorteile der durch dieselben erzwungenen Bauweise zum Teil wieder ausgeglichen werden, indem die Mieten stiegen und die Wohnungen überfüllt wurden.

In Kreisen der Praktiker machten sich deshalb schon seit langem Strömungen gegen eine allzu weitgehende Verwendung von Baubeschränkungen bemerkbar. Teilweise sehr treffend hat eine Zeitungsnotiz der *Frankfurter* Zeitung vom 18. Mai 1899 die diesbezüglichen Verhältnisse hervorgehoben: „Frankfurter Angelegenheiten. Zum Wohnungsmangel . . . . Wenn man früher sagen konnte, daß private Bautätigkeit für kleine Wohnungen vorhanden war, so muß man heute konstatieren, daß derartige Wohnungen nicht mehr gebaut werden und gegenwärtig ein Mangel tatsächlich vorhanden ist. Die Versuche auf Abhilfe durch Verwaltungen und Genossenschaften reichen nicht aus. die Privatbautätigkeit muß hier eingreifen. In der Außenstadt müssen erleichternde Bestimmungen für die Bauordnung getroffen werden. Man sollte meinen, es fände eine Steigerung der Baulust statt, das ist aber nicht der Fall, da die Rente fehlt. Der Grund und Boden hat zu hohe Preise angenommen, der erforderliche Flächenraum für die Neubauten ist zu hoch, die Zahl der zu erbauenden Geschosse zu niedrig bestimmt worden, wozu dann noch die hohen Arbeitslöhne kommen. Trotz der teueren Mietpreise ist also das Bauen der kleinen Wohnungen nicht lohnend."

Der Leiter des Vereins für das Wohl der arbeitenden Klassen in Stuttgart, Geh. Hofrat Dr. Pfeiffer erklärte (1900), daß er nicht begreifen könne, wie es möglich sei, daß manche sonst so einsichtsvolle Männer den Zusammenhang der Teuerung der Wohnungen mit den bisherigen rigorosen Baubestimmungen nicht einzusehen vermöchten. Es sei ja ganz selbstverständlich, daß durch jede Anordnung der Behörden, durch welche das Bauen erschwert und verteuert werde, auch die neuerrichteten Wohnungen verteuert und insbesondere die Erstellung billiger Wohnungen schließlich unmöglich gemacht werde." (Stuttgarter Stadterweiterung, s. o., S. 54.)

Es ist unbedingt nötig, daß mit jeder weitgehenden Baubeschränkung im Innern der Städte eine sehr erhebliche Erleichterung der Ansiedelung und des Wohnungsbaues in den Außengeländen und den Stadterweiterungsgebieten verbunden wird. Das wird um so leichter sein, je mehr unsere modernen Dezentralisationsbestrebungen, speziell die Entwicklung der städtischen Verkehrsverhältnisse, des Vorortsverkehrs usw. ermöglichen, einen großen Teil der städtischen Bevölkerung auf diese Gebietsteile abzulenken. Um so weniger werden sich dann auch die oben erwähnten Nachteile der Baubeschränkungen fühlbar machen. Erst durch die immer stärker hervortretende Besiedelung der Außengelände tritt auch die ganze Frage der Baubeschränkungen in der Innenstadt in ein neues, aussichtsreicheres Stadium. Aber auch dann muß dringend vor allzu weitgehenden, diesbezüglichen Bestimmungen gewarnt werden.

So möchten wir denn zusammenfassend sagen, daß die Baubeschränkungen im allgemeinen ein vortreffliches Mittel sind, bei äußerst vorsichtiger Anwendung die Bebauung der Stadt im hygienischen Sinne zu gestalten und zur Verbesserung der Wohnungen (was keineswegs identisch ist mit der Verbesserung der Wohnverhältnisse) beizutragen, daß sie weiterhin imstande sind, eventuell auch die Bodenwerte in den noch zu bebauenden Gebieten niedrig zu halten. Da aber dadurch im allgemeinen eine viel geringere bauliche Ausnutzung der Grundstücke erlaubt wird, so werden sie im allgemeinen die Wohnungen nicht verbilligen, sondern verteuern. Es fragt sich also im einzelnen Falle, was man vorzieht. Ich speziell bin nicht, wie ich später begründen werde und auch in früheren Schriften bereits dargetan habe, der Meinung, daß es unter allen Umständen das letzte Ziel der Wohnungspolitik sei, die städtischen Wohnungen möglichst zu verbilligen. „Man muß sich eben selbst bei bescheidenen Ansprüchen darüber klar sein, daß jede hygienische Verbesserung der Wohnungen bis zu einem gewissen Grade eine Verteuerung derselben mit sich bringen wird, weil sie, wenigstens sehr häufig eine Mehrausgabe bedingen und so die Ertragsmöglichkeit des Grundstücks schmälern. Anderseits sollen die Wohnungen nun doch einen gewissen Mietpreis nicht überschreiten; man sieht also, wie es sich bei allen darauf hinzielenden Maßnahmen immer nur um ein vorsichtiges Hin- und Herlavieren in der Nähe des Punktes handeln kann, wo nach der einen Richtung hin zwar die Wohnungen besser und hygienischer, dafür aber auch teuerer, nach der anderen Richtung dagegen kleiner und schlechter, dafür aber auch billiger werden" (siehe Anmerkung S. 133).

Literatur.

Zusammenstellung derjenigen Verhandlungen des Deutschen Vereins für öffentliche Gesundheitspflege, welche für die Entwicklung der modernen Bauordnungen von ausschlaggebender Bedeutung sind.

Stübben, Über Städteerweiterung, besonders in hygienischer Beziehung. 12. Versammlung zu Freiburg i. Br., Sept. 1885. Bericht in der deutschen Vierteljahrsschrift für öffentliche Gesundheitspflege 1886, H. 1.

Miquel u. Baumeister, Maßregeln zur Erreichung gesunden Wohnens. 15. Versammlung zu Straßburg i. E., Sept. 1889. Bericht wie oben, 1890, H. 1.

Stübben u. Zweigert, Handhabung der gesundheitlichen Wohnungspolizei. 17. Versammlung zu Leipzig, Sept. 1891. Bericht wie oben 1892, H. 1.

Adickes u. Baumeister, Die unterschiedliche Behandlung der Bauordnungen für das Innere, die Außenbezirke und die Umgebung der Städte. 18. Verammlung zu Würzburg, Mai 1893. Bericht wie oben, 1894, H. 1.

Adickes, Hinkeldeyn u. Classen, Die Notwendigkeit weiträumiger Bebauung bei Stadterweiterungen und die rechtlichen und technischen Mittel zu ihrer Ausführung. 19. Versammlung zu Magdeburg, Sept. 1894. Bericht wie oben, 1895, H. 1.

Stübben u. Küchler, Maßnahmen zur Herbeiführung eines gesundheitlich zweckmäßigen Ausbaues der Städte. 20. Versammlung zu Stuttgart. 1895. Bericht wie oben, 1896, H. 1.

Reincke, Stübben u. Adickes, Die kleinen Wohnungen in Städten, ihre Beschaffung und Verbesserung. 25. Versammlung zu Trier, Sept. 1900. Bericht wie oben, H. 1.

Rumpelt u. Stübben, Die Bauordnung im Dienste der öffentlichen Gesundheitspflege. 28. Versammlung zu Dresden 1903. Bericht wie oben, 1904, H. 1.

Dritter Teil.

Die Grundlagen der kommunalen Boden- und Wohnungspolitik, zugleich die Grundzüge zur Besserung der jetzigen Zustände.

Erster Abschnitt.

Über die Dezentralisation der Städte.

1. Einleitende Bemerkungen.

Wir haben uns im Verlaufe der vorigen Abschnitte überzeugt, daß die Wertsteigerung des städtischen Bodens, so staunenswert und weitgehend sie zunächst auch dem unbefangenen Beobachter erscheinen mag, eine durchaus natürliche Erscheinung ist, die mit dem enormen wirtschaftlichen Aufschwung und der außerordentlich raschen Vergrößerung unserer Städte aufs innigste zusammenhängt. Weiterhin mußten wir konstatieren, daß eine ganze Reihe anderer Momente, die man zur Erklärung einer sogenannten künstlichen Wertsteigerung, die sich zu dieser natürlichen Wertsteigerung allgemein hinzuaddiere, herbeigezogen hat, sich nicht als stichhaltig erwiesen haben. So vermag insbesondere weder die Bodenspekulation allein, noch unter der Mitwirkung der verschiedensten unterstützenden Momente (Bodenmonopol, Zurückhalten von Bauland, schmaler Rand, Organisation des Immobiliarkredits usw.) die Bodenpreise dauernd oder im Durchschnitt über ihre natürliche Höhe emporzutreiben. Wenn es auch sicherlich vorkommt, daß durch allerlei Stimmungsmache, Spekulationsfieber weiterer Kreise usw. große Übertreibungen und gelegentliches Hötertreiben der Bodenpreise weit über den reellen Wert bewirkt werden, so reguliert sich das doch alles immer wieder nach einiger Zeit von selbst durch irgendwelche Krisen auf dem Grundstückmarkt, so daß im allgemeinen die Bodenwertkurve, die in unseren rasch wachsenden Städten naturgemäß in stetem Steigen begriffen ist, durch derlei Geschehnisse wohl Erhebungen und Senkungen erhält, die stärker sind, als das ohne Hinzutreten der Spekulation der Fall wäre, in ihrem durchschnittlichen Mittelwert aber kaum beeinflußt wird.

Weiterhin kamen wir zu der Erkenntnis, daß die nun einmal gegebenen hohen Bodenwerte früher und zum Teil auch jetzt noch eine immer intensivere Grundausnutzung mit all ihren hygienischen Mißständen nötig machten, um den absolut hohen Bodenwert durch Verteilung auf möglichst viele Anwohner zu einem relativ billigen zu machen. So sehen wir denn weiter, daß unter den bei uns in Deutschland nun einmal gegebenen Verhältnissen sich immer mehr eine Wohnform geltend machte, die Mietwohnung, das städtische Etagenhaus, das zunächst als eine durchaus zweckmäßige Befriedigung des Wohnbedürfnisses des größten Teils der städtischen Bevölkerung anzusehen war, mit der Zeit in seinen Auswüchsen, der Mietkaserne aber mit Recht von allen, denen die Volkswohlfahrt am Herzen lag, verdammt wurde.

So greifen denn alle Besserungsvorschläge immer auf die hohen Bodenwerte zurück und versuchen diese niedriger zu halten, ihr weiteres Anwachsen in großen Orten zu verhindern, es in kleinen Orten überhaupt nicht so weit kommen zu lassen.

Sehr leicht hatten es da die Anhänger all der Theorien von dem nachteiligen Einfluß der Spekulation. Sie sahen in dieser die Hauptursache der Wertsteigerung und brauchten demgemäß nur nach Bestimmungen zu verlangen, welche dieselbe möglichst einschränken und verhindern sollten. Wir haben den wirklichen Wert solcher Baubeschränkungen, der Erschwerung und Belastung des Grundstückhandels, die sie zur Folge haben, schon mehrfach besprochen. Wir konnten konstatieren, daß sie, weil auf falschen Voraussetzungen beruhend, den beabsichtigten Zweck einer Niederhaltung der Bodenwerte im allgemeinen nicht erreichen konnten, und die praktische Erfahrung hat diese Anschauungen bestätigt.

Nirgends ist es vor allem gelungen durch Baubeschränkungen irgend welcher Art, Steuern und Lasten, die dem Grundstückhandel aufgelegt wurden, die Wohnungspreise, die Mieten herabzusetzen, was ja doch der Zweck der ganzen Sache war.

Im Gegenteil, wir kamen zu der Meinung, daß die schlechten Wohnverhältnisse, vor allem der große Wohnungsmangel, über den in vielen Städten andauernd geklagt wird, zum Teil sicherlich auf die durch alle diese Maßnahmen hervorgerufene Erschwerung des Grundstückhandels, damit der Bautätigkeit usw. zurückzuführen ist, daß vor allem bei dem privaten Unternehmertum auf Grund derselben vielerorts eine tiefgehende Mißstimmung bestehe, die ihnen ihre Erwerbstätigkeit, den Bau städtischer Wohnungen verleidet, weil er unter den gegenwärtigen Verhältnissen vielfach zu unrentabel erscheint. So muß denn die Bevölkerung der betreffenden Städte vielfach die Folgen dieser zwar wohlgemeinten, aber im Grund nur verfehlten Reformvorschläge tragen, die mißverstandene Wohnungs- und Sozialpolitik gezeitigt haben.

Auf diese Weise geht es also nicht weiter. Wenn man sich nun fragt, können wir es auf Grund der von uns und anderen vertretenen natürlichen Wertsteigerung des Bodens für möglich halten und hoffen, ein weiteres Ansteigen der Bodenpreise zu verhüten, namentlich in den Außenbezirken und Stadterweiterungsgebieten, so müssen wir sagen, daß wir uns zu dieser Meinung allerdings berechtigt halten. Wir sahen ja, daß die natürliche Wertsteigerung des Bodens im allgemeinen in den rasch wachsenden und dicht besiedelsten Städten ihre größte Höhe erreicht, daß sie weiterhin im allgemeinen dort am höchsten steht, wo die Stadtanlage am zentralisiertesten ist, wo die meisten Menschen aus allerlei Gründen zu wohnen oder Geschäft- und Arbeitsstätten zu mieten verlangen. So werden denn auch in den sogenannten „besten Lagen", in denen einerseits die Wohnungsnachfrage am größten ist, anderseits der geringste Raum zur Befriedigung dieses Bedürfnisses zur Verfügung steht, die höchsten Bodenwerte beobachtet.

Je mehr Menschen also auf einem durch allerlei Verhältnisse vorgezeichneten bestimmten Raume wohnen wollen, je dichter auch schon das rundum gelegene Gebiet besiedelt ist, um so höher steigen die Bodenwerte. Sie hängen also ab:

1. von der Größe der Stadt und der Bevölkerungsmasse,
2. der Entwicklungstendenz der Stadt, ihrem wirtschaftlichen Aufschwung und
3. der Bebauungsintensität, als Ausdruck für die bauliche Ausnutzung des Bodens und damit die Bevölkerungsdichte.

Man könnte also auch in dreifacher Hinsicht Abhilfe gegen das natürliche Ansteigen der Bodenpreise in den Städten versuchen.

1. Die Möglichkeit, ein weiteres Wachstum der Städte willkürlich zu hemmen, wird ja vielleicht durch die Bestrebungen der inneren Kolonisation, von der jetzt so viel die Rede ist, geplant. (Man denkt vor allem an die Kultivierungsfähigkeit der deutschen Moor- und Heideländereien, die, soweit sie noch nicht kultiviert sind, mindestens 3500000 ha ausmachen, Denkschrift des Vereins für Moorkultur über die Entwicklung unserer Moor- und Heideländer.) Es ist aber wohl jeder sich klar darüber, daß selbst bei denkbar bestem Gelingen derselben immer nur ein relativ kleiner Teil der Bevölkerung in dieser Weise auf den neu erschlossenen Gebieten angesiedelt werden kann und daß unser Städtewachstum nichts destoweniger weiter voranschreiten wird. Wenn auch vielleicht, wie wir gleich hinzusetzen wollen, in etwas anderer Weise, vor allem vielleicht dadurch gekennzeichnet, daß die Großstädte selbst etwas weniger rasch zugunsten der Klein- und Mittelstädte wachsen.

2. Die wirtschaftliche Entwicklung unserer Städte aufzuhalten, wird ebenfalls niemanden einfallen, dagegen kann man gewiß daran denken, das geschäftliche Leben ein und derselben Stadt nicht nur in einem einzigen Stadtteil, der City, kulminieren zu lassen,

sondern dasselbe ebenfalls zu dezentralisieren, indem man versucht, dasselbe zum Teil auf verschiedene kleinere Geschäftsviertel usw. in den Vororten und anderen Stadtteilen abzulenken. So ist gerade in letzter Zeit von verschiedenen Städten berichtet worden, daß die Bevölkerung zur Erledigung z. B. der Weihnachtseinkäufe keineswegs mehr so ausschließlich altem Brauch folgend die City und die dortigen Geschäfte aufsucht, sondern immer mehr von der Kaufgelegenheit in den Vororten selbst Gebrauch macht und zu der Erkenntnis kommt, daß sie viele Waren dort in derselben Qualität und zum selben Preis erhält wie in der City.

3. Die Versuche, eine geringere Bevölkerungsdichte auf dem städtischen Boden zu erzielen, versprechen gegenwärtig den meisten Erfolg. Man darf das aber nicht im Sinne der früheren Baubeschränkungen versuchen, die meist zur Folge hatten, daß da, wo die Bevölkerung nun einmal zu wohnen angewiesen war, zu wenig Wohnungen geschaffen wurden, ohne daß andersartiger Ersatz beschafft wurde. Man hat früher sogar in dem Gedanken, ja nur die Spekulation nicht zu begünstigen, bisweilen eine Erschließung der Außengelände absichtlich gehemmt, und so erst recht eine Überfüllung der ihrer Zahl nach ohnehin durch die Baubeschränkungen verminderten Wohnungen bewirkt und so die Bodenpreise gesteigert.

Man muß vielmehr in weitgehendster Weise versuchen, der Wohnungsnachfrage der städtischen Bevölkerung ein möglichst großes Angebot gegenüberzustellen, das wieder dadurch zu ermöglichen, daß man dem gewerbsmäßigen Bauunternehmertum einen möglichst großen Vorrat baureifen Landes und fertiger Baustellen in den verschiedensten Teilen der Stadt und des Stadterweiterungsgebietes zur Auswahl zur Verfügung stellt. Das kann aber keineswegs durch eine Erschwerung, sondern nur durch eine Erleichterung des Grundstückhandels und der Terrainunternehmung erzielt werden. Alle diese Bestrebungen, die seit einer Reihe von Jahren mehr und mehr, wenn auch keineswegs immer aus obigen Beweggründen, in den Vordergrund der städtebaulichen Entwicklung getreten sind, faßt man gegenwärtig mit dem Ausdruck, um nicht zu sagen Schlagwort: „Dezentralisation" zusammen.

In diesem Sinne habe ich schon 1906 (a. a. O., S. 428) ausgeführt, daß es Aufgabe der Bodenpolitik und teilweise der auf ihr beruhenden Wohnungsreform sein müsse, zu versuchen, „durch die Dezentralisation der Großstädte das übermäßige monopolartige Ansteigen der Bodenpreise in dem sonst einzigen geschäftlichen Mittelpunkt zu verhüten, daß sie bestrebt sein müsse, durch Erleichterung des Vorortsverkehrs, durch Anlage von Villenkolonien, Gartenstädten usw. solche Personen, die nicht unbedingt in der Stadt wohnen müssen, aus derselben herauszuziehen, so die Stadt zu entlasten und hier die Wohnungsnachfrage geringer zu machen.

Das wirke bis zu einem gewissen Grade der weiteren Preissteigerung entgegen.“

Man denkt bei einer derartigen Dezentralisation nun keineswegs an eine Entvölkerung der Großstädte. Vielmehr daran, z. B. allerlei industrielle und sonstige Unternehmungen, die nicht unbedingt auf einen Sitz in der Großstadt angewiesen sind, aus derselben in kleinere, mittlere Städte oder aufs Land hinausziehen, nicht minder den Teil der städtischen Bevölkerung, der nicht unbedingt in der Stadt wohnen muß, und zwar dadurch, daß man ihm nun in weitgehendster Weise auf dem bisher unbebauten Terrain außerhalb der Städte entsprechend gute, angenehme und billige Ansiedelungsmöglichkeiten schafft.

Die Dezentralisation will also einmal das fortwährende Wachstum der großen Städte zwar nicht aufhalten, aber doch weniger rasch vor sich gehen lassen, und anderseits ein außerordentlich großes Angebot von Baustellen und Wohnungen auf dem Gelände außerhalb und im Umkreis der Städte bewirken.

Beide Faktoren müssen nach unserer Ansicht von der natürlichen Wertsteigerung des Bodens einem weiteren Steigen der Bodenwerte in der Innenstadt in wirksamster Weise entgegenwirken, dasselbe zum mindesten verlangsamen, eventuell ganz aufhalten. Denkbar ist auch der Fall, daß sogar eine Wertminderung daselbst eintritt, wovon Anläufe in einzelnen Orten bereits zu beobachten sind.

Diese Wirkung auf die Bodenwerte muß sich bei einer genügenden Förderung der Dezentralisation auch dann zeigen, wenn mit ihr keinerlei Maßnahmen in dem Sinne verbunden werden, wie sie die radikalste Richtung der Bodenreform anstrebt, die im wesentlichen darauf hinauslaufen, den ganzen Grund und Boden in kommunalen Besitz zu überführen. Auch einer besonderen Einschränkung der Bodenspekulation bedarf es dabei nicht; dieselbe wird in ihren Auswüchsen am besten dadurch getroffen, daß vor allem durch möglichst weitgehende Erschließung von Baugelände eine möglichst große Konkurrenz unter den einzelnen Terrainunternehmern, seien es nun private oder Gesellschaften, geschaffen wird. Das drückt am meisten auf die Grundstückpreise, weit mehr als irgendwelche baupolizeiliche Beschränkungen.

Auch v. Mangoldt kommt auf Grund seiner Theorie des „schmalen Rands“ zu der Überzeugung, daß in der Dezentralisation das wirksamste Mittel gegen die von ihm behaupteten Folgezustände zu erblicken sei. Wir haben bereits gesehen, daß dieser schmale Rand nicht existiert und werden weiter noch zu der Überzeugung kommen, daß es ganz andere Gründe sind, die für die jetzige zentralisierte und dichtbebaute Stadtanlage verantwortlich zu machen sind. Die Besitzer der Grundstücke im schmalen Rand, soweit man von ihm überhaupt reden kann, haben herzlich wenig Einfluß auf diese Entwicklung gehabt, wenn sie auch gewiß davon profitierten. Es sprachen bei dem Werdegang der deutschen Städte im letzten Jahrhundert eine ganze Reihe von Momenten mit, die teilweise in direktem Gegensatz zu anderen Ländern, wie England, Amerika, auch Belgien, eine starke und weitgehende Konzentration der städtischen Bevölkerung begünstigten. Am wenigsten war, wie wir vielleicht schon vorgreifend sagen können, die Stadterweiterungspolitik die primäre Ursache davon, sie hat nur den Verhältnissen, wie sie damals lagen, nachgegeben. Das Wesentliche war, daß die Stadtbewohner selbst bei uns in Deutschland früher eine Dezentralisation nicht wünschten, und so hatten die Stadtverwaltungen zunächst auch keine Veranlassung, dieselbe zu begünstigen.

Ehe wir nun weiter gehen, wollen wir zunächst eine Übersicht über die oft behandelte Frage geben, weshalb speziell bei uns in Deutschland die Konzentration der städtischen Bevölkerung eine so viel weitgehendere geworden ist, wie in manchen anderen Ländern. Das führt uns zunächst zur Frage, weshalb überhaupt ein so großer Teil der Bevölkerung in den Städten und Großstädten Unterkommen sucht. Wir werden dann weiterhin zusehen, in welchen Punkten sich da heutzutage eine Änderung vollzieht.

2. Was treibt die Menschen in die Städte? [1]

Die Nationalökonomen haben seit langem darauf hingewiesen, daß in dem Maße, wie das Emporblühen der Industrie bei uns immer mehr eine Verschiebung vom reinen Agrarstaat zum Industriestaat bewirkte, gleichzeitig auch die stets zunehmende Entwicklung des Weltverkehrs eine sehr scharfe Konkurrenz für die landwirtschaftlichen Produkte brachte. Immer größer wurde der Import landwirtschaftlicher Erzeugnisse aus überseeischen Ländern, da dieselben wesentlich billiger produzieren konnten. Durch Schutzzölle usw. versucht man seit langem diese drohende Konkurrenz für unsere Landwirtschaft, soweit das ohne schwere Benachteiligung der Konsumenten möglich ist, erträglich zu machen. Aus diesen Gründen wurde weiterhin Deutschland immer mehr darauf angewiesen, die industrielle Entwicklung fortzuführen, um fremden Ländern die Erzeugnisse der Industrie zu liefern und dagegen Rohstoffe und Nahrungsstoffe einzutauschen.

Nicht selten ist behauptet worden, daß die Landflucht keineswegs so intensiv hätte einsetzen müssen, da sich bei uns noch immer große Strecken unbebauten Landes fänden, die nutzbar gemacht werden könnten (z. B. die Moor- und Heideländer), daß vielfach auf dem Lande Mangel an Arbeitern herrsche usw. Aber das alles beweist schließlich doch nur, daß ein Anbau dieser Gebiete und auch die Lohnarbeit in der

---

[1] S. unter anderem Pohle, die Wohnungsfrage, I, und v. Mangoldt, die städtische Bodenfrage.

Landwirtschaft nicht rentabel genug erscheint gegenüber einer entsprechenden Beschäftigung in Industriezweigen.

Ebenso ist wohl zuzugeben, daß durch entsprechende Behandlung des erschöpften Bodens (Stickstoffzufuhr), durch genügende Melioration, durch weitergehende Einführung der Maschinenkraft etc. an Stelle der teuren menschlichen Arbeitskraft die Erträgnisse der Landwirtschaft sich noch wesentlich steigern lassen werden. Es kommt aber auch hier zunächst nur darauf an, ob diese Einrichtungen zurzeit bereits vorhanden sind und einer entsprechend größeren Zahl von Personen in der Landwirtschaft genügenden Erwerb ermöglichen. Davon kann zurzeit aber noch nicht die Rede sein und so strömt der ganze Bevölkerungszuwachs immer weiter der Industrie zu.

Warum hat sich nun früher die Industrie fast ausschließlich in den Städten, teilweise sogar direkt in den Großstädten angesiedelt? Dazu mußten allerdings gewisse Voraussetzungen erfüllt sein. Vor allem mußten die Verkehrsmittel so weit entwickelt sein, daß die Industrie ihre wichtigsten Rohstoffe und namentlich auch die Kohle zur Erzeugung der motorischen Kraft ohne erhebliche Kosten überall hin transportieren konnte. Anderseits wurde es durch eine derartige Entwicklung der Verkehrsverhältnisse auch erst ermöglicht, die ungeheuren Menschenmassen, welche unsere Städte bevölkern, mit den notwendigen Nahrungsmitteln und sonstigen Bedürfnissen zu versehen, da das umliegende Land diese natürlich längst nicht mehr liefern konnte. Endlich bedurfte es auch der Entwicklung einer ganzen Reihe städtehygienischer Einrichtungen, wie Wasserleitung, Kanalisation, Beseitigung der städtischen Schmutz- und Abfallstoffe, Entwicklung des Medizinalwesens usw., um die Anhäufung so großer Menschenmassen, wie sie die Großstädte einschließen, ohne ernste gesundheitliche Gefährdung, speziell durch die großen Epidemien, zu ermöglichen.

Alle diese Voraussetzungen erfüllten sich im Laufe des vorigen Jahrhunderts in immer vollkommenerem Maße und so war der Boden für die Entwicklung der Industrie in den Städten genügend vorbereitet. Im übrigen greifen wir aus der Reihe von Gründen, die für die bisherige Ansiedelung der Industrie in den Städten sich anführen lassen und von den verschiedensten Autoren bereits angeführt wurden, die bedeutsamsten heraus:

1. Geschichtliche Gründe. Von jeher waren die Städte Sitz des Handels, des Gewerbefleißes und der Finanz. Alles, was die Industrie braucht, fand sie hier bereits in entsprechenden Anfängen oder weiterer Ausbildung vor, z. B. Arbeiter, Unternehmer und eine kaufkräftige Bevölkerung als Konsumenten der produzierten Güter. Andere Industriezweige bedurften wieder der Hülfe und Ergänzung durch Industriezweige, die sich bereits in den Städten etabliert hatten, z. B. Maschinenfabriken usw. Dazu kam die größere Rechtssicherheit in

den Städten, die besseren Verkehrsgelegenheiten mit anderen Städten und den umgebenden Landorten etc.

2. Die Tendenz der Industrie sich zusammenzuhäufen, indem nicht selten gewisse Unternehmungen die Erzeugnisse anderer Industrien verarbeiten, anderseits auch gewisse Einrichtungen, wie Wasserversorgungen, Wasserkraft, Abwasserbeseitigung, Geleisanschlüsse usw. von verschiedenen Werken gemeinsam benutzt werden. Derartige Bedingungen waren früher noch am ehesten in den Städten vorhanden.

3. Vor allem war es natürlich die erhebliche Kaufkraft der städtischen Bevölkerung, welche die Industrie anzog. Je weniger entwickelt die Verkehrsverhältnisse waren, um so mehr war die Produktion der Waren darauf angewiesen, möglichst nahe bei den Konsumenten ihren Sitz zu nehmen. Außerdem waren die Städte meistens so wie so Handelsplätze, d. h. sie standen in lebhaftem Marktverkehr mit der Umgebung. Die Industrie, die in den Städten sich ansiedelte, fand also bereits alle Bedingungen für den Absatz ihrer Produkte vor, anderseits zog sie aber auch wieder einen lebhaften Handel, Kleinhandel, Verkehr usw. nach sich, z. B. zur Versorgung der in der Industrie beschäftigten Personen. Das steigerte dann wieder die Kaufkraft der Bevölkerung.

4. Die für die Industrie so bedeutsame Beschaffung eines reichlichen Kredits war in den Städten am ehesten möglich, da sich hierhin von jeher das Kapital zurückgezogen hatte, hier die Banken sich etablierten usw. So wird darauf aufmerksam gemacht, daß in den Städten zuerst die Bedeutung des mobilen Kapitals erkannt wurde, in denselben der Ausgangspunkt der Geldwirtschaft und der ganzen modernen Finanzwirtschaft zu suchen ist. „Die Technik des Finanzhaushaltes der deutschen Städte im Mittelalter“ von Dr. Schönberg, Berlin 1910.

5. Vor allem fand die Industrie in den Städten ein reiches Angebot von Arbeitskräften, dabei meist geschulte und tüchtige Arbeiter. „Die Arbeiter der Großstadt stellen auch, das darf man kühnlich behaupten, in vielen Fällen die Elite der Arbeiterschaft dar. Es sind die kräftigsten, gewandtesten und intelligentesten Arbeiter, die in die Großstadt strömen .... Die großstädtischen Arbeiter arbeiten schneller und intensiver als die vielfach noch im behaglichen Arbeitstempo der guten, alten Zeit arbeitenden Gesellen und Handwerker der Kleinstadt“ (Pohle, Die Wohnungsfrage, I, S. 31). Daß der Arbeiter sich gerade mit besonderer Vorliebe in die Städte und Großstädte begibt, hat allerdings eine Reihe von Ursachen. Einmal ist natürlich die Arbeitsgelegenheit entsprechend der großen Zahl der Industrien und Gewerbe am größten und die Auswahl einer passenden Arbeit, die der betreffende leisten kann, am leichtesten, dann sind die Löhne höher, und es ist meist Gelegenheit zum Nebenverdienst für die Familie, Frau sowohl wie Kinder, vorhanden. Dazu kommen auch für den Arbeiter all

die Gründe in Betracht, welche überhaupt die Massen in die Städte ziehen (siehe unter 10). Aber auch die sonstigen Hilfskräfte und Angestellten der Industriewerke, wie z. B. Unternehmer, technisches, wissenschaftliches und kaufmännisches Personal finden sich in den Städten am ehesten vor, um so mehr, je größer die Städte schon sind und je mehr Industriewerke sich daselbst bereits etabliert haben. Je mehr ein Industriewerk zur Großindustrie heranwächst, um so mehr ist es darauf angewiesen, große Arbeitsmassen und Personalmassen jeden Augenblick zur Verfügung zu haben, um eventuelle Lücken sofort wieder ausfüllen, bei Arbeiterunruhen andere Kräfte heranziehen zu können usw., Bedingungen, wie sie früher namentlich bei geringer Entwicklung des Verkehrs- und Nachrichtenwesens am ehesten in den Städten anzutreffen waren.

6. Ein nicht unwesentlicher Faktor ist auch darin zu sehen, daß in der Großstadt im allgemeinen der Schutz der Arbeit und die Rechtssicherheit am größten, polizeiliche und eventuell militärische Hilfe (bei Arbeiterunruhen) am schnellsten zur Hand ist.

Waren die bisher genannten Gründe solche, welche überwiegend die Industrie in die Städte zogen, so kommen nun noch eine ganze Reihe weiterer Faktoren hinzu, die nun überhaupt aus ideellen oder Erwerbsrücksichten die Menschen in die Städte treiben, den Zug vom Lande in die Städte erklären.

7. Die Städte waren von jeher der Sitz der höheren Behörden und Verwaltungen. Eine je höhere Instanz dieselben darstellen, je mehr auch sie wieder Zentralen sind, in denen die Fäden der untergeordneten Stellen zusammenlaufen, je mehr derartige Behörden zu einer Zentralbehörde zusammengefaßt werden müssen, um so mehr wandern dieselben nach den Großstädten und der Reichshauptstadt. Das führt denn auch ein Heer von höheren und niederen Beamten, Sekretaren, Dienern etc. mit ihren Familien und dem zugehörigen Personal in diese Städte.

8. Viele der sogenannten „freien Berufsarten" finden naturgemäß in den Städten die günstigsten Erwerbsbedingungen und zwar um so ausschließlicher, je mehr nur ein relativ kleiner Teil der Bevölkerung ihre Dienste in Anspruch nimmt. Ein gutes Beispiel dafür ist die Spezialisierung in der ärztlichen Wissenschaft; die Spezialisten für Hals-, Augen-, Blasen- etc. Krankheiten, die außerdem nicht noch allgemeine Praxis ausüben, finden alle nur in Städten eine entsprechende Patientenzahl. Ebenso medikomechanische Anstalten, solche für Lichttherapie etc. Auch bei der Spezialisierung im Handel und Handwerk ist es ähnlich. Je weiter die Spezialität geht, je feiner die Arbeitsmethoden und die dazu benötigten Hilfsmittel sind, um so mehr sind die betreffenden Personen auf städtische Verhältnisse angewiesen. Überhaupt entwickelt die Großstadt immer wieder neue Berufsarten, die nur unter den hier herrschenden besonderen Verhältnissen Existenzmöglichkeiten bieten,

z. B. das Institut der messenger-boys, die Dame, die als Feinschmeckerin in hochherrschaftliche Häuser geht, lediglich um den von anderen gekochten Genüssen der Tafel noch die letzte Würze zu geben, die Leute, die davon leben, daß sie die gebrauchten Flaschenkorke in Wirtschaften sammeln und wieder auffrischen, die Leute, die an den überfüllten Theaterkassen bei starkem Andrang halbe Tage lang warten, und die erhaltenen Billete mit entsprechendem Aufschlag wieder verkaufen usw., alles Berufsarten, die teilweise ganz gut ihren Mann nähren. Findige Köpfe finden immer wieder in der Großstadt neue Erwerbsquellen ähnlicher Art. Dazu gehören auch die „Erwerbsaussichten" für allerlei Gesindel, Verbrecher, Diebe, Prostituierte, Hochstapler und Bettler, die alle proportional der Größe der Stadt wachsen. Dazu kommt die Möglichkeit, sich hier am ehesten den Nachforschungen der Behörden entziehen und im Gewühl der Großstadt unentdeckt bleiben zu können.

9. Personen ohne bestimmten Beruf, wie Rentner, Pensionäre, Almosenempfänger etc. suchten namentlich früher mit besonderer Vorliebe die Städte auf, wegen der mannigfachen Anregungen und Annehmlichkeiten, die sie bieten, vornehmlich Städte mit geringen Kommunalsteuern und besonderen Anziehungspunkten, wie z. B. Wiesbaden, Baden-Baden, Freiburg, Koblenz und andere. Jetzt ziehen solche Personen vielfach in die Vororte großer Städte.

10. Psychologische Gründe, wie man sie genannt hat. Die aufblühenden Städte wurden für die Bevölkerung draußen auf dem Lande das Märchenland, von dem ihnen durch die Zeitungen, ihre Kinder, die zum Verdienst oder zur Ableistung ihrer Wehrpflicht in die Städte zogen, Wunderdinge erzählt wurden. Alles was an Errungenschaften der Wissenschaft, Technik, des Verkehrs, Vergnügungswesens usw. neu geschaffen wurde, kam zuerst der städtischen Bevölkerung zur Kenntnis und Anschauung, erst von hier aus der Landbevölkerung. So folgten denn die Geschäftsleute, die in kleinen Landorten ein Vermögen gesammelt hatten, die Beamten, die sich zur Ruhe setzten und viele andere diesem Anreiz der Städte und brachten ihren Lebensabend dort zu. Den einen lockten die gesellschaftlichen Vergnügungen, Theater, Konzerte, die geistigen Anregungen durch Vorträge, Rezitationsabende, Museen, den anderen die Gelegenheit sich auf politischem Gebiete betätigen und das stärker entwickelte Vereinsleben genießen zu können. Dazu kam für viele der Wunsch, dem kleinstädtischen Klatsch zu entrinnen, die großstädtische Freiheit und Unabhängigkeit zu genießen; alles Gründe, die früher die Menschen um so mehr veranlaßten, sich innerhalb der Städte anzusiedeln, je weniger durch die fehlende oder ungenügende Entwicklung des Lokalverkehrs Gelegenheit gegeben war, sich an der Peripherie derselben oder in nah gelegenen Vororten anzusiedeln und doch an den Genüssen des städtischen Lebens teilzunehmen.

Unterstützt wurde dieser Zug vom Lande in die Städte bei uns in Deutschland sicherlich auch durch das früher nur bei einem sehr kleinen Teil der Bevölkerung anzutreffende Bedürfnis nach sportlicher und touristischer Betätigung in freier Natur, womit vielfach, wenn auch nicht gerade eine Mißachtung, so doch ein geringes Verständnis für die Vorzüge und Schönheiten des Landlebens verbunden war. Umgekehrt begünstigte sicherlich die dem Deutschen besonders in früherer Zeit eigentümliche Vorliebe für das Wirtshausleben mit all seinen Abwechslungen, wie Frühschoppen, Abendschoppen, Skatabende usw. die Neigung, sich innerhalb der Städte und in der Nähe der Wirtshäuser anzusiedeln.

11. Sehr begünstigend für die Konzentration der Städte wirkte dann namentlich die mangelhafte Entwicklung des Lokalverkehrs, die ungenügende Entwicklung des Nachrichten- und Postwesens und damit zusammenhängend die

12. Abneigung der Bevölkerung in einzelnen isoliert liegenden und weit vorgeschobenen Häusern oder Häusergruppem außerhalb der Städte zu wohnen.

13. Eine Reihe von Momenten, welche früher von seiten der Stadterweiterungspolitik die Ansiedelung außerhalb der Städte, eine „Dezentralisation" im modernen Sinne erschwerten. Es ist aber wohl ein Irrtum, in diesen Faktoren die Hauptursache für die starke Konzentration der früheren Stadtanlagen zu suchen. Es war vor allem die Bevölkerung selbst, welche die bauliche Entwicklung der Städte im Zusammenhang mit dem bereits bebauten Teil vollzogen haben wollte, ihre bereits betonte Abneigung in isoliert stehenden Gebäuden außerhalb zu wohnen, das mangelhafte Verständnis für die Vorzüge des Landlebens usw. Die Stadtverwaltungen hatten also im allgemeinen wenig Ursache, eine starke Dezentralisation der Städte zu begünstigen, der die Bevölkerung, wie die Dinge damals lagen, doch nicht nachgekommen wäre. Gewiß mag früher manchmal das Verbot des Anbaues an unfertigen, nicht entwässerten Straßen eine Ansiedelung außerhalb der Städte erschwert haben, im gleichen Sinne mögen manche Baubeschränkungen und Baupolizeibestimmungen gewirkt haben, man darf aber nie vergessen, daß das alles nur eine Folge des ganzen Werdeganges unserer Städte war, wie er sich nun einmal auf Grund des deutschen Volkscharakters, des hier herrschenden Wohnbedürfnisses und der alteingewurzelten Wohnsitten entwickelte. Diese führten deshalb auch in Deutschland zu ganz anderen Siedelungsformen, als in anderen Ländern, namentlich in England und Amerika, wo die Lebensgewohnheiten der Bevölkerung ganz andere sind wie bei uns (wie A. Voigt wohl zuerst hervorgehoben hat).

Hätte in früheren Zeiten bei uns wirklich ein dringendes und starkes Bedürfnis nach einer dezentralisiererten Anlage der Städte bestanden, so wären die maßgebenden Verwaltungen demselben mit der Zeit sicher nachgekommen. Schließlich leben doch die städtischen Verwaltungsbeamten und diejenigen Personen, welche in den städtischen

Ausschüssen, im Stadtrat usw. über solche Fragen zu entscheiden haben, in derselben Zeit wie die große Masse der Bevölkerung, haben dieselben Lebensanschauungen und Gewohnheiten und folgen bei den Maßnahmen der Stadterweiterung den Wünschen und Meinungen ihrer Mitbewohner.

Wir können das Gesagte dahin zusammenfassen, daß allerdings eine Unmenge von Faktoren sich dafür anführen lassen, daß der große Menschenzuwachs des Deutschen Reichs sich in so hohem Maße in die Städte und speziell die mittleren und großen Städte ergoß, daß weiterhin in dem deutschen Volkscharakter, den von alters her herrschenden Wohnsitten, den Liebhabereien und Abneigungen der Bevölkerung die Gründe dafür zu suchen sind, daß die Stadtanlagen bei uns eine so große Konzentration, eine so große Besiedelungsdichte aufweisen. Diese Verhältnisse waren es in letzter Linie, welche schließlich Wohnformen und Wohnungszustände veranlaßten, wie wir sie jetzt beklagen und zu bessern bestrebt sind.

Da ist es denn von ungeheurer Tragweite für die weitere Entwicklung unseres städtischen Lebens, daß sich allmählich und in den Anfängen teilweise schon um Jahrzehnte zurückliegend eine Wandlung in den letztgenannten Faktoren vollzieht. Dieselbe wurde anfänglich kaum beachtet, bereitet aber immer mehr den Boden für bessere und günstigere Verhältnisse vor. Und zwar hat dieselbe schon längst und zu einer Zeit begonnen, als noch niemand bewußt und mit Verständnis von „Dezentralisation" sprach, als „Wohnungsreform", „Bodenreform" und sonstige Reformen noch unbekannte und ungenannte Dinge waren. Auf diese Wandlungen gründet sich der Gedanke und die Hoffnung auf Besserung der gegenwärtigen Zustände, und so wollen wir denn die wichtigsten diesbezüglichen Gesichtspunkte im nächsten Abschnitt behandeln.

3. Die Dezentralisation der Städte.

Unter den Momenten, welche in der Gegenwart eine Dezentralisation der Städte ermöglichen und teilweise schon in Gang gebracht haben, sehen wir die bedeutsamsten in denen, welche wir den im vorigen Abschnitt unter 10 als psychologische angeführten Gründe der städtischen Konzentration gegenüberstellen wollen.

Wenn jemand, der jetzt im mittleren Lebensalter steht, sich in seine Jugend- und Kinderjahre zurückversetzt und sich erinnert, wie damals unsere Vorfahren lebten, was sie ihm von ihrer Jugend erzählten, und was ihre Neigungen, Unterhaltungen und Ideale waren, so muß jedem ein tiefgreifender Unterschied gegen die heutigen Verhältnisse auffallen. Damals schätzten bei uns in Deutschland die wenigsten Menschen körperliche Übungen, selbst ausgedehntere Spaziergänge, Wanderungen im modernen Sinne durch die deutschen Wälder und Berge waren ein von den wenigsten gewürdigter Genuß, von einer systematischen Pflege moderner Sportarten war erst recht keine Rede. Wie lebte überhaupt damals der gebildete Mensch, der Mittelstand und bessere Bürgerstand? Untertags ging man brav seiner Arbeit nach, etwas weniger hastig wie heute, mit etwas mehr Ruhe und Behagen, und als Unterhaltung und Vergnügen zwischendurch und nach der Tagesarbeit kam für den Mann der deutschen Mittel- und Kleinstadt im wesentlichen das Wirtshaus in Betracht. Es war die typische Zeit des Bierphilistertums, der Früh-, Dämmer- und Abendschoppen, der Skatabende und Stammtische. Hier erholte man sich von des Tages Mühen, besprach die Zeitereignisse und politisierte. An Sonntag Nachmittagen riskierte man auch wohl einen Spaziergang um die Mauern der Stadt. Selbst die heranwachsende Jugend, die Zöglinge der höheren Schulen und die Studenten machten es nicht viel anders. Bei ihnen wurde der Stammtisch zur Kneipe, das behagliche Bierphilisterium zum Trinkzwang und Kommers, Sport, Leibesübungen, Wanderungen etc. pflegten auch von den jüngeren Leuten die wenigsten, und die es taten, galten nicht selten als Sonderlinge und verrückte Kerle.

Wie unendlich viel hat sich seitdem im Leben unseres Volkes geändert. Gegenwärtig gilt, begünstigt durch das englische Vorbild einem sehr erheblichen Teil der heranwachsenden Generation bis in die hohen Altersklassen hinauf die Pflege irgendwelcher Leibesübungen und Sportarten als bestes Mittel der Unterhaltung und Erholung nach der Arbeit. Das beweisen allein die mannigfachen Sportvereine, wie Turn-, Ruder-, Schwimm-, Segel-, Tennis-, Radfahr-, Wintersportvereine etc., die in keinem, auch dem kleinsten Orte mehr fehlen. Vor allem hat sich die Lust und Freude am Wandern, am Durchstreifen der Berge und Wälder in einer ganz ungeahnten Weise entwickelt. Schöne Sonn- und Feiertage bedeuten heute eine förmliche Entvölkerung der Städte, alles zieht hinaus ins Freie.

Durch all das ist in der heutigen Generation wieder ein Gefühl erwacht, das unseren Vorfahren mehr oder weniger abhanden gekommen war, die Liebe und Begeisterung für die Schönheiten der Natur, das freie Herumtreiben in derselben fern den Mauern der Städte.

Begünstigt wurde diese Entwicklung durch die mit der Größenzunahme der Städte sich immer mehr bemerkbar machende Absperrung von der Natur. Sie mußte mit der Zeit zu einer Gegenreaktion führen. Wie stark diese geworden ist, das beweisen die Millionen, die jährlich in den Ferien und im Urlaub die See, die deutschen Gebirge und das Hochgebirge aufsuchen, die sich im übrigen keineswegs mehr ausschließlich aus den wohlhabenden Klassen, sondern immer mehr auch aus dem Mittelstande und selbst den geringeren Einkommensklassen rekrutieren.

Vielen ist erst auf dem Umwege über die gewaltigen Eindrücke des Hochgebirges der Sinn und die Freude an der Natur erwacht, dann haben sie allmählich auch gelernt, an den einfachen, ruhigeren Formen der Heimat Freude zu empfinden, durchwandern Sonntags mit Rucksack und Nagelschuh die nahe gelegenen Wälder und Berge.

Je mehr diese Liebe und Freude an der Natur, am Sport und fröhlichen Wandern, der Wunsch nach entsprechender körperlicher Leistungsfähigkeit immer weitere Kreise erfaßt, um so mehr treten das alte Bierphilisterium und die alten Trinksitten zurück. Nicht mehr das Wirtshaus und die Kneipe, sondern die freie Natur, die Wälder, Seen und Wintersportplätze werden der Tummelplatz und die Erholungsstätte von Jung und Alt. Immer mehr entwöhnt man sich vom Alkohol und Wirtshaus. Milchtrinkende Studenten, früher ein Gegenstand allgemeinen Spottes, sind heutzutage keine Seltenheiten mehr, werden kaum mehr angestaunt.

All diese gänzlich veränderten Lebensgewohnheiten, die viel tiefer und weiter gehen, wie diese wenigen Andeutungen und eine oberflächliche Betrachtung ahnen lassen, müssen mit der Zeit zu ganz anderen Ansprüchen auch bezüglich der Wohngelegenheit führen und haben schon dazu geführt.

Während es in der früheren Zeit der Abwendung von der Natur und des Bierphilisteriums die höchste Sehnsucht, das Lebensideal so vieler war, ihr Leben in den bewunderten und angestaunten Städten verbringen und beschließen zu können, ist heutzutage für nicht minder viele das Umgekehrte der Fall. Immer größer wird die Zahl derer, welche die Freude an der Natur, die sie in den Ferien und Sommerfrischen kennen gelernt haben, zu dem Wunsche veranlaßt, womöglich für immer der Stadt zu entfliehen; und wenn das Berufs- und Erwerbsleben hindern, sich doch zum mindesten in der Umgebung derselben, auf dem Lande, an der Peripherie, oder in kleineren Vororten anzusiedeln. So kann man ohne Übertreibung sagen, daß ebenso leidenschaftlich, wie früher ein Teil der Bevölkerung danach strebte, dem Landleben zu entrinnen, in den Städten zu leben und an den Genüssen und Vergnügungen des städtischen Lebens teilzunehmen, heutzutage ein nicht mindergroßer Teil und mit nicht geringerer Leidenschaft danach trachtet, wieder aus den Mauern der Großstadt herauszukommen. Sind das zunächst auch noch nicht viele, so werden immer mehr ihrem Beispiele folgen, es ist eine Bewegung, die einmal eingeleitet, lawinenartig anschwellen wird. Auf diese Änderung der Lebensanschauungen gründet sich die sicherste Hoffnung auf eine Besserung der städtischen Wohnverhältnisse. Bestände wirklich ein „Ring von Spekulanten“, ein „schmaler Rand“ um unsere Städte, mit elementarer Gewalt würde diese Bewegung denselben sprengen und die Stadtverwaltungen nötigen, ihrem Drängen nachzugeben.

Zu dieser Änderung der Lebensanschauungen kommen dann eine weitere Reihe von Faktoren, welche es dem betreffenden Teil der städtischen Bevölkerung in der Gegenwart in immer stärkerem Maße gestatten, ihrem Wunsch nach einem Wohnsitz außerhalb der Städte

Folge zu leisten, die zum Teil allerdings erst durch diesen Wunsch hervorgerufen wurden. Das ist vor allem die außerordentliche Entwicklung der städtischen öffentlichen Verkehrsmittel und des Lokalverkehrs mit den in der Nachbarschaft gelegenen Orten und Vororten. Es ist das die zweite große, die Dezentralisation der Städte fördernde Umwälzung, nicht minder bedeutsam, wie die oben besprochene Änderung der Anschauungen und Lebensgewohnheiten, und eng mit ihr zusammenhängend.

Man hat nicht selten die Wohnungsfrage eine Verkehrsfrage genannt und das zum Teil gewiß mit Recht. Je mehr durch den Lokalverkehr entlegenere Stadtteile dem Stadtinnern, vor allem der City nahegerückt werden, um so größere Geländefläche, ein um so größeres Angebot an Bauland und damit schließlich auch Wohnungen steht dann der Nachfrage zur Verfügung. Immer mehr hat dann jemand, der in die Großstadt zieht, die Wahl zwischen einer teueren Wohnung in der Stadt, allerdings in der Nähe der Arbeitsstätte, und einer billigeren draußen in irgend einem Vorort.

Eine weitere, bedeutsame Veränderung gegenüber den früheren Verhältnissen liegt darin, daß sich gegenwärtig und schon teilweise seit längerer Zeit Verhältnisse anbahnen, welche der Industrie einerseits das Verweilen in der Großstadt nicht mehr so rentabel erscheinen lassen, anderseits derselben immer mehr die Möglichkeit bieten, an der Peripherie der Städte, in kleineren Orten und selbst auf dem Lande sich anzusiedeln. Die Gründe dafür sind mannigfacher Art. Vor allem sind es wohl hier, wo rein wirtschaftliche Gesichtspunkte ausschlaggebend sind, die hohen Bodenwerte innerhalb der Städte. Dieselben lassen Neugründungen innerhalb der Städte, bei Großstädten sogar noch innerhalb der nächsten Umgebung für größere Werke fast ausgeschlossen erscheinen, um so mehr, als auch in vielen Industrieunternehmungen sich immer mehr die Neigung zu steter Vergrößerung der Betriebe mit entsprechend größerem Grundbesitz bemerkbar macht. Auch die Unmöglichkeit innerhalb der Städte später Vergrößerungen vornehmen zu können, fällt erschwerend ins Gewicht. Anderseits wird für die älteren in der Stadt liegenden Industriewerke mit der Zeit die Frage herantreten, ob es nicht rentabler ist, das in der Stadt gelegene wertvolle Terrain als Bauplätze zu verkaufen und den erzielten Gewinn dazu zu benutzen, weit draußen auf noch billigem Grund und Boden eine Neuanlage mit modernsten technischen Einrichtungen zu errichten. Dieser Fall wird namentlich bei älteren, gut gehenden Betrieben eintreten, wenn die zunehmenden Gewinne eine Vergrößerung des Werkes als vorteilhaft erscheinen lassen, die sich in der Stadt in dem allseits umbauten Terrain von selbst verbietet. Kleinere, nicht prosperierende Werke dagegen werden es oft für rentabler erachten, den ohnehin nicht mehr recht lohnenden Betrieb völlig eingehen zu lassen und das wertvoll gewordene Terrain zu verkaufen.

Das sind Gründe, wie sie mit Recht schon seit längerer Zeit dafür angeführt werden, daß es mit der Zeit auch ohne besonderen Zwang gelingen wird, die noch in den Städten ansässige Industrie aus denselben herauszuziehen, und in besonderen im Bebauungsplan vorgesehenen und sich dazu besonders eignenden Industrievierteln anzusiedeln.

Dazu kommen mannigfache Polizeivorschriften, die in den Städten der Industrie das Leben oft recht sauer oder ganz unmöglich machen, z. B. das Verbot, die Nachbarschaft mit irgendwelchen Abgasen, Säuredämpfen, starkem Geräusch zu belästigen, Bestimmungen gegen das Qualmen der Fabrikschornsteine, die Rauch- und Rußbelästigung usw., alles Bestimmungen, die entweder schon vorhanden sind oder deren Einführung zu erwarten ist.

So günstig also früher in den Städten die Bedingungen für die Industrie waren, so ungünstig gestalteten sich dieselben vielfach heutzutage, um so mehr, je mehr die betreffenden Orte zu Großstädten heranwachsen. Umgekehrt kommen durch die enorme Entfaltung des Verkehrswesens gegenwärtig eine Reihe kleinerer und größerer Orte für Industrieniederlassungen in Betracht, die früher völlig außerhalb des Verkehrs lagen. Es ist überhaupt durch die Ausgestaltung des Verkehrswesens die Bewegungsfreiheit der Industrie eine sehr viel größere geworden, schon allein deshalb, weil sie jetzt viel weniger darauf angewiesen ist, in der Nähe der Produktionsstätte ihrer Rohmaterialien, der Kohle usw. sich zu etablieren und anderseits auch viel unabhängiger vom Wohnsitz der Konsumenten ist. So hat man denn auch tatsächlich schon von einer völligen Auswanderung der Industrie aus den Städten, einer „Großstadtmüdigkeit" derselben gesprochen.

Im vorigen Kapitel wurde betont, daß im allgemeinen das Angebot an Arbeitskräften für die Industrie in den Großstädten sich günstiger gestaltet wie in kleineren Orten und auf dem Lande. Auch hier macht sich mit der Zeit in den Großstädten immer mehr ein Gegendruck bemerkbar. Die großstädtischen Löhne werden immer höher, die Ansprüche der Arbeiterschaft nicht minder, dazu kommt, daß der Druck der Arbeiterorganisationen, wie v. Mangoldt hervorhebt, sich dort zuerst und in unangenehmster Weise für die Unternehmer bemerkbar machte. Anderseits sind die großen Werke auf dem Lande viel eher in der Lage, gewisse Arbeiterwohlfahrtseinrichtungen zu treffen, speziell selbst den Bau von Arbeiterwohnungen in irgend einer Form in die Hand zu nehmen, ihnen ein kleines Land oder Gärtchen zur Bebauung zu geben und dergleichen mehr.

Gegenwärtig kann man allerdings noch die Erscheinung beobachten, daß die Fabriken schon draußen liegen, die Arbeiter aber noch aus all den Gründen, die wir im vorigen Kapitel aufzählten und aus alter Gewohnheit in der Stadt wohnen und zur Arbeitsstätte hinausfahren, eine

Erscheinung, die man die umgekehrte Dezentralisation genannt hat. Es ist anzunehmen, daß das gewissermaßen nur ein Übergangsstadium ist und auch der Arbeiter mit der Zeit die Vorteile des Wohnens in Vororten und auf dem Lande schätzen lernt. Als solche kommen für ihn in Betracht: billigere und bessere Wohnung, landwirtschaftlicher Nebenverdienst, Halten von Ziegen, Schweinen, Hühnern etc., was den Nebenverdienst in der Stadt meist aufwiegt.

Wir können also diese Ausführungen dahin zusammenfassen, daß mit zunehmender Entwicklung des Verkehrs, z. B. auch des Ausbaues der Wasserstraßen, die Industrie immer unabhängiger in der Wahl ihres Wohnsitzes wird und daß es ihr sicherlich mit der Zeit durch Fortentwicklung der Arbeiterwohlfahrtseinrichtungen und des Arbeiterwohnungswesens auf dem Lande noch mehr als schon jetzt gelingen wird, auch die Arbeiterschaft aus den Städten herausziehen.

Diese Abwanderung der Industrie aus den Städten hat natürlich weitgehende Folgen. Wir sahen, daß Handel und Verkehr vielfach der Industrie folgen, daß von den Beamten, Arbeitern und Angestellten der Industriewerke und deren Familien auch wieder eine ganze Reihe von Personen, als da sind Gastwirte, Gewerbe- und Handelstreibende leben. Diese alle folgen der Industrie in ihre neuen Wohnsitze und begünstigen so die Dezentralisation.

Aus diesen verschiedenen Gründen wird sich in Zukunft immer mehr bei einem erheblichen Teil der Bevölkerung, namentlich in den Großstädten, der Wunsch und die Möglichkeit geltend machen, dem Häusermeere der Stadt zu entfliehen, und sich an der Peripherie in den Vororten, Villenkolonien und Gartenstädten anzusiedeln. Wenn das zunächst auch ein geringer Prozentsatz ist, wenn sich auch die psychologischen Momente vor allem und zunächst bei dem gebildeten Publikum bemerkbar machen, so ist doch anzunehmen, daß diese Bewegung und Geschmacksrichtung immer mehr um sich greift. Das wird sie um so mehr tun, je mehr die jetzt heranwachsende Generation, die in ganz anderer Liebe zum Sport, zur Bewegung in freier Natur und dadurch teilweise auch in einer viel weitgehenderen Naturbegeisterung aufgewachsen ist als die vorangehende, zu selbständigem Erwerb und damit zu der Möglichkeit kommt, die Wahl ihres Wohnsitzes innerhalb weiter Grenzen selbst bestimmen zu können. Man macht ja nicht selten die Beobachtung, daß gewisse Strömungen im Kulturleben, wenn sie einmal eingeleitet sind, oft außerordentlich rasch um sich greifen, immer weitere Bevölkerungsklassen erfassen, oft geradezu lawinenartig anschwellen und dann selbst oft über das Ziel hinausschießen.

Das letztere braucht man bei der Dezentralisation wohl nicht zu befürchten. Wenn auch bei den höheren Gesellschaftsklassen bis weit in den Mittelstand hinein das Verlangen, seinen Wohnsitz außerhalb der Städte zu nehmen, immer weiter um sich greift, so bleiben doch noch genug Personen übrig, die durch ihren Beruf und durch ihre Erwerbstätigkeit unbedingt auf einen Wohnsitz in der Stadt angewiesen sind. So kann man wohl annehmen, daß die Dezentralisation der Städte nicht etwa zu einer Entvölkerung derselben führen, sondern mehr in dem Sinne wirken wird, daß diejenigen Personen, welche dank ihrer Erwerbsverhältnisse in der Lage sind, ihren Wohnsitz außerhalb der Städte in den Vororten zu nehmen, den neu Hinzuziehenden, dem vom Lande noch immer in die Städte strömenden Bevölkerungsüberschuß Platz machen. Ein Teil des letzteren wird sich gewiß direkt in den Vororten ansiedeln, ein nicht unerheblicher Teil desselben aber auch innerhalb der Stadt, und das nicht nur der Erwerbsverhältnisse wegen, sondern auch deshalb, weil ihm das Leben hier zunächst verlockender und unterhaltender erscheint. Es sind das alle die Personen, für welche die „psychologischen" Momente des „Zuges in die Stadt" noch fortbestehen, die von der modernen Begeisterung für die Natur, die sie auf dem Lande zur Genüge gekostet hatten, noch nicht „angekränkelt" sind. Man schätzt ja so oft das, was man sein ganzes Leben hindurch genossen hat, zunächst noch nicht. Wenn diese Leute erst einige Jahre in der Großstadt gelebt haben, denken sie meist wieder anders über die Annehmlichkeiten des Stadt- und Landlebens.

Man kann es nur begrüßen, daß aus derartigen und ähnlichen Gründen der Dezentralisationsgedanke *nicht allzu plötzlich* verwirklicht wird. Gar zu leicht könnte es sonst durch das Bestreben der Einwohner, die außerhalb der Stadt gelegenen Wohnungen zu beziehen, zu einem Leerstehen der alten Wohnungen in der Stadt und damit zur *Entwertung* der betreffenden Gebäude, einem Absinken der Bodenwerte und tiefgreifenden Vermögensschädigungen der betreffenden Besitzer kommen. In rasch wachsenden Städten wird dieser Fall wohl nicht so leicht eintreten, weil der starke Zuzug immer noch ausreicht, die leer werdenden Wohnungen in der Stadt zu besetzen. Anders ist es in Orten mit stagnierender Bevölkerung.

So hat sich z. B. Aachen von 151 971 Einwohnern im Jahre 1905 nur auf 156 008 im Jahre 1910 vermehrt, also nur um 4037 Personen zugenommen. Diese Vermehrung geschah aber lediglich durch *Geburtenüberschuß*, in der gleichen Zeit hat *Aachen* durch *Wanderungen* 3943 Personen verloren, d. h. die Zahl der ausgewanderten Personen ist in *Aachen* um 3943 Personen größer als die der eingewanderten. Es leben also 1910 auch nicht eine unerhebliche Zahl von Familien weniger in *Aachen* als im Jahre 1905. Gerade in *Aachen* hat aber der Dezentralisationsgedanke sehr starke Wurzel gefaßt, begünstigt durch die Stadterweiterungspolitik der letzten Jahre, die große Geländeflächen in der Umgebung erschlossen hat und das Netz der *Aachener* Kleinbahn, welche fast alle größeren Orte im Umkreis von etwa 10 km mit *Aachen* in Verbindung setzt. So setzte dann an der Peripherie und in der Umgebung eine sehr lebhafte Bautätigkeit ein, ein immer zunehmender Teil der Bevölkerung, allerdings meist den besser situierten Klassen angehörig, zieht nach draußen. Man hört demgemäß nicht selten Klagen der Hausbesitzer in der Stadt, viele Häuser stehen leer und sind nicht zu vermieten oder zu verkaufen. Hier fehlt es eben an den neuhinzuziehenden Personen, welche die leergewordenen Wohnungen in der Stadt beziehen könnten. Mit der Zeit muß das zu einem Absinken der Mietpreise daselbst, der Gebäudewerte und Bodenwerte führen.

Aber auch in größeren Städten, die in steter Fortentwicklung begriffen sind, werden solche Klagen laut. So wurde mir bei meinem letzten Aufenthalt in London erzählt, daß die Eröffnung der „Piccadily Tube" 1906, der „Hampstead Tube" 1907, der von der letzteren abzweigenden „Highgate Tube" 1907, drei Linien der Untergrundbahn, welche die im Norden Londons gelegenen reizvollen Hügel von Hampstead und Highgate mit ihren zahllosen Villen und Landsitzen, die Gartenstadt in Golders Green usw. mit der City in schnelle und billige Verbindung setzten, eine sehr starke Abwanderung nach dorthin zur Folge hatten. Dadurch ständen eine sehr erhebliche Zahl von Familienhäusern in den nördlichen Teilen der City (Russel Square, Tavistock Square und Umgebungen) leer und ließen sich nicht wieder vermieten. Bei einem Rundgang durch diese Viertel fiel mir denn auch die große Zahl der zum Vermieten oder zum Verkauf angebotenen Einfamilienhäuser auf. Es ist wohl anzunehmen, daß in solchen Städten diese Zustände nur ein Übergangsstadium sind und bei weiterem Anwachsen der Bevölkerung die Häuser wieder vermietet werden können. Immerhin bedeutet das jahrelange Leerstehen dieser recht hoch im Preis stehenden Häuser erhebliche Verluste und wird später kaum durch höhere Mieten wieder ausgeglichen werden können.

Es ist die Frage aufgeworfen worden, ob die Stadtverwaltungen für solche durch Begünstigung der Dezentralisation entstehende Vermögensverluste Schadenersatz leisten müßten. Unserer Meinung nach deshalb nicht, weil die Stadtverwaltungen gar nicht die treibende Ursache derselben sind, wie wir sahen, sondern nur dem Druck der Verhältnisse, den gänzlich veränderten Wohnsitten, welche jetzt die Dezentralisation fordern, nachgeben müssen, und man diese Umstände doch nicht haftpflichtig machen kann. Es ist schließlich Sache der Hausbesitzer und Baugewerbetreibenden, diese Konjunkturänderungen vorauszusehen, wie das jeder andere Geschäftsmann in seiner Branche auch tun muß. Ist er dazu nicht imstande, so muß er den Schaden tragen, so gut er im anderen Fall auch den Gewinn einsteckt. Erst durch Einführung der Wertzuwachssteuer wird die Sache unklarer, denn man könnte schließlich einwenden, wenn die Gemeinde am Gewinn partizipiert, mit der Begründung, daß sie ihn größtenteils verursacht habe, müßte sie auch am Verlust teilnehmen, sofern sie daran schuld ist. Das letztere Moment trifft unserer Auffassung nach allerdings nicht zu.

Auch aus anderen Gründen ist zu wünschen, daß die Dezentralisation sich nicht allzu stürmisch vollziehe. In vielen kleineren Orten, den Vororten usw., wohin sich der Dezentralisationsstrom ergießen soll, müssen noch allerlei Verhältnisse geordnet und geregelt, vor allem die entsprechenden Wohnungen geschaffen und Einrichtungen verwaltungstechnischer, hygienischer Art getroffen werden, Schulen etc. eingerichtet werden, alles Dinge, die sich nicht aus der Erde stampfen lassen und in der Regel eine Eingemeindung des betreffenden Ortes nötig machen, siehe S. 195.

So viel allerdings steht fest, daß die Stadtverwaltungen die Pflicht haben, dem Drängen der Bevölkerung nach Expansion und Dezentralisation soviel wie irgend möglich nachzugeben, und zwar erst recht in den größeren und großen Städten. Hier ist die Dezentralisation gewissermaßen die einzige Rettungsmöglichkeit aus dem Sumpfe, in den die stürmische Entwicklung des vorigen Jahrhunderts mit der hochgradigen Zusammendrängung der Bevölkerung die Städte hineingezogen hat. So erwachsen ihnen denn auch große und bedeutsame Aufgaben auf diesem Gebiete.

4. Die Aufgaben der Städte bezüglich der Dezentralisation (allgemeiner Teil).

Soweit sich dieselben mit den Aufgaben der städtischen Bau- und Bodenpolitik decken, sollen sie im nächsten Abschnitt, welcher diese Fragen behandelt, mit besprochen werden. Naturgemäß kann man die Aufgaben der Stadtverwaltung auf diesen Gebieten nicht voneinander trennen. Die städtische Bodenpolitik ist in größerem Umfange im allgemeinen nur auf dem neubebauten Terrain in der Umgebung der Städte denkbar und hier liegt auch das Betätigungsfeld der städtischen Dezentralisation. Immerhin lassen sich eine ganze Reihe grundsätzlicher Gesichtspunkte für die Dezentralisationsbestrebungen aufstellen.

Es kann sich bei der Dezentralisation der Städte nicht darum handeln, das ganze Außengelände gleichmäßig zur Bebauung heranzuziehen. Der naheliegende Gedanke, man müsse die jetzige dicht gedrängte Stadtanlage an der Peripherie immer mehr auseinanderziehen und auflösen, immer mehr nur Landhausviertel und in einem Kranz von Gärten eingebettete Einfamilienhäuser zulassen, bis schließlich die Gärten und Parks immer größer, der überbaute Teil immer kleiner werde und sich so ganz allmählich der Übergang ins unbebaute Land vollziehe, erweist sich bei sorgfältigerer Überlegung als irrig und jedenfalls in der Praxis als unzweckmäßig. Eine solche Dezentralisation läßt sich höchstens für kleine Orte durchführen. Sie stellt hier dann weiter nichts dar, als eine Auseinanderziehung der Außenzone der abgestuften Bauordnung. Bei größeren Städten wird es aber im allgemeinen nicht gelingen, in dieser einfachen Weise eine genügende Dezentralisation zu erreichen. Es machen sich da alsbald eine Reihe von Schwierigkeiten bemerkbar.

So würden z. B. bei einer derartigen Siedelungsweise die Kosten der Straßenzüge in dem Dezentralisationsgebiet ins Ungemessene steigen oder man müßte denkbar bescheidenste Ansprüche an die Ausführung derselben stellen. Nun will aber die städtische Bevölkerung, die von der Dezentralisation Gebrauch machen will, gewiß gerne die Annehmlichkeiten des Landlebens genießen, anderseits will sie aber auch den Komfort, den sie in der Stadt kennen und schätzen gelernt hat, nicht gerne vermissen, zum Teil wenigstens mit aufs Land hinausnehmen. Das sind vor allem Wasserleitung, Spülklosett (d. h. also auch

Kanalisation, da Spülklosetts in Verbindung mit Abortgruben meist erhebliche Mißstände im Gefolge haben), Gas, Elektrizität, und eventuell Telephon. Daß eine Versorgung all der im oben erwähnten Sinne isoliert liegenden Gebäude mit diesen Leitungen und Rohrsystemen so gut wie ausgeschlossen ist, wird sich jeder sagen, der von den Kosten solcher Straßenzüge mit all diesem Zubehör eine Ahnung hat. Wollte man sie trotzdem durchführen, so würde das eine solch enorme Belastung der betreffenden Betriebe, seien es nun städtische oder private, bedeuten, daß sie unbedingt auf die Konsumenten abgewälzt werden müßten. Dadurch würde dann wieder der ganze Erfolg der Dezentralisation, der doch in erster Linie, abgesehen von der Verbesserung der Wohnungen auch eine Verbilligung des Wohnens herbeiführen soll, wieder illusorisch gemacht, um so mehr, als zu den Wohnungskosten in diesem Falle auch noch die Ausgaben für die tägliche Benutzung der Verkehrsmittel hin und zurück zur Stadt hinzuzurechnen sind.

Vor allem würden auch die Verkehrsmittel, ohne welche eine Dezentralisation unter großstädtischen Verhältnissen ganz undenkbar ist, bei einer derart weit auseinandergezogenen Siedelungsweise viel zu unrentabel, zum mindesten ließe sich nur ein Betrieb in größeren Zeitintervallen durchführen, der aber für den Verkehr wieder Nachteile hat.

Es macht sich also auch in den Dezentralisationsgebieten [1]) ein Bedürfnis nach einer gewissen Zusammenhäufung an einzelnen Stellen bemerkbar, es werden sich auch hier immer wieder Gruppen von Siedelungen, Villenkolonien, kleinere und größere Orte, wenn es sich um die Dezentralisation von Großstädten handelt, selbst wieder kleine Städte (bis zu 30 000 und mehr Einwohnern) herausbilden. Derartige Orte werden sich natürlich im allgemeinen nur im Anschluß an entsprechende günstige Verkehrsgelegenheiten entwickeln, in der Regel sich an bereits vorhandene Dörfer und Vororte angliedern. Wie weit es bei uns möglich sein wird, derartige Siedelungen ganz willkürlich im freien Felde ohne jeden Anschluß an schon bestehende Orte anzulegen (siehe Gartenstädte), ist noch eine offene Frage. In anderen Ländern, namentlich in England ist das öfters der Fall. Die Zusammenhäufung der Wohnstätten in den Dezentralisationsgebieten zu solchen „Dezentralisationsknoten“, wie man sie nennen könnte, hat außerordentliche Vorteile gegenüber der völligen, gleichmäßigen Verteilung über das ganze Gebiet. Die Entfernung zwischen den einzelnen Gebäuden und den End- und Haltepunkten der Verkehrslinien wird geringer, die räumliche Zusammenballung ermöglicht Wasserleitung, Zuleitung von Gas, Elektrizität, Telephon, eventuell Kanalisation, gestattet bessere Straßenanlage, inkl. Beleuchtung und Bewachung. Mit der Zeit läßt sich auch die Errichtung von Schulen, Postfilialen, Bank-

[1]) Wir verstehen hierunter in folgendem stets die Außengelände, Vororte usw., in welche sich der Dezentralisationsstrom ergießt, nicht etwa die zu dezentralisierenden Orte.

filialen, Zahlkassen usw. durchführen, vor allem wird auch die Beschaffung der wichtigsten Nahrungsmittel und Konsumartikel sehr erleichtert, indem die städtischen Lieferanten nicht so weite Wege zu fahren brauchen, weil sie ihre Kunden näher beisammen haben. Von einer gewissen Größe dieser Siedelungsgruppen ab lohnt sich auch die Gründung selbständiger Läden für die mannigfachen täglichen Bedürfnisse, z. B. von Filialen der großen Geschäfte in der städtischen Zentrale usw.

Es läßt sich mit anderen Worten in derartigen kleinen und größeren Orten im Dezentralisationsgebiet ein großer Teil der Vorteile erreichen, die nun einmal mit einer Konzentration der Bevölkerung auf einem relativ beschränkten Gebiet verbunden sind, ohne die Nachteile allzu starker Konzentration in Kauf nehmen zu müssen.

Das Ziel der Dezentralisation der Großstädte wäre also die Bildung kleinerer und größerer Orte an verschiedenen günstig gelegenen Punkten der Peripherie und der näheren und weiteren Umgebung, die bei weiterer Größenzunahme dann zu kleinen und mittelgroßen Städten heranwachsen können, die aber natürlich durch eine sachgemäße und rechtzeitig aufgestellte, modernsten Anforderungen genügende Bauordnung auch in ihren zentralen Teilen eine gewisse Weiträumigkeit der Anlage bieten, in ihren Außenteilen aber allmählich in das offene Land übergehen und hier Interessenten die Vorteile des Wohnens auf dem Lande in allen Abstufungen bieten müssen.

Derartige Orte bieten dann alle Vorteile des ruhigen, behaglichen Lebens einer kleinen Stadt mit allem Komfort, der sich dadurch gegenüber dem isolierten Wohnen auf dem Lande erzielen läßt, anderseits aber ermöglichen sie durch schnelle und billige Verbindung mit der städtischen Zentrale ihren Einwohnern an allen Vorteilen der Großstadt, dem großstädtischen Erwerbsleben, den gesellschaftlichen und geistigen Anregungen, den Vergnügungen und Bildungsmöglichkeiten (Theater, Konzerte, Museen etc.) teilzunehmen. Voraussetzung ist allerdings eine entsprechend billige, rasche und genügende häufige Verkehrsverbindung mit der städtischen Zentrale.

Bei genügender Vergrößerung dieser „Dezentralisationsorte" der Großstädte wird es dann immer mehr so kommen, daß ein erheblicher Teil der darin ansässigen Bevölkerung schon an diesem Orte selbst Arbeit und Verdienst findet, z. B. alle die Handel und Gewerbetreibenden, kleinen Kaufleute, Handwerker usw., welche die täglichen Bedürfnisse der Einwohnerschaft befriedigen. In letzter Linie wird aber das Geld, von dem der ganze Ort schließlich lebt, immer in der Zentrale, der City verdient werden, indem die Leute mit den höheren und mittleren Einkommen nur hier draußen wohnen, in der City aber arbeiten und Geld verdienen. So wird sich für den größten Teil der erwerbstätigen Bevölkerung diese tägliche Fahrt hin und zurück zur City, diese Trennung von Arbeitsstätte und Wohnstätte nicht ersparen lassen. Auf dieser im modernen Leben immer weiter um sich greifenden

Trennung beruht ja der ganze Dezentralisationsgedanke. Daß da allerlei Einrichtungen, wie die zunehmende Verkürzung der Arbeitszeit, die Einführung der englischen Bureauzeit (siehe S. 226) fördernd mitwirken können und müssen, ist selbstverständlich.

Wenn nun auch der größte Teil der männlichen Bevölkerung diese Fahrt hin und her zur City zweimal täglich unternehmen muß, so ist es doch in höchstem Grade wünschenswert, daß man dem weiblichen Teil der Familien und besonders den Kindern diese täglichen Fahrten erspart. Schon deshalb ist eine gewisse Größe dieser Dezentralisationsorte nötig, um in denselben niedere und höhere Schulen, Kirchen usw. einrichten zu können und zu ermöglichen, daß man dasjenige, was gewöhnlich an Einkäufen nötig ist, am Orte selbst beziehen kann.

Es ist also das Verhältnis, wie es sich schon längst zwischen den Großstädten und ihren Vororten angebahnt hat, längst ehe man bewußt im heutigen Sinne von Dezentralisation sprach. Nur daß man früher dieser Entwicklung keine besondere Förderung, vor allem durch eine entsprechende Verkehrspolitik, angedeihen ließ.

Man könnte hier einwenden, daß in anderen Ländern die Dezentralisation der Großstädte sich vielfach in ganz anderem Sinne gestaltet. So finden sich z. B. in England zahlreiche Dezentralisationsorte der oben geschilderten Art, vielfach ist aber auch das Dezentralisationsgebiet viel gleichmäßiger aufgelöst, ohne daß solch größere und kleinere Orte sich herauskristallisieren. Nicht selten umgibt hier die City und die städtische Zentrale ein ungeheures Häusermeer von kleinen Ein- und Zweifamilienhäusern, eines wie das andere gebaut, in Reihen stehend, wie Soldaten bei der Parade, an Straßen, von denen eine genau der anderen gleicht, eine langweiliger, eintöniger und trostloser aussieht wie die andere. Wenn man z. B. in London mit der District Railway von Charing Cross Station über Hammersmith nach Richmond fährt, durchschneidet man eine Reihe derartiger sich im Westen an die City Londons anschließender, uferloser Häusermeere, die zu den Orten Brompton, Chelsea, Kensington, Hammersmith usw. gehören und kontinuierlich ineinander übergehen. Dem deutschen Empfinden wird eine derartige Siedelungsweise mit ihrer entsetzlichen Eintönigkeit wohl immer fremd bleiben. Es ist außerdem auch bekannt und verschiedentlich hervorgehoben worden, daß diese englischen Kleinhäuser größtenteils so leicht und teilweise direkt nachlässig gebaut sind, daß sie den Anforderungen der deutschen Bauvorschriften absolut nicht genügen würden. Vor allem glauben wir, daß sie auch der deutschen Bevölkerung nicht genügen würden. Naturgemäß ist es bei einer derartigen Siedelungsweise wegen der enormen Flächenausdehnung für die betreffenden Einwohner vielfach ganz unmöglich auf das freie Land rundum diese Orte hinaus zu gelangen, und das ist doch wieder ein Moment, welches durch die Dezentralisation in erster Linie ermöglicht werden soll. Ähnlich scheinen nach den Berichten die Verhältnisse in Amerika zu liegen, nur daß hier diese die City umgebenden Häusermeere noch größer, die einzelnen Häuschen noch leichter gebaut sind und vielfach die betreffenden Straßen und zugehörigen Anlagen äußerst primitiv gestaltet sind.

Gleichzeitig mit dieser Dezentralisation geht eine weitere Umbildung der großstädtischen Entwicklung vor sich, die immer weiter greift. Das ist die sogenannte Citybildung. Die enorme Wertsteigerung, welche hier in der besten Geschäftslage die Mieten der Ladenlokale, Bureauräume, Restaurants usw. erfahren, verursachen mit der Zeit eine außerordentliche Steigerung der Bodenwerte, ganz ohne Zutun der Spekulation. Dadurch wird der Boden für Wohnzwecke zu teuer. So kommt es, daß immer mehr auch die oberen Stockwerke, die anfangs noch als Wohnetagen dienten, für Geschäftszwecke benutzt und vermietet werden, bis schließlich die meisten Gebäude hier nur mehr Geschäfts- und Kontorhäuser darstellen und ständig nur mehr von Wächtern, Hausmeistern etc. bewohnt werden. All die Menschenmassen, welche dagegen untertags die Geschäfts- und Bureauräume füllen, wohnen in anderen Wohnvierteln und den Vororten.

Derartige Citybildung findet sich gegenwärtig in allen Großstädten, am ausgesprochensten natürlich in den Millionenstädten.

In London hatte z. B. 1851 die City noch eine Bevölkerung von 129 000 Menschen, gegenwärtig ist dieselbe 270 ha groß und beherbergte nur mehr gatekeepers, watchmans und ähnliche Angestellte, zusammen 27 000 Personen und nur mehr rund 100 Personen auf den Hektar. Dagegen betrug die Tagesbevölkerung im Jahre 1866 ca. 170 000, im Jahre 1891 ca. 300 000 und ist gegenwärtig sicherlich noch viel höher.

Naturgemäß werden diese Menschenmassen zunächst in benachbarten Wohnvierteln Unterkommen gesucht haben, mit der hier allmählich eintretenden Mietsteigerung aber immer weiter an die Peripherie und in die Vororte hinausgezogen sein. So hängen Citybildung und Dezentralisation eng miteinander zusammen.

Auch die neueste Volkszählung vom 1. November 1910 gibt für Berlin sehr interessante Zahlen für diese Aushöhlung der City (nach den vorläufigen Berichten, wie sie in der Tagespresse veröffentlicht wurden) [1]). So ist auch hier in den Stadtteilen, wo sich das Geschäftsleben immer mehr entwickelte, eine starke Abnahme der Bevölkerung zu bezeichnen. Die Friedrichstadt verlor 12 000, die älteren Teile der Luisenstadt 12 000, das Spandauer Viertel 14 000, das westliche Stralauer Viertel 11 000 Einwohner. Diesen Bevölkerungsverlusten der inneren Stadtteile stehen erhebliche Steigerungen in den peripheren Teilen gegenüber, so hat z. B. die Bevölkerung auf dem Wedding (neuerer Stadtteil im Nordwesten der Stadt beim Bahnhof Wedding der Ringbahn, Nordring) seit 1905 um 52 % zugenommen.

Den Löwenanteil des Bevölkerungswachstums haben natürlich die Vororte geschluckt. Während Berlin selbst von 1900—1905 nur eine Zunahme von 8,01 % und von 1905 bis 1910 nur eine solche von 1,18 % zu verzeichnen hat (1905 hatten Berlin 2 040 148, 1910 2 064 153 Einwohner) haben die Vororte teilweise eine ungeheuere Entwicklung genommen.

[1]) Siehe auch die inzwischen veröffentlichten Ergebnisse der Volkszählung für Großberlin. Großberlin, statistische Monatsberichte, Juli 1910.

So hatten an Einwohnerzahl zugenommen:

Charlottenburg .	von 1900—1905 um	26,55 %,	von 1905—1910 um	27,0 %
Rixdorf	„ „ „ „	69,77 %,	„ „ „ „	53,9 %
Groß-Lichterfelde	„ „ „ „	48,18 %,	„ „ „ „	23,6 %
Schöneberg . .	„ „ „ „	46,89 %,	„ „ „ „	22,4 %
Pankow	„ „ „ „	35,9 %,	„ „ „ „	55,1 %
Boxhagen-Rummelsburg	„ „ „ „	95,39 %,	„ „ „ „	57,4 %
Treptow	„ „ „ „	111,56 %,	„ „ „ „	119,0 %

Großberlin, also Berlin mit seinen 67 Vororten hat es von 3 210 447 Einwohnern im Jahre 1905 auf 3 702 962 im Jahre 1910 gebracht, der Zuwachs von 492 515 Menschen ist aber fast ausschließlich den Vororten zu Gute gekommen.

Auch in viel kleineren Städten, z. B. München, machen sich schon ähnliche Wirkungen, nur in viel kleinerem Maße bemerkbar [1]). Die Gesamteinwohnerzahl Münchens betrug 1900 rund 503 000, 1905 534 000, 1910 595 000 Einwohner.

Auch hier haben die älteren Stadtteile nur eine sehr geringe Zunahme, teilweise eine Abnahme erfahren. So haben gegen 1905 die älteren Stadtteile, wie Sendlingerstraße nur eine Zunahme von 2,8 %, das Schlachthausviertel von 2,7 %, der Gärtnerplatz von 0,4 %, die Altstadt von 0,8 %, die Ludwigsstadt von 3,9 %, die Ludwigstraße von 3,9 %, die Ludwigstraße sogar eine Abnahme um 0,7 %, der Promenadeplatz desgleichen um 9,3 % erfahren, dagegen haben einzelne neuere Stadtteile und Vororte sehr stark zugenommen, z. B. Sendling um 39,4 %, Neuhausen um 23,3 %, Nymphenburg-Gern um 32,9 %, Talkirchen um 30,3 %, Schwabing-West um 42,7 %, Westend um 22,5 %.

Es ist anzunehmen, daß dieser „Aushöhlungsprozeß“ der Altstädte, wie man diese die Citybildung begleitende Abwanderung der Bevölkerung aus derselben genannt hat, sich in Zukunft noch immer mehr ausdehnen wird. Dementsprechend wird auch die Trennung von Arbeitsstätte und Wohnstätte und damit die Dezentralisation der Städte immer noch weiter gehen.

Es sind also bisher im allgemeinen die peripheren Stadtteile und die Vororte, in welche sich der Dezentralisationsstrom ergießt, hier findet er vorbereitetes Terrain und bis zu gewissem Grade fertige Verhältnisse vor. Es läßt sich nun daran denken, denselben bei bewußter Pflege der Dezentralisation auch in völlig neugegründete Orte und Siedelungen, die eigens zu diesem Zweck ins Leben gerufen werden, abzulenken. Dabei wollen wir die Frage, wer hier gründen soll, ob die Gemeinden, Private, Terrainunternehmungen, Gartenstadtgesellschaften etc., zunächst ganz außer acht lassen. Speziell manche Wohnungs- und Bodenreformer denken bei ihren diesbezüglichen Vorschlägen gerne an solches Neuland wegen der dort noch vorhandenen niedrigen Bodenwerte und sonstigen geringeren Schwierigkeiten, da hier weder die Rücksicht auf die bereits vorhandene Bebauung noch der Widerstand einer mächtigen Interessentengruppe einer hygienischen Ansiedelungsform entgegensteht (siehe z. B. v. Mangoldt, a. a. O., S. 626).

Am deutlichsten ist dieser Gedanke ausgesprochen in einer Eingabe, mit welcher der „deutsche Verein für Wohnungsreform“ 1906 an die zu-

[1]) Nach dem vorläufigen Ergebnis der Volkszählung vom 1. Dezember 1910, zusammengestellt vom statistischen Amt der Stadt München.

ständigen Ministerien herangetreten ist, betitelt. Neue Aufgaben in der Bauordnung und Ansiedelungsfrage". Hier heißt es unter anderem: „In den eben genannten Bezirken sind die Bodenpreise noch niedrieg, oft noch rein landwirtschaftliche; außerdem stellen diese Bezirke auch sonst in bezug auf die für sie zu erwartende starke Entwicklung gewissermaßen ein Neuland dar, auf dem nicht, wie in unseren Städten so vielfach mit den Hindernissen der einmal vorhandenen Bebauung und den Widerständen mächtiger Interessentengruppen zu kämpfen ist."

Im übrigen veranlaßt die Furcht, daß die Bodenspekulation alsbald ein Emporschnellen der Bodenpreise bewirken werde, viele immer wieder bei der Neugründung solcher Orte nach einer Bodenpolitik zu verlangen, die „rücksichtslos keine Privatinteressen, sondern nur noch das Gemeinwohl kennt", die mit dem „bisherigen unsittlichen System der Stadterweiterung" bricht. Im wesentlichen laufen die Vorschläge für eine derartige Bodenpolitik darauf hinaus, eine mehr oder minder weitgehende Überführung des für diese Ansiedelungen benötigten Grund und Bodens in Gemeindebesitz auf Grund eines weitgehenden Enteignungsrechtes, der Stadterweiterungstaxe (siehe spätere Ausführungen usw.) zu fordern.

Wie würden sich denn überhaupt die Zukunftsaussichten derartiger Neugründungen gestalten? Zunächst ließe sich ein starker Bevölkerungsstrom in solche neugegründeten Orte nur im Anschluß an gute und billige Verkehrsverbindungen, die bereits von vornherein vorhanden sein müssen, hineinziehen. So haben z. B. in England private Eisenbahngesellschaften in der Nähe ihrer Haltestellen solche Niederlassungen gegründet und durch einen sehr häufigen und billigen Verkehr die städtische Bevölkerung dorthingezogen. Bei der Verstaatlichung der Eisenbahnen in Deutschland liegen die Verhältnisse für ein derartiges Vorgehen schon ungünstiger. Außerdem müssen in einem solchen Orte bereits von vornherein all die S. 183 genannten Einrichtungen, wie Schulen, Postbureau, Läden usw. geschaffen werden, weil sonst niemand oder nur sehr wenige dorthin ziehen werden. Es bedingt also eine derartige Unternehmung stets sehr erhebliche pekuniäre Opfer, von denen zunächst absolut unberechenbar ist, ob sie den gewünschten Erfolg haben werden. Zum mindesten muß außerordentlich Reklame für die Sache gemacht werden, müssen jedenfalls Jahre, selbst Jahrzehnte lang pekuniäre Opfer gebracht werden, ehe die Sache in Fluß kommt. Glaubt vielleicht jemand außer den betreffenden Bodenreformern selbst, daß unsere aufs äußerste in Anspruch genommenen kommunalen Finanzen ein derartig riskantes Herumexperimentieren gestatten würden? Man sagt, dieses Opfer sei im Interesse des gänzlich verfahrenen Ansiedelungswesens nötig. Gewiß, aber wenn wirklich die Städte sich zu solchen Ansiedelungsexperimenten bereit finden, so können sie es nur auf streng wirtschaftlicher Grundlage tun, genau wie jede Privatgesellschaft. Warum sollen dann aber die Städte derartige Opfer an Zeit, Geld und Arbeitskräften bringen, da besonders auch das

Risiko dieser Unternehmungen ein sehr hohes ist? Zweifellos erscheint es richtiger, große Siedelungsgenossenschaften, Terraingesellschaften etc. dieses Risiko übernehmen zu lassen, das private Kapital ist meist wagemutiger, allerdings darf man ihm dann nicht durch allerlei Beschränkungen und Verklauselierungen die Möglichkeit eines Gewinnes nehmen, sonst wird niemand für derartige Unternehmungen sein Geld hergeben.

Es ist immer die Angst vor der Spekulation, dem künstlichen Emporschrauben der Bodenpreise durch dieselbe, welche sich lähmend und hemmend auf die Entfaltung der Dezentralisation legen wird, weil man infolge derselben immer versucht sein wird, die private Unternehmung, auf die man nun einmal angewiesen ist, zurückzudrängen.

Wir sind früher bereits durch die Erkenntnis der natürlichen Wertsteigerung des Bodens und die nur nebenhergehende Tätigkeit der Spekulation zu der Ansicht gelangt, daß man gerade bei einer weitgehenden und zweckentsprechenden Dezentralisationspolitik die nachteilige Wirkung der Bodenspekulation nicht zu fürchten brauche. Freilich werden die Bodenwerte in solchen künstlich ins Leben gerufenen Dezentralisationsorten steigen, wenn wirklich einmal ein großer Menschenstrom sich in dieselben hineingießt, wenn sie wirklich einmal eine Reihe von Vorzügen für das Wohnen bieten. Daran wird keine Bodenpolitik etwas ändern können.

Je mehr aber die Stadtverwaltung eine derartige Dezentralisation begünstigt, je mehr sie selbst aufschließt, je entgegenkommender sie sich privaten Terrainunternehmern und Terraingesellschaften zeigt, eine je größere Verkehrspolitik sie treibt, je mehr Orte sie dadurch in das Dezentralisationsgebiet hineinzieht, um so mehr wird die Konkurrenz unter all den tausenden von Grundbesitzern in dem ganzen weiten erschlossenen Gelände dafür sorgen, daß die Bodenpreise nur die Höhe erreichen, wie sie ihrem reellen, durch die mehr oder weniger großen Vorzüge des Wohnens bedingten Werte entspricht. Gerade eine derartige Dezentralisation und die dadurch bewirkte Aufschließung weiter Geländeflächen ist das beste und sicherste Mittel gegen übertrieben hohe Bodenwerte, gegen jede Preistreiberei von seiten der Spekulation, allerdings nur unter der Voraussetzung, daß sie in genügendem Umfange betrieben wird.

Wir wollen nicht verschweigen, daß R. Eberstadt bezüglich der ermäßigenden Wirkung großer Geländeflächen auf die Bodenwerte direkt gegenteiliger Meinung ist. Er äußert sich zu dieser Frage (Handbuch des Wohnungswesens, 2. Aufl., 1910, S. 94/95): „Naturgemäßerweise müssen die Bodenwerte am niedrigsten stehen auf reichlich vorhandenem, leicht zugänglichen und leicht bebaubaren Gelände; am höchsten dagegen dort, wo die Bodenverhältnisse ungünstig sind und die Stadterweiterung auf Geländeschwierigkeiten stößt. Die vermehrte Zufuhr von Baugelände muß nach dem obigen Gesetz von Angebot und Nachfrage die Preise verbilligen. In Wirklichkeit tritt indes nach beiden Richtungen das gerade Gegenteil jener Annahme ein. Wir wissen zunächst, daß die Bodenpreise da am höchsten stehen, wo die weitesten Geländeflächen zur Verfügung sind und die Stadterweiterung sich in nahezu ungehinderter Weise vollziehen kann. Ferner hat es sich bei allen neuen Stadterweiterungen und Eingemeindungen ergeben, daß die reichliche Zufuhr des Baulandes zu einer allgemeinen — nicht bloß partiellen — Steigerung der Bodenpreise geführt hat." (Die Sperrung rührt von mir her.) Zum Beweis dieser Behauptungen fährt er fort: „Für die Tatsache, daß der reichlichste Geländebestand und die höchsten Bodenpreise zusammentreffen, ist zu verweisen auf Groß-Berlin, wo die weitesten Geländeflächen vorhanden und die besten Verkehrsbedingungen gegeben sind. Für die Ausdehnungsmöglichkeiten bestehen hier überhaupt keine natürlichen Grenzen."

Verhielte sich die Sache so, wie Eberstadt behauptet, so wäre es im Interesse der Bodenwerte das einzig richtige, auf jede Dezentralisation, jede Erschließung der Außengelände zu verzichten, denn nach ihm stehen die Bodenwerte am höchsten, wo die weitesten Geländeflächen zur Verfügung stehen. All die schönen Hoffnungen, die wir auf die Dezentralisation setzten, müßten wir also fallen und die Entwicklung der Städte nach wie vor auf engstem Raume sich vollziehen lassen. Das würde natürlich zu einer noch stärkeren Ausnutzung des städtischen Grund und Bodens, einer noch stärkeren Verbreitung der Miethäuser und Mietkasernen führen, die Eberstadt doch auch, und mit Recht, zu vermeiden sucht.

Aber wir dürfen uns wohl der Überzeugung hingeben, daß mit uns die Mehrzahl der Leser diese Eberstadtschen Behauptungen als unzutreffend zurückweisen wird.

Wenn er z. B. auf die Verhältnisse Groß-Berlins verweist, anführt, daß hier die größten Geländeflächen und die höchsten Bodenwerte zusammentreffen, so wundert uns das zunächst gar nicht. Was zunächst die hohen Bodenwerte anlangt, so ist doch ganz selbstverständlich, daß in der Umgebung Berlins, der Reichshauptstadt, der Stadt, die jetzt bereits mit ihren Vororten fast 4 Millionen Einwohner nach Jahrzehnten vielleicht die doppelte Zahl beherbergt, die Bodenwerte hoch stehen müssen. Warum haben sich denn die 4 Millionen hier angesiedelt, warum sind allein von 1905—1910 mehr als eine halbe Million hinzugekommen? Doch nur deshalb, weil all diesen Leuten das Leben in der Reichshauptstadt und ihren Vororten, der Stadt, die nach allgemeinem Urteil Paris an großstädtischer Eleganz und Bedeutung bereits überholt hat und in Europa nur mehr von London übertroffen wird, äußerst begehrenswert und vorteilhaft erscheint. Dem einen aus materiellen, dem anderen aus ideellen Rücksichten. Das muß auf die Bodenwerte im weitesten Umkreis zurückwirken. Denn jeder

Grundbesitzer kann sich leicht ausrechnen, wie lange es dauert, bis wieder eine Million und noch eine Million hinzukommt, und seine Grundstücke ebenfalls bebaut werden. Wären die Bodenwerte und damit die Wohnungen hier so billig wie in irgend einem kleinen Nest in der Provinz, so hätte Groß-Berlin sicherlich schon die doppelte oder dreifache Einwohnerzahl. Die Bodenwerte in Berlin und in der Umgebung stehen deshalb so hoch, weil hier so viele Millionen Menschen wohnen wollen und bereit sind, die Annehmlichkeiten und Vorteile dieses Wohnortes auch mit einer teueren Wohnung zu bezahlen.

Es ist als ein außerordentliches Glück zu betrachten, daß in der Umgebung Berlins so große Geländeflächen für seine räumliche Entfaltung zur Verfügung stehen. Wäre das nicht der Fall, wäre das Gebiet beschränkt, ständen der Ausdehnung der Stadt allerlei natürliche Hindernisse, unkultivierbare Moor- und Heidegegenden, Seen, große Wälder, die der Fiskus nicht verkaufen will usw. entgegen, wie würden dann erst die Bodenwerte gestiegen sein, wie hätten sich die Wohnungssuchenden dann um die wenigen verfügbaren Baustellen herumgestritten.

Also nicht wegen, sondern trotz der großen Geländeflächen um Berlin herum sind die Bodenwerte so hoch gestiegen, weil es eben unsere größte Stadt, die Reichshauptstadt, weil es Berlin ist.

Eberstadt möge doch mal nach Aachen kommen und sich hier die Verhältnisse ansehen. Auch da liegen große Geländeflächen um die Stadt herum, sogar in ziemlichem Umfange aufgeschlossen, ein gut ausgebautes Netz von Kleinbahnen durchzieht das umgebende Gelände und bringt im Umkreis von ca. 10 km ziemlich jede Ortschaft des Landkreises Aachen mit Aachen selbst in günstige Verkehrsverbindung (Ende 1909 betrug die Betriebslänge dieser Kleinbahnen bereits 158 km) und doch ist hier von einer eigentlichen Bodenspekulation, von hohen Bodenpreisen gar keine Rede; im Gegenteil, die letzteren sind in der Umgebung für eine Stadt von der Größe Aachens (1910 156 000 Einwohner) auffallend niedrig. Der Grund ist selbstverständlich der, daß Aachen in seiner Entwicklung völlig stagniert, in den letzten fünf Jahren hat es sogar 3943 Personen durch Auswanderung verloren und sich nur durch Geburtenüberschuß etwas vermehrt. Nur auf diese Verhältnisse, also den Umstand, ob eine Stadt sich mehr oder weniger rasch vergrößert und auf die absolute Größe an sich kommt es an, wie die Bodenpreise sich gestalten. Hat das reichlich vorhandene Gelände und die Zufuhr von Bauland einen Einfluß, so ist er höchstens in der Richtung zu suchen, daß dadurch dem aus obigen Gründen verursachten Ansteigen der Bodenpreise entgegengewirkt wird.

Wenn Eberstadt weiter anführt, daß bei allen neuen Eingemeindungen und Stadterweiterungen sich gezeigt habe, daß dadurch eine Steigerung der Bodenwerte hervorgerufen werde, so ist auch diese Tatsache zunächst ganz natürlich. Wenn man der städtischen Bevölkerung, die draußen wohnen will, auf einmal durch günstige Verkehrsverhältnisse und Eingemeindung die Ansiedelung in irgend einem Vororte möglich und angenehm macht, so steigen selbstverständlich als Ausdruck dessen daselbst die Bodenwerte. Diese Steigerung wird aber erst dann eine bedenkliche und unnatürliche, wenn die betreffenden Stadtverwaltungen von diesem Mittel, der Bevölkerung in den Vororten usw. Ansiedelungsmöglichkeit zu schaffen, zu ängstlichen und zu beschränkten Gebrauch macht. Dann kann es gewiß vorkommen, daß in dem einzigen erschlossenen Vorort die Bodenwerte alsbald eine außerordentliche Höhe erreichen. Auch hier hilft dann nur eine noch weitere Aufschließung von Gelände, die Eingemeindung weiterer Vororte und die dadurch bewirkte noch reichlichere Zufuhr von Bauland.

Es ist merkwürdig, daß Eberstadt trotz der zitierten Anschauungen über die bodenwertsteigernde Wirkung weiter Geländeflächen ebenfalls für eine weitgehende Erschließung der Außengelände eintritt. Er spricht zwar nicht direkt von Dezentralisation, aber doch davon, daß die Verkehrsfragen und Verkehrspolitik an wichtiger Stelle in der Wohnungspolitik der Gemeinden ständen und die Verkehrspolitik versuchen könne, „durch billige und geeignete Eisenbahnverbindungen der ländlichen Überschußbevölkerung die regelmäßige Fahrt nach einem städtischen Arbeitsort und zugleich die Beibehaltung des Wohnorts auf dem Lande zu ermöglichen“ (a. a. O., S. 329).

Dieser scheinbare Widerspruch wird aber sofort verständlich, wenn wir an weiterer Stelle lesen, daß er sagt: „Aber die Erfahrung zeigt, daß die Verkehrsmittel allein einen günstigen Einfluß auf das Wohnungswesen nicht auszuüben vermögen. Ich glaube, wir müssen . . . . zur Ergänzung sagen: keine Verkehrspolitik ohne Bodenpolitik“.

Ähnlich wie v. Mangoldt und andere ist also auch Eberstadt der Meinung, eine Erschließung der Außengelände durch eine entsprechende Verkehrspolitik habe nur dann für das Wohnungswesen Vorteile, wenn gleichzeitig bodenpolitische Maßnahmen getroffen werden, worunter wohl auch er, — ganz klar ist das an der betreffenden Stelle nicht gesagt — an eine möglichst weitgehende Bodenankauf- und Bodenverwertungspolitik durch die Gemeinden denkt. Auch hier stehe ich auf anderem Standpunkt und werde bei der Verkehrspolitik und städtischen Bodenpolitik noch darauf zurückkommen.

Wir müssen zusammenfassend vielmehr sagen, daß eine Durchführung all der tausend und abertausend Aufgaben, welche einer Millionenstadt bei der Pflege der Dezentralisation in diesem Sinne erwächst, niemals nach den Vorschlägen derjenigen Bodenreformer, welche wie v. Mangoldt und andere die ganze Sache zu einem „öffentlich-rechtlichen“ Geschäft machen wollen, möglich ist. Im Gegenteil, es ist absolut nötig, daß in weitgehendster Weise privates Kapital, private Unternehmung und privater Unternehmungsgeist zu diesen Aufgaben herangezogen wird. Selbst wenn die städtischen Finanzen eine so eingreifende Bodenpolitik, wie sie die Pflege der Dezentralisation in eigener Regie darstellt, erlauben würden, wo sollen die Städte all die Hilfskräfte, das ganze Heer von Beamten hernehmen, die diese Frage bearbeiten sollen. Dabei ist nicht einmal anzunehmen, daß sie gerade die Elite dieser Kräfte bekommen würden, denn wer auf dem Gebiete der Terrain- und Bauunternehmung etwas leisten kann, arbeitet lieber für die eigene Tasche, ist vielmehr geneigt, seine ganze Arbeitskraft der privaten Unternehmung, an deren Gewinn er partizipiert, zuzuwenden, als für einen verhältnismäßig niederen Gehalt in städtischen Diensten zu arbeiten.

Selbstverständlich muß man aber derartigen Unternehmungen entsprechende Gewinnmöglichkeit lassen, glaubt aber jemand im Ernste, daß die städtische Regie bei diesen Aufgaben der Dezentralisation billiger und besser arbeiten würde wie die private?

Selbstverständlich muß auch durch entsprechende Bebauungspläne und Bauordnungen für die Dezentralisationsorte dafür gesorgt werden, daß ihre bauliche Entwicklung sich nach modernen hygienischen Grundsätzen im Sinne der abgestuften Bauordnung und genügender Weiträumigkeit vollzieht. Dadurch werden sich am sichersten Mißstände, wie sie sich in den alten Städten und Stadtteilen ergaben, vermeiden lassen. Durch diese Aufgaben, welche im allgemeinen die Eingemeindung der betreffenden Orte, bei ganz großen Städten die Zusammenfassung derselben zu Zweckverbänden voraussetzen, erwachsen den Stadtverwaltungen schon so gewaltige Aufgaben, daß sie froh sein können, wenn sie die Terrainunternehmung, Bauunternehmung und so viel als möglich auch das Verkehrswesen auf die Schultern leistungsfähiger privater Unternehmungen, seien es nun Einzelpersonen oder Gesellschaften abladen können. Eventuell steht es ihnen ja frei, sich mit einer entsprechenden Summe zu beteiligen, mit der Zeit, wenn die Sache rentiert, immer mehr Aktien des betreffenden Unternehmens aufzukaufen oder sich von vornherein durch irgend einen Vertrag für spätere Zeit eine Beteiligung an diesem Unternehmen zu sichern, gegebenenfalls dasselbe auch ganz in ihren Besitz zu bringen. Dann partizipiert sie später an den Vorteilen, umgeht aber die Gründungsschwierigkeiten und trägt ein geringeres Risiko.

Beispiele derart bieten unter anderem die Verträge, wie sie manche Städte mit den Trambahngesellschaften geschlossen haben (siehe z. B. den Vertrag der Aachener Stadtverwaltung mit der Aachener Kleinbahngesellschaft vom 17. Jan. 1900, Bericht über die Verwaltung der Stadt Aachen von 1897—1906, Aachen 1907).

An jedem dieser Dezentralisationsorte und Vororte muß dann derselbe Gedanke der Dezentralisation wieder von neuem, nur in kleineren Verhältnissen, wiederkehren. Hier sind es dann naturgemäß die äußere Bebauungszone und die peripheren Stadtteile, auf welche dieselbe hinzulenken ist. Hier handelt es sich vielfach nur darum, die Ansiedelung auf Grundstücken außerhalb des zusammenhängend bebauten Terrains möglichst zu erleichtern. Da es sich hier in der Regel noch um ganz ländliche Verhältnisse und um isoliert liegende Einfamilienhäuser handelt, müssen und können bezüglich der Bauvorschriften, des Verbots des Anbaues an unfertigen, noch nicht entwässerten Straßen usw. die denkbar größten Erleichterungen gewährt werden, ohne daß man dadurch ernstliche hygienische Mängel in Kauf zu nehmen braucht. Wenn z. B. hier in der Umgebung eines solch kleinen Vorörtchen jemand draußen im freien Felde ein kleines Landhaus, lediglich zum eigenen Gebrauch bauen will, so kann man sich vollständig damit zufrieden geben, wenn er einen bescheidenen Privatweg, der eben seinem Verkehrsbedürfnis genügt, zum nächsten öffentlichen Weg herstellen läßt. Erst recht kann man unter solchen Verhältnissen nicht den Anschluß an Kanalisation, Wasserleitung, Müllabfuhr usw. verlangen, sondern kann sich bei sachgemäßer Ausführung mit den auf dem Lande üblichen Methoden, namentlich Abortgruben, Kompostierung des Mülls und Kesselbrunnen zufrieden geben. Sollten bezüglich der Beschaffenheit des Grundwassers Bedenken vorliegen, so ließe sich noch am ehesten mit relativ geringen Kosten die Wasserleitung hinausführen. Sollte dann dieses Gebiet später dichter besiedelt werden, so steht es jederzeit frei, die entsprechenden Einrichtungen zu vervollständigen. Durch eine derartige Geländeaufschließungspolitik in den einzelnen Dezentralisationsorten wird am wirksamsten dafür gesorgt, daß der Spekulation die Möglichkeit zu „ungesunden" Preistreibereien entzogen wird. Je mehr dadurch das weite Gelände in der Umgebung all dieser Orte, der städtischen Zentrale sowohl wie ihrer sämtlichen Vororte, nicht minder das zwischenliegende Terrain einer Bebauung nach freiem Ermessen der Baulustigen zugänglich gemacht wird, um so größer wird die Konkurrenz unter den Baustellen- und Grundbesitzern. Natürlich ist ein zeitig aufgestellter und diese Verhältnisse berücksichtigender Bebauungsplan unerläßlich. Niemand wird behaupten können, daß bei einer so unendlichen Fülle von Baustellen und Bauland in jeder Abstufung die Spekulation noch irgendwelchen Schaden stiften könne. Um so unbesorgter kann man die private Unternehmung sich an dieser Dezentralisations- und Geländeaufschließungspolitik beteiligen lassen.

Drum lasse man endlich diese Furcht vor der Bodenspekulation und der rücksichtslosen Betonung privatwirtschaftlicher Interessen, wie sie noch immer die Wohnungsreformer beherrscht, fallen. Sie würden sich wie ein Gespenst, wie ein Alpdruck auf alle Unternehmungen legen, die man im Sinne der Dezentralisation ins Leben rufen möchte. Man muß befürchten, daß auch hier wieder durch eine Fülle von Baubeschränkungen, Lasten, Steuern, Erschwerung des Grundstückhandels usw. der privaten Unternehmung die Mitarbeit verleidet und so der Erfolg des ganzen Unternehmens in Frage gestellt wird. Denn welche Großstadt wäre in der Lage, in dem ganzen ungeheuren Gebiet, welches für ihre Dezentralisation in Betracht kommt, den gesamten Grund und Boden, wie es die radikalsten Bodenreformer forderten, oder auch nur den größten Teil desselben in ihren Besitz zu bringen, diese ganze Bodenankaufs- und dann erst die noch viel schwierigere Bodenverwertungspolitik durchzuführen? Von diesen Fragen soll in den nächsten Abschnitten noch die Rede sein.

Wenn nur eine genügend große Konkurrenz da ist wird es

bei der Terrainunternehmung und gewerbsmäßigen Bauunternehmung nicht anders sein, wie bei jeder anderen Unternehmungsform. Diejenige wird schließlich am meisten Erfolg haben, welche auch dem Publikum am meisten bietet. Der Vorteil des Publikums wird dann, wie auch bei sonstigen Unternehmungen, zugleich der Vorteil der Unternehmung sein. Je mehr eine Terrain- und Baugesellschaft versucht, ihr Gelände geschickt auszunutzen, je mehr sie es versteht, die darauf erstellten Wohnungen den Anforderungen der Hygiene, des Komforts, der Ästhetik und der herrschenden Geschmacksrichtung anzupassen, je wirtschaftlicher sie dabei verfährt, mit je kleinerem Nutzen sie sich dabei selbst im einzelnen Fall zu gunsten eines größeren Umsatzes und damit doch schließlich eines größeren Gewinnes begnügt, um so mehr wird sie sich die Gunst des Publikums erobern. Um so mehr wird sie es erreichen, daß sie trotz des „privatkapitalistischen Betriebes“ (ich möchte fast sagen gerade deshalb) ihre Wohnungen in mindestens derselben Qualität und Preislage dem Publikum anbieten kann, wie es die Stadt selbst bei gewissenhafter Berechnung der Selbstkosten könnte, wenn sie selbst als Terrain- und Bauunternehmung aufträte. Wir können wohl kaum daran zweifeln, daß die private Unternehmung in vielen Fällen infolge der stärkeren Ausnutzung ihrer Arbeitskräfte, der in Rücksicht auf die eventuelle Gewinnbeteiligung größeren Arbeitsintensität der leitenden Persönlichkeiten die Wohnungen oft noch billiger anbieten kann, als ein gleicher städtischer Betrieb, und daß sie bei genügend großer Konkurrenz es auch tun wird. Hauptaufgabe der Stadtverwaltungen ist es also, das Entstehen einer derartigen Konkurrenz im Terraingeschäft zu begünstigen.

5. Besondere Aufgaben bezüglich der Dezentralisation.

a) Eingemeindung.

Ein außerordentlich bedeutsamer Faktor bei den Bestrebungen, eine Dezentralisation der Städte herbeizuführen, ist auch die Eingemeindungsfrage, sicherlich neben der Verkehrsfrage die wichtigste.

Je mehr nämlich die Großstädte eine Dezentralisation ihrer Bevölkerung begünstigen, um so mehr umgeben sie sich mit der Zeit mit einem Kranz größerer und kleinerer Vororte, welche der städtischen Bevölkerung günstige Ansiedelungsmöglichkeiten bieten und dadurch die Abwanderung aus der Großstadt ermöglichen. Um so mehr macht sich dann auch mit der Zeit der „Aushöhlungsprozeß“ der Großstädte selbst bemerkbar, es gibt die städtische Zentrale einen Teil ihres Bevölkerungsüberschusses an diese Vororte ab. Ein augenfälliges Beispiel für diese Verhältnisse hat die letzte Volkszählung für Berlin und den Kranz seiner Vororte ergeben. Während Berlin selbst von 1905—1910 nur um 24 005 Einwohner, d. h. 1,18 % zugenommen hat, haben die 67 Vororte zusammen einen Zuwachs von 468 510, das sind 40,03 %

erfahren. Einzelne Vororte haben sogar eine Zunahme von über 100 % zu verzeichnen. Aber auch andere Städte weit geringerer Größe weisen ähnliche Verhältnisse auf, so hat Düsseldorf (1910 356 000 Einwohner) vom Jahre 1895 bis 1905 nur um 43,9 %, einzelne Vororte dagegen um 100 % und selbst 170 % zugenommen. In anderen Städten, selbst mit einer größeren Einwohnerzahl, z. B. München (1910 595 000), wo die Verhältnisse eine Dezentralisation in Vororte weniger begünstigen, ist dieser Moment weniger ausgesprochen, hier macht sich mehr eine Zunahme der Bevölkerung in den peripheren Stadtteilen auf Kosten der zentralen Stadtteile bemerkbar (siehe S. 187).

Diese Abwanderung in die Vororte braucht sich also zunächst keineswegs darin zu äußern, daß die Einwohnerzahl der Stadt selbst nicht mehr zunimmt, oder gar zurückgeht, es treten vielmehr an die Stelle der in die Vororte abwandernden Bevölkerung immer wieder Zuzüge von auswärts, aber das Wachstum der Stadt vollzieht sich doch viel langsamer. So umgibt sich denn die Großstadt nach und nach mit einem Kranz blühender und in lebhafter Entwicklung begriffener Vororte, die nach und nach zu Landstädtchen, Klein-, Mittel- und selbst Großstädten im Sinne der Statistik, mit über 100 000 Einwohnern, heranwachsen können. So hatte z. B. von den Vororten Berlins 1910 Charlottenburg 239 559, Rixdorf 153 513, Schöneberg 141 010 Einwohner. Es ist selbstverständlich, daß diese Vororte ihre rasche und günstige Entwicklung keineswegs den Erwerbsmöglichkeiten, Wohnverhältnissen, Vergnügungen und Anregungen verdanken, wie sie sie selbst, als Einzelindividuum aufgefaßt, darbieten. Was, um bei einem bestimmten Beispiel zu bleiben, die sämtlichen Vororte Berlins so groß und bedeutsam gemacht hat, was so vielen Menschen den Wohnsitz in ihnen so begehrenswert erscheinen läßt, ist nicht der Umstand, daß die betreffenden Vororte nun Städte mit 30 000, 50 000 Einwohner usw. darstellen; in diesem Sinne würden sie keine größere Anziehungskraft ausüben wie jede Provinzstadt gleicher Größe. Sondern selbstverständlich der Umstand, daß sie ein Teil eines fast 4 Millionen Menschen umfassenden Stadtgebietes, daß sie ein Teil von Groß-Berlin sind und dadurch ihren Inwohnern gestatten, alle Vorteile dieser Großstadt, des geschäftlichen, kulturellen und administrativen Mittelpunktes des Deutschen Reiches, mitzugenießen. Wobei sie lediglich die kleine Unbequemlichkeit in Kauf nehmen müssen, die öffentlichen Verkehrsgelegenheiten des öftern benutzen zu müssen.

Wie liegen nun aber die Verhältnisse, wenn derartige Vororte nicht eingemeindet sind, also völlig eigene Verwaltung, vor allem auch ein eigenes Finanz- und Steuerwesen haben? Sie nehmen dann zwar alle Vorteile, welche ihnen aus dieser räumlichen Zugehörigkeit zur Zentralstadt erwachsen sind und erwachsen werden, für sich und ihre Einwohner in Beschlag, tragen aber nicht das Geringste zu deren Lasten bei, obwohl die dadurch geschaffenen Einrichtungen oft in hohem Maße auch den Bewohnern der Vororte zugute kommen (man denke nur an niedere und höhere Schulen und andere Bildungsanstalten, Theater, Museen, Krankenhäuser, Verkehrsmittel usw.). Wachsen derartige nicht eingemeindete Vororte nach und nach zu größeren Gemeinwesen heran, so geht bei der Bürgerschaft sowohl wie bei der Verwaltung meist das Gefühl dafür, daß sie doch schließlich nur ein Ableger der Zentralstadt sind und ihre ganze rasche Entwicklung nur der Zugehörigkeit zu derselben verdanken, völlig verloren, wenigstens sobald sie irgendwie zu den Lasten derselben mit herangezogen werden sollen. Dann fühlen sie sich meist berechtigt, ihre lokalen Interessen aufs schärfste denen der Mutterstadt gegenüberzustellen und sind nicht zu dem geringsten Entgegenkommen bereit.

Anderseits fühlen sich alle diese Vorstädter natürlich als Berliner und Groß-Berliner, wenn es in ihrem Interesse liegt, nehmen für ihre Erzeugnisse, Wohnungen usw. Berliner Preise, und sehen verächtlich auf Provinzstädte gleicher Größe herab. So ergibt sich der sonderbare Zustand, daß derartige, nicht eingemeindete Vororte sich bezüglich der Verwaltung, des Finanz- und Steuerwesens als Einzelindividuen fühlen mit Interessen, die dem Gesamtorganismus teilweise direkt entgegen gerichtet sind, daß sie sich aber räumlich, kulturell und sozial mit demselben als Einheit aufgefaßt wissen wollen.

Daß das auf die Dauer zu ganz unhaltbaren Zuständen und Ungerechtigkeiten führen muß, ist naheliegend.

Betrachtet man z. B. einmal die Frage des Wertzuwachses der bebauten und unbebauten Grundstücke in einem solchen Vorort, man denke z. B. an Schöneberg oder Wilmersdorf oder das noch isoliert liegende Groß-Lichterfelde. Wodurch wird dieser Wertzuwachs in letzter Linie erzeugt? Niemand wird doch im Ernst behaupten wollen, daß der Wert der Grundstücke in der Nähe solcher Orte sich so einstellt, wie er einem isoliert liegenden Orte gleicher Größe ohne jeden Zusammenhang mit Berlin entsprechen würde. Sowohl der Käufer wie der Verkäufer fassen ein an der äußeren Peripherie z. B. von Wilmersdorf gelegenes Grundstück nicht als ein solches auf, wie es in der Umgebung eines Städtchens von 63 568 Einwohnern gelegen ist, sondern als ein Grundstück an der Peripherie einer vier Millionenstadt und dementsprechend ist auch der Ertrag. Danach wird dann der Wert bemessen und der Preis festgesetzt.

Verursacht hat diesen Wertzuwachs keineswegs die Gemeinde Wilmersdorf, sondern die Zugehörigkeit zu Groß-Berlin, weil dadurch einmal als Nachfrage für ein derartiges Grundstück nicht nur die Einwohnerschaft von Wilmersdorf, sondern die von ganz Berlin in Frage kommen kann, und anderseits auch nur dadurch Wilmersdorf zu einem Orte seiner Größe heranwachsen konnte. Den der Gemeinde zufallenden Teil der Wertzuwachssteuer steckt aber nur Wilmersdorf ein und nur es profitiert von der größeren Steuerkraft, die ein Teil seiner Einwohner durch den Wertzuwachs ihrer Grundstücke erfährt, Berlin, die eigentliche Ursache des Wertzuwachses, geht leer dabei aus.

Auch bezüglich der Steuerleistungen ergeben sich die größten Ungerechtigkeiten. Die Abwanderung in die Vororte entzieht den Städten nicht selten ihre besten Steuerzahler. Zwar genießen dieselben auch dort dank der bisweilen sogar von der Stadt unterhaltenen oder subventionierten Verkehrsgelegenheiten alle Vorzüge der Stadt, zahlen aber ihre Kommunalsteuern in den betreffenden nicht eingemeindeten Vororten. Ähnlich steht es mit den Angestellten der Geschäfts- und Kontorhäuser der City, den Arbeitern usw., die täglich von den Vororten zur Stadt fahren und dort arbeiten und Geld verdienen. Auch sie profitieren dabei von allerlei von der Stadt geschaffenen Einrichtungen, z. B. den Aufwendungen für Instandhaltung, Reinigung, Beleuchtung und Bewachung der Straßen, der Sicherung gegen Feuersgefahr, den Verkehrsgelegenheiten, soweit sie in städtischer Regie betrieben sind, den sanitären und Wohlfahrtseinrichtungen, wie Volksküchen, Kaffeeküchen, Wärmestuben, Volksgärten etc., ohne daß die Stadt dafür irgendwelchen Entgelt von den Gemeinden erhält, wo die betreffenden Personen ansässig sind und Kommunalsteuern zahlen. Die Steuerkraft der städtischen Zentrale wird also benutzt, um für das ganze räumlich zusammenhängende Stadtgebiet einschließlich der Vororte eine Reihe von sozialen und sonstigen Einrichtungen zu treffen, während die Steuerkraft der Vororte in der Regel nur diesen zukommt. Anderseits wandern allerdings auch Kapitalien, die in Industrievororten erworben wurden, in die städtische Zentrale oder in die Villenvororte ab.

Diese sich ergebende Ungerechtigkeit auf dem Gebiete des Steuerwesens ist deshalb nicht selten die Veranlassung, daß Gemeinden davon Abstand nehmen, durch eine großzügige Verkehrspolitik die Umgebung und die dort gelegenen Orte für die städtische Bevölkerung zu erschließen, weil sie sich nicht selbst Konkurrenz machen und ihre besten Steuerzahler an die aufblühenden Vororte abgeben wollen. Derartige Bedenken müssen aber die sonst so wünschenswerte Förderung des Dezentralisationsgedankens außerordentlich erschweren, manchmal geradezu unmöglich machen. Mit einem Schlage werden alle diese Schwierigkeiten durch die Eingemeindung der betreffenden Vororte beseitigt, dadurch also, daß dieselben nun nicht nur räumlich mit der städtischen Zentrale zusammenhängen, sondern mit ihr auch durch dieselbe Verwaltung, dasselbe Finanz- und Steuerwesen, dieselben Ausgaben und Einnahmen verbunden werden.

Um was es sich dabei handelt, werden am einfachsten einige Bestimmungen zeigen, wie sie dem Sinn nach in allen Eingemeindungsverträgen wiederkehren und den von der Stadt Düsseldorf und ihren Vororten abgeschlossenen Verträgen entnommen sind. So enthält z. B. der Vertrag der Stadt Düsseldorf mit Heerdt unter anderem folgende Paragraphen:

§ 1. Die Einwohner von Düsseldorf und Heerdt werden von dem Tage der Vereinigung an hinsichtlich aller Rechte und Pflichten, welche mit der Gemeindeangehörigkeit verknüpft sind, sowie rücksichtlich der Benutzung der beiderseitigen Gemeindeanstalten und Einrichtungen einander gleichgestellt, soweit nicht im Nachstehenden Abweichendes bestimmt ist.

§ 2. Das gesamte bewegliche und unbewegliche Vermögen beider Gemeinden wird bei der kommunalen Vereinigung in Aktiven und Passiven zu einem einzigen Ganzen verschmolzen.

Die erweiterte Stadtgemeinde Düsseldorf tritt somit in alle privaten Rechte und Verbindlichkeiten der Gemeinde Heerdt als deren Rechtsnachfolgerin ein.

§ 3. Mit dem Tage der Vereinigung übernimmt die Stadtverwaltung von Düsseldorf die Verwaltung der Gemeindeangelegenheiten von Heerdt, sowie die dem Gemeindevorstande daselbst zugewiesenen staatlichen Obliegenheiten. Die Stadtverwaltung von Düsseldorf tritt in alle diejenigen Rechte und Pflichten ein, welche nach Gesetz oder auf Grund besonderer Rechtstitel der Gemeindeverwaltung von Heerdt zustehen oder obliegen.

§ 4. Die in Düsseldorf geltenden Polizeiverordnungen, Ortsstatute, Regulative, Steuerordnungen, Stadtverordnetenbeschlüsse und sonstige Bestimmungen erhalten in Heerdt Wirksamkeit, soweit in diesem Vertrage nicht Abweichendes bestimmt wird.

Der Oberbürgermeister von Düsseldorf hat, soweit erforderlich, die Anordnung zum Zwecke der Einführung der vorbezeichneten Bestimmungen zu treffen. Von dem Tage der Einführung der Düsseldorfer Bestimmungen an verlieren die entsprechenden bisherigen Polizeiverordnungen, Ortsstatute, Regulative, Steuerordnungen, Gemeindebeschlüsse und sonstigen Bestimmungen von Heerdt ihre Geltung.

§ 6. Die zur Zeit der Vereinigung angestellten Beamten, Lehrer und Lehrerinnen der Landgemeinde Heerdt treten von diesem Zeitpunkt an mit ihrem Diensteinkommen und mit ihren Ansprüchen auf Ruhegehalt und Hinterbliebenenversorgung in den Dienst der Stadt Düsseldorf über.

Es handelt sich also bei derartigen Eingemeindungen zum Teil um recht eingreifende Maßnahmen, die namentlich dann, wenn der einzugemeindende Vorort schon eine längere Entwicklung erfahren, eine Reihe selbständiger kommunaler Einrichtungen getroffen und eine größere Zahl von Beamten in der Verwaltung etc. angestellt hat, meist nur nach äußerst schwierigen und zeitraubenden Verhandlungen zu einer Einigung führen. Es ist deshalb im allgemeinen wünschenswert, wenn mit der Eingemeindung nicht allzu lange gewartet wird und der betreffende Vorort sich noch in den Anfängen seiner Entwicklung befindet. Im umgekehrten Falle, wenn die frühzeitige Eingemeindung versäumt wurde, und der Ort inzwischen zu einer großen und selbständigen Stadt herangewachsen ist, wird sich die Eingemeindung oft überhaupt nicht mehr, zum mindesten nicht ohne staatlichen Zwang, zu dem vorläufig keine gesetzliche Handhabe gegeben ist, durchführen lassen. So stellt sich z. B. das Verhältnis zwischen Berlin und seinen Vororten dar. Hier hat die Staatsregierung vor längerer Zeit bereits eine umfassende Eingemeindung der Vororte angeregt, dabei aber wenig Gegenliebe gefunden. Inzwischen haben sich die Vororte soweit entwickelt, daß vorläufig eine Eingemeindung nicht mehr durchführbar erscheint. Anderseits hat die Notwendigkeit, wenigstens bei gewissen Aufgaben ein gemeinsames

Vorgehen von Berlin und seinen Vororten zu erzwingen, zu dem Entwurf eines Zweckverbandsgesetzes geführt (siehe nächsten Abschnitt).

Wenn die Eingemeindung sehr frühzeitig erfolgt, liegt anderseits allerdings oft auch eine Härte darin, daß der zunächst noch kleine und wenig steuerkräftige Vorort zu den gleichen Lasten wie die städtische Zentrale herangezogen werden soll. In solchen Fällen ist es also berechtigt, wenn den betreffenden Orten wenigstens vorläufig gewisse Steuerprivilegien gewährt werden, bis sich als Folge der Eingemeindung eine steuerkräftigere Bevölkerung in denselben angesiedelt hat. Oder aber es handelt sich um einen Vorort, in dem eine sehr kapitalkräftige Bevölkerung ansässig ist, z. B. einen Villenvorort, der infolgedessen sehr günstige Steuerverhältnisse aufweist und deshalb einer Eingemeindung mit der Mutterstadt, in der höhere Steuern bezahlt werden, sich widersetzen würde. Auch dann müssen unter Umständen für einige Zeit solche Steuerprivilegien gewährt werden, um bei den Verhandlungen überhaupt zu einer Einigung zu gelangen.

Ein Beispiel eines solchen Steuerprivilegs bietet folgender Absatz aus dem Eingemeindungsvertrag zwischen Aachen und Burtscheid von 1896: „mit Rücksicht auf die günstigen Steuerverhältnisse der Stadt Burtscheid soll für die im bisherigen Gebiete der Gemeinde Burtscheid gelegenen Grundstücke und Gebäude, sowie die für die in dieser Gemeinde betriebenen Gewerbe bis zum 1. April 1910 an den für die Bedürfnisse der vereinigten Stadtgemeinde zu erhebenden Grund- und Gebäude- bzw. Gewerbesteuern ein prozentualer Nachlaß in der Weise eintreten, daß von den genannten auf diese Grundstücke und Gebäude bzw. Gewerbe entfallenden Steuern 20 % der letzteren in Abzug gebracht werden.

Vom 1. April 1910 bis 1. April 1915 soll dieser Nachlaß auf 15 % und vom 1. April 1915 bis zum gleichen Tage 1920 auf 10 % ermäßigt werden.

In gleicher Weise wird die vereinigte Stadtgemeinde denjenigen Personen, welche am 1. April 1896 im Burtscheider Gemeindebezirk ihren Wohnsitz hatten, solange sie diesen Wohnsitz beibehalten, bis zum 1. April 1910 an der für die Bedürfnisse der vereinigten Stadtgemeinde zu erhebenden Gemeindeeinkommensteuer einen prozentualen Nachlaß in der Weise gewähren, daß von der genannten auf diese Personen entfallenden Steuer 20 % der letzteren in Abzug gebracht werden.

Auch dieser Nachlaß soll vom 1. April 1910 bis zum 1. April 1915 auf 15 % und vom 1. April 1915 bis zum gleichen Tage 1920 auf 10 % ermäßigt werden.

Vom 1. April 1920 ab findet eine gleichmäßige Heranziehung zu allen Real- und Personalsteuern statt.

Wurde die rechtzeitige Eingemeindung versäumt, so ergeben sich später außer den bereits genannten noch weitere schwerwiegende Nachteile für die Mutterstadt. Wieder möge das Beispiel Berlins herangezogen werden. Je mehr die dasselbe umlagernden und nicht eingemeindeten Vororte sich ausgedehnt haben, um so mehr sind dieselben räumlich mit der Mutterstadt zusammengeflossen und die Straßenzüge teilweise völlig ineinander übergegangen, sodaß derjenige, der mit diesen Mysterien der Verwaltung nicht vertraut ist, gar nicht auf den Gedanken käme, daß es sich hier um zwei völlig getrennte Gemeinwesen handelt; dadurch wird aber die räumliche Entfaltung der Mutterstadt an all diesen Stellen mehr gehemmt, schließlich völlig unmöglich gemacht. Eine Vergrößerung der Einwohnerzahl wäre also nur noch möglich durch eine noch intensivere Bebauung, was nur mit schwerwiegenden Nachteilen hygienischer Art erkauft werden könnte. So ist z. B. berechnet worden, daß innerhalb der jetzigen Grenzen Berlins nur noch Raum für höchstens 600 000 Einwohner wäre, selbstverständlich nur bei denkbar weitgehendster Raumausnützung. In Wirklichkeit sträubt sich denn auch die Bevölkerung selbst gegen derartige Zustände, der beste Beweis dafür liegt darin, daß Berlin selbst von 1905 bis 1910 nur um 24 005 Menschen, das sind 1,18 % zugenommen hat.

So ist die Mutterstadt also in der traurigen Lage, daß die Tochterstädte, welche ihr ihre blühende Entwicklung, den andauernden Zuzug großer, steuerkräftiger Menschenmassen verdanken, welche ohne Berlin und von ihm völlig losgelöst zum größten Teil armselige Provinzstädtchen ohne jede besondere Anziehungskraft wären, ihr jede weitere räumliche Entfaltung, praktisch jede Vergrößerung der Einwohnerzahl unmöglich machen. Das muß mit der Zeit zu einer völligen Stagnation der städtischen Finanzen führen. Zunächst wegen der Abnahme oder wenigstens nicht der Zunahme der Steuerkraft ihrer Bevölkerung. Eine große Zahl von Leuten, die in Berlin reich geworden sind, wandern in die Vororte ab, verzehren dort die Zinsen ihres Vermögens und bringen das Geld unter die Leute, zahlen dort Kommunal-, Grund- und Gebäudesteuern. Diejenigen, welche an deren Stelle vom Lande und der Provinz neu hinzuziehen, sind meist noch wenig leistungsfähige Steuerzahler, sie wollen in Berlin erst reich werden, um auch dann wieder zu verschwinden. So gibt eine derartige Stadt fortwährend ihre besten Steuerzahler an die Vororte ab und tauscht schlechtere dagegen ein.

Daß derartige Verhältnisse sich anbahnen, beweist der Umstand, daß durch den Jahresabschluß der Berliner Steuerverwaltung pro 1909/1910 die Gesamteinnahme aus den Steuern im Vergleich zu den Vorjahren beträchtlich zurückgegangen sind. So ist z. B. die Zahl der zur Staatssteuer nach einem Einkommen bis zu 3000 Mk. veranlagten physischen Personen um 8812 zurückgegangen, die Isteinnahme bei den Gemeindesteuern gegen das Vorjahr um rund 25 000 Mk. zurückgeblieben, während sie im Etatjahre 1908/09 noch um rund 3 800 000 Mk. gegen das Vorjahr zugenommen hatte.

Wenn die Entwicklung so weiter schreitet, werden die Einnahmen wohl bald von Jahr zu Jahr einen noch stärkeren Rückgang aufweisen, sobald einmal infolge der Vergrößerung der Vororte und der damit zusammenhängenden Vergrößerung der City sich eine noch immer stärkere „Aushöhlung" Berlins und eine entsprechende Verringerung seiner Einwohnerzahl bemerkbar machen wird. Ein weiterer bedeutsamer Grund für einen Rückgang oder wenigstens keine Zunahme der Einnahmen liegt im folgenden. Die steigende Einnahme einer Stadt beruht unter heutigen Verhältnissen zum großen Teil auf der steigenden Grundrente, auf dem Wertzuwachs, den die Besitzer von Grund und Boden einheimsen. Ganz einerlei, ob derselbe durch eine Wertzuwachssteuer erfaßt wird oder nicht. Auf alle Fälle steigt dadurch die Steuerkraft der Bevölkerung, die Vermögen vergrößern sich entsprechend, damit die Einkommensverhältnisse, der Wert der bebauten Grundstücke steigt, und die Stadt hat auf alle Fälle den Vorteil einer entsprechenden Zunahme der Gemeindeeinkommen-, der Grund- und Gebäudesteuer. Wenn sie außerdem durch eine Wertzuwachssteuer einen Teil dieses Zuwachswertes direkt erfaßt, so profitiert sie noch unmittelbarer daran, es verringern sich allerdings die eben genannten Mehreinnahmen.

Wenn man diese Überlegungen auf die Mutterstadt Berlin anwendet, so sieht man, daß auch diese Einnahmequelle mit der Zeit immer spärlicher fließen und bald ganz aufhören wird. Berlin kann sich eben wegen der Vororte räumlich nicht mehr weiter ausdehnen. Ein Wertzuwachs etwaiger noch unbebauter Grundstücke kommt also kaum mehr in Frage, gewiß werden einzelne in der City gelegene Grundstücke mit der Zeit noch erhebliche Wertzunahme erfahren, das wird aber sicherlich kompensiert durch die Wertabnahme, die in manchen Wohnvierteln sich einstellen wird, wenn einmal durch günstigere als die zurzeit bestehenden Verkehrsverhältnisse einem immer größeren Teil der Bevölkerung das Wohnen in irgend welchen Vororten noch angenehmer und bequemer gemacht werden wird. Wir sahen schon S. 180, daß die beginnende Dezentralisation mancherorts bereits jetzt zu einer Abnahme der Grundstückwerte in der Stadt zu führen scheint. Von den Schädigungen der privaten Besitzer, eventuell der Hypothekengläuber dieser an Wert verlierenden Grundstücke wollen wir hier einmal ganz absehen und nur die direkten Folgen für die städtischen Finanzen ins Auge fassen. Für eine Stadt, die in liberaler Weise die Dezentralisation begünstigt, einem Kranz blühender Vororte zu mächtiger Entfaltung und zu einer steuerkräftigen Einwohnerschaft verholfen hat, wird diese Einnahmequelle aus der steigenden Grundrente mit der Zeit also völlig versagen.

Nun ist es aber ganz selbstverständlich, daß dieser Wertminderung, zum mindesten dem Wertstillstand der in der City und der ganzen Mutterstadt gelegenen Grundstücke, eine entsprechende, teilweise außerordentlich weitgehende Wertzunahme der bebauten und unbebauten Grundstücke in den rasch wachsenden Vororten und ihrer weitesten Umgebung gegenübersteht. Und ebenso selbstverständlich entspricht diese Wertzunahme keineswegs der Größe der Vororte an sich, sondern der Größe der Gesamtstadt, Groß-Berlins. Namentlich da, wo die Vororte, wie Wilmersdorf, Schöneberg usw. und Berlin eine zusammenhängende, bebaute Fläche bilden, ist bezüglich der die Wertsteigerung des Grund und Bodens bedingenden Faktoren die äußere an das noch unbebaute Land angrenzende Zone, wo die stärkste Wertsteigerung bei der Umwandlung des Ackerbaus in Bauland eintritt, nicht als Peripherie der Stadt Wilmersdorf usw. aufzufassen, sondern als Peripherie der Stadt Groß-Berlin mit seinen 4 Millionen Einwohnern.

Auch wenn man behauptet, daß zwischen den Mieten im Geschäftsviertel und den Wohnvierteln kein Parallelismus besteht (siehe S. 60), muß man sich doch klar machen, daß ein Grundstück an der Peripherie einer 4 Millionenstadt ganz anders im Werte steht als das einer Stadt von 63 000 Einwohnern. Die Einwohner von Wilmersdorf etc. werden sich das natürlich nicht klar machen und denken, der ganze Wertzuwachs gehört ihnen; sie brauchen sich aber zu dem Zwecke nur vorzustellen, daß sie völlig isoliert von Berlin irgendwo in der Provinz, in Pommern oder Schlesien lägen. Was wäre dann Wilmersdorf oder Schöneberg, welchen Wert hätten dann die Grundstücke ihrer Umgebung.

So muß man sagen, daß nach Recht und Billigkeit ein sehr erheblicher Teil dieses Wertzuwachses an die Mutterstadt abzuführen wäre als Entgelt für die Wertverminderung, die ihr durch ihre Dezentralisationspolitik erwächst. Sobald die Mutterstadt und ihre Vororte nicht nur eine räumliche Einheit darstellen, sondern auch das gesamte Vermögen, die gesamten Einnahmen, insbesondere die Steuereinnahmen zu einem einzigen Ganzen verschmolzen werden, wie das eben durch die Eingemeindung dargestellt wird, entfallen all diese Schwierigkeiten.

Auch ohne besondere Wertzuwachssteuer kommt dann die steigende Grundrente durch die Steigerung der Vermögens- und Einkommensverhältnisse eines Teils der Gesamtbevölkerung dem Gesamtorganismus und damit auch der Mutterstadt zugute. Nur unter solchen Verhältnissen kann also eine Stadt eine großzügige Dezentralisations- und Verkehrspolitik treiben, nur dann werden natürliche und gerechte Verhältnisse geschaffen. Nun könnte man zunächst annehmen, daß bei einem Stillstand der Bevölkerung in der Mutterstadt, wie das in Berlin sozusagen der Fall ist, auch ihre Ausgaben nicht weiter wachsen. Das mag in einer isoliert liegenden Stadt, die nicht von einem Kreis sich stets vergrößernder Vororte umgeben ist, deren Einwohnerschaft sie täglich in sich aufnimmt, zutreffen, nicht aber unter den gegenteiligen Verhältnissen. Je schneller die Vororte wachsen, je mehr deren Einwohner und durch günstige Verkehrsverhältnisse, Schnellbahnen und dergleichen auch die Einwohner entlegener Orte in die städtische Zentrale hineinströmen, um hier tagsüber ihren Geschäften, ihrem Erwerb oder Vergnügen nachzugehen, zu um so größere Aufwendungen wird die letztere gezwungen. Mit der zunehmenden Menschenzahl und dem zunehmenden Verkehr wachsen die Ausgaben für Bewachung, Säuberung, Beleuchtung und Instandhaltung der Straßen, für soziale und Wohlfahrtseinrichtungen, wachsen vor allem auch die repräsentativen Ausgaben, wie man sie nennen könnte.

Je mehr Groß-Berlin sich entfaltet, um so mehr erwartet man nicht nur in Berlin selbst, sondern auch im ganzen Deutschen Reich, daß Groß-Berlin nun auch in würdiger Weise die Hauptstadt des Deutschen Reichs verkörpert. Sowohl die Reichangehörigen selbst, als vor allem auch die Ausländer, die Berlin besuchen, beurteilen die Größe und Machtentfaltung unseres Landes oft zunächst nach dem Eindrucke, den die Reichshauptstadt auf sie macht. Diese ist für sie gewissermaßen der Brennpunkt des geistigen, wissenschaftlichen und künstlerischen Lebens der Nation. Nach ihr beurteilt man zunächst die Kulturfortschritte des betreffenden Landes. Man kann deshalb mit Recht verlangen, daß hier bezüglich der Ausgestaltung der öffentlichen Gebäude, der Anlage und des Schmuckes der Plätze und Parkanlagen, der städtischen Bildungsanstalten, Wohlfahrtseinrichtungen, sanitären Einrichtungen und dergleichen den weitgehendsten Ansprüchen Genüge geleistet wird, es sollen *Musteranlagen* sein, die vorbildlich wirken. Die hierzu erforderlichen Aufwendungen werden mit der weiteren Größenzunahme und Machtentfaltung des Reichs also immer mehr anwachsen, das muß mit der Zeit dazu führen, daß die Steuerlasten der Bevölkerung Berlins immer größer werden und das wird dann wieder ein noch stärkeres Abwandern der Bevölkerung in günstigere Steuerverhältnisse aufweisende Vororte veranlassen. Entweder muß dann die Steuerschraube noch stärker angezogen werden, oder aber die Repräsentation der Reichshauptstadt und damit auch die Würde und das Ansehen des ganzen Deutschen Reichs leiden darunter. Man kann also mit Recht verlangen, daß die Stadt Berlin nun nicht allein diese Summen bestreitet, sondern daß vor allem auch die Vororte, welche in erster Linie von all den geschaffenen und zu schaffenden Einrichtungen mitprofitieren, an dem Glanz und dem Ruhm der Stadt zunächst mitbeteiligt sind, auf ihn stolz sind und ihn mit genießen, nun auch ihrerseits etwas dazu beisteuern; wie das am einfachsten und natürlichsten immer wieder durch eine *Eingemeindung* ermöglicht wird. Es muß als ein geradezu ungeheuerlicher Zustand angesehen werden, daß manche Villen- und Rentnervororte dank der ihnen aus der Mutterstadt zuströmenden guten Steuerzahler diese Vorteile nur zur Festsetzung äußerst geringer kommunaler Lasten verwenden und auch nicht das geringste zu den Lasten, der Verschönerung und dem Schmuck ihrer Mutterstadt beitragen wollen.

Auch diese Verhältnisse haben ihre *Kehrseite*. Es gibt nicht nur aufblühende Vororte mit einer steuerkräftigen Bevölkerung, sondern auch solche, in denen sich überwiegend *Arbeiter und der Kleinbürgerstand* ansiedeln. Diese sind trotz sehr hoher Kommunalsteuern, bis zu 200 und selbst 300 % der Staatseinkommensteuer oft nicht in der Lage, diejenigen Einrichtungen zunächst hygienischer und sozialer Art aufzubringen, die unbedingt nötig sind, von wünschenswerten Verbesserungen oder gar Verschönerungen nicht einmal zu reden. Auch das sind auf die Dauer nicht minder unhaltbare Zustände. Auch diese Vororte gehören zum Gesamtorganismus, die hier vorhandenen Siedelungsmöglichkeiten zu den Voraussetzungen der Großstädte. Ebenso wie die Industriewerke der Vororte für die wirtschaftliche Machtentfaltung der Mutterstadt nötig sind, sind es auch die Arbeitermassen, die sich in diesen Vororten ansiedeln, auch in bezug auf diese Vororte muß das gesamte Stadtgebiet also nicht nur als räumliche, sondern auch als wirtschaftliche und finanzielle Einheiz aufgefaßt werden. . Es läßt sich kein Grund ausfindig machen, warum in den vom ärmeren Teil der Bevölkerung, speziell der Arbeiterbevölkerung bewohnten Vororten höhere Kommunalsteuern gezahlt werden, wie in den zufällig von den oberen Einkommenklassen bewohnten Vororten. Alle diese verschiedenen Orte bilden in ihrer Erwerbstätigkeit, in der Gliederung ihrer Bevölkerung usw. kein Gebilde für sich, sondern ihre Eigenart und ihre Existenz gründet sich nur auf die Zugehörigkeit zur Mutterstadt und zum Gesamtorganismus, und dieser wieder ist nicht denkbar ohne diesen Kranz von Vororten, der den verschiedensten Bevölkerungsklassen Unterkommen gewährt.

Es muß dieses Gebiet also auch bezüglich des Steuerwesens als Einheit aufgefaßt, eben eingemeindet werden. Nur dann ist es möglich, daß die kleineren und ärmeren Vororte ebenfalls zu den kommunalen Einrichtungen gelangen, wie sie aus hygienischen und sozialen Gründen zunächst für sie selbst, dann weiter aber auch für die Nachbarbezirke und die Gesamtstadt nötig sind. Das sind z. B. Wasserleitung, Kanalisation, Krankenhäuser, Schulen, eine entsprechend organisierte Verwaltung mit dem nötigen Beamtenpersonal, Wohlfahrtseinrichtungen usw. Namentlich im Anfange der Entwicklung, wenn sich dank entsprechender Verkehrsverbindungen, der Verlegung von Industriewerken usw., der Dezentralisationsstrom, in diesem Falle die zugehörigen Arbeitermassen, in solche Orte ergießt, resultieren aus dem Fehlen obiger Einrichtungen oft die schwerwiegendsten Nachteile. Der Ort hatte früher die einfachsten ländlichen Verhältnisse, ein denkbar bescheidenster Verwaltungsapparat genügte für die Geschäftsführung, hygienische Einrichtungen wie Wasserleitung, Kanalisation, eine besondere Regelung und Überwachung des Wohnungswesens waren nicht nötig und es kümmerte sich auch niemand darum. Nun kommt auf einmal der Dezentralisationsstrom. Die vorhandenen Wohnungen in den Bauernhäusern werden bald überfüllt, die gräßlichsten Wohnungszustände, oft weit schlimmer, wie in den elendesten Wohnvierteln der Großstädte, sind die Folge. Bei weiterer Entwicklung beginnt eine fieberhafte Bautätigkeit, ohne entsprechender Bebauungsplan und Bauordnung. Den Gemeindevorstehern wachsen diese neuen sich drängenden Aufgaben natürlich über den Kopf. Ihre Lösung verlangt Männer, die sich bereits in städtischen Verhältnissen erprobt haben, Leute mit entsprechender praktischer Erfahrung und genügendem Verständnis für all die sozialen, wirtschaftlichen, hygienischen, boden- und wohnungspolitischen Fragen eines solch aufblühenden Gemeindewesens. Wo sollen die Gemeindevorsteher und etwaigen sonstigen Beamten der ursprünglich kleinen und bescheidenen Landorte, von denen unter den früheren Verhältnissen derartige Kenntnisse gar nicht verlangt wurden und die sie auch gar nicht verwenden konnten, all diese Kenntnisse hernehmen? Wo sollten sie vor allem auch die Mittel hernehmen, um die neuen, großen Aufgaben, welche der Zuzug der zunächst wenigstens noch wenig steuerkräftigen Bevölkerung mit sich bringt, zu bewältigen? Da muß umgekehrt die Mutterstadt, welche diesem Orte die Industriewerke und damit die Arbeitermassen, die sie selbst in ihren Mauern nicht mehr unterbringen kann, zusendet, helfen und eingreifen. Sie muß für diesen Ort die Verwaltungstätigkeit ausüben, ihm mit ihrer größeren Erfahrung, ihrem geschulten und erprobten Beamtenpersonal zu einer geordneten Bebauung und entsprechenden Ansiedelungsverhältnissen verhelfen; muß die Steuerkraft der städtischen Bevölkerung, die sich zum Teil wenigstens auf die hier entwickelnde Industrie gründet, dazu benutzen, um auch diesem Orte, der nunmehr räumlich und wirtschaftlich mit ihr eine Einheit bildet, dieselben hygienischen und sozialen Einrichtungen zu verschaffen, wie sie sie selbst besitzt. Das setzt aber wieder unbedingt die Eingemeindung voraus.

Im anderen Falle bedeuten die elenden Zustände, wie sie sich in solch armen, lediglich von der Arbeiterbevölkerung bewohnten Dezentralisationsorten herausbilden, ernstliche gesundheitliche Nachteile, auch für die Bevölkerung der mit diesem Orte räumlich konfluierenden Mutterstadt. Das dürfte auch demjenigen einleuchten, der sich sonst wenig mit hygienischen Fragen befaßt.

Unsere großen Städte sind auf die Dauer nun einmal nur möglich, wenn entsprechende hygienische Einrichtungen und ein entsprechend organisiertes Medizinalwesen für das ganze Stadtgebiet vorhanden sind. Da haben die Verhältnisse früherer Jahrhunderte, wo die Städte immer wieder von großen Epidemien entvölkert wurden, gezeigt, das zeigen noch heute die Städte in solchen Ländern, die erst nach und nach die Fortschritte der Kultur einführen können. In den großen Städten in China, Indien usw. sind die in den modern gebauten Stadtteilen wohnenden Europäer immer wieder der Gefahr ausgesetzt, daß von den Vierteln aus, in welchen unter denkbar unsanitären Verhältnissen die einheimische, hygienisch indifferente Bevölkerung wohnt, die unter denselben herrschenden Seuchen (Pest, Cholera) auch auf ihre Stadtteile übergreifen.

Wie dort unter solchen Umständen die Epidemien wüten können, wie die hygienischen Verhältnisse bezüglich Wasserversorgung, Straßenreinigung, Kanalisation, Leichentransport usw. oft jeder Beschreibung spotten, das haben gerade in letzter Zeit die Schilderungen über die Pestepidemien im Osten Asiens gezeigt.

In unseren Kulturländern sind wir über solche Verhältnisse erhaben, dank unserer hygienischen Einrichtungen, dank der mustergültigen Organisation unseres Medizinalwesens. Aber die Zeiten, in denen auch in manchen unserer großen Städte gewisse von dem ärmsten und hygienisch indifferentesten Teil der Bevölkerung bewohnte Stadtviertel immer wieder der Ausgangspunkt von Epidemien auch der übrigen Stadtteile wurden, sind noch keineswegs soweit zurückliegend. Mit Zunahme der Dezentralisation und der dadurch hervorgerufenen raschen Entwicklung oft nur vom ärmeren Teil der Bevölkerung bewohnter Orte erwachsen den Städten auch bezüglich dieser Fragen große und für das Allgemeinwohl bedeutsame Aufgaben.

Will man den Dezentralisationsstrom in Vororte und neu zu gründende Orte hineinführen und hier einem großen Teil der städtischen Bevölkerung gute und billige Wohngelegenheiten bieten, so müssen ganz besonders auch die hygienischen Verhältnisse derselben geregelt werden, namentlich so weit sie zusammenhängend bebaut sind. (Für die spärlich und vereinzelt bebauten Außenbezirke können noch am ehesten Erleichterungen gewährt werden, siehe S. 193.)

Die Mehrzahl der den ärmeren Teil der städtischen Bevölkerung aufnehmenden Dezentralisationsorte ist zu dieser Aufgabe zunächst absolut nicht fähig; will die Mutterstadt also hier nicht Orte entstehen lassen, die hygienisch verwahrlost sind und dadurch eine ständige Gefahr auch für die mit ihnen in ständigem Verkehr stehende städtischen Bevölkerung darstellen, so muß sie von Anfang an diese Aufgaben selbst übernehmen. Auch das sind Gesichtspunkte, die gebieterisch die Eingemeindung erfordern.

Ähnlich liegt es mit dem Bildungswesen, dem Schul- und Armenwesen. Auch da wird die Mutterstadt den Gemeinden, denen sie ihren Bevölkerungsüberschuß zuschickt, oft helfen müssen.

Endlich sprechen noch für die Eingemeindung eine Reihe von Vorteilen, wie sie heutzutage überhaupt die Zusammenfassung mehrerer Orte unter eine Verwaltung und zu gemeinsamen Vorgehen auf verschiedenen Wirtschaftsgebieten ermöglicht. Das ganze große Gebiet einer Stadt mit ihren Vororten erfordert unbedingt eine einheitliche Oberleitung, die wirtschaftlichen, sozialen und Verkehrsinteressen berühren sich vielfach so innig, daß nur eine einheitliche Verwaltung in der Lage ist, diese Aufgaben zur allgemeinen Befriedigung durchzuführen, das Interesse der Allgemeinheit, wenn nötig, den sich oft widerstrebenden Einzelinteressen gegenüber durchzusetzen. Das gilt insbesondere für den Bebauungsplan des ganzen Gebietes, die zugehörige Bauordnung, das Verkehrswesen, die Schaffung von Freiflächen usw.

Solange sowohl die städtische Zentrale wie die Vororte alle für sich einen eigenen Bebauungsplan aufstellen, wird niemals die Straßenführung eine solche werden, wie sie dem großen Durchgangsverkehr und den gesamten Verkehrsinteressen dient. Ebensowenig wird sich das Prinzip der nach außen hin abnehmenden Weiträumigkeit, die Verteilung der einzelnen Stadtviertel, Wohn-, Geschäfts-, Industrieviertel etc. in einer die Verhältnisse des ganzen räumlich zusammenhängenden Gebietes berücksichtigenden, zweckdienlichen Weise durchführen lassen. Erst recht gilt das für die Freiflächen, insbesondere

Parks, Volksgärten, Spiel- und Sportplätze. Die Mutterstadt leidet meist unter einem Mangel an solchen, weil man früher auf diese Dinge meist wenig Wert legte, und solange die Städte klein waren, das offene Land der Umgebung ja auch leichter zu erreichen war. Je mehr aber diese Umgebung durch Vororte verbaut wird, um so mehr werden Freiflächen als Ersatz derselben im Inneren der Städte nötig. In der Innenstadt ist das nachträglich so gut wie ausgeschlossen. Es muß also in den Stadterweiterungsgebieten der Vororte darauf Rücksicht genommen werden, daß die hier zu schaffenden Freiflächen nicht nur für die Bewohner dieses Ortes selbst, sondern namentlich auch für die Bevölkerung der angrenzenden Stadtteile der Mutterstadt mit dienen und ihnen Ersatz für die dort fehlenden Freiflächen gewähren müssen. Sie müssen also weit größer angelegt werden, als für den betreffenden Vorort allein nötig wäre. Solange aber der Vorort seine eigene Verwaltung, sein eigenes Finanz- und Steuerwesen hat, wird es seiner Verwaltung meist gar nicht einfallen, in dieser Weise für die Mutterstadt und die Allgemeinheit ein Opfer zu bringen; im Gegenteil, sie wird nicht selten geneigt sein, einem Nachbarvorort die Sorge für solche kostspielige Anlagen zu überlassen, in der Erwägung, daß davon die eigene Bevölkerung kostenlos mit profitieren könne.

Endlich können bei einer einheitlichen Verwaltung auch erhebliche Summen an öffentlichen Bauten, Beamtengehältern usw. gespart werden.

In der Regel sind deshalb auch bei solchen Städten, welche die um sich lagernden Vororte noch nicht eingemeindet haben, die Vorteile eines gemeinsamen Vorgehens für manche Aufgaben der kommunalen Tätigkeit so augenfällig, daß wenigstens auf diesen Gebieten sich schon sehr frühzeitig eine einheitliche Behandlung und Interessengemeinschaft herausbildet. Das gilt namentlich für die Gas-, Wasser-, Elektrizitätsversorgung sowie den Straßenbahnverkehr. So hebt unter anderem die Denkschrift des statistischen Amtes der Stadt Düsseldorf über die Eingemeindungen des Jahres 1909 hervor, daß schon lange, ehe die Eingemeindung vollzogen wurde, die Gas- und Wasserversorgung der Stadt Düsseldorf lückenlos den Kranz ihrer Vororte umfaßte und ähnliche Verträge bezüglich der künftigen Ausdehnung des Leitungsnetzes der städtischen Elektrizitätswerke bestanden. Er äußert sich dazu, daß ohne Zweifel gerade diese Jahrzehnte hindurch planmäßig erfolgte Ausdehnung des Wirkungskreises der Düsseldorfer Gemeindebetriebe die Eingemeindungen des Jahres 1909 ganz wesentlich vorbereitet und ihren Vollzug ebenso wesentlich erleichtert habe. Über die Eingemeindungsfrage selbst äußert sich der Bericht, wie folgt.

„Den ersten und wichtigsten Anlaß für die Verschmelzung mehrerer Gemeinden in eine Gesamtheit pflegt die räumliche Beziehung, die Nachbarschaft, zu geben. Die bebauten Flächen der benachbarten Gemeinden wachsen allmählich und stetig aneinander heran, bis schließlich die eine oder andere gehindert ist, ihre Grenze nach dieser Richtung weiter auszudehnen. In dem einen Fall strebt die Hauptgemeinde nach Expansion, im anderen sind es die Vororte; auf jeden Fall aber werden durch diese Annäherungen die wechselseitigen wirtschaftlichen, geistigen und persönlichen Beziehungen der zusammengewachsenen Gemeinden immer enger und zahlreicher, wechseln und berühren sich auf den verschiedenen Gebieten, besonders da, „wo das äußere Gepräge der aneinander stoßenden Teile beider Gemeinden das gleiche geworden ist.“ Die Straßenzüge gehen ineinander über. Die Verkehrsmittel setzen sich in den benachbarten Gemeinden fort, und so bildet sich bald eine räumliche Einheit, die dann zur politischen zu werden pflegt, wenn die Vorteile des Zusammenschmelzens auf beiden Seiten die unabwendbaren Opfer hier sofort, dort vielleicht erst in Jahren aufzuwiegen versprechen.“

Häufig erstrecken sich derartige wirtschaftliche Interessengemeinschaften sogar über viel größere Gebiete. So wurde z. B. 1899 eine Gesellschaft m. b. H. gegründet, welche die Kreise Aachen Stadt, Aachen Land, Düren, Schleiden, Jülich, Montjoie usw. umfaßt und den Zweck hat, die Herstellung und Unterhaltung von Talsperren im Niederschlagsgebiete der Ruhr und ihrer Nebenflüsse zur Errichtung von Kraftzentralen und zur Stromlieferung für die Landwirtschaft und Industrie durchzuführen. Diese plant auch den Bau von Be- und Entwässerungsanlagen. Fertiggestellt ist die Urfttalsperre mit einem Fassungsvermögen von 45 Mill. cbm. Ein weiteres Beispiel eines solch großzügigen Zusammenschlusses stellt die Emscherregulierung und die mit derselben verbundenen Abwasserklärung eines großen Teils des rheinisch-westfälischen Industriegebietes durch die Emschergenossenschaft dar.

So müssen wir zusammenfassend sagen, daß die Eingemeindungspolitik einer Stadt die unerläßliche Voraussetzung und Unterstützung ihrer Dezentralisations- und Verkehrspolitik sein muß. Erst die gleichzeitige Inangriffnahme dieser drei bedeutsamen Aufgaben verbürgt den beabsichtigten Erfolg, der städtischen Bevölkerung in den Dezentralisationsorten gute und billige Wohngelegenheiten zu verschaffen.

b) Zweckverbände.

Die Ausführungen des vorigen Kapitels haben dargetan, zu welchen Ungerechtigkeiten es führen muß, wenn größere Vororte, in denen ein erheblicher Teil der städtischen Bevölkerung seinen Wohnsitz genommen hat, nicht rechtzeitig eingemeindet worden sind und sich dann zu großen und selbständigen Gemeinden entwickelt haben. In besonders ausgeprägtem Maße treffen diese Verhältnisse für Berlin und seine Vororte zu. Es sollen deshalb an diesem Beispiel die diesbezüglichen Verhältnisse besprochen werden, die auf andere größere Gemeinwesen entsprechend anwendbar sind. Schon im Jahre 1875 war dem Landtag ein Gesetzentwurf zugegangen, welcher versuchte, die Verhältnisse Groß-Berlins durch Aufstellung einer einheitlichen Verwaltung und Verfassung für die Provinz Berlin zu regeln, aber ohne Erfolg. 1892 hatte dann die Staatsregierung eine allgemeine Einverleibung der Vororte in die Stadt

Berlin vorgeschlagen. Die Verhandlungen zogen sich längere Zeit hin, weil eine derartige großzügige Eingemeindungsaktion naturgemäß erhebliche finanzielle Opfer, vor allem für Berlin, bedeutete und auch große verwaltungstechnische Schwierigkeiten zu überwinden waren. So sind denn schließlich auch diese Verhandlungen resultatlos verlaufen.

Es wurden also die Vororte nicht eingemeindet und haben sich teilweise zu großen und bedeutsamen Städten entwickelt. Drei davon zählen bereits über 100 000 Einwohner (Charlottenburg, Rixdorf und Schöneberg), gehören also im Sinne der Statistik zu den Großstädten, zehn zählen bereits über 30 000 Einwohner.

Je mehr diese Gemeinden sich entfaltet haben, um so mehr sind viele derselben mit Berlin zu einem räumlich völlig einheitlichen Stadtgebiet zusammengeflossen. So berühren sich z. B. die Reichshauptstadt, Charlottenburg und Schöneberg derart, daß niemand ohne besondere Kenntnis dieser Verhältnisse auch nur ahnen könnte, wo die Grenze dieser drei völlig selbständigen Gemeinwesen sich befindet. Ähnlich, wenn auch nicht so stark ausgeprägt, liegen die Verhältnisse bezüglich anderer Vororte, wie Rixdorf, Weißensee, Pankow usw.

Für Berlin und seine Vororte treten also in hohem Maße die im vorigen Abschnitt unter Eingemeindungen besprochenen Verhältnisse auf, daß diese Orte zusammen zwar ein räumlich völlig zusammenhängendes Stadtgebiet darstellen und durch eine Unmenge wirtschaftlicher und sozialer Interessen verbunden sind, daß sie in Wirklichkeit aber jeder seine eigene Verwaltung, sein eigenes Finanz- und Steuerwesen und Schulwesen hat. So treten denn auch die Sonderinteressen alle dieser zusammengehörigen Gemeinwesen sehr oft denen des Gesamtorganismus in schroffster Weise gegenüber. Wie viele im Interesse Groß-Berlins wünschenswerten Einrichtungen sind schon durch diese partikularistischen Bestrebungen vereitelt oder unnütz erschwert und in die Länge gezogen worden?

Nunmehr hat die Staatsregierung sich der Sache angenommen und zu erkennen gegeben, daß sie die sich aus derartigen Zuständen ergebenden kommunalpolitischen Unmöglichkeiten nicht mehr länger dulden will. Nachdem vorderhand wenigstens an eine freiwillige Zusammenschließung dieser vielen Gemeinwesen mit ihren widerstrebenden Interessen nicht zu denken ist, macht sie den Versuch, dieselben im Wege der Gesetzgebung zur Lösung der wichtigsten gemeinsamen Aufgaben zu zwingen, indem sie die Bildung eines Zweckverbandes zur Lösung der aus der Gemeinsamkeit der Interessen Groß-Berlins erwachsenden Aufgaben anstrebt. So ist denn am 20. Januar 1911 der Entwurf dieses Zweckverbandgesetzes für Groß-Berlin dem Abgeordnetenhaus zugegangen und am 8. Februar erstmalig beraten worden.

Die Begründung dieses Gesetzentwurfes, welcher bereits am 1. April in Kraft treten sollte, führt aus:

Die Einwohnerzahl des Gebietes, welches die Städte Berlin, Charlottenburg, Schöneberg, Rixdorf, Deutsch-Wilmersdorf, Lichtenberg und Spandau, sowie die Landkreise Teltow und Niederbarnim umfaßt, ist auf rund 4 Millionen angewachsen. In demselben Maße, in welchem die Ansiedelung dieser Bevölkerungsmassen an vielen Stellen des Gesamtgebietes die Gemarkungsgrenzen der einzelnen Gemeinden und Kreise hat verschwinden lassen, ist die Gemeinsamkeit der wirtschaftlichen Interessen in dem umschriebenen Gebiete hervorgetreten. Der sich immer schärfer ausprägende wirtschaftliche Vereinheitlichungsprozeß drängt naturgemäß zu Formen kommunalrechtlicher Organisation. Als eine solche Form konnte vor zwei Jahrzehnten eine umfassende Eingemeindung in Frage kommen und ist damals von der Staatsregierung, freilich ohne Erfolg, angeregt worden. Seitdem hat die Entwicklung aus den Vororten zum Teil blühende Gemeinwesen geschaffen, die eine Reihe selbständiger kommunaler Einrichtungen getroffen und ausgestaltet haben; ihre Einverleibung in die Stadt Berlin würde heute ohne Vergewaltigung nicht mehr durchführbar sein. Unter diesen Umständen erscheint die Bildung eines Zweckverbandes als der einzige gangbare Weg zur Lösung der aus der Gemeinsamkeit der Interessen in „Groß-Berlin" erwachsenen Aufgaben ....

Wenn der Entwurf des allgemeinen Zweckverbandgesetzes die freiwillige Zusammenschließung einzelner Gemeinden als den normalen Fall zu behandeln und für diesen die geeigneten Rechtssätze festzustellen hatte, so ergaben die Verhandlungen zwischen der Stadt Berlin und den umliegenden Kommunalverbänden über die Bildung eines Verkehrszweckverbandes die Unmöglichkeit einer freiwilligen Vereinigung auf diesem wichtigen interkommunalen Gebiete. Wenn der Zweckverbandsgesetzentwurf für den Ausnahmefall des zwangsweisen Zusammenschlusses von Gemeinden sich auf bestimmte Fingerzeige für die Durchführung des behördlichen Eingriffs beschränken durfte, so zeigten sowohl die Verhandlungen über den Verkehrszweckverband als auch die Erörterungen über die wünschenswerten Bebauungsreformen und über die Sicherung der Waldumgebung Berlins die Notwendigkeit einer weitergehenden Spezialisierung der für eine Verbandsbildung um Berlin erforderlichen Bestimmungen.

Von den Erwägungen ausgehend, daß es unbedingt nötig sei, bei einem gesetzgeberischen Eingreifen in derartige schwierige kommunale Fragen mit der größten Vorsicht vorzugehen, hat sich der Entwurf darauf beschränkt, zunächst nur von den vielen gemeinsamen Aufgaben diejenigen herauszugreifen, welche im Interesse der Gesamtheit am meisten einer einheitlichen Verwaltung bedürfen. Der Entwurf hat sich daher darauf beschränkt, von den vielen kommunal-politischen Aufgaben nur die Verkehrsfrage einer einheitlichen Lösung zuzuführen, die Schaffung von Baufluchtplänen und den Erlaß von Bauordnungen für das gesamte Gebiet zu veranlassen und für die Beschaffung und Erhaltung der nötigen Freiflächen, wie Wälder, Parks, Spielplätze usw. in dem ganzen Gebiet die Direktiven zu geben. In welcher Weise das angestrebt wird, zeigt am besten ein Auszug aus den diesbezüglichen Paragraphen des Gesetzentwurfes.

§ 1.

Die Stadtkreise Berlin, Charlottenburg, Schöneberg, Rixdorf, Deutsch-Wilmersdorf, Lichtenberg und Spandau, sowie die Landkreise Teltow und Niederbarnim werden zu einem Zweckverbande vereinigt, dem die Wahrnehmung der unter Ziffer 1—3 bezeichneten kommunalen Zuständigkeit obliegt:

1. Regelung des Verhältnisses zu öffentlichen, auf Schienen betriebenen Transportanstalten (§ 4);
2. Beteiligung an der Feststellung der Baufluchtenpläne für das Verbandsgebiet und gutachtliche Mitwirkung an dem Erlaß von Bauordnungen (§§ 5—8);
3. Erwerbung und Erhaltung größerer, von der Bebauung frei zu haltender Flächen (Wälder, Parks, Wiesen, Schmuck-, Spiel-, Sportplätze) (§ 9).

§ 3.

Der Zweckverband bildet einen Kommunalverband zur Selbstverwaltung seiner Angelegenheiten mit den Rechten einer Korporation. Er erhält die Bezeichnung „Verband Groß-Berlin". Sein Sitz ist die Stadt Berlin.

§ 4.

Die Verbandsversammlung kann beschließen, daß Bahnen der in § 1 Abs. 1, Ziffer 1 bezeichneten Art vom Verbande selbst gebaut, betrieben oder erworben, insbesondere Bahnen der Verbandsglieder oder der zu den beteiligten Landkreisen gehörigen Gemeinden mit allen Rechten und Pflichten vom Verbande übernommen, oder daß Bahnen des Verbandes durch andere betrieben werden sollen.

Soweit der Verband eigene Bahnen herstellt, ändert oder erweitert, ist er berechtigt, die hierzu erforderlichen öffentlichen Wege, die von den Verbandsgliedern oder Gemeinden (Abs. 1) zu unterhalten sind oder ihnen gehören, zu benutzen.

Ob und unter welchen Bedingungen einem Verbandsgliede oder einer Gemeinde (Abs. 1) die Anlage, der Ausbau oder der Betrieb einer noch nicht genehmigten eigenen Bahn überlassen werden soll, bestimmt die Verbandsversammlung. Die Überlassung darf nur abgelehnt werden, wenn das Unternehmen den Interessen des Verbandes zuwiderläuft.

§ 5.

Der Verband kann mittels Beschlusses der Verbandsversammlung Bebauungspläne für Teile des Verbandsgebietes entwerfen, insoweit ihm dies für Zwecke von Bahnunternehmungen, für die Schaffung oder Ausgestaltung von Durchgangseinschließlich der Anschlußstraßen oder für die Ausgestaltung der Umgebung von Freiflächen, die der Verband erworben hat, erforderlich erscheint.

Solange und insoweit Bebauungspläne durch den Verband nicht endgültig festgesetzt sind, bleibt das Straßen- und Baufluchtenwesen Sache der Einzelgemeinden nach Maßgabe der bestehenden Bestimmungen mit der Maßgabe, daß neue oder abgeänderte Baufluchtenpläne der Einzelgemeinden dem Verbandsausschusse zur Begutachtung vorzulegen sind; der Vorlegung bedarf es nicht, wenn die Pläne nur die Aufteilung einzelner Baublöcke oder die Verbreiterung bestehender Straßen betreffen.

§ 7.

Die Durchführung der Bebauungspläne (§ 5 Abs. 1) liegt mit Ausnahme der in Abs. 3 bezeichneten Fälle den Einzelgemeinden ob.

Der Verband hat jedoch den Einzelgemeinden zu den Kosten, die sich aus der Herstellung und Unterhaltung der in § 5 Abs. 1 bezeichneten Anlagen ergeben einen von der Verbandsversammlung festzusetzenden einmaligen oder laufenden Zuschuß zu leisten, bei dessen Bemessung die Vorteile der Anlagen für den Gesamtverband sowie für die Einzelgemeinden (Gutsbezirke) entsprechend zu berücksichtigen sind.

Der Verband kann derartige Anlagen mit Zustimmung der beteiligten Gemeinden auch selbst herstellen und unterhalten. In Gutsbezirken liegt ihm die Durchführung des Verbandsplans in allen Fällen ob. Als Gegenleistung haben die beteiligten Gemeinden (Gutsbesitzer) einen von der Verbandsversammlung festzusetzenden, ihren Vorteilen, insbesondere der Verminderung ihrer Unterhaltungslast entsprechenden Zuschuß zu entrichten.

§ 8.

Vor Erlaß neuer oder Abänderung bestehender Baupolizeiordnungen hat die zuständige Behörde den Verbandsausschuß unter Bestimmung einer der Lage des Einzelfalles entsprechenden Frist gutachtlich zu hören.

§ 9.

Die Verbandsversammlung beschließt über die Erwerbung, Erhaltung, Ausgestaltung, Benutzung und Unterhaltung größerer von der Bebauung ganz oder teilweise freizuhaltender Flächen (Wälder, Parks, Wiesen, Schmuck-, Spiel-, Sportplätze); der Erwerbung ist die Pachtung oder die Sicherung von Rechten an den Flächen gleichzuachten.

Der Beschlußfassung der Verbandsversammlung bleibt ferner überlassen, von dem Verbande erworbener Freiflächen einzelnen Verbandsgliedern zur Unterhaltung gegen angemessene Entschädigung im Vertragswege zu übertragen.

§ 10.

Zum Zwecke der Aufbringung der erforderlichen Geldmittel ist der Verband berechtigt, die Verbandsmitglieder mit Beiträgen heranzuziehen.

§ 12.

Die Organe des Verbandes sind die Verbandsversammlung, der Verbandsausschuß und der Verbandsdirektor.

Dem Zweckverband für Groß-Berlin, man hat ihn auch Zwangsverband genannt, werden also aus der Fülle der kommunalpolitischen Aufgaben, wie sie bei der Umlagerung einer Millionenstadt durch einen Kranz nicht eingemeindeter Vororte auftreten, einige der bedeutsamsten zur Behandlung überwiesen. Wir kamen bei der Besprechung der Dezentralisation schon zu der Erkenntnis, wie wichtig gerade das Aufstellen eines einheitlichen Bebauungsplanes und der Erlaß dementsprechender Bauordnungen für das ganze Dezentralisationsgebiet sei, wie bedeutsam weiterhin, daß namentlich auch bezüglich der Freiflächen große und einheitliche, das ganze Gebiet berücksichtigende Gesichtspunkte maßgebend würden und endlich, daß eine großzügige Verkehrspolitik überhaupt erst die Voraussetzungen und Möglichkeiten einer weitgehenden Dezentralisation schaffe. Bei entsprechender Durchführung dieser großen Aufgaben wird sich zweifellos eine außerordentliche Besserung der Wohnverhältnisse in den Dezentralisationsgebieten Groß-Berlins erreichen lassen, einem immer größeren Teil der Bevölkerung die Ansiedelung in den Außengebieten erleichtert werden, namentlich, wenn auch die Einführung des Schnellverkehrs auf den Vortortslinien in entsprechender Weise zur Einführung gelangt.

Die Bedeutsamkeit dieser Aufgaben erscheint groß genug, um die gesetzliche Regelung derselben zu erzwingen und die Bedenken derjenigen zu widerlegen, welche in dem Vorgehen der Regierung einen unberechtigten Eingriff in die Selbstverwaltung der Städte erblicken. Nach den Ausführungen des vorigen Abschnittes über die Eingemeindungen wird man im Gegenteil eine Erweiterung der Aufgaben des Zweckverbandes für dringend wünschenswert halten, wenn es auch bei der Neuheit der Sache und der Schwierigkeit der zu behandelnden Fragen gewiß zu begrüßen ist, daß man anfänglich mit äußerster

Vorsicht zu Werke geht und alle weitergehenden Forderungen zurückweist.

Vor allem bleiben trotz des Zweckverbandes die Ungerechtigkeiten auf dem Gebiete des Steuer- und Finanzwesens, der Verteilung der Schul- und Armenlasten bestehen. Manche der auf S. 201 dargelegten Verhältnisse werden sich nach Durchführung des Zweckverbandsgesetzes sogar noch zuspitzen. Je mehr nämlich dadurch die Bebauung und Ansiedelung etc. in den Außenbezirken geregelt und dadurch der städtischen Bevölkerung der Wohnsitz daselbst angenehmer gemacht wird, um so stärker und schneller wird sich auch die Dezentralisation der Reichshauptstadt vollziehen. Die Aushöhlung der City wird sich immer weiter bemerkbar machen, die Einwohnerzahl von Berlin selbst, die jetzt schon nahezu stille steht (siehe S. 9), mit der Zeit sogar zurückgehen. Es werden also die Nachteile, welche für Berlin durch die Umklammerung der nicht eingemeindeten Vororte sich ergeben, mit der Zeit immer fühlbarer werden. Es ist möglich, daß mit der Zeit eine gewisse Entwertung der Grundstücke in einzelnen Teilen der Mutterstadt eintritt; sicherlich wird der Wertzuwachs der Grundstücke in den nicht eingemeindeten Außengebieten um so größer werden. Der ungerechte Zustand, der also darin gegeben ist, daß nun zufällig an der Peripherie, also da, wo der Wertzuwachs am stärksten in Erscheinung tritt, gelegenen Vororte diesen ganzen Wertzuwachs für sich und ihre Einwohner allein in Anspruch nehmen (siehe S. 202) und Berlin selbst, welches die Ursache davon ist, nichts erhält, wird immer fühlbarer werden. Nicht minder der Umstand, daß die besten Steuerzahler Berlin verlassen und sich in den begünstigten Villenvororten ansiedeln. Die Finanzlage Berlins erscheint für die Zukunft nach dem Inkrafttreten des Zweckverbandsgesetzes in immer ungünstigerem Lichte; dabei wachsen die Ansprüche, welche an die Repräsentation der Reichshauptstadt und die damit zusammenhängenden Lasten zu stellen sind, mit der Zeit immer mehr. So wäre es denkbar, daß Berlin, der geschäftliche und kulturelle Mittelpunkt des ganzen großen, durch den Zweckverband zusammengeschlossenen Gemeinwesens mit der Zeit geradezu verarmt, während die umliegenden Vororte sich einer mächtigen und blühenden Entwicklung erfreuen und all die pekuniären Vorteile, die ihnen gewissermaßen auf Kosten und Veranlassung der Mutterstadt zufallen, für sich und ihre Einwohner ganz allein in Anspruch nehmen. Daß der Zweckverband mit der Zeit also auch eine gerechte Verteilung der Steuereinnahmen in seinen Tätigkeitsbereich aufnehmen müßte, dürfte klar sein. Nicht minder, daß die Lösung dieser Frage nur mittels gesetzlichen Zwanges denkbar ist. Denn selbstverständlich werden sich die Gemeinden, die jetzt dank der geschilderten günstigen Zufälligkeiten sehr geringe Gemeindesteuern und sehr geringe Schullasten haben (so soll z. B. die Kolonie Grunewald nur 54 % der Staatseinkommensteuer als Gemeindesteuer erheben und nur 7,4 % der Einkommensteuer für das Schulwesen aufwenden), so lange wie irgend möglich gegen eine gemeinsame Behandlung der Finanzen und Steuern für ganz Groß-Berlin sträuben. Die sich aus der gesonderten Behandlung derselben ergebenden Ungeheuerlichkeiten, wie sie auf S. 197 ausführlich dargelegt wurden, sind aber so groß, daß gerade hier im Interesse der Allgemeinheit unbedingt eine gesetzliche Regelung gerechtfertigt erscheint. Umgekehrt natürlich auch aus dem Gesichtspunkte heraus, daß arme Arbeitervororte bei dem jetzigen Modus oft die höchsten Kommunalsteuern zahlen und gleichwohl nicht in der Lage sind, die nötigen hygienischen und sozialen Verbesserungen und Einrichtungen zu beschaffen und dadurch mit der Zeit sogar eine gesundheitliche Gefahr für die Gesamtstadt bedeuten. Ob eine derartige gemeinsame Behandlung des Finanz- und Steuerwesens nur im Rahmen einer großzügigen, gesetzlich durchgeführten Eingemeindungsaktion zu geschehen hätte, zu der der Zwangsverband also nur die Einleitung wäre, oder ob dieselbe sich in genügender Weise auch im Rahmen eines Zweckverbandes durchführen läßt, darüber kann man gewiß geteilter Meinung sein. Denkbar wäre ja auch, daß durch den Zweckverband nur ein Teil der Einnahmen und Ausgaben für Berlin und seine Vororte gemeinsam verwaltet würde, insbesondere auch auf dem Gebiete des Steuerwesens, und daß außerdem noch jede Gemeinde für sich ihre eigene Finanzverwaltung und ihren eigenen Haushaltsplan hätte.

Einfacher in wirtschaftlicher und verwaltungstechnischer Hinsicht wäre es wohl zweifellos, wenn nicht nur einige kommunalpolitische Aufgaben durch den Zweckverband einer gemeinsamen Regelung zugeführt würden, sondern nach und nach alle, die Zwangszweckverbandbildungspolitik also mit der Zeit zu einer Zwangseingemeindungspolitik würde.

Vielleicht würde schon die Ankündigung einer derartigen Gesetzesvorlage als Drohung wirken, die die freiwillige Eingemeindung herbeiführte. Schon die Vorlage des Zweckverbandsentwurfes hat in dem Sinne günstig gewirkt, daß einzelne Gemeinden den Vorteil eines freiwilligen Zweckverbandes, eventuell einer freiwilligen Eingemeindung einzusehen scheinen. So haben anscheinend die Gemeinden Schöneberg und Wilmersdorf die Absicht, sich zu einer Gemeinde zu vereinigen. Dabei mögen natürlich der Wunsch in der Zweckverbandsversammlung dadurch eine größere Stimmenzahl und entsprechend größeren Einfluß auch gegenüber Berlin zu erlangen, mitgewirkt, also zunächst auch wieder partikularistische Erwägungen den Ausschlag gegeben haben.

Im übrigen sind durch die Erörterungen, welche sich in der Tagespresse an diese Vereinigung knüpften, manche augenfällige Vorteile eines derartigen Zusammenschlusses zweier Gemeinden, wie sie schließlich ja auch die Eingemeindungen darstellen, in der Öffentlichkeit verbreitet worden. So wurde darauf hingewiesen, daß die vereinigten Städte nur mehr einen Oberbürgermeister, einen Bürgermeister, ein statistisches Amt, ein Stadtbauamt usw. benötigten, sich dadurch also große Summen jährlich an den Beamtengehältern sparen ließen. Die vereinigten Städte würden nur ein Rathaus und ähnliche öffentliche Gebäude benötigen, auch auf dem Gebiete des Krankenhauswesens und vieler Wohlfahrtseinrichtungen wie Siechenhaus, Lungenheilstätte, Rekonvaleszentenanstalt, Seehospiz etc. liegen die Verhältnisse ähnlich. Zwar werden alle diese Bauten naturgemäß größer und kostspieliger, als sie für jede einzelne Gemeinde erforderlich wären, aber immerhin ließe sich auch da bei gemeinsamem Vorgehen erhebliche Ersparnisse machen. Auch bezüglich anderer Vororte sind ähnliche Vereinigungsprojekte aufgetaucht. So hieß es Rixdorf und Treptow wollten sich vereinigen, ebenso Pankow und Niederschönhausen etc. Wenn es auch nicht möglich war, vor der Drucklegung dieser Arbeit diese Projekte auf ihre Richtigkeit zu prüfen, so beweist doch die Verbreitung derartiger Gerüchte allein schon, daß die Vorteile derartiger Vereinigungen weiteren Kreisen einleuchtend erscheinen.

Wenn auch zunächst bei einem derartigen Zusammenschluß einzelner Vororte Berlins nicht die Rücksicht auf das Allgemeinwohl maßgebend sein würde, sondern die Wahrung irgend welcher Sonderinteressen, so wäre es doch schon ein wesentlicher Fortschritt, wenn derartige freiwillige Vereinigungen einzelner Vororte häufiger in Erscheinung träten. Je mehr auf diese Weise erreicht wird, daß Berlin nun nicht mehr 67 verschiedene Vororte mit getrennter Verwaltung, sondern mit der Zeit immer weniger, etwa günstigenfalls nur mehr ein Dutzend derart zusammengeschlossener Gemeinwesen gegenüberstehen, um so mehr wird dadurch der Boden für die schließliche Eingemeindung aller dieser Orte zu einem einzigen Groß-Berlin angebahnt und erleichtert.

Daß das schließlich die richtige, weil am meisten allen berechtigten Anforderungen entsprechende Lösung wäre, dürfte wohl von jedem zugegeben werden. Die Verhältnisse liegen schließlich in Groß-Berlin mit seinen 4 Millionen Einwohnern nicht wesentlich anders als in einer weit kleineren Stadt mit etwa 400 000 Einwohnern. Was würde man dazu sagen, wenn in einer solchen Stadt einzelne Stadtteile, in denen zufällig die wohlhabende Bevölkerung zusammen wohnte, lediglich zu den Aufwendungen, die für ihren Stadtteil gemacht werden, beitragen wollten, wenn sie sich dagegen wehrten, daß die von ihnen gezahlten Steuern auch für die ärmeren Stadtteile und die der ärmeren Bevölkerung zugute kommenden Wohlfahrtseinrichtungen mit verwandt würden? Oder wenn etwa die durch den Wertzuwachs der Grundstücke an der Peripherie erzielten Einnahmen (Wertzuwachssteuer und gesteigerte Steuerkraft der dortigen Anwohner) nur für die peripheren Stadtteile und nicht für die ganze Stadt verrechnet würden? Keinem Menschen würde es hier einfallen, die lokalen Verschiedenheiten einzelner Stadtteile als Grund dafür anzusehen, daß dieselben nun auch bezüglich des

Finanz- und Steuerwesens gesondert behandelt werden. In Groß-Berlin mit seinen 4 Millionen Einwohnern ist diese lokale Verschiedenheit der einzelnen Stadtteile, als welche hier die Vororte auftreten, noch viel stärker entwickelt und dadurch wird es erst recht nötig, die sich daraus ergebenden Ungleichheiten der steuerlichen Belastung und der für die einzelnen Stadtteile zu machenden Aufwendungen in möglichst gleichmäßiger Weise auf die Gesamtbevölkerung zu verteilen.

Damit soll keineswegs gesagt werden, daß schon jetzt der Zeitpunkt gekommen ist, auch die Lösung dieser Fragen unter die Aufgaben des Zweckverbandes aufzunehmen. Es dürfte wohl besser sein, daß derselbe seine Wirksamkeit erst an einfacheren und weniger einschneidenden Aufgaben erprobt.

Vielleicht haben sich dann in der Zwischenzeit auch Verhältnisse angebahnt, welche die Lösung dieser Steuerfragen erleichtern. So hieß es in letzter Zeit, der Potsdamer Regierungspräsident habe in Rücksicht darauf, daß die Stadt Berlin ihren Zuschlag zur Einkommensteuer von 100 auf 110 % zu erhöhen gedenke, den Nachbargemeinden „vorgeschlagen", ebenfalls diese Steuererhöhung mitzumachen; wohl aus der Erwägung heraus, daß sonst die Abwanderung aus Berlin nach den steuerlich günstiger gestellten Vororten noch einen viel größeren Umfang annehmen würde. Zwar scheinen die beteiligten Gemeinden diesen Vorschlag des Regierungspräsidenten zunächst als einen Eingriff in ihre Selbstverwaltung aufzufassen und abzulehnen, es ging aber weiterhin die Mitteilung durch die Presse, daß sie gleichwohl auf dem Wege der freien Vereinbarung eine solche Steuererhöhung durchzuführen entschlossen seien. Wenn auch zurzeit nicht zu übersehen ist, welchen Entschluß die Gemeinden in diesem Falle fassen werden, so kann man doch annehmen, daß derartige „Vorschläge" immer wieder kehren und schließlich doch das beabsichtige Resultat herbeiführen werden.

Sind aber auf diese Weise dann schließlich die Steuerverhältnisse in Berlin und seinen Vororten die gleichen geworden, so entfällt damit eine weitere bedeutsame Schwierigkeit, die jetzt noch der Eingemeindung der Vororte entgegensteht. Bei einer weiteren Zunahme der oben erwähnten Vereinigungen der Vororte untereinander würde so immer mehr der Boden für eine großzügige Eingemeindungsaktion vorbereitet, um so mehr, als ja auch der Zweckverband bei der Lösung der ihm zunächst zugewiesenen Aufgaben in diesem Sinne wirken würde. So könnte man die Vermutung aussprechen, daß mit der Zeit der Zweckverband auch ohne gesetzlichen Zwang die Eingemeindung der sämtlichen Vororte herbeiführen würde.

c) Dezentralisation und Verkehrspolitik.

Die Verkehrspolitik einer Stadt ist gewissermaßen die Grundlage und unerlässliche Voraussetzung, auf welcher sich die Dezentralisation entwickelt. Alle Expansionsbestrebungen der städtischen Bevölkerung, ihr Wunsch nach einer Rückkehr zur Natur und ländlicher Siedelungsweise, der starke Gegendruck, den die Steinwüste der Großstadt erzeugt, bleiben erfolglos oder führen nur zu ganz kleinen Anläufen, solange nicht eine großzügige, in engster Anlehnung an einen generellen

Bebauungsplan sich vollziehende Verkehrspolitik dem Menschenstrom Gelegenheit gibt, sich in den Dezentralisationsgebieten anzusiedeln.

Damit ist noch keineswegs gesagt, daß die Stadtverwaltungen und Gemeindeverwaltungen nun selbst den Bau und Betrieb dieser Verkehrsgelegenheiten in die Hand nehmen müssen. Auch das wäre wieder eine Aufgabe, unter deren finanzieller und verwaltungstechnischer Belastung die Gemeinden zusammenbrechen würden. Aber sie müssen, und dazu ist eben auch wieder die Zusammenfassung des ganzen Gebietes unter eine einheitliche Verwaltung nötig, die großen Richtlinien dieser Verkehrspolitik im Anschlusse an die bestehenden Verkehrsgelegenheiten und in Rücksicht auf den generellen Bebauungsplan festlegen, müssen ein Programm entwerfen, wie etwa die Verkehrsverhältnisse zwischen den einzelnen Vororten und der städtischen Zentrale im einzelnen zu gestalten wären.

Ob sie dann die für notwendig befundenen Verkehrsgelegenheiten selbst schaffen, ob die Staatseisenbahnen oder elektrische Schnellbahnen einen Teil davon übernehmen, ob in weitgehendster Weise private Gesellschaften zu dieser Aufgabe herangezogen werden, ist zunächst ziemlich gleichgültig. Besteht wirklich ein starkes Bedürfnis nach einer Verkehrsverbindung, so ist im allgemeinen die freie Konkurrenz verschiedener Verkehrsmöglichkeiten auch hier das beste Mittel zur Entwicklung zweckmäßiger, billiger und dem Publikum denkbar weit entgegenkommender Einrichtungen.

Die betreffenden Verwaltungen müssen allerdings verlangen, daß die Verkehrsverbindungen, für welche die Konzession nachgesucht wird, sich dem Rahmen des generellen Verkehrsplanes soweit wie möglich einfügen. Sie können ja bis zu einem gewissen Grade die Konzession davon abhängig machen. Auch sonst können sie sich bei der Konzession durch allerlei Verträge einen weitgehenden und maßgebenden Einfluß auf die betreffende Unternehmung sichern. S. B. bezüglich der Aufstellung der Fahrpläne, der Höhe des Fahrpreises, der Ausführung weiterer Linien im Falle eines nachgewiesenen Bedürfnisses usw. Auch können sich die Stadtverwaltungen bei Abschluß der Verträge einen Anteil am Gewinn sichern. Sehr häufig geschieht das auch in der Weise, daß die betreffende Stadt mit der Zeit möglichst viele Aktien des betreffenden Unternehmens aufkauft, wenn gerade der Kurs niedrig steht; dabei hat sie einmal den Vorteil einer meist recht guten Verzinsung und anderseits gewinnt sie eine entsprechende Stimmenzahl in der Generalversammlung. Endlich existieren auch Verträge, welche nach Ablauf einer bestimmten Frist das Unternehmen ganz in städtischen Besitz übergehen lassen, oder der Stadt von einem bestimmten Zeitpunkt ab das Recht geben, die ganze Anlage käuflich zu übernehmen, gegen irgend einen im voraus bestimmten oder noch auf Grund besonderer Abmachungen zu errechnenden Übernahmepreis.

So brauchen im allgemeinen die Stadtverwaltungen bezüglich der

Konzessionserteilung nicht allzu ängstlich zu sein. Das private Kapital und die private Unternehmung versteht es in der Regel recht gut, einmal solche Verkehrslinien herauszusuchen, die einem Bedürfnis entsprechen und rentabel sind oder es wenigstens mit der Zeit werden; anderseits aber auch, durch entsprechendes Entgegenkommen dem Publikum die Benutzung dieser Linien so angenehm wie möglich zu machen, um so mit der Zeit eine steigende Frequenz zu erzielen. Zu hohe Tarife verhindert hier am wirksamsten ein Konkurrenzunternehmen, z. B. bei Vorhandensein einer elektrischen Tramverbindung eine Motoromnibus- (Motorbus) Verbindung mit entsprechend billigeren Preisen usw. Das Publikum wenigstens hat stets den Vorteil davon, ob die betreffende Unternehmung ist eine andere Frage. So hat man z. B. in London beobachtet, daß die Motoromnibusgesellschaften und die von ihr betriebenen, sich stets mehrenden Verkehrsgelegenheiten den Untergrundbahnen eine außerordentlich scharfe Konkurrenz machen.

Überhaupt kann man in London Beobachtungen über die Entwicklung der städtischen öffentlichen Verkehrsmittel machen, die zum Nachdenken zwingen.

Vor allem hat hier die Entwicklung der Untergrundbahnen (underground railways) in den letzten Jahren eine förmliche Umwälzung in den Verkehrsverhältnissen hervorgerufen. Ursprünglich waren es nur die Metropolitan und Metropolitan District Railway, die bereits in ältester Zeit (1881—1868) erbaut und anfangs mit Dampf betrieben wurden. 1905 wurde die elektrische Betriebskraft eingeführt. Dazu kamen dann in den letzten Jahren eine Reihe neuer Untergrundbahnen, die Tube Railways, welche meist erheblich tiefer unter der Oberfläche liegen und gegenwärtig alle elektrisch betrieben werden. Das sind die Central London Railway, eröffnet 1900, die Baker Street and Waterloo Railway (Bakerloo Tube) 1906, die Great Northern, Piccadilly and Brompton Railway, (Piccadilly Tube) 1906, die Waterloo and City Railway 1898, die City and South London Railway 1890, erweitert bis Euston 1907, die Charing Cross, Hampstead and Highgate railway (Hampstead Tube) 1907, die Great Northern and City Tube 1901. Die meisten derselben, die sich vielfach überkreuzen, haben an den Kreuzungspunkten unterirdische Verbindungen miteinander und Umsteigegelegenheit, so daß es gegenwärtig nahezu von jedem Stadtteil in kürzester Zeit mittels der Untergrundbahn möglich ist, irgend einen anderen Stadtteil zu erreichen.

Infolge dieser günstigen Verkehrsgelegenheit kommt z. B. dem Fremden die riesenhafte Flächenentfaltung der Stadt (das Greater London bedeckt eine Fläche von etwa 179 500 ha mit 7 429 000 Einwohnern), etwas mehr wie die ganze Rheinprovinz mit 7 120 519 Einwohnern am 1. 10. 1910) gar nicht so recht zum Bewußtsein. Namentlich die in den letzten Jahren nach dem Norden geführten Linien haben die Ansiedelung in den nördlichen Vororten Hampstead, Highgate, Golders Green etc. außerordentlich erleichtert und einen großen Teil der Einwohnerschaft dorthin gezogen. Keineswegs aber sind durch diese schnellfahrenden Beförderungsmittel die übrigen Verkehrsmittel entbehrlich geworden. Dieselben machen im Gegenteil den Untergrundbahnen sehr scharfe Konkurrenz. Da ist einmal das namentlich in den

Außenbezirken sehr stark entwickelte Netz von elektrischen Trambahnen, die große und sich stets mehrende Zahl von Motoromnibussen (Motorbus), die noch immer beliebten alten Pferdeomnibusse (Horse-bus), die Taximeter (Taxicabs), die Hansoms, Four-Wheelers, die pennyboats auf der Themse usw. In den Außenbezirken bis weit in die Stadt hinein übernehmen auch die großen Eisenbahngesellschaften, die alle einen sehr frequenten Vorortsverkehr betreiben, einen erheblichen Teil des Verkehrs. Zum Teil haben dieselben selbst den Bau von Siedelungen außerhalb der Stadt in die Hand genommen und suchen durch günstige Verkehrsgelegenheit die Bevölkerung dorthin zu ziehen.

Der hauptsächliche Verkehr nach und von den Vororten wird gerade durch diese Eisenbahngesellschaften bewältigt. Manche derselben, z. B. die Midland, Great Western, Great Northern und South Eastern Railway lassen Vortszüge im Anschluß an die Linien der Metropolitan Railway laufen. Charakteristisch und vorbildlich ist auch, wie diese großen Eisenbahngesellschaften — es sind ihrer etwa 12 verschiedenen —, die von allen Richtungen nach London zusammenlaufen und größtenteils in oder unmittelbar an der Peripherie der City ihre Endstationen haben, den Vororts- und Fernverkehr bewältigen. Für den Durchgangsfernverkehr nach den entlegenen Städten Englands sind besondere Geleise vorhanden, dazu kommen dann die Linien für den Stadt- und Vorortverkehr, die meist viergleisig angelegt sind. Auf diese Weise ist es ermöglicht, auch innerhalb des Vorortverkehrs eine Scheidung in einen Schnellverkehr und einen langsamer fahrenden und an allen Stationen haltenden Gelegenheitsverkehr vorzunehmen. Es ist verschiedentlich auch bei uns in Deutschland betont worden, wie außerordentlich wichtig gerade auch im Vorortverkehr die Geschwindigkeit der Fahrt ist. Solange der Vorortverkehr nur in der Weise gehandhabt wird, daß die Vorortszüge an jeder Station halten, dadurch oft für Strecken von 10—20 km eine Zeit von $\frac{1}{2}$—1 Stunde benötigt wird, stellt derselbe ein die Dezentralisationsbewegung nur sehr wenig förderndes Moment dar. Es ist nötig, daß wenigstens die größeren und entlegeneren Siedelungen, wo z. B. große Massen städtischer Arbeiter wohnen, durch Vortsschnellzüge mit den Arbeitsstätten in der Stadt und der City verbunden werden. Bei etwas lebhafterem Verkehr läßt sich das natürlich nur durch Anlage besonderer Geleise für diesen Vorortsschnellverkehr erreichen, was anderseits den ganzen Betrieb weit kostspieliger macht, so daß nur bei entsprechend großem Verkehr eine Rentabilität erzielt werden kann. In London ist man gerade in der Ausbildung des Vorortsschnellverkehrs schon außerordentlich weit gegangen, und er stellt zweifelsohne im Verkehrs- und Wohnungswesen der Stadt einen der bedeutsamsten Faktoren dar.

Begünstigend mag gerade bei dieser Entwicklung die außerordentlich starke Konkurrenz gewirkt haben, welche sich die einzelnen Eisenbahngesellschaften untereinander machen. Sie alle suchen durch besondere Fahrtbegünstigungen das Publikum auf ihre Linien zu ziehen. Das beweist schon die große und wirksame Reklame, welche die betreffenden Gesellschaften für ihre Linien machen, z. B. durch teilweise recht geschmackvoll ausgestatteten Reklamehefte, die überall gratis verteilt werden, die großen, künstlerisch ausgeführten Vergrößerungen nach Photographien auf den Bahnhöfen, welche die landschaftlich schönsten Punkte, die die betreffende Bahnlinie berührt, darstellen. Auch allerlei für unsere Begriffe oft sehr billige Sonderfahrten nach den besuchteren Plätzen im Inneren des Landes, vor allem an der See, sind dieser Konkurrenz zuzuschreiben. Sie machen es auch dem wenig bemittelten Teil der Bevölkerung möglich, an Sonn- und Feiertagen hier Erholung zu suchen.

So hat gerade das Publikum von dieser starken Konkurrenz der verschiedensten Verkehrsgelegenheiten im Fern- und Nahverkehr den größten Vorteil. Jeder sucht sich nach Neigung, Zeit und Geld die Verkehrsverbindung, welche ihm am vorteilhaftesten erscheint. Charakteristisch ist die Vorliebe des Londoners für frische Luft. Wenn irgend möglich, zieht er die Fahrt on the top of the bus bei weitem der in der Untergrundbahn vor. So sind hier die Sitze bei trockenem, namentlich schönem Wetter stets überfüllt; das mag auch der Grund sein, weshalb die Motoromnibusse den Untergrundbahnen so große Konkurrenz machen und trotz gegenteiliger Prophezeiungen nicht mehr von der Bildfläche verschwinden, sondern in steter Zunahme begriffen sind.

Sehr interessantes Material zur Beurteilung der Entwicklung der Verkehrsverhältnisse zunächst Londons und damit der Großstädte überhaupt bringt der neueste Band der Londoner Verkehrsabteilung des Handelsministeriums (Report by the London Traffic Branch of the Board of Trade, London 1911).

Zahl der beförderten Passagiere:

	local railways	Tramways approximate	Omnibus (principal Coys)	Journeys per head
1903	240 722 680	394 356 531	287 386 471	142,9
1909	410 744 610	687 138 908	311 000 000	189,6

Die Gesamtzahl stieg von 972 465 882 im Jahre 1903 auf 1 408 883 518 im Jahre 1909.

So groß auch diese Zahlen sind, so stellen sie doch nicht annähernd den Gesamtverkehr im Stadtbereich dar, da sie weder den gesamten Omnibusverkehr, noch den sehr umfangreichen Vorortsverkehr einschließen, den die großen Eisenbahngesellschaften bewältigen und der jährlich bis zu 100 Millionen von Passagieren befördert. Immerhin zeigen sie, daß die Zahl der beförderten Personen erheblich schneller wächst als die Bevölkerung selbst. Bemerkenswert ist die außerordentliche Zunahme der mittels der Trambahnen beförderten Passagiere, ein Beweis dafür, daß trotz der Zunahme schnellfahrender Untergrund- und anderer von der Straße unabhängiger Lokalbahnen die den Straßenzügen folgenden Verkehrsmittel immer mehr an Bedeutung gewinnen und keineswegs durch jene verdrängt werden.

Wie sehr die von Pferden gezogenen Beförderungsmittel durch solche mit mechanischen Antrieben abgelöst werden, zeigt folgende Tabelle, welche die Zunahme bzw. Abnahme der betreffenden Fahrzeuge in dem Zeitraum von 1903—1909 darstellt.

	Increase	Decrease
Mechanical cabs	3955	—
Horse-drawn cabs	—	4842
Motor-omnibuses	1167	—
Horse-omnibuses	—	1852
Electric tramcars	1622	—
Horse tramcars	—	904

So könnte einem gerade das Studium der Londoner Verkehrsverhältnisse zeigen, daß man unbedenklich die städtischen Verkehrsunternehmungen dem Privatkapital überlassen kann, selbstverständlich nur, sofern man für genügende Konkurrenz verschiedener Verkehrsgelegenheiten sorgen kann. Das verhindert dann am wirksamsten einen Monopolcharakter irgend eines Unternehmens und sorgt dafür, daß die Verkehrsgelegenheiten dem Publikum in weitgehendster Weise entgegenkommen.

Einer der erfahrensten Männer auf dem Gebiete des städtischen Verkehrswesens, R. Petersen, äußert sich zu der Frage, ob man städtische Verkehrsunternehmungen dem Privatkapital überlassen oder Bau und Betrieb für Rechnung der Gemeinden übernehmen solle, wie folgt:

„Theoretisch kann man den Bedenken gegen die Zulassung des Privatkapitals zustimmen, trotzdem sehen viele, die sich eingehend mit diesen Fragen beschäftigen, große Bedenken darin, die Ausführungen solcher Unternehmungen der Initiative von städtischen Deputationen und Kommissionen zu überlassen, mit Rücksicht auf die Tatsache, daß große technische Fortschritte stets an bestimmte Persönlichkeiten geknüpft waren.“ (Kommunale Rundschau, 1907, Nr. 1. S. 32.)

Auch folgender Punkt verdient sicher Beachtung. Wenn eine Stadtverwaltung selbst den Bau und Betrieb einer Verkehrsgelegenheit übernimmt, so liegt stets die Gefahr vor, daß sie im Interesse ihres Unternehmens jedes Konkurrenzunternehmen auszuschalten sucht, selbst wenn sie in uneigennützigster Weise verfährt. Zum mindesten wird sie verlangen, daß ein ausgesprochenes Bedürfnis für ein solches Unternehmen vorliegt. Im anderen Falle würde aber ein derartiges Unternehmen mit vielleicht billigeren Verkehrsgelegenheiten oft geradezu zu einer Belebung des Verkehrs führen und die Ansiedelung in den betreffenden Vororten steigern. Auch sonst kann man keineswegs behaupten, daß der staatliche oder städtische Betrieb den Wünschen des Publikums immer am meisten entgegenkomme, private Gesellschaften tun das unter dem Drucke der Konkurrenz oft vielmehr und in viel weitgehenderem Maße. Würde man aber, wie es manchmal geschehen ist, allgemein die Forderung erheben, die Stadt müsse den Bau und Betrieb der städtischen Verkehrsverhältnisse vollständig in eigener Regie übernehmen, namentlich auch im Dezentralisationsgebiet, so würde eine unendlich klägliche Verkehrspolitik dabei herauskommen. Bei der ohnehin außerordentlichen Inanspruchnahme der städtischen Finanzen würde das den Erfolg haben, daß nur äußerst zögernd und etappenweise, wie es die vorhandenen Mittel gerade gestatten, Verkehrslinien in Angriff genommen werden, nicht das Bedürfnis, sondern der Stand der Finanzen würde ausschlaggebend sein. Unseres Dafürhaltens kann es sich höchstens darum handeln, daß die Stadt selbst solche Verkehrslinien baut, welche zunächst der privaten Unternehmung zu unrentabel erscheinen. Auch das ist, so allgemein ausgesprochen, ein Prinzip, das zu einer enormen finanziellen Belastung der Gemeinden führen würde, der sie wahrscheinlich nicht gewachsen wären.

Immerhin ist ja schon oft und mit Recht betont worden, daß neue Verkehrslinien nicht lediglich dem Bedürfnis folgen, sondern zum Teil ihm auch vorausgehen müssen. Sehr häufig wird durch Entwicklung geeigneter Verkehrslinien erst der Verkehr nach bestimmten Orten hingelenkt und auf die Weise lassen sich die Dezentralisationsbestrebungen entschieden fördern. Es wäre aber irrig zu glauben, daß private Unternehmungen nicht auch dazu bereit wären, in derartiger Weise Verkehrslinien auch dann einzurichten, wenn zunächst noch kein zwingendes Bedürfnis für dieselben vorliegt. Das wird bei neugegründeten Unternehmungen sogar meistens der Fall sein, weil da, wo ein wirkliches starkes Verkehrsbedürfnis vorliegt, meist schon irgendwelche Verkehrsgelegenheiten da sind.

Neu einzurichtende Verkehrsgelegenheiten müssen sehr häufig im Anfange mit Jahren der Dividendenlosigkeit rechnen. Die betreffende Unternehmung hofft dann eben, daß sie mit der Zeit durch günstige Bedingungen, die sie dem Publikum gewährt, den Verkehr steigern könne und durch die in späteren Jahren zu erzielenden Gewinne doch auf ihre Kosten kommt. Viel anders kann eine Stadtverwaltung auch nicht vorgehen. Auch sie kann gewiß unrentable Linien zunächst selbst betreiben, ebenfalls in der Hoffnung mit der Zeit höhere Erträge zu erzielen. Tritt dieser Fall aber nicht ein, so ist es auch für eine Stadtverwaltung eine äußerst prekäre Sache, derartige Linien nun immer weiter mit entsprechendem Verlust zu betreiben. Man könnte auch ernstlich die Frage aufwerfen, ob sie dazu überhaupt berechtigt sei. Wenn der ganze Verlauf der Verhältnisse zeigt, daß der Betrieb unrentabel bleibt, so ist die Fortführung eines solchen Unternehmens auch schließlich wieder ein Almosen, welches auf Kosten der Steuerzahler einem Teil der Bevölkerung, der in den betreffenden Orten wohnt, erwiesen wird, durch die ihnen gewissermaßen ihre Wohnung verbilligt wird. Ob eine solche Verkehrspolitik zugunsten einzelner auf Kosten der Allgemeinheit richtig ist, darüber kann man zum mindesten sehr verschiedener Meinung sein. Im übrigen finden sich auch in Deutschland private Verkehrsunternehmungen genug, bei denen der Betrieb lange Jahre ein verlustbringender war, ein Beweis dafür, daß auch derartige Gesellschaften zu solchen Opfern, natürlich in Rücksicht auf später zu erzielende Gewinne bereit sind. Ein grundsätzlicher Unterschied besteht also auch hier nicht zwischen privatem und kommunalem Betrieb.

Von denjenigen, welche unbedingt für eine Übernahme der städtischen Verkehrsmittel in städtische Regie eintreten, wird meist angeführt, daß nur in diesem Falle die Stadt in der Lage sei, aus dem Verkehrswesen gewissermaßen eine Wohlfahrtseinrichtung zu machen. Nur dann könne sie entsprechend billige Tarife aufstellen, auch solches Gelände durch Bau von Verkehrsgelegenheiten erschließen, welches zunächst noch weniger Anziehung ausübe, eventuell den Arbeitern freie Fahrt zur Arbeitsstätte gewähren und dergleichen mehr. Gewiß kann sie das, sie wird es aber im allgemeinen nur bewirken können auf Grund sehr erheblicher Zuschüsse an das betreffende Unternehmen. Selbst wenn sie dazu finanziell in der Lage wäre, so blieben doch immer noch allerlei Bedenken. Auch bezüglich anderer Aufgaben der Gemeinde, z. B. der Frage, wie weit sie selbst die Beschaffung von Kleinwohnungen übernehmen sollen, ist von erfahrenen Praktikern des öfteren betont worden, daß sich eine derartige Tätigkeit auf streng finanzieller Grundlage vollziehen müsse und nicht zu einem Almosen für die betreffenden ausarten dürfe. Das gleiche gilt aber auch für die Verkehrspolitik (siehe später unter: Der Bau von Wohnungen durch die Gemeinde). Im übrigen muß man auch konstatieren, daß bis heutzutage unsere Stadtverwaltungen sehr wenig Neigung gezeigt haben, sich in dieser Weise sozialpolitisch zu betätigen, wohl aus dem Gefühl heraus, daß sie da sehr bald an den Grenzen ihrer Leistungsfähigkeit angelangt sein würden. Auch die Vorschläge, daß man den Wertzuwachs des durch die Verkehrsgelegenheit neu erschlossenen Gebietes zu ihrer Verzinsung mit heranziehen solle, hat schwerwiegende Bedenken gegen sich. Daß die Stadtverwaltung das ganze für die Dezentralisationsbestrebungen in Betracht kommende Gebiet in Händen hat, ist im allgemeinen aus finanziellen Gründen ausgeschlossen. In der Regel wird sich also der Grundbesitz in dem durch die Verkehrsgelegenheit zu erschließenden Gelände in privaten Händen befinden. Die Stadtverwaltung müßte also durch entsprechende Wertzuwachsteuern sich einen Anteil an den späteren Gewinnen dieser Grundbesitzer sichern. Sind diese Steuern aber reichlich bemessen, so fehlt dem privaten Kapital wieder der Anreiz ein zunächst noch wenig Chancen bietendes Terrain aufzuschließen und der Bebauung zuzuführen. Selbst wenn also die Stadt eine solche Verkehrslinie baut, werden die Terrainunternehmer sich sagen, daß infolge der hohen Wertzuwachssteuer ein Anbau des betreffenden Geländes für sie wenig Aussicht auf

Gewinn hat, oder wenn die Gegend tatsächlich in der Gunst des Publikums steigt, werden sie diese Wertzuwachssteuer auf die Wohnungspreise aufschlagen. Dadurch wird dann wieder die Verbilligung der Tarife der betreffenden Verkehrsgelegenheit aufgehoben; das was die betreffenden Bewohner an Fahrgeld sparen, müssen sie an Miete mehr zahlen. Es erscheint aus diesen Gründen im allgemeinen richtiger, daß die Aufschließung der betreffenden Terrains, der Bau der Wohnungen daselbst und die Einrichtung der betreffenden Verkehrsverbindung von ein und derselben Stelle aus betrieben werden. Die Stadtverwaltung kann das nicht sein, weil sie infolge der ihr daraus erwachsenden finanziellen Belastung viel zu engherzig und zaghaft mit derartigen Unternehmungen vorgehen, auch keineswegs billiger arbeiten würde wie der Privatbetrieb. So erscheint das einzig richtige, große Terrain- und Siedelungsgenossenschaften, also privates Kapital, für derartige Unternehmungen zu interessieren. Dazu ist in erster Linie allerdings erforderlich, daß die Stadtverwaltung denselben möglichst entgegenkommt, vor allem nicht allzu hohe Lasten und Steuern auferlegt, vielmehr nur den tatsächlich erzielten Reingewinn des gesamten Unternehmens besteuert, und nicht etwa den einzelnen kleinen Wertzuwachs, wie er etwa beim Verkauf eines einzelnen kleinen Grundstückes erzielt wird, dem aber entsprechende Verlustziffern an anderer Stelle gegenüberstehen.

Bei einem solchen Vorgehen würden sich sicherlich in der Umgebung unserer großen Städte private Unternehmungen genug in diesem Sinne betätigen, und ihnen auch genügendes Kapital zur Verfügung gestellt werden. Man könnte ja auch daran denken, derartige Unternehmungen, die man als Terrain- und Verkehrsgenossenschaften bezeichnen könnte, als gemeinnützige aufzufassen, ihnen auch, ähnlich wie den gemeinnützigen Baugesellschaften die Kapitalbeschaffung möglichst zu erleichtern, indem man ihnen den billigen Kredit der Städte nutzbar macht, natürlich auf vollkommen wirtschaftlicher Grundlage. Als Gegenleistung würde man allerdings verlangen müssen, daß sie Dividenden nur bis zu einer gewissen Höhe verteilen und den Rest des Gewinnes für die Unternehmung verwenden.

Je mehr derartige Unternehmungen ins Leben gerufen werden, um so mehr sorgt die gegenseitige Konkurrenz derselben dafür, daß die von ihnen auf den Markt gebrachten Wohnungen, nicht minder die Tarife ihrer Verkehrsgelegenheiten, eine angemessene zu den Selbstkosten und dem Unternehmergewinn im richtigen Verhältnis stehende Höhe nicht überschreiten. Jedenfalls werden die Wohnungssuchenden selbst von einer derartigen Entfaltung einer freien Konkurrenz den größten Vorteil haben. Auch bei solchen Terrain- und Verkehrsgenossenschaften könnte die Stadt daran denken, sich ähnlich wie jetzt schon vielfach bei den Verkehrsgesellschaften durch besondere Abmachungen, Ankauf der Aktien etc. einen Anteil am Gewinn und einen Einfluß in der Generalversammlung zu sichern. Auf diese Weise beteiligt sich die

Allgemeinheit auch am Gewinn des betreffenden Unternehmens, ohne daß man die lähmende Wirkung, welche hohe Wertzuwachssteuern auf solche Unternehmungen ausüben, in Kauf nehmen muß. Bei einer Verkehrspolitik im Sinne der vorangegangenen Ausführungen wird es sicherlich nicht allzu oft vorkommen, daß der Bau irgend einer Verkehrsgelegenheit, die im öffentlichen Interesse unbedingt nötig ist, infolge mangelnder Gewinnaussichten unterbleibt. In einem solchen Falle kann gewiß dann die Stadt ausnahmsweise den Bau und Betrieb selbst übernehmen und dann dieses Vorgehen und die entsprechende Belastung der Gemeindefinanzen genügend motivieren.

Wie steht es mit der bereits früher erwähnten Behauptung mancher *Bodenreformer*, daß keine Verkehrspolitik ohne Bodenpolitik denkbar sei. So sagt *Eberstadt*: „Gleichviel, welche Ziele wir auch anstreben, so stehen immer die Verkehrsfragen an wichtiger Stelle. *Keine Bodenpolitik ohne Verkehrspolitik*. Aber die Erfahrung zeigt, daß die Verkehrsmittel allein einen günstigen Einfuß auf das Wohnungswesen nicht auszuüben vermögen. Ich glaube wir müssen den Satz auch umkehren und zur Ergänzung sagen: *keine Verkehrspolitik ohne Bodenpolitik*" (a. a. O., S. 328).

Es kommt darauf an, was man hier unter Bodenpolitik versteht. Denkt man dabei nur an das Aufstellen eines generellen *Bebauungsplanes* im Anschlusse an die Verkehrslinien, so sind wir ja zu derselben Überlegung gekommen. Denkt man dabei aber an eine ausgedehnte *Bodenankauf- und Bodenverwertungspolitik* im Sinne der Bodenreformer, so würde das für die Dezentralisationsbestrebungen und die diesbezügliche Verkehrspolitik ein außerordentlicher Hemmschuh sein. Auch da würden die pekuniären und verwaltungstechnischen Schwierigkeiten einer solchen Bodenpolitik (siehe spätere Ausführungen S. 266) für die Gemeinde eine solche Last darstellen, daß sie sicherlich nur in äußerst beschränktem Umfange mit ihren Dezentralisationsbestrebungen vorwärts käme. Ich möchte im Gegenteil sagen, eine *großzügige Verkehrspolitik der Gemeinden ist zugleich auch die beste Bodenpolitik*, und je mehr diese selbst entwickelt wird, um so mehr macht sie auch jede *weitere* Bodenpolitik überflüssig. (Von der Aufstellung eines das ganze Gebiet erfassenden Bebauungs- und Verkehrsplanes abgesehen, welche zur Bodenpolitik im engeren Sinne nicht zuzurechnen ist.)

d) Einführung der ungeteilten Arbeitszeit.

Die Dezentralisation der Städte wird im wesentlichen ermöglicht durch die *Trennung von Wohnstätte und Arbeitsstätte*. Wenn auch ein Teil der in den Dezentralisationsorten sich ansiedelnden Bevölkerung mit zunehmender Größe derselben in diesen Orten selbst Arbeits- und Erwerbsmöglichkeiten findet, so ist doch der größere Teil stets genötigt, sich Tag für Tag zur Ableistung der Berufsgeschäfte, zum Besuch höherer Schulen etc. in die städtische Zentrale und die City zu begeben. Je größer eine Stadt wird, je weiter sich ihr Dezentralisationsbereich hinaus erstreckt, um so größer werden die mittels irgendwelcher Verkehrsmittel zurückzulegenden Entfernungen und die benötigten Zeiten. Daran wird auch eine weitgehendere Einführung des Schnellverkehrs auf Vorortlinien nicht viel ändern; wenn dadurch auch für einen Teil der Bevölkerung die Fahrzeit verkürzt wird, so werden anderseits andere dadurch veranlaßt, noch weiter entfernt liegende Orte mit entsprechend niedrigeren Wohn- und Mietpreisen aufzusuchen.

In dem Maße wie diese Verhältnisse sich entwickeln, wächst auch das Bedürfnis nach einer anderen Einteilung der Arbeitszeit, als sie bei uns in Deutschland jetzt noch meist üblich ist. Die Teilung der Arbeitszeit auf den Vormittag und Nachmittag mit der zwischenliegenden größeren Mittagspause macht für viele eine viermalige Benutzung der betreffenden Verkehrsmittel nötig oder zwingt sie eventuell auch viermal den Weg zur Wohnstätte zu Fuß zurückzulegen. Der Teil der Mittagspause, der zum Einnehmen der Mahlzeiten übrig bleibt, fällt dann für viele sehr kurz aus, in großer Eile wird gegessen und wieder zur Arbeit oder zur Schule fortgeeilt. In den Schulen hat man auch von jeher beobachtet, daß die Schulkinder in den Nachmittagsstunden weniger leistungsfähig sind als in den Vormittagsstunden.

Für andere liegt die Arbeitsstätte soweit von der Wohnstätte entfernt, daß dieselbe in der Mittagspause überhaupt nicht mehr aufgesucht werden kann. Diese Personen wissen dann während derselben nichts Rechtes anzufangen, sie stellt für viele geradezu eine verlorene Zeit dar. Man hat sich deshalb bei uns schon seit langem bemüht, die sogenannte „englische" oder ungeteilte Arbeits- und Schulzeit einzuführen. In den meisten Gymnasien und anderen höheren Schulen ist das auch gelungen, dagegen bisher meist noch gar nicht in den Volksschulen. In manchen Städten, namentlich in Hamburg, teilweise auch in Berlin, ist die durchgehende Arbeitszeit bereits zu einer mehr oder weniger weitgehenden Einführung gelangt, indem z. B. von 8—3, oder 9—4 Uhr durchgearbeitet wird mit einer ganz kurzen Pause zur Einnahme eines zweiten Frühstücks.

Erst eine allgemeine Einführung einer solchen Arbeitszeit ermöglicht eine wirklich ausgiebige Dezentralisation weiterer Bevölkerungskreise. Auch sonst lassen sich noch eine Reihe gewichtiger Gründe für dieselbe anführen. Erst durch sie wird sowohl den Schulkindern, wie auch den erwachsenen Personen Gelegenheit zu Spiel, Sport, Leibesübungen, Wanderungen usw. gegeben, nicht minder die Möglichkeit, außer den Berufsgeschäften auch noch anderen Dingen Interesse und einen Teil der Tageszeit widmen zu können. Auch im Interesse des Familienlebens ist eine solche Zeiteinteilung wünschenswert. Erst dann kommen die Eltern, speziell die Familienväter, in die Lage, einige Stunden des Tages ihren Kindern widmen, sich um ihre Schulaufgaben kümmern, mit ihnen Spaziergänge, Naturstudien usw. machen zu können.

Man hat überall, wo die ungeteilte Arbeitszeit eingeführt wurde, auch die besten Erfahrungen damit gemacht. Dadurch werden die Bedenken derer widerlegt, welche glaubten, dieselbe würde zu einer Herabsetzung der täglichen Arbeitsleistung führen. Im Gegenteil, es ist anzunehmen, daß die Gelegenheit, sich in den späten Nachmittagsstunden erholen, in körperlicher Tätigkeit, Sport und Spiel eine Äquivalent für das Sitzen im Bureau und auf der Schulbank suchen zu können, die Leistungsfähigkeit und die Arbeitsfreudigkeit wesentlich steigern wird. Die bisher gemachten Erfahrungen scheinen das zu bestätigen.

So nimmt das Interesse für die Einführung der ungeteilten Arbeitszeit in weiteren Kreisen der städtischen Bevölkerung immer mehr zu. Das zeigt unter anderem eine am 10. Februar 1911 in München abgehaltene und außerordentlich stark besuchte öffentliche Versammlung, welche sich mit dieser Frage befaßte. Hier gelangte schließlich folgende Resolution zur Annahme, die zwar zunächst für Münchener Verhältnisse berechnet ist, aber geeignet sein dürfte, die Bedeutung dieser Angelegenheit auch für andere Städte zu illustrieren, und deshalb hier im Wortlaut angeführt werden soll:

Die in München noch fast allgemein übliche geteilte Arbeitszeit entspricht nicht mehr den Verhältnissen der Großstadt.

Die Notwendigkeit des täglich viermaligen Verkehrs zwischen Wohn- und Arbeitsort auf so weite Entfernungen, wie sie in München heute die Regel bilden, ist Veranlassung, daß die zur Erholung, Kindererziehung, Fortbildung usw. unbedingt notwendige freie Zeit verloren geht.

Das Nebeneinanderlaufen der geteilten Arbeitszeit an den Volksschulen und der Durcharbeit an einem Teil der Mittelschulen in Verbindung mit einer, keiner der beiden Schulzeiten angepaßten Arbeitszeit in vielen Staats- und Privatbetrieben bringt neben schweren wirtschaftlichen Nachteilen dauernde Störungen und Schädigungen des Familienlebens hervor.

Die bei der heutigen Arbeitszeit unerläßliche Lichtarbeit und der späte Bureauschluß haben schwere hygienische Nachteile im Gefolge.

Die erstrebenswerte Ausbreitung der Bevölkerung auf ein größeres Gebiet und die Beschaffung gesundheitlich befriedigender Wohnungsverhältnisse ist behindert.

Insbesondere ist die so dringend erwünschte Ansiedelung in Einfamilienhäusern weiten Kreisen der Bevölkerung fast unmöglich gemacht.

Das geeignete Mittel, durch welches die geschilderten Mißstände beseitigt und die Vorbedingungen zu einer befriedigenden Lösung der Wohnungsfrage geschaffen werden, ist die ungeteilte Arbeitszeit. Deren Einführung aus hygienischen, sozialen und wirtschaftlichen Gründen ist dringendes Erfordernis.

Der zur Zufriedenheit von Schule und Haus an den Mittelschulen eingeführte ungeteilte Unterricht ist als ein Fortschritt zu bezeichnen und daher beizubehalten und weiter auszugestalten.

Der ungeteilte Unterricht auch an den Volksschulen ist mit allen Mitteln zu erstreben.

Die ungeteilte Arbeitszeit kann nach den in staatlichen, städtischen und privaten Betrieben in München gemachten Erfahrungen, sowie nach den vorhandenen und veröffentlichten Gutachten aus allen Kreisen Deutschlands ohne Nachteil für den Arbeitgeber eingeführt werden.

Die Einführung bestätigt, daß dem Arbeitgeber durch Ersparung von Beheizungs- und Beleuchtungskosten, sowie durch intensivere Leistungen der Angestellten nicht unerhebliche materielle Vorteile erwachsen.

Die heute, den 10. Februar im Münchener Kindl-Keller tagende Versammlung spricht sich daher trotz der zweifellos vorhandenen Schwierigkeiten, die eine so tief eingreifende Umwälzung hervorruft, entschieden für die Einführung der ungeteilten Schul- und Arbeitszeit aus und richtet an die zuständigen Stellen des Staates und der Gemeinde, sowie an die Inhaber der Privatbetriebe die dringende Bitte, die ungeteilte Schul- und Arbeitszeit in allen hierfür in Frage kommenden Schulen und Betrieben soweit irgend möglich einführen zu wollen.

6. Zusammenfassung.

Die vorstehenden Überlegungen haben gezeigt, daß die Dezentralisationsbewegung für die Entwicklung der Städte große Vorteile mit sich bringt, vor allem für die Wohnverhältnisse. Immer mehr Bauland und Neuland wird erschlossen, immer mehr lassen sich moderne hygienische Grundsätze in diesen Gebieten zur Anwendung bringen und immer mehr wird es dann auch gelingen, die alten, baulich verwahrlosten Stadtteile zu sanieren; der mit der Dezentralisation fortschreitende Prozeß der Citybildung besorgt das gewissermaßen schon alleine, indem das alte Gerümpel neuen, modernen Geschäfts- und Kontorhäusern Platz macht.

So wird es bei entsprechendem Entgegenkommen der Stadtverwaltungen einem immer größeren Teile der städtischen Bevölkerung möglich werden, sich irgendwo draußen auf dem billigen Gelände ein Eigenheim, den Genuß eines kleinen Gärtchens zu verschaffen und wieder Fühlung zur Natur zu nehmen.

Eines darf man nicht vergessen. Die Dezentralisation der Städte wird erst ermöglicht durch eine weitgehende Trennung von Wohnstätte und Arbeitsstätte. Wenn man auch noch so sehr versuchen wird, in den Dezentralisationsorten selbst für große Teile der dort ansässigen Bevölkerung Arbeitsgelegenheit zu schaffen (Industrieanlagen), wenn auch Handel und Verkehr daselbst einer ziemlichen Zahl von Leuten Beschäftigung geben, Pensionäre und Rentner sich dort ansiedeln werden, das Gros der höheren Einkommenklassen sowohl wie der niederen werden diejenigen sein, welche täglich zur städtischen Zentrale, zur City fahren, um hier ihrem Erwerb und ihrem Beruf nachzugehen.

Aber auf diese Weise leidet wenigstens nur der ernährende Teil der Familie unter diesen täglichen Bahnfahrten. Die Frau, das Personal, und vor allem die Kinder bleiben davon verschont; gerade für letztere ist es äußert wünschenswert, daß sie ihre Jugend- und Entwicklungsjahre außerhalb der Mauern der Großstadt in kleinen Orten verbringen, wo ihnen reichlich Gelegenheit zum Tummeln in freier Luft gegeben ist.

Im übrigen bezogen sich die Ausführungen der vorangehenden Abschnitte hauptsächlich auf großstädtische Verhältnisse, wo die Dezentralisation anderseits auch am nötigsten ist. So großzügig und weitausgedehnt wird sie nur hier zur Anwendung kommen. In kleineren und mittleren Städten dagegen wird sich dieselbe in weit bescheideneren Grenzen halten. Hier werden sich nur die Vororte etwas weiter hinausschieben, vor allem wird sich die Außenzone der Stadt selbst und ihrer Vororte etwas weiter hinaus erstrecken, etwas mehr aufgelöst werden. An noch kleineren Orten äußert sich dann die Dezentralisation schließlich nur mehr in dieser stärkeren Auseinanderziehung der peripheren Stadtteile. Natürlich wird es auch da zu Zusammenhäufungen der Wohnstätten in der Nähe der großen Verkehrsstraßen, Trambahnen usw. kommen, aber kaum mehr zur Bildung größerer Siedelungsgruppen mit eigenen Schulen usw. Hier müssen auch die übrigen Familienmitglieder, vor allem die Schuljugend täglich die Fahrt oder den Weg zur städtischen Zentrale machen. Dafür sind die Entfernungen aber auch geringer. Im übrigen muß man v. Mangoldt vollständig zustimmen, wenn er meint, daß gerade den in den Bannkreisen der jetzigen Großstädte und großen Mittelstädte gelegenen Orten ein außerordentliches Wachstum beschieden sein werde, und daß auf diesen Bezirken so recht die Sonne der modernen Entwicklung ruhe (a. a. O., S. 622).

Im übrigen könnte man annehmen, daß mit der Zeit auch den kleineren und mittleren Orten eine neue Periode des Aufschwungs beschieden sein wird, nämlich dann, wenn einmal der Verkehr zwischen einzelnen Städten durch elektrische Schnellbahnen nach Art der Rheinuferbahn zwischen Köln und Bonn und der zwischen Düsseldorf und Köln projektierten in viel weitgehender Weise als jetzt entwickelt wird. Je mehr dadurch auch entlegene Städte in den Verkehrsbereich der Großstädte hineingezogen werden, um so mehr wird sich, zunächst allerdings nur in dem Teil der Bevölkerung, der innerhalb der Wahl seines Wohnsitzes ziemlich unbeschränkt ist, wieder eine Vorliebe für das ruhige, behagliche Leben der Klein- und Mittelstädte bemerkbar machen, Andeutungen dazu liegen schon jetzt vor. Diese aber werden wieder einen Kreis von Leuten, der von ihnen lebt, nach sich ziehen.

So kommt man immer wieder darauf zurück, daß die Entwicklung der Verkehrsverhältnisse der ausschlaggebende Faktor auf dem Gebiete des Wohnungs- und Ansiedelungswesens sein wird. Von allen Schlagworten, mit denen man die Wohnungsfrage kennzeichnen wollte, hat sicherlich am meisten Berechtigung dasjenige, welche die Wohnungsfrage als Verkehrsfrage bezeichnet. Je mehr durch die Entwicklung des Verkehrs in den Bereich der Großstädte auch entlegenere Landstriche und Orte hineinbezogen werden, je mehr es dadurch auch der hier ansässigen Bevölkerung ermöglicht wird, zur Abwicklung ihrer Geschäfte in kürzester Zeit und zu relativ niederem Preis die Großstadt aufzusuchen, um so mehr werden sich mit der Zeit eine Reihe von Betrieben und Werkstätten in diesen Orten unterbringen lassen, die eigentlich für die Großstadt arbeiten, mit ihren dortigen Bureaus telephonisch verbunden sind und lediglich ihre Erzeugnisse ein- oder mehrmals täglich in die städtische Zentrale hineinschicken.

Eine außerordentliche Bedeutung hat die Dezentralisation dann weiter für die Bodenwertgestaltung. Zwar werden in allen von ihr berührten Orten die Bodenpreise eine gewisse Steigerung erfahren, bei genügender Ausdehnung derselben wird sich dieses Ansteigen infolge des ungeheuren Angebots an Bauland aber in sehr bescheidenen Grenzen halten. Dagegen wird dem übertriebenen Ansteigen der Bodenwerte im Inneren der Städte, die City vielleicht ausgeschlossen, durch die Dezentralisation am wirksamsten entgegengearbeitet.

Im Deutschen Verein für öffentliche Gesundheitspflege wurde im Jahre 1900 auf der Versammlung zu Trier die Aufmerksamkeit auf die Verhältnisse in Belgien gelenkt. Es wurde betont, daß in diesem Lande, welches genau in derselben Weise progressiv an Einwohnerzahl zugenommen habe, wie Deutschland, welches eine mindestens ebenso starke industrielle Entwicklung habe wie die Rheinprovinz, die Bodenpreise im allgemeinen in der Umgebung der Städte und selbst in den Städten noch sehr billige seien, und daß demnach auch bis in die großen Städte hinein noch das kleine Haus sich erhalten habe. Von dem damaligen Referenten wurde angeführt, daß der Grund dafür die hohen Umsatzsteuern seien; wenn nämlich jemand in Belgien Land kaufen wolle, so koste ihn das mit allen Gebühren an Stempeln und sonstigen Kosten 10—12 %. Dadurch sei das Spekulieren in Grundstücken ausgeschlossen und infolgedessen könne die Spekulation nicht ihre preissteigernde Wirkung entfalten.

Der Grund zu einer derartig günstigen Gestaltung der Bodenwerte liegt aber wohl in ganz anderen Verhältnissen. Schon ein flüchtiger Blick auf eine Eisenbahnkarte von Mitteleuropa zeigt, daß gerade in Belgien das dichteste Netz von Eisenbahnlinien sich findet. Wer Belgien bereist hat, weiß, daß dazu ein außerordentlich stark entwickeltes Netz von Kleinbahnen (belgische Vicinal Eisenbahn-Gesellschaft und andere) hinzukommt, die in weit höherem Maße als bei uns die Städte mit den im weitesten Umkreis derselben gelegenen Landorten und auch die Städte untereinander in Verbindung setzen. Durch diese besonderen Verhältnisse hat in Belgien schon seit langem eine weitgehende Dezentralisation Platz gegriffen, ohne daß man vielleicht bewußt darauf hinarbeitete. Das hat dann einmal dem Anwachsen der großen Städte entgegengewirkt, anderseits wurden durch die günstigen Verkehrsverhältnisse in der Umgebung der Städte gute und billige Wohngelegenheiten und ein außerordentlicher Vorrat an Baustellen geschaffen. So ist es in Belgien den Industriearbeitern vielfach möglich geworden, ihren Wohnsitz auf dem Lande zu nehmen, hier ein kleines Gütchen zu betreiben und nur für ihre Erwerbstätigkeit in die Industriestädte zu fahren. Durch diese großzügige Verkehrspolitik sind dann auch die Bodenwerte so niedrig gehalten worden, nicht wegen, sondern trotz der hohen Umsatzsteuer. Denn es ist längst anerkannt, daß alle Lasten und Steuern, welche den Grundstückhandel erschweren, nicht verbilligend, sondern verteuernd auf den Bodenwert einwirken, weil der Besitzer naturgemäß bestrebt ist, dieselben auf die Käufer abzuwälzen.

Ähnliche Verhältnisse wie in Belgien finden sich auch noch in benachbarten Gebieten Deutschlands, vielleicht dadurch beeinflußt, z. B. in der Umgebung Aachens. Auch hier verbindet ein weitverzweigtes Netz von Kleinbahnen (die Aachener Kleinbahngesellschaft mit einer Gesamtbetriebslänge von 174,50 Kilometer Ende 1910 gegenüber 157,30 im Vorjahre) die im Landkreis Aachen gelegenen Orte mit der Stadt Aachen. Dementsprechend kann man auch hier die Beobachtung machen, daß eine große Zahl von Arbeitern diese günstige Verkehrsgelegenheit benutzen und in irgend welchen Orten des Landkreises wohnen. Manche derselben, wie die Bauarbeiter, sind vielfach überhaupt nur Saisonarbeiter, d. h. sie kommen zur Zeit reger Bautätigkeit nach Aachen, im übrigen leben sie auf ihrem Gütchen in ihrem Wohnorte von der Landwirtschaft. Zum Teil wohnen dieselben auch im benachbarten Auslande; ein Bericht des statistischen Amts zu Aachen spricht die Vermutung aus, daß vielleicht die Steigerung der Lebensmittelpreise in Deutschland die Arbeiter veranlasse, die ausländischen Wohnorte aufzusuchen, in denen vielfach die Lebensbedingungen billiger sind. Damit mag zum Teil auch zusammenhängen, daß Aachen selbst von 1905—1910 sich nur durch Geburtenüberschuß vermehrt, im übrigen aber durch Wanderung 3943 Personen verloren hat, wohingegen die 22 größeren und kleineren Orte des Landkreises Aachen, die so ziemlich alle mit Aachen durch die betreffende Kleinbahngesellschaft verbunden sind, seit 1905 eine Zunahme von insgesamt 16 000 Einwohnern zu verzeichnen haben. Es wurde schon S. 191 erwähnt, daß sowohl in der näheren wie weiteren Umgebung Aachens die Bodenwerte relativ niedrig sind und eine besondere Bodenspekulation nicht vorhanden ist.

Die Verhältnisse wie sie sich in Belgien und den Nachbargebieten teilweise herausgebildet haben, verdienen also für das Studium der Einwirkung einer entsprechenden Verkehrspolitik auf die Dezentralisationsbestrebungen und damit die Gestaltung der Bodenwerte entschieden Beachtung.

Abgesehen von den erwähnten Vorteilen der Dezentralisation lassen sich auch noch andere anführen, welche zum Teil auf anderen Gebieten liegen. So wird z. B. eine weitgehende Dezentralisation eines der wirksamsten Mittel gegen die zunehmende Luftverunreinigung der Großstädte sein. Namentlich die Rauch- und Rußplage ist im allgemeinen proportional der Bebauungsintensität und der damit zusammenhängenden Zahl der Feuerstätten auf der Flächeneinheit. Eine

Steigerung der Grundausnutzung und eine intensivere Bebauung wird also immer zu einer Vermehrung der Rauch- und Rußplage führen.

Hier könnte also die Dezentralisation weitgehende Besserung bewirken, ohne daß dadurch natürlich der Wert der sonstigen gegen die Luftverunreinigung der Großstädte empfohlenen Maßnahmen herabgesetzt werden soll.

Auf diese Bedeutung der Dezentralisation habe ich bereits früher hingewiesen in meiner Arbeit: Beiträge zur Kenntnis der großstädtischen Luftverunreinigung und des Großstadtklimas auf Grund von Untersuchungen mittels des Aitkenschen Staubzählers, Deutsche Vierteljahrsschrift für öffentliche Gesundheitspflege 1908, S. 428. Ich führte dort aus, daß eine Besserung der Rauch- und Rußplage vielleicht auch dadurch zu erhoffen sei, daß „der Zug von der Stadt hinaus aufs Land, wie er sich bei Angehörigen der besser situierten und in der Wahl ihres Wohnsitzes ziemlich unabhängigen Stände bereits heute recht bemerkbar macht, immer weitere Kreise erfaßt, daß das Prinzip der Dezentralisation der Städte in Verbindung mit der Gartenstadtbewegung und den Versuchen, die Produktion der Industrieerzeugnisse auf das Land hinaus zu verlegen und nur den Verkauf in den Städten zu belassen, allmählich zu einer völlig anderen Gestaltung unserer Großstädte führen wird. Etwa in dem Sinne, daß an Stelle einer großen, dicht besiedelten und baulich zusammenhängenden Millionenstadt verschiedene kleinere Städte treten, die zwar ein Gemeinwesen und einen Verwaltungsbezirk bilden, räumlich aber soweit voneinander getrennt sind, daß größere Strecken Ackerlands, Wald- und Wiesenflächen, Parks usw. zwischen denselben liegen, während durch Schnellbahnen für rasche und häufige Verbindung gesorgt wird."

Je mehr sich eine Dezentralisation in diesem Sinne ausbildet, je mehr es durch die bereits vorhandenen und weiter zu bildende Verkehrsverhältnisse gelingen wird, die Nachteile der räumlichen Entfernung zu überwinden, um so mehr wird es auch möglich sein, jedem einzelnen eine immer weitgehendere Wahl seines Wohnortes, je nach Neigung und Leistungsfähigkeit, zu ermöglichen. Das letztere ist meiner Auffassung nach sehr wichtig. Schon 1906 habe ich mich in dem Sinne geäußert, daß „der wirtschaftlich schwache und aus irgendwelchen Gründen in seiner Erwerbstätigkeit gestörte nun einmal nicht in Wohnungen, welche im Inneren der Städte gelegen sind, hineingehört. Das mag hart klingen, ist aber nicht nur bei der arbeitenden Klasse, sondern in allen Berufsarten so. Jedweder Berufszweig kann die höheren Lasten der städtischen Mieten, sei es nun, daß er Wohn-, Geschäfts-, Bureau-, Ärzteräume usw. benötigt, nur bei entsprechender Ausnutzung der ihm dadurch gebotenen Erwerbsmöglichkeiten bestreiten, im anderen Falle müssen eben Stadtteile und Orte mit billigeren Preisen aufgesucht werden. Der Beamte, der seine Stellung niederlegt und sich mit kleiner Pension zur Ruhe setzt, ist in der Regel genötigt, seine teure Stadtwohnung aufzugeben und sich für den Rest seines Lebens in einen kleineren Landort mit billigeren Wohnverhältnissen zurückzuziehen, der Geschäftsmann, dessen Betrieb aus irgend einem Grunde nicht recht vorwärts kommt, ist ebenfalls oft genug genötigt, den teuren Laden in der besten Geschäftslage aufzugeben, in weniger günstiger Lage einen dafür auch weit billigeren Laden zu mieten und hier von neuem anzufangen. Der höhere Preis städtischer Wohnungen ist eine Art Prämie, die der Benutzer für die größeren Gewinnmöglichkeiten zu zahlen hat, welche ihm der betreffende Wohnsitz einräumt. Ist er aus körperlicher oder geistiger Invalidität nicht mehr in der Lage, dieselbe auszunutzen, so muß er diese Wohnungen verlassen und billigere aufsuchen".

Derartige Überlegungen mögen manchen verfrüht erschienen sein, die Dezentralisation der Städte war damals noch nicht so in den Vordergrund gerückt wie heute und man hat mir vorgehalten, daß jemand, der einmal in einer Stadt wohne, dieselbe keineswegs immer so leicht verlassen könne. Je mehr aber die Dezentralisationsbewegung und eine entsprechende Verkehrspolitik sich Eingang verschaffen, um so leichter wird dadurch die Wahl eines Aufenthaltortes, um so mehr wird sich unter dem Druck wirtschaftlicher Notwendigkeit auch dieses Prinzip der Verteilung der Bevölkerung nach dem wirtschaftlichen Können bemerkbar machen und verteilend und ausgleichend wirken. Dann wird erst recht der Satz gelten, daß der hohe Preis städtischer Wohnungen eine Art Prämie ist, die nur der zahlen kann und soll, der durch seine Fähigkeiten, seine Intelligenz und seine Arbeitskraft in der Lage ist, die großen Vorteile, die ihm der Wohnsitz an einem solchen Orte und die dort bestehenden Erwerbsmöglichkeiten bieten, auch voll und ganz auszunutzen. Dann bedeutet es auch keinen Nachteil mehr, wenn in solch bevorzugten Lagen die Bodenpreise und Wohnungspreise immer noch trotz aller Dezentralisationsbestrebungen eine große Höhe aufweisen werden. Dieser Platz an der Sonne, im Sinne des Erwerbslebens gesprochen, gebührt eben nur den fähigsten Köpfen, der Elite der Arbeiterschaft und Geschäftswelt. Alle übrigen werden in immer steigendem Maße Gelegenheit finden, ihren Wohnsitz in kleineren Orten mit billigeren Wohnungsmieten zu nehmen, gleichwohl aber infolge der günstigen Verkehrsverhältnisse an dem Erwerbsleben der Großstadt teilzunehmen. Auch das scheint mir ein außerordentlich bedeutsamer Vorteil der Dezentralisationsbestrebungen zu sein.

Zweiter Abschnitt.

Die städtische Bodenpolitik.

Schon die Ausführungen des vorigen Abschnittes über die Dezentralisation und zugehörige Verkehrspolitik gehören zum Teil wenigstens zum Thema Bodenpolitik und es sind dabei auch bereits eine Reihe bodenpolitischer Gesichtspunkte erörtert worden. Fragt man sich im übrigen nach einer genauen Definition dessen, was man unter städtischer

Bodenpolitik versteht, so wird man sagen müssen, daß man zunächst darunter die Aufgaben der städtischen Verwaltungen zusammenfaßt, welche den offensichtlichen Zweck haben, die wirtschaftlichen Verhältnisse des städtischen Bodens zu beeinflussen. Vor allem dachte man dabei an solche Maßnahmen, welche den Preis des Bodens herabzusetzen geeignet seien, wobei man früher meist von der Ansicht ausging, daß dies innerhalb sehr weiter Grenzen möglich sei, und weiter an eine völlige oder teilweise Erfassung des sogenannten unverdienten Wertzuwachses.

Im übrigen ist klar, daß sich diese Bodenpolitik keineswegs von der sogenannten Baupolitik, die mehr die bauliche Entwicklung der Stadt betrifft, und der Wohnungspolitik trennen läßt. Alle diese Maßnahmen sollen ja schließlich dem Zweck dienen, die Wohnverhältnisse der städtischen Bevölkerung zu verbessern; insofern gehört auch das Aufstellen eines Bebauungsplanes und insbesondere die Bauordnung, die ebenfalls von Einfluß auf die Bodenpreise ist, zur städtischen Bodenpolitik. Daß im übrigen auch die Verkehrspolitik einer Stadt, insbesondere die Entwicklung des Vorortverkehrs innerhalb des städtischen Bannkreises und darüber hinaus imstande ist, sehr wesentlich durch das ungeheure Angebot an Baustellen die Bodenpreise zu beeinflussen, daß sie sogar die wirksamste Bodenpolitik ist, ist ebenfalls bereits besprochen worden.

Darüber besteht auch schon seit langem eine erfreuliche Übereinstimmung. Schon 1900 wurde auf der Versammlung des D. V. f. öffentliche Gesundheitspflege zu Trier von Adickes betont, daß die „Einsicht in die Notwendigkeit von schnellfahrenden Vorortbahnen in der letzten Zeit außerordentlich gewachsen sei" und „daß die Bebauungspläne von vornherein so aufzustellen seien, daß die Vorortbahnen darin einen Teil des ganzen Bebauungsplanes und gewissermaßen das Rückgrat desselben bilden, daß die Straßen geplant und angelegt werden im Hinblick auf die Bahnhöfe, die an schnellfahrenden Vorortbahnen angelegt werden müssen usw.

Wir brauchen uns also hier nur mehr mit der Bodenpolitik im engeren Sinne, d. h. der Frage ob und wie weit sich eine Gemeinde einen Anteil an dem städtischen Boden, vor allem in den Außengeländen, also dem Tummelplatz der „Bodenspekulation" und dem Felde der zukünftigen Stadterweiterung, verschaffen soll und der weiteren Frage, wie die Stadtverwaltung diesen Boden verwerten solle, zu befassen.

1. Die Stadtgemeinde als Grundeigentümerin (Bodenankaufspolitik).

Es besteht eine seltene Übereinstimmung unter den sonst so widerstreitenden Ansichten der Wohnungspolitiker darüber, daß es eine der wichtigsten bodenpolitischen Aufgaben der Städte sei, möglichst beträchtliche Teile der städtischen Bodenfläche, vor allem in den Außengeländen, in ihren Besitz zu bringen. Es handelt sich hier um eine hochbedeutsame Aufgabe, deren Wichtigkeit schon seit Jahrzehnten betont wurde. So haben sich denn auch die meisten Städte in den Besitz sehr umfangreicher Teile ihrer Bodenfläche gesetzt, wie erst kürzlich Geh. Ober-Reg.-Rat Freund in seinem Berliner Vortrage hervorgehoben hat. So haben z. B. die Städte wie Frankfurt a. M., Ulm, Freiburg, Augsburg, Leipzig, Aachen und andere bereits mehr als 50 % der Gesamtfläche ihres Weichbildes im Eigentum. Bei anderen Städten ist dieser Anteil allerdings viel geringer und schwankt so etwa zwischen 10—40 %, einige Städte haben sogar noch weniger im Besitz. Im allgemeinen kann man allerdings konstatieren, daß die meisten Städte bestrebt sind, dieses Versäumnis nachzuholen.

Der wichtigste Grund für eine derartige Bodenankaufspolitik liegt wohl unbestritten darin, daß die Gemeinden für alle möglichen Zwecke selbst Grund und Boden benötigen, z. B. für öffentliche Bauten, wie Schulen, Krankenhäuser, Elektrizitäts-, Gas-, Wasserwerke, Friedhöfe usw., zur Anlage von öffentlichen Plätzen, Promenaden, Parks, Spielplätzen und ähnlichen Freiflächen. Gerade in neuseter Zeit legt man mit Recht besonderen Wert darauf, daß die Stadtverwaltungen für die Jugend geeignete Spiel- und Tummelplätze auch innerhalb der Städte anlegen. Naturgemäß kann eine Stadt in den Stadterweiterungsgebieten um so leichter diese Aufgaben erfüllen, einen je größeren Teil des Geländes sie selbst besitzt, je unbeschränkter sie also in der Wahl von Grundstücken für die angegebenen Bedarfsfälle ist und je früher und billiger sie die betreffenden Grundstücke erworben hat. Gerade in den Außengeländen wird eine rührige Stadtverwaltung nicht selten in der Lage sein, günstige Gelegenheiten, z. B. Krisenjahre auf dem Grundstückmarkt, zum vorteilhaften Ankauf großer Geländeflächen zu benutzen. Um so freigebiger kann sie dann über dieses Terrain zu den erwähnten Zwecken verfügen.

Ein zweiter bedeutsamer Vorteil liegt darin, daß auf diese Weise die Gemeinde an dem Wertzuwachs des betreffenden Geländes partizipiert, ohne daß es besonderer Wertzuwachssteuern, die ja doch immerhin eine lähmende Wirkung auf den Grundstückmarkt ausüben, bedürfte. Das alles sind so oft hervorgehobene Gesichtspunkte, daß diese Andeutungen genügen.

2. Wie sollen die Gemeinden ihren Grundbesitz verwerten? (Bodenverwertungspolitik.)

Auch im vorhergehenden Kapitel wurden schon mancherlei Verwertungsmöglichkeiten des städtischen Grundbesitzes erwähnt. Hier soll noch besonders die Verwertung desselben besprochen werden, mit der man eine besondere Einwirkung auf die Bodenwertgestaltung auszuüben hoffte. Bei der Fülle der Literatur, die über diese Frage existiert und den vielfach sich widerstreitenden Meinungen der betreffenden Autoren, muß ich es mir auch hier wie im vorigen Kapitel versagen, alle die im einzelnen anzuführen, welche etwa schon ähnliche Gedanken geäußert haben oder diejenigen zu widerlegen versuchen, welche gegenteiliger Meinung sind, und mich im wesentlichen darauf beschränken die wichtigsten Gesichtspunkte in der Fassung, wie sie meiner Überzeugung entsprechen, in Kürze wiederzugeben.

Eine vielfach für richtig befundene und meist auch in der Praxis geübte Bodenverwertungspolitik ist die, daß die Stadtverwaltung den Boden möglichst billig unter Ausnutzung jeder nur denkbaren günstigen Gelegenheit zu kaufen sucht und ihn, soweit sie ihn nicht selbst benötigt, als baureifes Land oder schon vorher mit entsprechendem Gewinn zu verkaufen sucht. Viele Städte haben dabei ein sehr lukratives Geschäft gemacht. So ist es erklärlich, daß heute, wie Wiedfeldt sagt, diese Art der Bodenverwertungspolitik die normale Form der Verwertung städtischen Baugeländes ist, die von Königsberg bis Metz, von der Kieler Föhrde bis zum Bodensee geübt wird (siehe Städt. Bodenpolitik, die Verwertung des kommunalen Grundbesitzes. Generalvers.-Bericht d. Rhein. V. z. F. des Arbeiterwohnungswesens 1906). Sie profitiert auf diese Weise an dem inzwischen eingetretenen Wertzuwachs und zwar in um so höherem Maße, je größer ihr Grundbesitz an sich ist und vor je längerer Zeit er, womöglich zum landwirtschaftlichen Nutzungswerte, erworben wurde. Das ist z. B. auch einer der Gedanken, der früher die radikalste Richtung der Bodenreform veranlaßte zu verlangen, daß womöglich der ganze städtische Grund und Boden in Gemeindebesitz gebracht werden soll. Allerdings befürwortet die Bodenreform keineswegs den Verkauf von städtischem Grund und Boden, vertritt vielmehr den Standpunkt, daß es erster Grundsatz einer kommunalen Bodenpolitik sein müsse, ohne zwingenden Grund diesen Besitz nicht zu veräußern, zum mindesten aber in einer Form, die jede spekulative Benutzung des Bodens dauernd ausschließe. Die Mehrzahl der Gemeinden war aber bisher praktisch der Meinung, daß es nicht genüge, nur zu kaufen und den erzielten Wertzuwachs lediglich auf dem Papier stehen zu lassen, sondern suchte ihn durch entsprechende Verkäufe zu realisieren. Sie verfuhren also genau so, wie jeder private Terrainbesitzer verfährt. Es ist deshalb vielfach betont worden, ein solches Verfahren sei nicht richtig. „Wenn die Gemeinden Grund und Boden kaufen und einfach wieder wie jeder Private verkaufen, dann gewinnen sie freilich viel Geld, genau wie der Bauspekulant, aber sie wirken dann direkt mit an der Verteuerung des Grund und Bodens, und es ist kein Segen dabei und ist ganz genau dasselbe, wie wenn die Spekulanten verkaufen. Will also die Gemeinde sich von den Spekulanten unterscheiden und will sie gemeinnützig arbeiten, dann muß sie mit dem Verkauf städtischen Bodens außerordentlich vorsichtig sein.“

(Adickes auf der 25. Vers. d. D. Vereins f. öffentliche Gesundheitspflege zu Trier 1900.)

Vielfach ist man noch weiter gegangen und hat gesagt, die Gemeinden dürften unter keinen Umständen verkaufen. Es solle also der Gemeindebesitz möglichst vergrößert werden, nie aber ein Verkauf davon stattfinden.

Natürlich ist es auch hier die Furcht vor der Spekulation, die zu diesen Ansichten führt. Man fürchtet eben, daß das verkaufte Terrain wieder der Spekulation und damit weiteren Preistreibereien ausgeliefert werde. Wir haben in früheren Abschnitten gesehen, daß im allgemeinen dieser Glaube an die Macht der Spekulation und ihre Fähigkeit, nach Gutdünken die Bodenwerte zu steigern, einer der vielen Irrtümer ist, die heute noch das Wohnungswesen beherrschen, daß sicherlich zwar gelegentliche Übertreibungen der Spekulation vorkommen, dieselbe aber im allgemeinen nicht in der Lage ist, nachhaltig und dauernd die Bodenwerte über ihre natürliche Höhe emporzutreiben.

Das ist eine Anschauung, die gegenwärtig immer mehr an Boden zu gewinnen scheint, sogar v. Mangoldt, der doch gewiß kein Freund der Bodenspekulation ist, kommt zu dieser Ansicht: „Irgend jemand muß doch, wenn anders unsere Städte überhaupt wachsen sollen, das dazu unerläßliche und so schwierige und verwickelte Geschäft der Zusammenbringung des Baulandes, seiner Einteilung und Umformung in Baustellen und ihre Verwertung besorgen. Eine Bürgerkrone also den verdienstlichen Männern, die das auf sich nehmen.“ Und weiter hebt er hervor, daß vom Standpunkte der privaten Stadterweiterung aus die Vorwürfe gegen die Bodenspekulation außerordentlich zusammenschrumpfen, daß im Gegenteil als das Hauptmittel gegen zu hohe Bodenpreise die möglichste Vermehrung des Angebots an Baustellen erscheine. (Städt. Bodenfrage, S. 357—358.) Wir haben dann weiter gesehen, daß v. Mangoldt vor allem die Stadterweiterungspolitik, die heutzutage meist als privates Geschäft betrieben wird, verantwortlich macht und mit ihren Maßnahmen die Verhältnisse des „schmalen Rands“ und seiner preissteigernden Wirkung auf die Bodenwerte begründet. Diese private Stadterweiterung sei also eigentlich für das anzuklagen, was man gewöhnlich der Bodenspekulation zuschiebe.

Wir haben weiter ausführlich begründet, daß dieser „schmale Rand“ in Wirklichkeit, im allgemeinen wenigstens, nicht existiert. Erst recht aber sind derartige Verhältnisse ausgeschlossen, wenn einmal die Dezentralisationsbestrebungen und die Entwicklung der Verkehrsverhältnisse noch weiter gediehen sind, wie jetzt. Dann braucht man erst recht eine preissteigernde Wirkung der Spekulation nicht mehr zu befürchten, das ungeheure Angebot an Bauland und Wohngelegenheit wird dann von selbst und sicherer wie alle anderen sonst empfohlenen Maßnahmen die Auswüchse der Spekulation in Schranken halten.

Dann braucht man aber auch bezüglich des Verkaufs von städtischem Grund und Boden nicht mehr so ängstlich zu sein. Wenn auch dadurch wieder einige Grundstücke der „Spekulation ausgeliefert" werden, so kommt das neben dem ungeheuren Terrain, welches ihr ohnehin zur Verfügung steht, gar nicht in Betracht, könnte höchstens das Angebot noch vermehren, und ebensowenig wie die Spekulation dann die gesamten Bodenwerte emportreiben kann, ist sie in der Lage, die Preise dieser Stücke über ihren reellen Wert zu steigern.

Mit Verallgemeinerung und Weiterentwicklung der Dezentralisationsbestrebungen schwinden alle die Faktoren, die man mit Recht oder Unrecht für eine wirtschaftliche Übermacht, Monopolstellung usw. der Grundbesitzer angeführt hat. Sie ist der beste und sicherste Dämpfer aller spekulativen Machenschaften und Übertreibungen. Wir haben weiter gesehen, daß gerade bei den großen Aufgaben der Dezentralisation die Tätigkeit der privaten Terrain-, Bau- und Verkehrsgesellschaften nicht entbehrt werden kann, dieselbe im Gegenteil die Hauptarbeit zu leisten hat. „Spekulativ", d. h. auf Gewinn gerichtet, wird ihre Tätigkeit immer bleiben; niemand wird darin allein aber einen Nachteil erblicken, da dieses Streben nach Gewinn auch die Triebfeder jeder anderen Unternehmertätigkeit ist. Nur die Auswüchse will man vermeiden und das wird in obigem Sinne sich leicht erreichen lassen.

Von diesem Gesichtspunkt betrachtet liegt dann aber auch absolut kein Grund vor, warum die Stadtverwaltung selbst sich bei ihrer Bodenpolitik nicht auch vom gleichen Streben nach Gewinn leiten lassen soll, wenn in dieser Weise eine nachteilige Wirkung der Spekulation ausgeschlossen ist. Wir können dann keinen Unterschied mehr darin erblicken, ob der private Unternehmer Land ankauft und mit entsprechendem Gewinn verkauft, oder ob die Stadt es tut. Wenn sie auf diese Weise sich einen erheblichen Anteil am Wertzuwachs sichert (neben den sonstigen auf S. 236 angeführten Vorteilen), so ist das allein schon ein großer Erfolg, der dies Gebahren rechtfertigt, vor allem, da infolge der oben erörterten Momente ein nachteiliger Einfluß auf die Spekulation dabei nicht zu fürchten ist.

Wenn man Befürchtungen hegen könnte, so liegen sie in ganz anderer Richtung. Wenn nämlich die Stadt selbst sich in erheblichem Maße am Grundstückhandel beteiligt, so gewinnt sie leicht vor den privaten Terrainunternehmern eine wirtschaftliche Übermacht. Sie ist in der Lage über großes Kapital, zum mindesten großen Kredit, zu verfügen und deshalb von den Krisen des Grundstückmarktes fast unabhängig. Sie kann im Gegenteil zu Krisenzeiten ihr eigenes Terrain nicht nur durchhalten, wozu der private Unternehmer sehr oft nicht fähig ist, sondern sogar alle Grundstücke, die zu Schleuderpreisen auf den Markt kommen, aufkaufen und in besseren Zeiten wieder mit Nutzen verkaufen. Das Risiko, das sie trägt, ist infolge dessen immer viel geringer wie das eines kleinen Unternehmers.

Weiter hat sie vor den privaten Terrainunternehmern den außerordentlichen Vorteil voraus, daß sie nun ganz nach Belieben und so, wie es ihr für die Verwertung ihres Besitzes am vorteilhaftesten erscheint, auch die Aufschließung der Terrains durch die Stadterweiterungsmaßnahmen betreiben kann. Sie besitzt eben den Rohstoff, den Boden und das Recht und die Möglichkeit, denselben durch Anlegen von Straßen jederzeit in das fertige Produkt, die Baustellen zu überführen. Jeder private Unternehmer dagegen besitzt nur den Rohstoff, ob und inwieweit er denselben weiter in baureifes Land überführen kann, hängt nicht von ihm oder ihm allein, sondern den Maßnahmen der Stadtverwaltung, in diesem Falle seines schärfsten Konkurrenten ab.

Es liegt nahe, daß eine Stadtverwaltung diese Übermacht tatsächlich einmal dazu benutzen könnte, durch die Maßnahmen der Stadterweiterung in erster Linie nur ihre Terrains aufzuschließen, sie mit der Straßenführung, Anlage der Verkehrslinien usw. am besten zu versorgen und daß sie sogar solche Terrains, welche ihr eine unbequeme Konkurrenz machen könnten, Jahre lang von der Bebauung ausschließt. Auch die sogenannten „Vexierstreifen" sind in der Hand der Stadtverwaltung selbstverständlich viel eher möglich als in privaten Händen, wo die Stadt ja jederzeit in der Lage ist, diesem Treiben ein Ende zu machen. So ist es kein Wunder, daß von seiten privater Terrainunternehmer nicht selten den städtischen Verwaltungen solche und ähnliche Manipulationen vorgeworfen werden, offen und im geheimen. Ich kenne z. B. eine Stadt, wo solche Klagen an der Tagesordnung sind. Selbstverständlich liegt es mir fern, hier ein Urteil darüber abgeben zu wollen, ob solche Klagen berechtigt sind oder nicht, allein ihr Vorhandensein allein beweist schon, daß eine solche wirtschaftliche Übermacht auf Seiten der Stadtverwaltung da ist und zum Nachteil der privaten Unternehmung mißbraucht werden könnte.

Es genügt auf diese Gefahr, die jeder schwunghaft betriebene städtische Bodenhandel mit sich bringen kann, hinzuweisen. Selbstverständlich müssen die Stadtverwaltungen sich unbedingte Unparteiigkeit zur Pflicht machen, nur die sonstigen Gesichtspunkte, wie Terraingestaltung, vorhandene Verkehrslinien, die wirtschaftlichen und sozialen Verhältnisse der einzelnen zu vergrößernden Stadtteile, das Wohnbedürfnis usw. für die Auslegung von Straßen und die Stadterweiterungspolitik maßgebend sein lassen. Anderseits müssen sie wieder bedacht sein, für die im Bebauungsplan vorgesehenen Freiflächen nach Möglichkeit ihre eigenen Terrains zu verwenden, und so wird ihr ein völlig unparteiischer Standpunkt gewiß oft recht erschwert. Immerhin möchte man annehmen, daß es einer von redlichem Wollen getragenen Stadtverwaltung gelingen wird, hier den richtigen Weg zu wählen. Selbstverständlich werden auch dann die Klagen von seiten einzelner Grundbesitzer, die sich geschädigt glauben, nicht verstummen.

Man kann also auch diese tatsächlich vorhandene Möglichkeit

einer wirtschaftlichen Übermacht der Stadt gegenüber den privaten Unternehmern nicht gegen eine ausgedehnte städtische Bodenpolitik ins Feld führen.

Im übrigen können die Gemeinden meist nicht vorher übersehen, wann und wieviel Boden sie einmal brauchen werden. Da sie ferner denselben möglichst frühzeitig kaufen müssen, um ihn womöglich noch zum landwirtschaftlichen Nutzungswert zu erhalten, so ergibt sich, daß sie im allgemeinen auf Vorrat kaufen müssen und deshalb von ihrem mit der Zeit immer größer werdenden Besitz nur einen relativ geringen Teil selbst für die S. 236 genannten Zwecke benötigen werden.

Anderseits können sie natürlich die Terrains, welche sie nicht benötigen, nicht brach liegen lassen, wenn die Stadt sich einmal über diese Gebiete hinaus ausdehnt. Was sollen sie also mit diesen überflüssigen Terrains anfangen? Gewöhnlich, das geschieht namentlich von seiten der Boden- und Wohnungsreformer, wird gesagt, man solle den Boden zwar der Bebauung zuführen, aber in einer solchen Form, daß die Stadt dauernd einen Einfluß auf diese Terrains und ihre Preisgestaltung behält. Als solche Formen der Veräußerung werden dann meistens von den Bodenreformern das Erbbaurecht, eine Art Verpachtung des Grund und Bodens, und das Wiederkaufsrecht in Vorschlag gebracht.

Diese Veräußerungsformen werden in späteren Abschnitten in Zusammenhang behandelt; ich will deshalb hier nur vorgreifend bemerken, daß dieselben nach fast einstimmigem Urteile aller übrigen Autoren, die Bodenreformer natürlich ausgenommen, unter den in Deutschland herrschenden Verhältnissen nur in sehr beschränktem Maße zur Anwendung kommen können und grundlegende Änderungen in der Bodenverwertungspolitik von ihnen nicht zu erwarten sind.

Was soll also, von diesen vereinzelten Fällen abgesehen, mit dem unbebauten, schon jetzt vielerorts recht umfangreichen städtischen Grundbesitz geschehen? Man sieht, es bleibt auch aus rein praktischen Gründen nichts anderes übrig, als denselben einfach zu verkaufen, sobald er baureif geworden ist. Es läge allerdings noch die weitere Möglichkeit vor, daß die Stadt selbst den Boden behält, ihn selbst bebaut und die so erstellten Häuser und Wohnungen vermietet. Auch diese Frage soll später für sich besonders behandelt werden; auch da werden wir zu dem Schlusse kommen, daß eine derartige Bodenverwertung gewiß in besonderen Fällen und vereinzelt mit Erfolg geübt werden kann, im allgemeinen aber aus einer Reihe von Gründen für den gesamten städtischen Besitz nicht in Frage kommen kann. Man sieht, es bleibt nach sorgfältiger Prüfung der verschiedenen Möglichkeiten nichts anderes übrig, als das überbleibende Terrain mit möglichstem Nutzen zu veräußern. Und wir sahen, daß unter der Voraussetzung einer weitgehenden Dezentralisation und Verkehrspolitik und der dadurch gegebenen Sicherung gegen spekulative Ausschreitungen (siehe S. 239) auch kein Schaden darin zu erblicken ist.

Die Vorteile sind, um sie einmal kurz zusammenzufassen, die folgenden:

1. Die Stadt sichert sich einen erheblichen Anteil am Wertzuwachs des Geländes, und zwar in einer Form, die für die übrigen Grundbesitzer viel weniger hart und störend wirkt wie eine hochgeschraubte Wertzuwachssteuer.

2. Die Stadt hat jederzeit billigen Boden in genügender Auswahl für ihren eigenen Bedarf für öffentliche Bauten, städtische Industriewerke, Friedhöfe usw. zur Verfügung.

3. Die Stadt kann bei ausgedehntem Grundbesitz in viel ausgedehnterer und billigerer Weise als sonst große Freiflächen, Spielplätze, Parks usw. im Bebauungsplan vorsehen.

4. Die Stadt hat gegebenenfalls Terrains zur Verfügung, welche sie gemeinnützigen Baugesellschaften gegen mäßigen Entgelt, eventuell zum Selbstkostenpreis überlassen kann, oder auf welchen sie selbst für ihre städtischen Arbeiter und Beamten Wohnungen errichtet.

Das sind eine ganze Reihe von Vorteilen, die schon allein eine derartige Bodenpolitik rechtfertigen, auch wenn man weiter keine Nebenabsichten damit verbindet.

Im allgemeinen erscheint es deshalb ganz richtig, wenn die Stadt den Teil ihres Grundbesitzes, den sie nicht selbst benötigt, so lange behält, bis er baureif geworden ist, ihn dann aber mit Vorteil zu veräußern sucht. Gewöhnlich pflegt man dann wenigstens noch die Einschränkung zu machen, sie solle ihn wenigstens nur an solche Reflektanten verkaufen, die wirklich bauen wollen, also davon den Kauf abhängig machen; auch wieder im Gedanken, das Terrain nicht der Spekulation auszuliefern. Dieser letztere Gesichtspunkt kommt nach früheren Ausführungen kaum in Betracht, eher der, daß die Stadt den Gewinn, welchen ein Spekulant mit diesem Grundstück noch erzielt, ebenso gut selbst einstecken könnte. Aber schließlich kann auch die Stadt den Moment des günstigsten Verkaufes nicht immer sicher erraten, und wenn sie ihre Gewinne durch Verkauf realisieren will, muß sie es sich gefallen lassen, daß eventuell andere nach ihr auch noch etwas verdienen. Im anderen Falle wird längeres Zuwarten auch für sie eventuell durch die auflaufenden Zinsen einen Verlust bedeuten.

Immerhin kann man im Interesse der öffentlichen Meinung, die zäh an dem Glauben an die schädliche Wirkung der Spekulation festhält, den Grundsatz vertreten, daß die Stadt im allgemeinen ihren Grundbesitz nur an solche Personen verkaufe, die sich verpflichten, dasselbe auch der Bebauung zuzuführen. Von einer derartigen Bodenpolitik kann man dann mit Recht sagen, daß der betreffende Boden dadurch, daß er durch die Hände der Stadt ging, zum mindesten den größten Teil seines Wertzuwachses an die Stadt abgegeben hat. Wenn dann nach ihr noch die Bauunternehmer und Hausbesitzer an dem bebauten Grundstück kleine Gewinne erzielen, so ist das durchaus nötig und wünschenswert, um die private Unternehmung zur Betätigung auf diesem Gebiet anzuspornen.

Die Praxis zeigt, daß derartige Überlegungen im allgemeinen überall maßgebend gewesen sind. Nur die Bodenreformer und verwandte Richtungen vermögen sich an diesen Gedanken nicht zu gewöhnen. Sie verlangen, abgesehen von der Verwertung des Bodens durch Erbbaurecht, Wiederkaufsrecht und Bebauung durch die Gemeinde selbst zum mindesten noch, daß die Gemeinde ihren Grundbesitz benutze, um eine regulierende Wirkung auf die Bodenpreise auszuüben, natürlich im Sinne einer Niederhaltung derselben. So wird z. B. vielfach verlangt, sie solle bei anziehenden Bodenpreisen auf dem Grundstückmarkt erscheinen und durch ein großes Angebot von Baustellen und Grundstücken die steigende Tendenz abschwächen. Einen nachhaltigen Einfluß kann man von einer solchen Bodenverkaufspolitik sicherlich nicht erwarten. In Zeiten der Hausse auf dem Terrainmarkt müßte das Angebot städtischer Grundstücke schon außerordentlich groß, der Preis entsprechend niedrig sein, um die Bodenwerte dauernd zu beeinflussen. Sobald die Grundstücke aufgekauft sind, würden die Preise wieder anziehen und die Stadt hätte ihren Käufern mit ihren billigen Preisen nur die Möglichkeit verschafft, leicht erzielte und sichere Gewinne einzuheimsen. Also mit all solchen Manövern läßt sich im allgemeinen wenig erreichen. Entweder verfährt die Stadt bei ihrem Grundstückhandel nach den auch sonst im Geschäftsleben üblichen und anerkannten Grundsätzen, d. h. auf streng finanzieller Grundlage, und sucht im Interesse der Allgemeinheit und der städtischen Finanzen die üblichen Gewinne zu erzielen, oder aber sie verfährt nicht danach und macht dann einzelnen Personen zum Nachteil der städtischen Finanzen und damit der Allgemeinheit ein unverdientes Geschenk, indem sie ihnen den Boden unter seinem reellen Wert abgibt. Es sprechen keine ernstlichen Gründe gegen die erstere und viele gewichtige gegen die letztere Bodenverkaufspolitik.

Eine regulierende Wirkung auf den Grundstückmarkt wird viel einfacher, sicherer und nachhaltiger erzielt durch ausgiebige und sachverständige Pflege der Dezentralisation und Verkehrspolitik. Je mehr man davon Gebrauch macht, um so weniger hat man die oben erwähnten und in ihrem Erfolg recht zweifelhaften Mittelchen nötig.

Man könnte annehmen, daß eine Stadtverwaltung mit einer derartigen Bodenpolitik auch weitgehenden Ansprüchen Genüge leisten dürfte. Vor allem, wenn sie außerdem durch einen sachgemäßen, allen modernen Forderungen, speziell der Hygiene Rechnung tragenden Bebauungsplan und entsprechende Bauordnung dafür sorgt, daß in den neu entstehenden Stadtteilen eine einwandfreie Bebauung erzielt wird. Dazu wird sei in hohem Grade befähigt durch die Gewinne, welche ihr durch die oben gekennzeichnete Bodenpolitik zufließen, welche sie weiterhin in den Stand setzen, in diesem Plane für entsprechende Freiflächen zu sorgen usw. Wenn dann schließlich außer ihr auch noch andere an dem steigenden Wert des Bodens teilnehmen, so ist das keineswegs bedauerlich. Einmal ist das ein Ansporn für die private Unternehmung und anderseits wird auch dadurch mit der Zeit für eine Verteilung des Wertzuwachses und eine Überführung an die Allgemeinheit gesorgt (siehe S. 77). Schließlich darf auch nicht vergessen werden, daß die Möglichkeit an dem Wertzuwachs des Grund und Bodens teilzunehmen für viele, die sich in den Besitz eines eigenen Hauses setzen wollen, in hohem Maße mitspricht. Auch solche Leute, die keineswegs zu den Spekulanten zu zählen sind, rechnen sich aus, daß ihr Besitz mit den Jahren immer wertvoller wird und daß durch diesen bei einem späteren Verkauf realisierten Wertzuwachs sich entsprechend die Summe verringert, die sie jährlich für das Wohnen im eigenen Hause in Anrechnung bringen müssen. Es ist das ein nicht zu unterschätzender Anreiz für den Bau oder Erwerb eines Eigenheims. Würde derselbe durch die Bodenpolitik der Gemeinde beseitigt, so würde man dadurch einem erheblichen Teil der Bevölkerung den Bau von eigenen Häusern, den man sonst doch in jeder Weise zu fördern sucht, verleiden.

Erwähnt werden mag noch, daß in manchen Städten, teilweise schon seit langem, besondere Grundstückfonds existieren, in welchen über die An- und Verkäufe des städtischen Grund und Bodens besondere Rechnung geführt wird. Diese können dann ohne weiteres zur Verbesserung und Verschönerung der betreffenden Stadterweiterungsgebiete benutzt werden, eventuell auch zur zeitweiligen Unterstützung von hier anzulegenden und zunächst noch nicht rentablen Verkehrsgelegenheiten.

3. Die Bodenreform. Enteignung und Stadterweiterungstaxe.

Wir sahen im vorigen Kapitel, daß es ein jetzt im allgemeinen anerkannter Grundsatz ist, daß die Gemeinden einen möglichst großen Grundbesitz erwerben sollen. Wir kamen weiter zu der Überzeugung, daß eine solche Bodenpolitik auch dann sehr segensreich wirkt, wenn die Gemeinde wie jeder private Grundbesitzer das zu eigenen Zwecken nicht benötigte Land verkauft.

Es wäre nun natürlich für die Gemeinden am vorteilhaftesten, wenn sie das Land, in der Regel handelt es sich ja um Außengelände, noch zu seinem landwirtschaftlichen Nutzungswert erwerben könnten. Unter normalen Verhältnissen ist das aber in der Regel ausgeschlossen, da bei rasch sich vergrößernden Städten das Land im weitesten Umkreis in Vorausdiskontierung der später eintretenden höheren Erträgnisse meist nur noch zu erheblich höheren Preisen zu haben ist. Aus diesen Gesichtspunkten heraus ist die ursprüngliche und radikalste

Richtung der Bodenreform entstanden, welche die Verstaatlichung des gesamten Grund und Bodens forderte. Man hat längst eingesehen, daß das eine völlige Utopie ist, wenigstens in Kulturländern, wo der Boden bereits so hohe Werte angenommen hat und entsprechend hypothekarisch belastet ist. In Deutschland wurde im Jahre 1888 der Bund deutscher Bodenreformer gegründet, dessen Führung 1898 Damaschke übernahm. Zurzeit hat derselbe etwa 600 000 Mitglieder. Derselbe hat im allgemeinen die früheren utopischen Ideen, wie die Verstaatlichung oder Kommunalisierung des ganzen Grund und Bodens fallen gelassen und will nur die „unsozialen Auswüchse des bestehenden deutschen Bodenrechts bekämpfen". Sein Programm, wie es das Organ der Vereinigung, die „Bodenreform" unter Leitung von A. Damaschke ausspricht, wird in folgende Worte gekleidet: „Der Bund deutscher Bodenreformer tritt dafür ein, daß der Boden, diese Grundlage aller nationalen Existenz, unter ein Recht gestellt werde, das seinen Gebrauch als Werk- und Wohnstätte befördert, das jeden Mißbrauch mit ihm ausschließt und das die Wertsteigerung, die er ohne die Arbeit des einzelnen erhält, möglichst dem Volksganzen nutzbar gemacht wird." Dabei zählt und wirbt der Bund Freunde in allen politischen Parteien.

Mit diesem Programm wird sich im allgemeinen jeder zufrieden geben und demselben zustimmen, wenn man auch über den Wertzuwachs, bzw. seine völlige Erfassung durch eine Zuwachssteuer anderer Meinung sein kann. Zu den in diesem Programm vertretenen Ansichten wird sich sogar jeder bekennen, der das Wohnungswesen zu fördern bestrebt ist, auch diejenigen, welche dem Bund der Bodenreformer nicht angehören. Es sind das auch die Anschauungen, wie sie die gesetzgebenden Körperschaften im Reich, Staat und den Kommunen bezüglich der Bodenfrage und des Wohnungswesens schon lange teilen. Insofern ist es nicht recht ersichtlich, warum man auf Grundlage dieses Programms noch immer von Bodenreform spricht. In dem Worte Reform liegt doch ausgedrückt, daß man etwas von Grund auf Neues und den jetzigen Zuständen Entgegengesetztes anstrebt, liegt ferner ein Verdammungsurteil des Bestehenden, der Schluß, daß alles, was jetzt in dieser Sache geschieht, unzulänglich und mangelhaft sei und daß man eben deshalb reformatorisch vorgehen müsse. Das Programm enthält aber keinerlei neue und von den jetzt allgemein anerkannten in wesentlichen Punkten abweichende Grundsätze.

Was hat es dann aber für einen Zweck, daß man in unserer ohnehin von politischen Leidenschaften durchwühlten Zeit einen neuen Streitpunkt dadurch schafft, daß man nun im Bund der Bodenreformer einen großen Teil der Bevölkerung zusammenschließt, ihn dadurch in einen ausgesprochenen Gegensatz zur übrigen am Gemeinwohl interessierten Bevölkerung setzt und den Anschein erweckt, als wollten nur diese Bodenreformer der Bevölkerung gute und billige Wohngelegenheiten beschaffen, als brauche man nur die Forderungen der Bodenreformer zu erfüllen und alles würde schöner und besser werden.

So lange die Bodenreform noch an ihrem ursprünglichen Programm festhielt, daß aller Grund und Boden verstaatlicht oder kommunalisiert werden solle, hatte der Name Reform noch eine Berechtigung. Mochte man auch über diese Anschauungen denken wie man wollte, so war man sich doch wenigstens klar darüber, in wiefern die Anhänger dieser Bewegung Reformen anstrebten und worin diese begründet waren. Nunmehr, da die Bodenreform all diese utopischen Ideen abgestreift und sich im wesentlichen zu den Anschauungen bekehrt hat, die die anderen Boden- und Wohnungspolitiker schon längst vertreten haben, hat der Name Reform und der Zusammenschluß der Bodenreformer zu einem besonderen Bund gar keine innere Berechtigung mehr. Was heißt es ferner, wenn im Programm gesagt wird, daß der Boden unter ein Recht gestellt werden solle, das seinen Gebrauch als Werk- und Wohnstätte befördere und jeden Mißbrauch mit ihm ausschließt? Das klingt doch gerade so, als wenn ein derartiges Recht jetzt noch nicht bestehe und erst durch die Bodenreform geschaffen werden müsse. Auch das trifft keineswegs zu. Im Gegenteil haben unsere gesetzgebenden Faktoren des öfteren gezeigt, daß sie den Problemen der Bodenfrage und Wohnungsfrage weitgehendes Interesse entgegenbringen und auch gewillt sind, den Boden unter ein entsprechendes Recht zu stellen. Man kann sogar sagen, daß man bei diesem Bestreben, zugunsten der Wohnungssuchenden einen Mißbrauch des Bodens zu verhüten, entschieden schon zu weit gegangen ist, daß man die Terrainunternehmung und den Grundstückhandel geradezu als Stiefkinder unseres Wirtschaftslebens (siehe S. 80) behandelt und außerordentlich erschwert hat. So hat man schließlich auch den Wohnungskonsumenten oft mehr geschadet als genutzt.

Wenn erhebliche Mißstände im Wohnungswesen und der Benutzung des Bodens vorgekommen sind und leider immer noch vorkommen, so liegt das nicht an einem mangelnden Bodenrecht, sondern an der außerordentlich raschen Entwicklung und Größenzunahme unserer Städte. Das mußte, wie wir im ersten Teil sahen, zu den dort behandelten Wohnungsmißständen führen, wenigstens unter den früheren Verhältnissen. Bei dem gleichen Bodenrecht werden sich unter den nunmehr gänzlich veränderten Bedingungen, vor allem der durch die Entwicklung des Verkehrswesens und die veränderten Wohnsitten der Bevölkerung ermöglichten Dezentralisation der Städte weit bessere Zustände ohne besondere Reformen entwickeln. Anzeichen dazu sind genug vorhanden. Es bedarf nur einer ruhigen und stetigen Weiterentwicklung derselben, keineswegs aber gewaltsamer, alles alte umwälzender Reformexperimente. Vor denen kann man nur warnen.

Mit dem Programm der Bodenreform wird sich, wie gesagt,

mit gewissen Einschränkungen wohl jeder zufrieden geben, um so mehr, als irgendwelche besonderen Reformen hierin auch gar nicht angekündigt sind. Es käme also nur darauf an, welche Mittel nun von allen oder einzelnen Bodenreformern zur Durchführung dieses Programms vorgeschlagen werden; da treten dann sofort Zweifel und Meinungsverschiedenheiten auf.

Wir haben schon S. 69 erwähnt, daß viele Bodenreformer grundsätzlich der Meinung sind, die Terrainunternehmer, also die Leute, die das unbedingt nötige und bedeutsame Geschäft der Geländeaufschließung betreiben, dürften für die Zeit, wo der Boden brach liegt, keine Zinsen in Anrechnung bringen (siehe Bodenreform, 1908, Heft 12, S. 379 ff.). Man fühlt sich da gewiß geneigt zu fragen, wo nach Ansicht dieser Bodenreformer diese Leute dann ihre Unternehmergewinne, um deren willen sie doch dieses für die Allgemeinheit hoch bedeutsame Geschäft betreiben, hernehmen sollen. Das ist um so befremdlicher, als die Bodenreformer heutzutage keineswegs mehr eine völlige Kommunalisierung des Bodens verlangen, also auch die private Unternehmung zulassen wollen. Dann muß man ihnen aber auch die Anrechnung von Zinsen und jedes sonstige Geschäftsgebahren zugestehen, wie es auch sonst bei Unternehmungen üblich und erlaubt ist. Im anderen Falle kann man sich des Eindruckes nicht erwehren, daß von solchen Bodenreformern — ich weiß nicht, ob alle so denken — der Boden und seine Verwertung nicht unter ein Recht, sondern ein Unrecht gestellt wird, indem man der „notwendigen und für die heutige Marktversorgung unentbehrlichen Handelsspekulation" (Eberstadt, a. a. O., S. 71) im Boden das Recht der Zinsenberechnung abstreitet, das die Grundlage jeder kaufmännischen Geschäftsführung und Unternehmung ist.

Hören wir weiter, welche Mittel von Bodenreformern vorgeschlagen werden. So äußert sich Rost (a. a. O., S. 137):

„Das Bestreben der Bodenreform läuft darauf hinaus, teils durch freihändigen Erwerb, teils durch Enteignung und Umlegung ein so billig als mögliches Bauland zu gewinnen. Diesen im Interesse der Allgemeinheit notwendigen Eingriffen in das Privateigentum hat naturgemäß eine angemessene Entschädigung zur Seite zu gehen."

Es läuft dieser Gedanke also darauf hinaus, das Enteignungsrecht, welches gegenwärtig meist nur für Straßen und Plätze anwendbar ist, in viel stärkerem Maße auszubilden, als das gegenwärtig der Fall ist, vor allem wohl auch für die Außengelände und das Stadterweiterungsgebiet. Für viele Fälle ist ein solches Enteignungsrecht sicherlich im höchsten Maße wünschenswert. Hören wir zunächst, wie v. Mangoldt dasselbe begründet (a. a. O., S. 477):

„Sehr oft . . . wird es . . . nicht gelingen, auf dem Wege der Benutzung des vorhandenen Lands und der freihändigen Erwerbung ohne weiteres große, völlig geschlossene Flächen für die öffentliche Stadterweiterung zusammenzubringen, vielmehr werden oft noch zahlreiche größere und kleinere Stücke fremden Besitzes zwischen dem Besitz der öffentlichen Stadterweiterung liegen bleiben. Wenn nun diese derart mit Privatbesitz durchsetzten Flächen für die öffentliche Stadterweiterung aufgeschlossen werden sollen, so ist natürlich ohne weiteres den Privatbesitzern gegenüber, so weit sie widerstreben, die Enteignung des Landes für die Straßen und Plätze selber notwendig. Aber das wird nicht genügen; auch das für die eigentlichen Baustellen usw. übrig bleibende Privatland innerhalb solcher Flächen wird enteignet werden, oder mindestens wird die Möglichkeit dazu gegeben sein müssen. Wenn die öffentliche Stadterweiterung sach- und zweckentsprechend möglichst vorteilhaft für Veranstalter und Bevölkerung ausfallen soll, so ist eine einheitliche Behandlung weiten Gebietes nach einem großen Plane erforderlich, die nicht alle paar Meter durch einen widerstrebenden Besitzer gestört werden kann."

Auch wenn man die Stadterweiterung nicht ausschließlich zu einem öffentlich-rechtlichen Geschäft macht, wie das v. Mangoldt tun möchte, wird man im allgemeinen einer weiteren Ausdehnung des Enteignungsrechtes in dem von ihm angeführten Sinne zustimmen. Allerdings immer nur unter der Voraussetzung, daß die Gemeinden von demselben nur dann Gebrauch machen, wenn wirklich ein öffentliches Bedürfnis vorliegt, ernsthafte Mißstände in der Bebauung, die für die späteren Generationen fortdauernd von Nachteil sein würden, dadurch vermieden werden sollen. Weiter wäre zu verlangen, daß von diesem Rechte in liberalster Weise, erst nach entsprechenden gütlichen Verhandlungen, Gebrauch gemacht und dabei jede unnötige Härte und Chikane vermieden wird. Gar zu leicht kommt sonst das Gefühl in der Bevölkerung auf, daß der Besitz an Grund und Boden nicht etwas Schönes und Erstrebenswertes, sondern eine Sache ist, bei deren Nutznießung man statt unter ein Recht, unter ein Unrecht gestellt wird, für die man geradezu in Strafe genommen werden kann und jeder Rechtssicherheit, die sonst dem Besitz zugesprochen ist, entbehrt. Vor allem gilt das für die Entschädigungsfrage. Selbstverständlich muß man dem Besitzer eine völlige Entschädigung für seinen Besitz gewähren, dabei müssen auch zukünftige Gewinne, wie sie mit der Zeit von selbst eingetreten wären, gebührend berücksichtigt werden. Etwas anderes ist es mit den Gewinnen, wie sie durch das Unternehmen, für welches man enteignet, erst geschaffen werden. Beide Fälle sind aber häufig recht schwer voneinander zu scheiden und muß man bei derartiger Wertbemessung deshalb äußerst vorsichtig und liberal zu Werke gehen.

Unter diesen Vorbehalten ist ein weiterer Ausbau des Enteignungsrechtes auch schon vielfach von Leuten gefordert worden, die sich keineswegs mit der Bodenreform identifizieren. Speziell strebt man ja schon seit langem die zwangsweise Umlegung, die bis zu einem gewissen Grade als eine Ergänzung des Enteignungsrechts aufgefaßt werden kann, und die sogenannte Zonenenteignung an. Diese bezieht sich auf ganze Grundstückgruppen und wurde vor allem verlangt zur Erwerbung solcher Grundstücke, die innerhalb älterer Stadtteile neben Straßendurchbrüchen und neu anzulegenden Straßen gelegen sind, um eine Durchführung einer den sanitären Anforderungen entsprechenden Bebauung zu ermöglichen. Diese Zonenenteignung, sinngemäß auf die Außengelände angewandt, wäre also anzustreben.

Nun begnügen sich aber viele Bodenreformer keineswegs mit einem derartigen Enteignungsrecht gegen volle Entschädigung. Damit die Enteignungspreise nicht allzu weit über den zurzeit der Enteignung bestehenden Ertragswert hinausgehen, man vielmehr jederzeit zum landwirtschaftlichen Nutzungswert enteignen kann, hat v. Mangoldt die sogenannte Stadterweiterungstaxe vorgeschlagen, mit der er allen Schwierigkeiten aus dem Wege zu gehen hofft (Städt. Bodenfrage, S. 478 ff.).

Derselben liegen folgende Gedanken zugrunde. Es soll das gesamte Land in der Erweiterungszone der Städte, das überhaupt etwa für die Besiedelung der nächsten 50 Jahre in Betracht kommt, jetzt, ohne Verzug und alsbald nach seinem jetzigen Wert taxiert werden, und zwar so, daß keine übertriebenen Schätzungen stattfinden. Wenn dann die zur öffentlichen Stadterweiterung berufenen Stellen, sei es früher, sei es später, zur Enteignung von Land greifen, so soll im allgemeinen der auf diese Weise durch die Stadterweiterungstaxe festgelegte Wert zuzüglich gewisser mäßiger Extrazuschläge — im wesentlichen für Verbesserungen und Zinsverluste — als höchster Entschädigungspreis bei der Enteignung angesehen und höhere Ansprüche seitens der Landeigentümer nicht erhoben werden können.

Es handelt sich also bei diesem Vorschlag darum, daß die jetzigen Besitzer grundsätzlich in ihrem Besitz bleiben und ihren landwirtschaftlichen Betrieb fortführen können, bis eben die Stadterweiterung ihre Grundstücke benötigt. „Auch sollen sie kein Recht haben, etwa von den Gemeinden usw. schon vorher die Übernahme ihres Landes zu verlangen“ (S. 482). Falls zur Zeit der Enteignung der normale Wert der Grundstücke niedriger ist, als seinerzeit bei Aufstellung der Stadterweiterungstaxe festgestellt wurde, so solle der Gemeinde sogar das Recht zustehen, in diesem Falle sich nicht an ihre Taxe zu halten, sondern diesen niedern Wert als Grundlage der Entschädigung heranzuziehen (S. 487).

Zum Schluß erörtert v. Mangoldt noch die Frage, ob sich für diese Stadterweiterungstaxe mehr die obligatorische oder die freiwillige Einführung empfehle und entscheidet sich vorläufig für die letztere. Es solle den Gemeinden durch ein Spezialgesetz die Ermächtigung erteilt werden, die Stadterweiterungstaxe einzuführen. Dann wäre die Bahn frei und die einzelnen Gemeindevorstände könnten die Einführung beschließen, während allerdings die eigentliche Taxierung durch staatliche Stellen zu geschehen hätte. Damit wäre dann der öffentlichen Stadterweiterung der Weg geebnet, sie habe zwar noch kein Monopol, aber es könne keinem Zweifel unterliegen, daß dann neben ihr die private

Stadterweiterung nur noch ein sehr kümmerliches Dasein fristen werde (S. 496).

Das sind die Hauptgedanken, die der Stadterweiterungstaxe zugrunde liegen. Rost (a. a. O., S. 937) sagt von ihr, daß sie in Wirklichkeit ein probates Mittel gegen die Benutzung des städtischen Bodens als Spekulationsobjekt sei. Der Landbesitzer sei vor Verlusten gesichert, nur könne er nicht mehr auf spekulative Gewinne hoffen, weil der durch die wachsende Bevölkerung bedingte Wertzuwachs der Gemeinde zufällt.

Das Mittel ist allerdings sehr probat und in seiner Einfachheit geradezu verblüffend. Man läßt jemand ruhig im Besitz seines Gutes, so lange es nicht viel wert ist; wenn es dann plötzlich wertvoll geworden ist, nimmt man es dem Besitzer einfach zum früheren Preise ab und steckt den ganzen Wertzuwachs ein. Allerdings ist das die Allgemeinheit, die, wie man sagt, den Wertzuwachs verursacht hat.

Suchen wir uns mal vorzustellen, wie die Sache in der Praxis sich gestalten würde. Eine Stadt entschließe sich zur Einführung der Stadterweiterungstaxe; andere Orte in der näheren und ferneren Umgebung bleiben noch bei dem alten, weniger probaten Verfahren. Es wird also für alles Land im weitesten Umkreis, das in den nächsten 50 Jahren für die Stadterweiterung in Betracht kommen könnte, die Taxe festgesetzt. Man sagt also den Bauern mit anderen Worten: Euer Besitz hat zurzeit diesen bestimmten Wert; der bleibt Euch auch erhalten, im übrigen dürft Ihr ruhig Euer Feld bebauen und Euch des landwirtschaftlichen Ertrages freuen. Wenn aber später einmal Euer Grundstück in die Bebauungszone einrückt, wenn ihr dann meint, Ihr könntet nun mit Nutzen verkaufen oder ein städtisches Wohnhaus auf Eurem Grund und Boden errichten, dann täuscht Ihr Euch, dann kommt die Stadt und nimmt Euch Euren Besitz zu der jetzt festgesetzten Taxe ab; sie steckt die hohen Erträgnisse in Gestalt der Wohnungsmieten ein. Hütet Euch aber auch, den Boden dadurch zu entwerten, daß Ihr nun denselben in Rücksicht auf diese spätere Abnahme möglichst ausnutzt, ohne ihn entsprechend zu düngen; wenn Ihr so verfahrt, bekommt Ihr später noch weniger, dann wird der Wert des ausgesaugten Bodens in Rechnung gesetzt und nicht die jetzige Taxe. — Was wird die Folge sein? Die Bauern sehen selbstverständlich die Logik dieser Gründe nicht ein, aber darauf braucht man ja schließlich keine Rücksicht zu nehmen. Viele der Bauern werden aber denken, wenn die Sache so liegt, verkaufen wir lieber unseren Besitz und kaufen uns an einem anderen Orte, wo diese Stadterweiterungstaxe noch nicht eingeführt ist, ein anderes entsprechendes Anwesen. Das liefert uns den gleichen Ertrag und man „betrügt" uns später dort nicht um unser Eigentum, wenn es einmal städtischer Boden und wertvoll geworden ist. Sie müssen aber zu ihrem Bedauern einsehen, daß ihnen niemand ihren Besitz abkaufen will, es sei denn weit unter der Stadterweiterungstaxe, um später wenigstens noch diese Differenz gewinnen zu können. Das will der Bauer natürlich auch nicht, dann kann er ja ruhig selber so lange warten. So wendet er sich an die Stadt und fragt, ob man ihm denn nicht sofort sein Grundstück zu der Stadterweiterungstaxe abnehmen wolle. Aber da hält man ihm vor, daß das nicht angängig sei, er müsse hübsch warten, bis die Stadt komme und sein Land benötige. Wann das der Fall sein werde, darüber entscheide nur die Stadtverwaltung.

Wie das nun mal so ist, wenn sich jemand in seinen Rechten verletzt fühlt, verbohrt der Bauer sich jetzt erst recht in sein „Unglück" und das „Unrecht", das man ihm antut. Er verfolgt jetzt mit gespanntem Interesse die Vorgänge in den Nachbargemeinden, wo die Stadterweiterungstaxe noch nicht eingeführt ist, hört von den Gewinnen, die dort die Bauern beim Einrücken in die Bebauungszone und schon früher einheimsen und bäumt sich erst recht gegen den Zwang auf, den man ihm antut. Im übrigen fühlt er das Bedürfnis, sich mit seinen Leidensgefährten auszusprechen, die Bauern hocken im Wirtshaus, erhitzen sich die Köpfe und politisieren. Sie bemessen den Wert ihrer Grundstücke nun keineswegs mehr nach dem landwirtschaftlichen Ertrag, sondern danach, was einmal später im günstigsten Fall die Stadt daran verdienen kann, ein Verdienst, das sie sich in ihren Gedanken natürlich viel größer vorstellen, als es wirklich ist.

Wäre die Stadterweiterungstaxe nicht gekommen, dann hätten sie vielleicht noch Jahrzehnte lang ruhig ihren Boden bebaut, ohne zu denken, daß derselbe vielleicht später einmal mehr wert sein werde als dem landwirtschaftlichen Ertrag entspricht. Und hätten sie einmal später an diese entfernte Möglichkeit gedacht, so hätten sie sich schmunzelnd in Erwartung des kommenden Reichtums die Hände gerieben. So aber hat sich das alles geändert. Nun wissen sie, was ihr Boden einmal alles wert sein kann, was sie für wohlhabende Leute hätten werden können und wissen ferner, daß man ihnen diesen ganzen Gewinn konfiszieren will. Und dabei hören und sehen sie, daß in den Nachbargemeinden die Bauern ruhig die Gewinne einstecken dürfen.

Das Ende vom Liede ist natürlich eine außerordentliche Verdrossenheit und ein Ingrimm sondergleichen, der weit über die tatsächliche Berechtigung hinausgeht. Die Bauern rechnen gar nicht mehr damit, daß ihr Acker doch immer noch seinen Ertrag bringt, sie rechnen nur mehr mit den Riesensummen, die man ihnen vorenthalten will, was liegt ihnen da an den paar Pfennigen, die ihnen der Acker abwirft.

Wenn man sich in die Köpfe der Leute hineindenkt, wird man zugeben, daß eine ganze Reihe davon mit der Zeit so weit kommen wird, daß sie schließlich doch ihre Grundstücke um jeden Preis verkaufen oder verschleudern, den Staub von ihren Füßen schütteln, entweder in die Stadt ziehen und dort das Proletariat vermehren oder außer Landes gehen. Damit hat man dann einen seßhaften Bauernstand großgezogen und die Landflucht aufgehalten.

Wenn es einmal so weit gekommen ist, dann hat das probate Mittel gewirkt, die Stadterweiterungstaxe hat manchen braven, fleißigen Bauern zu einem mürrischen, unzufriedenen Griesgram gemacht, andere von ihrem von den Vätern ererbten Besitz vertrieben, aber die Stadt und die Allgemeinheit kann jetzt die weit unter der Taxe fortgeschleuderten Grundstücke durch einen Strohmann aufkaufen lassen (selbst wird sie das vielleicht doch nicht gerne tun) und sich auf Kosten der früheren Besitzer und ruinierter Existenzen, die sie dank ihrer Machtbefugnis vertrieben hat, bereichern. Gewissensbisse braucht man sich darüber aber nicht zu machen, denn es geschieht ja alles im Interesse der Sozialpolitik. Oder aber es kaufen andere die frei werdenden Äcker und erzielen später wenigstens die Taxe und die Wirkung der Maßregel besteht nur darin, daß die früheren Besitzer vertrieben wurden und eines Teils ihres rechtmäßigen Besitzes verlustig gingen. Und das nennt man den Boden unter ein Recht stellen.

Denken wir uns nun noch in den Zeitpunkt hinein, wo aus irgend einem Grund irgend ein Grundstück tatsächlich bedeutend wertvoller geworden ist und zur Stadterweiterungstaxe enteignet wird. Es habe sich z. B. die Stadt oder ein Vorort bis dorthin entwickelt und das Grundstück werde in ein Villenviertel einbezogen und bebaut. Zur Zeit, wo in diesem Falle die Stadt wirklich enteignet, hat das Land also einen weit höheren Wert als seinerzeit durch die Stadterweiterungstaxe festgesetzt wurde, einen Wert, der sich im übrigen danach bemißt, welchen Ertrag das Grundstück nach der Bebauung liefert. Der erste und in der Praxis bisher glücklicherweise auch allgemein anerkannte Grundsatz jeder Enteignung, daß der reelle Wert des betreffenden Objekts zugrunde gelegt werde, daß dieselbe eine völlige Schadloshaltung des betreffenden Besitzers bewirken müsse, ist also in gröbster Form verletzt worden, denn zur Zeit, wo die Enteignung stattfindet, ist der Wert bereits ein weit höherer als seinerzeit durch die Taxe festgesetzt wurde, eben der die Zukunftsgewinne mit berücksichtigende Verkaufspreis. Wie sich auch ohne weiteres durch einen Vergleich mit einem gleichartigen Grundstück in einer anderen Stadt ohne diese Taxe feststellen lassen wird. Es ist also doch weiter nichts wie Sophisterei, in diesem Falle zu sagen, wir enteignen gegen angemessene Entschädigung, nur legen wir der Berechnung derselben den Wert zugrunde, wie er vor 50 Jahren gegeben war, und da war er eben viel niedriger. Warum geht man nicht noch ein bißchen weiter zurück und enteignet zu dem Werte, den der Boden zu einer Zeit hatte, als noch Urwälder den Boden Deutschlands bedeckten oder die Gletscher der Eiszeit darüber lagen. Das wäre noch vorteilhafter und das Mittel noch probater. Taxen sind Faxen, in einem solchen Fall erst recht. Eine Taxe, die in Rücksicht auf einen späteren Zeitpunkt aufgestellt wird, muß unbedingt, wenn sie nicht zu einer Komödie werden, einen Schein von Recht an Stelle wirklichen Rechts setzen will, so bemessen werden, daß sie den zu diesem Zeitpunkt bestehenden Wert voll und ganz mit berücksichtigt.

Auch v. Mangoldt gibt an anderer Stelle (S. 485) zu, daß der Stadterweiterungstaxe der Verkaufswert, nicht der Ertragswert zugrunde zu legen sei, auch er würde also bei der Festsetzung der Taxe für bereits aufgeschlossenes Gebiet, dessen Bebauung nahe bevorsteht und dessen Verkaufswert natürlich weit höher ist als der landwirtschaftliche Ertragswert, gewillt sein, den ersteren der Taxe zugrunde zu legen. Wenn aber das Grundstück eines anderen Besitzers zurzeit der Aufstellung der Taxe noch einen dem landwirtschaftlichen Wert entsprechenden Verkaufswert hat, wird es zu diesem Werte taxiert. Nach 20 Jahren befindet sich dasselbe vielleicht genau in der gleichen Lage wie das oben erwähnte Grundstück, aber weil der betreffende Besitzer nun zufällig um 20 Jahre früher taxiert wurde, bleibt es für ihn bei dem niederen Taxwert.

Eine derartige Behandlung führt doch zu fortwährenden Widersprüchen und widerspricht jedem Rechtsgefühl. Vor allem darf man nicht so tun, als ob es sich bei einer derartigen Stadterweiterungstaxe in Verbindung mit der späteren Enteignung um eine Enteignung unter voller Entschädigung des Besitzers handle. In Wahrheit ist es weiter nichts wie eine Konfiszierung des gesamten Wertzuwachses, den das betreffende Grundstück mit seinem allmählichen Vorrücken in die bebaute Zone erfährt. Denn ob eine Stadt diesen Wertzuwachs erst konfisziert, zurzeit wo er durch einen Verkauf realisiert wird, oder ob sie 50 Jahre vorher die Stadterweiterungstaxe zum landwirtschaftlichen Wert aufstellt und später danach enteignet und dann selbst durch einen entsprechenden Verkauf den gleichen Mehrgewinn einsteckt, kommt genau auf das gleiche heraus. Immer ist es der gesamte Wertzuwachs, in dessen Besitz sie schließlich gelangt und den sie dem betreffenden Grundbesitzer abnimmt.

Noch ungerechter und haltloser werden die Zustände, wenn nun die Stadt noch weiter geht und im Sinne der Bodenreform auf einem Grundstück, das sie nach der vor Jahrzehnten festgesetzten niederen Taxe enteignet hat, nun selbst Wohnungen baut, selbst die Vermietung der Wohnungen in der Hand behält und dabei die Mieten so niedrig festsetzt, wie es ihre Produktionskosten gestatten, also den landwirtschaftlichen Wert des Grundstückes in Rechnung setzt, wie er bei der Taxe festgesetzt wurde. In Wirklichkeit könnte sie natürlich dank der Vorzüge der Lage, des Umstandes, daß es sich um städtische Wohnungen handelt, einen viel höheren Preis fordern und würde ihn auch erhalten, weil den Wohnungssuchenden die Wohnungen natürlich mehr wert sind als solche draußen auf dem Lande, deren Produktionskosten aber dank den besonderen Umständen in diesem Falle ziemlich gleich sind. Die Stadt verzichtet aber freiwillig auf den höheren Ertrag, den sie aus angegebenen Gründen für diese Wohnungen erzielen könnte. Dieser höhere Ertrag bzw. der ihm entsprechende Verkaufswert ist es aber, den sie dem früheren Besitzer entzogen hat, er stellt den Wertzuwachs dar, den sie ganz konfisziert hat. Sie hat also einer Person, dem früheren Grundbesitzer willkürlich etwas weggenommen bzw. zu wenig gezahlt und macht das dann einer anderen Person, dem späteren Mieter, zum Geschenk, indem sie ihn eine entsprechend niedere Miete zahlen läßt. Das, was dieser dann an Miete zu wenig zahlt, sind die Zinsen der Summe, die die Stadt dem früheren Besitzer in Gestalt des gesamten Wertzuwachses entzogen hat. In diesem Falle kann man wirklich nicht sagen, daß sie den Wertzuwachs konfisziert habe, um ihn der Allgemeinheit zuzuführen. Denn es profitieren nur die bevorzugten Mieter davon, die sich dank irgendwelcher Privilegien in die Nutznießung dieser viel zu billigen und weit unter ihrem reellen Wert abgegebenen Wohnungen zu setzen wußten. Alle anderen und die Allgemeinheit gehen dabei leer aus. Welches Recht hat die Stadt, einem ihrer Bewohner willkürlich etwas wegzunehmen und es anderen zugute kommen zu lassen? Wo bleibt da das Recht, unter das der Boden gestellt werden soll?

Das mag genügen über die Stadterweiterungstaxe. In so schöne Worte dieselbe auch gekleidet ist, von einer Enteignung gegen volle Schadloshaltung des Besitzers ist bei ihr keine Rede, sie ist weiter nichts wie eine Wertzuwachssteuer, die den gesamten Wertzuwachs erfaßt. Nur ist derselben das Mäntelchen der Stadterweiterungstaxe umgehängt und so der Anschein einer Berechtigung erweckt worden. Richtiger würde es sein, man nennte das Kind ruhig beim Namen und sagte, wir wollen eine Konfiszierung des gesamten Wertzuwachses. Dazu braucht man dann die Stadterweiterungstaxe nicht und kann das viel einfacher haben. So gut man 10 oder 20 % Wertzuwachssteuer erhebt, könnte man auch 100 % erheben. Es scheint aber, daß auch die Bodenreformer das nicht gerne aussprechen; in Gestalt der Stadterweiterungstaxe klingt es entschieden angenehmer und erträglicher, kommt für den Besitzer aber genau auf dasselbe heraus.

Nun handelt es sich noch darum, zu überlegen, ob man eine Berechtigung hat, auf den ganzen Wertzuwachs Beschlag zu legen oder nicht. Meiner und anderer Leute Meinung nach gewiß nicht. Aber darüber zu streiten ist zwecklos. Zwischen den beiderseitigen Meinungen klafft eine gänzlich andere Weltanschauung, die sich nicht überbrücken läßt, schließlich kommt man dann noch zur Frage, ob man überhaupt noch privaten Besitz zulassen und dem Besitzer die Nutznießung gewähren will oder nicht. Die Frage ist längst für jeden, der hören will, beantwortet.

4. Erbbaurecht und Wiederkaufsrecht.

Wir haben an früherer Stelle gesehen, daß in dem Maße, wie die Städte sich bemühen, sich einen möglichst großen Grundbesitz zuzulegen, die Frage an dieselben herantritt, was sie mit dem Terrain, welches sie nicht selbst benötigen, anfangen sollen. Wir waren zu der Erkenntnis gekommen, daß unter den gegenwärtigen Verhältnissen im allgemeinen aus allerlei Gründen nicht viel anderes übrig bleibe, als den größten Teil desselben wieder mit entsprechendem Gewinn zu verkaufen; daß man überall da, wo durch Pflege der Dezentralisation und eine entsprechende Verkehrspolitik ein schädlicher Einfluß der Bodenspekulation ohnehin ausgeschaltet ist, in einer derartigen Bodenverwertungspolitik keinerlei ernstlichen Nachteile, dagegen eine Reihe nicht zu unterschätzender Vorteile erblicken muß.

Das schließt nun natürlich nicht aus, daß ein Teil der von der Stadt für ihre eigenen Zwecke nicht benötigten Bodenfläche in einer anderen Weise, wie sie mehr den Vorschlägen der Bodenreformer entspricht, nutzbar gemacht wird. Das Wesentliche all dieser Vorschläge läuft darauf hinaus, daß die Gemeinde einen dauernden Einfluß auf das einmal durch ihre Hand gegangene Land behält. Dadurch wollte man vor allem verhindern, daß der Boden wieder der Spekulation ausgeliefert werde, und anderseits der Gemeinde den Wertzuwachs sichern. Es kommt hier vor allem das Erbbaurecht und das vorgemerkte Wiederkaufsrecht zu einem bestimmten Preis in Betracht. Manche erhoffen von dieser Verwertung des städtischen Grundbesitzes mit der Zeit eine völlige Umgestaltung der Bodenbesitzverhältnisse. Wie weit eignen sich diese Formen der Bodenverwertung für die Praxis?

Das Vorbild des bei uns angestrebten Erbbaurechtes [1]) ist das englische Erbbaurecht, gewöhnlich „lease-hold“ System genannt, nach dem in England große Landgebiete auf dem Lande und in den Städten bebaut sind. Der Grundbesitz ist dort meist in Händen von Großgrundbesitzern, weniger von kleinen Besitzern, oder ist Boden, der infolge von Stiftungen usw. nicht freihändig verkauft werden kann.

Die Grundeigentümer verkaufen bei diesem System nicht ihren Boden, sondern verpachten ihn, gewöhnlich auf 99 Jahre, manchmal auch auf kürzere Fristen, 70 und 60 Jahre, um früher in den Besitz des Wertzuwachses zu gelangen. Während dieser Zeit steht dem Pächter das Nutzungsrecht an dem Boden zu, er kann ein Haus darauf bauen usw. Ist die Frist, die Erbbaufrist abgelaufen, so fällt der Boden mitsamt dem darauf errichteten Gebäude an den Grundeigentümer bzw. dessen Erben zurück. Ist der Wert des Bodens inzwischen ein höherer geworden, so kann er wieder von neuem verpachtet und dabei ein höherer Erbbauzins ausbedungen werden. Auf diese Weise ist dem Grundbesitzer also dauernd der Genuß der steigenden Grundrente sichergestellt.

Man rühmt diesem System vor allem nach, daß die Grundeigentümer gern und willig den Boden als Bauland hergeben, weil sie ja doch am Wertzuwachs profitieren. Es komme infolgedessen also nicht zu der so oft betonten Aussperrung des Baulandes durch die Spekulation, wie sie sonst immer gegeben sei, wenn die Besitzer einfach ihr Land

[1]) Koehne, Die Grundsätze des Erbbaurechts, Berlin 1908. André, Das Erbbaurecht, 1904.

verkaufen und damit jedes späteren Wertzuwachses verlustig gehen. Wir haben aber früher (S. 109) schon gesehen, daß dieses Zurückhalten von Bauland durch die Spekulation keineswegs in dem Maße vorhanden ist, wie gewöhnlich behauptet wird. Eine Aussperrung kommt wohl bei kapitalkräftigen Leuten, namentlich auch den sogenannten Urbesitzern vor, die eigentliche Terrainspekulation aber hält keineswegs absichtlich ihr Land zurück, sondern ist selbst daran interessiert, etwaige Gewinne möglichst bald zu realisieren, weil mit längerem Warten das Risiko wächst, weil Zinsverlust, Steuern und sonstige Lasten zu Riesensummen anschwellen. Im allgemeinen wird diese Behauptung auch schon dadurch widerlegt, daß kaum eine Stadt bekannt ist, wo über Mangel an Bauland geklagt wird. In der Regel ist sogar ein recht großer und in Krisenzeiten geradezu ein massenhafter Vorrat und dementsprechendes Angebot vorhanden. Wenn auf dem Grundstückmarkte Klagen laut werden, klagt man auch nie über den Mangel an Baustellen, sondern an Käufern. Diesem angeblichen Vorzug des Erbbaurechtes ist also nicht viel Bedeutung beizumessen.

Ein weiterer Vorteil soll darin liegen, daß die Gemeinde durch das Erbbaurecht tatsächlich im Besitz des Bodens bleibt und den Wertzuwachs nach Ablauf der Frist einheimsen kann. Diesem Vorteil stehen beim englischen System aber auch große Nachteile gegenüber. Da der Grund und Boden einschließlich des darauf errichteten Gebäudes nach Ablauf der Erbbaufrist an den Grundeigentümer zurückfällt, so hat der Erbpächter in der letzten Zeit absolut kein Interesse daran, das Gebäude imstande zu halten. Die ohnehin in Rücksicht auf diese Rückgabe sehr schlecht und billig gebauten Häuser sind deshalb gegen Ende der Erbbaufrist oft in einem hochgradigen Zustand des Verfalles und ziemlich wertlos. Ein sehr hygienisches Wohnen ist dann meist darin nicht mehr möglich.

Hecker (Die Wohnungsfrage und das Problem architektonischen Gestaltens, 1907, S. 107) macht darauf aufmerksam, daß bei der Übernahme dieses englischen Erbbausystems nach Deutschland auch bei uns den Erbbauberechtigten weiter nichts übrig bliebe als die Häuser in derselben leichten und billigen Weise zu erbauen, wie das jetzt in England geschieht. Wolle man dies aber den Erbbauhäusern gestatten, dann dürfe man es aus Billigkeitsgründen auch bei anderen Häusern nicht verbieten. Dadurch wird dann das bisher in Deutschland im allgemeinen geltende Prinzip, die Häuser gut und ordentlich und schön zu bauen und aus dem Haus ein Objekt von großer Dauer zu machen, umgeworfen. So wirft Hecker mit Recht die Frage auf: „Sollen wir uns durch Einführung des Erbbaurechtes bemühen, das deutsche Haus mehr und mehr zu einem Gegenstand raschen Konsums zu stempeln? Das ist eine Frage, die mit Rücksicht auf unsere ganze kulturelle Entwicklung sehr wohl erst noch näher geprüft werden müsse“.

Man hat aus diesen und ähnlichen Überlegungen in Deutschland im allgemeinen auch nicht daran gedacht, das englische Erbbausystem völlig zu imitieren, will es vielmehr nur nach Abänderungen bei uns zur Einführung bringen. Ein sehr wesentlicher Unterschied besteht z. B. darin, daß man daran denkt, dem Erbbauberechtigten eine gewisse Entschädigung zu gewähren oder einen Teil des Wertes, den das Gebäude noch darstellt, zu ersetzen. Dadurch will man verhindern, daß die Leute gegen Schluß der Erbbaufrist ihr Gebäude verfallen lassen.

In Deutschland ist das Erbbaurecht durch die Bestimmungen des neuen bürgerlichen Gesetzbuches im Jahre 1900 ermöglicht worden. Einer der Paragraphen lautet (§ 1012): Ein Grundstück kann in der Weise belastet werden, daß demjenigen, zu dessen Gunsten die Belastung eintritt, das veräußerliche und vererbbare Recht zusteht, auf oder unter der Oberfläche des Grundstücks ein Bauwerk zu haben." Es haben denn auch eine Reihe von Gemeinden, z. B. Mannheim, Leipzig, Aachen, Essen, vor allem Frankfurt a. M. das Erbbaurecht zur Anwendung gebracht. Immerhin hat es sich in der Praxis keineswegs in erheblichem Umfange einzubürgern vermocht. Andere Städte haben sogar die Erfahrung gemacht, daß das Publikum keinerlei Interesse für das System des Erbbaues hatte, obwohl demselben dazu städtisches Gelände unter recht günstigen Bedingungen angeboten wurde. So hat in Aachen noch kürzlich ein städtischer Beamter öffentlich erklärt, daß sie mit dem Gedanken des Erbbaues bei der Bevölkerung bisher sehr wenig Gegenliebe gefunden hätten.

Andere Städte griffen deshalb zu dem Mittel, das Erbbaurecht dem Publikum dadurch angenehmer zu machen, daß sie gleichzeitig den Baulustigen in sehr umfangreichem Maße öffentliche Mittel als Baugeld anboten. So ist z. B. in Frankfurt a. M. eine städtische Hypothekenbank errichtet worden, welche zur Herstellung dieser Häuser billigen Kredit gewährt. Da die erste Hypothek zur Hälfte des Wertes leicht bei jeder amtlichen Sparkasse beschafft werden kann, soll durch die städtische Baukasse vor allem die Beschaffung der zweiten Hypothek erleichtert werden, so daß von dem Bauenden selbst nur noch eine kleine Anzahlung, eventuell nur ein Zehntel der ganzen benötigten Summe aufgebracht zu werden braucht.

Trotz alledem ist es erklärlich, daß der Gedanke sich ein Haus zu bauen, wobei der Boden kein persönliches Eigentum ist und das Haus später mit dem Grund und Boden zurückgegeben werden muß, der Mehrzahl der ein Eigenheim Anstrebenden wenig verlockend erscheint. Wer schon einmal ein Haus bauen will, tut es lieber auf eigenem Grund und Boden in der bisher üblichen Form, wobei dann beides in seinen vollen und nicht durch allerlei Klauseln beschränkten Besitz übergeht.

Zunächst darf man nicht außer acht lassen, daß auch für den soliden Baulustigen der Gedanke eines eventuellen Wertzuwachses, dem das bebaute Grundstück mit der Zeit voraussichtlich entgegengeht, etwas sehr verlockendes hat. Es ist das eine gewisse Zukunftschance, die er sich gerne offen hält und auf die er beim Erbbau verzichten muß.

Dazu kommt, daß es heutzutage dem Baulustigen, der nach einem Eigenheim verlangt, immer mehr erleichtert wird, auch ohne Benutzung des Erbbaurechts sich das zum Bau eines Eigenheims benötigte Kapital zu verschaffen, dank der Entwicklung unseres Immobiliarkredits.

Da namentlich in den Außenbezirken der Städte, in Wald- und Villenkolonien von seiten größerer Terraingesellschaften sehr häufig vorteilhafte Angebote von Bauland gemacht werden und dort zu relativ billigem Preis nette Eigenhäuser errichtet werden können oder fertig angeboten werden, so ist der Erwerb eines eigenen Hauses keineswegs an die Benutzung des Erbbausystems gebunden.

Dazu kommt, daß bereits verschiedene Städte, deren Zahl sich wohl bald mehren wird, besondere städtische Bau- und Hypothekenbanken eingerichtet haben, die sozialen Zwecken dienen sollen und die Aufgabe haben, dem städtischen Grundbesitzer hypothekarische Darlehen zu gewähren, nicht nur als erste Hypotheken bis zu 60 %, sondern vor allem auch als zweite Hypotheken [1]). Derartige Institute sind die „Städtische Grundrenten- und Hypothekenanstalt zu Dresden", gegründet 1900, die schon erwähnte Frankfurter städtische Baukasse und die 1900 gegründete Düsseldorfer Hypothekenbank. Letztere Stadt, um ein Beispiel etwas genauer anzuführen, gründete im April 1900 zur Beschaffung der Mittel für die Gewährung von hypothekarischen Darlehen auf Grundstücke im Stadtbezirk mit Genehmigung der Staatsregierung eine städtische Hypothekenbank, für welche sofort 20 Millionen Mark durch Aufnahme einer Anleihe bewilligt wurden. 1908 wurden wiederum 20 Millionen bewilligt und im Anfange des Jahres 1911 die Aufnahme einer dritten Anleihe von 20 Millionen Mark von der Stadtverordnetenversammlung beschlossen. Zur Begründung dieser Anleihe wurde angeführt, daß die fortwährende Steigerung der Inanspruchnahme des städtischen Hypothekeninstituts, namentlich durch die Bauhandwerker beweise, daß für die Aufnahme dieser Art Darlehensgewährung durch die Stadt ein großes Bedürfnis vorliege. Die Zahl der Beleihungen ist von 569 mit 21 200 000 am Ende des Jahres 1907, dem Zeitpunkt der zweiten Anleihe, auf 1134 mit 41 766 000 Mark am Ende 1910 gestiegen. Als weiterer Vorteil wird hervorgehoben, daß nicht allein die Bautätigkeit durch die Gewährung der Darlehen gehoben und ihre Einschränkung bei allgemeiner Geldknappheit verhindert wird, sondern daß auch die städtische Hypothekenanstalt wesentlich zur Unterstützung der kleinen Bauhandwerker beiträgt und den Bau von Kleinwohnungen fördert.

---

[1]) Grunenberg, Städtische Baubanken und Gemeindegarantie für II. Hypotheken, Vortrag auf d. Frankf. Wohn.-Kongreß, 1904.

Auch für die Dezentralisationsbewegung, die uns hier ja besonders interessiert, ergeben sich Vorteile. Die Begründung der Vorlage führt nämlich an, daß in den neu erschlossenen Straßenzügen an der Stadtgrenze, sowie in den eingemeindeten Stadtbezirken Beleihungen durch die Hypothekenbanken gar nicht oder mit Rücksicht auf die noch wenig geklärten Verhältnisse und die noch nicht genau zu übersehende Entwicklung nur selten vorgenommen werden. So würde wohl ohne Hilfe der städtischen Hypothekenverwaltung der Ausbau der betreffenden Stadtgegend sehr lange auf sich warten lassen. Es könne aber die Stadtverwaltung selbst viel besser wie irgend eine andere Hypothekenbank die wirklichen Grundwerte in jedem Falle zweifelsfrei feststellen, sich dadurch vor Übertaxierungen und den daraus entstehenden Schäden schützen und so viel eher in diesen Stadtbezirken Darlehen gewähren.

Andere Städte haben die Aufgabe in anderer Weise zu lösen versucht. So beschloß die Stadt Neuß 1905 die Aufnahme einer Anleihe in der Höhe von 500 000 Mark, um daraus Neußer Bürgern auf ihre in der Stadt Neuß gelegenen Grundstücke Darlehen bis zu 75 % des Wertes zu gewähren. Diese sollen teils als erste, teils als zweite Hypothek auf Objekte im Höchstbetrage von 25 000 Mark verliehen werden. Die Benutzung dieser Einrichtung ist keineswegs an irgend ein Erbbausystem geknüpft. Im übrigen ist durch die Festsetzung des Höchstbetrages von 25 000 Mark ausgesprochen, daß diese Förderung des Wohnungsbaues nicht nur dem Arbeiter-, sondern auch dem Kleinbürgerstand zugute kommen soll (in ähnlicher Weise sind auch die Städte Rheydt und München-Gladbach vorgegangen). Da sich im Laufe der Zeit herausstellte, daß die Wertgrenze der zu beleihenden Objekte mit 25 000 Mark zu niedrig gegriffen war, wurde durch Beschluß vom 20. Jan. 1909 die Wertgrenze auf 50 000 Mark erhöht. Da die anfänglich aufgenommenen 500 000 Mark nicht mehr ausreichten, wurde der Fonds durch Beschluß der Stadtverordnetenversammlung vom 4. Januar 1910 auf 1 Million Mark erhöht.

So vorteilhaft im allgemeinen auch die Gründung von städtischen Bau- und Hypothekenbanken erscheint, so muß man doch wohl sagen, daß auch hier eine gewisse Vorsicht am Platze ist und es keineswegs richtig wäre, ohne besonderes Bedürfnis solche Institutionen zu treffen und dem privaten Kapital und den übrigen Hypothekenbanken Konkurrenz zu machen. An und für sich bedeutet das schon einen nicht ganz unbedenklichen Eingriff in das Wirtschaftsleben, und anderseits ist es auch gar nicht wünschenswert, wenn die Gemeinden sich ohne Not in Finanzgeschäfte stürzen.

Zum mindesten muß man wohl daran festhalten, daß der Zinsfuß, welcher von den städtischen Anstalten gefordert wird, nicht wesentlich niedriger sei, als der vom Privatkapital verlangte, und daß man die Aufgaben derselben mehr darin erblickt zu Zeiten, wo das Privatkapital sich vom Immobiliarkredit zurückhält, einzugreifen, als auf eine Verbilligung der Zinssätze hinzuarbeiten.

Das letztere würde, im großen Stil angewandt, eine Art Almosen für diejenigen bedeuten, welche nun in der glücklichen Lage sind, von dieser Einrichtung der Stadt Gebrauch machen zu können, und dadurch eine Ungerechtigkeit gegen diejenigen sein, welche nach wie vor genötigt sind, sich zur Geldbeschaffung an das Privatkapital mit seinen höheren Zinssätzen zu wenden.

Eine derartige künstliche Herabsetzung des Hypothekenzinsfußes würde aber auch für die betreffenden Darlehensnehmer gar keinen Vorteil bedeuten. Denn es ist längst bekannt, daß die Verbilligung des Immobiliarkredits meist zu einer entsprechenden Steigerung der Bodenpreise führt. Die Mieterträgnisse des fertigen Gebäudes als etwas Gegebenes angenommen, bedeutet jede weitgehende Verbilligung des Baukredits eine Verringerung der Produktionskosten des betreffenden Bauunternehmers. Infolgedessen können sie für den Boden mehr zahlen, und dieser höhere Preis wird ihnen nach einiger Zeit auch von den Grundbesitzern abverlangt. Der Nutzen eines von der Stadt gewährten billigen und reichlichen Hypothekenkredits würde also im allgemeinen doch nur zu einer Steigerung der Bodenwerte führen, also den Grundbesitzern zu gute kommen, und dadurch für die Baulustigen sein Vorteil wieder aufgewogen. Auch aus diesem Grunde empfiehlt es sich also, daß die Städte bei der Gewährung von Baukredit nur im Notfalle und im allgemeinen auf streng finanzieller Grundlage und zu den Bedingungen, wie sie auch sonst bei entsprechenden hypothekarischen Beleihungen üblich sind, verfahren. Für die Baulustigen ergeben sich dann immer noch Vorteile genug.

Je mehr es auf diese Weise auch dem kleinen und mittleren Bürgerstand ermöglicht wird, sich ohne nennenswerte eigene Kapitalien in den Besitz eines eigenen Häuschens zu sehen, um so weniger werden die betreffenden Personen Lust haben, zum Erbbausystem zu greifen. Begünstigend wirkt auch da sicher wieder das Weitergreifen der Dezentralisationsbestrebungen und das dadurch bewirkte Angebot billigen Geländes in der Umgebung der Städte.

Will man trotz alledem die Benutzung des Erbbaurechtes dem Publikum begehrenswert gestalten, so müßte die betreffende Stadt schon Bedingungen stellen, die dem Erbbauberechtigten sehr erhebliche Vorteile einräumen, also das Prinzip einer Verwertung nach wirtschaftlichen Grundsätzen ganz außer acht lassen, dem Erbbauer geradezu ein Geschenk machen, indem sie ihm den Grund und Boden zu billigerem Erbzins überläßt, als sie eigentlich zu fordern berechtigt wäre. Das mag im einzelnen Fall, sofern es sich um städtische Beamte usw. handelt, noch angehen, im allgemeinen und auf weitere Kreise angewandt, würde das zu einer enormen finanziellen Belastung der Städte führen und hat auch prinzipielle Bedenken gegen sich, da die Städte nicht das Recht haben, auf Kosten der Allgemeinheit, d. h. der Steuerzahler einzelnen Personen Unterstützungen in Gestalt zu billig berechneter Wohnungen zu gewähren. Es wäre das wenigstens eine sehr kurzsichtige Wohnungspolitik, die in großem Umfange angewandt, sehr bald allerlei Mißstände nach sich ziehen würde (siehe im nächsten Abschnitt, S. 269).

Im großen und ganzen ist man deshalb auch in weiteren und selbst der Bodenreform nahestehenden Kreisen der Ansicht, daß das *Erbbaurecht in Deutschland nur eine sehr beschränkte Anwendbarkeit* besitzt und im wesentlichen nur für gemeinnützige Baugesellschaften und ähnliche Genossenschaften, sowie einen ganz beschränkten Kreis von Privatpersonen, zur Anwendung kommen kann.

Daß es auch bei ersteren keineswegs Gegenliebe findet, möge eine Bemerkung dartun, die dem 19. Jahresbericht der *gemeinnützigen Baugesellschaft für Aachen und Burtscheid* für 1909 entnommen und überhaupt charakteristisch für die *Stellungnahme der Praxis zum Erbbau* ist: „Um die zur Ausdehnung unserer Geschäfte erforderlichen Grundstücke zu gewinnen, haben wir auch den Weg des Erbbaurechtes in Erwägung gezogen und zwar auf Grund eines allgemeinen Angebots seitens der Stadtverwaltung. Wenn aber der Erbbauzins 3—3½ % des wirklichen Tageswertes des Grundstücks betragen soll, so ist es für unsere Jahresrechnung vollständig gleichgültig, ob wir diese 3—3½ % an den Besitzer des Erbbaugrundstücks zahlen oder das zum Erwerb der Grundstücke im Wege des gewöhnlichen Kaufs notwendige Kapital mit 3—3½ % verzinsen.“ — Der Gesellschaft wird allerdings das benötigte Kapital zu 3½ % überwiesen und vom Gewinn braucht sie nur 3 % zur statutarischen Verzinsung des Aktienkapitals zu verwenden, Verhältnisse, wie sie aber bei anderen gemeinnützigen Baugesellschaften wohl auch öfters vorliegen. — „Im Gegenteil sind wir im letzteren Falle günstiger gestellt, dadurch daß wir gegenüber den immer noch unsicheren und verwickelten Rechtsverhältnissen der Erbbaubeleihung, namentlich, wenn das Erbbaurecht unter einer auflösenden Bedingung steht, durch den vollgültigen Besitz auch des Grundstücks für die Bauhypothekenaufnahme eine viel bessere Position haben“.

Das Erbbaurecht hat demnach bei uns in *Deutschland* wenig Aussicht, die weitgehenden Hoffnungen mancher Bodenreformer zu verwirklichen, selbst nicht mit den Abänderungen, wie sie für unsere Verhältnisse vorgeschlagen wurden. Die folgende diesbezügliche vergleichende Tabelle ist der erwähnten Arbeit *Heckers* entnommen.

1. In England haben wir als Erbbauausgebenden den privaten Großgrundbesitz.	1. In Deutschland soll vor allem Gemeindeland, öffentlicher Besitz in Erbpacht gegeben werden.
2. In England betreibt man großbetrieblichen Regiebau.	2. In Deutschland will man womöglich am Eigenbau festhalten.

3. In England baut spekulatives Privatkapital die Häuser.

3. In Deutschland will man öffentliche Mittel, öffentlichen Kredit flüssig machen, Gelder der Landesversicherungsanstalten usw.

4. In England fällt das Haus einschließlich des Grund und Bodens an den Ureigentümer zurück. Infolgedessen findet am Ende der Erbbaufrist ein allgemeiner Häuserverfall statt, der geradezu berüchtigte Verhältnisse herbeiführt.

4. In Deutschland fordert man eine Entschädigung für den Erbbauberechtigten, den Hauseigentümer, bei Rückfall des Grund und Bodens. Dadurch will man den Häuserverfall am Ende Erbbaufrist verhindern.

Da demnach das Erbbaurecht sich anscheinend zur allgemeinen Einführung nicht eignet, so wurde an seine Stelle das Wiederkaufsrecht unter Vormerkung eines bestimmten Rückkaufpreises gesetzt. Diese Rechtsform stützt sich auf die Paragraphen 497—503 des bürgerlichen Gesetzbuches und wurde hauptsächlich von der Stadt Ulm auf Betreiben ihres verdienstvollen Oberbürgermeisters Wagner [1]) in weitgehendem Maße verwertet.

Das Wesen dieses im Grundbuch vorgemerkten Wiederkaufsrechtes besteht darin, daß die Stadt auf ihrem städtischen Grund und Boden Wohngebäude errichtet, Ein- oder Zweifamilienhäuser, die sie dann zu günstigen Bedingungen mit dem ausdrücklichen Vorbehalt des Wiederkaufsrechtes verkauft. Die Frist, nach welcher sie von ihrem Wiederkaufsrecht Gebrauch machen kann, ist verschieden lang bemessen worden.

Die Stadt behält sich aber vor, von ihrem Wiederkaufsrecht auch dann Gebrauch zu machen, wenn der interimistische Besitzer den Verpflichtungen, die ihm bezüglich der Benutzung des Gebäudes, der Instandhaltung desselben, der Tilgung des Kaufpreises usw. auferlegt wurden, nicht pünktlich nachkommt. In diesem Fall muß er darauf gefaßt sein, daß die Stadt sofort von ihrem Wiederkaufsrecht Gebrauch macht. Zur besseren Kontrolle behält sich die Stadt auch das Recht vor, jederzeit das Gebäude einer Besichtigung und Prüfung zu unterziehen.

Das für die Benutzung des städtischen Bodens durch das Erbbaurecht Gesagte gilt also auch für die Hergabe desselben unter Vorbehalt des Wiederkaufsrechts. Von einem tatsächlichen Besitz, dem Gefühl der Freiheit und Unabhängigkeit von jedem anderen Menschen, das der Besitz des eigenen Hauses unter sonstigen Bedingungen gewährt, das sich in den Worten ausdrückt: „Der Mensch hört von dem Moment ab auf ein Proletarier zu sein, wo er sein eigenes Haus bewohnt", kann hier nicht mehr die Rede sein. Im Gegenteil, jedes Mitglied des Gemeinderats hat das Recht in seinem Hause herumzuschnüffeln und ihm mit der Ausübung des Wiederkaufsrechtes zu drohen. Auch hier muß der Besitzer auf jeden Wertzuwachs verzichten und es bedarf also zum min-

[1]) Wagner, Die Tätigkeit der Stadt Ulm auf dem Gebiete der Wohnungsfürsorge, 1903.

desten eines sehr weitgehenden Entgegenkommens von seiten der Stadtverwaltung, um weitere Kreise zur Benutzung des städtischen Bodens mittels des vorgemerkten Wiederkaufsrechtes zu veranlassen. Irgendwelche grundlegenden Veränderungen in den jetzigen Besitzverhältnissen des Grund und Bodens sind also auch von dieser Rechtsform nicht zu erwarten.

So müssen wir denn wieder zu dem Schlusse kommen, daß einer Gemeinde mit großem Grundbesitz nichts anderes übrig bleibt als den Teil ihres Besitzes, den sie nicht für städtische Bauten, Straßen, Plätze usw. benötigt, in der gewöhnlichen Weise zu verkaufen. Eine Möglichkeit bliebe noch, nämlich die, daß die Stadt den Boden behält, selbst bebaut und die betreffenden Wohnungen vermietet. Davon soll in einem späteren Abschnitt noch besonders die Rede sein.

5. Die Gartenstadt.

Die Gartenstadtbewegung wurde veranlaßt durch die Schrift des Engländers E. Howard, „Garden Cities of to-morrow“, welche 1898 erschien. (1907 erschien vom selben Autor eine Schrift: „Gartenstädte in Sicht“.) Die Gartenstadt soll gleichsam das Ideal, das letzte Ziel der Dezentralisation im Städtebau sein. Im allgemeinen ist ihre Gründung auf billigem Neulande gedacht, welches zu landwirtschaftlichem Preis erworben werden kann, sowohl in der Nähe und in Anlehnung an vorhandene Orte, vor allem aber auch als völlig selbständige und neu zu schaffende Siedelung. Dabei denkt man keineswegs nur an Villenkolonien, in denen gutsituierte Rentner und ähnliche Leute ein behagliches Heim in der Nähe der Großstadt finden, sondern will auch Industrie, Handel und Gewerbe dort ansiedeln, um dadurch einen Teil der Anwohner in der Gartenstadt selbst Gelegenheit zum Verdienst zu geben. Vor allem soll aber den Bewohnern ausgiebige Gelegenheit zur Landwirtschaft, Gartenpflege und Gartenbau gegeben werden und deshalb der größte Bruchteil der Ansiedelungsfläche für landwirtschaftliche Bebauung reserviert bleiben. Selbstverständlich will man diese Gartenstädte mit allem ausstatten, was an Errungenschaften auf hygienischem Gebiete im Städtewesen geleistet wurde, es soll an Ort und Stelle für Schulen und sonstige Bildungsgelegenheiten gesorgt werden usw. Durch günstige Verkehrsverbindungen will man die Gartenstadt mit der nächstgelegenen Stadt in schnelle Verbindung bringen und so den Anwohnern ermöglichen, an deren Erwerbsleben und Vergnügungen teilzunehmen. Im übrigen denkt man bezüglich der Bauweise natürlich an das frei im Garten liegende Einfamilienhaus.

Insofern und bezüglich der bis jetzt erwähnten Momente unterscheidet diese „Gartenstadt“ sich kaum von irgend einem neueren villenmäßig angelegten Vorort in der Nähe einer Großstadt, der in günstig gestaltetem waldigen Terrain gelegen ist, etwas Industrie in der Nähe und gute Verkehrsverbindungen hat. Denn auch da ist es den Anwohnern leicht möglich sich in den Genuß von Gärten zu setzen, sich in dem umliegenden unbebauten Gelände Stücke Landes zur landwirtschaftlichen Bebauung zu erwerben, falls ihnen danach gelüstet und sie Zeit dazu haben.

Zum Unterschied von derartigen Orten, wie sie bereits bestehen und mit zunehmender Dezentralisation immer häufiger werden, geht die Gartenstadtbewegung, in Deutschland vertreten durch die deutsche Gartenstadtgesellschaft (Berlin-Schlachtensee), von dem Gedanken aus, mit der Erschließung und Ansiedelung des Geländes eine gemeinnützige Regelung der Wohnungs- und Bodenpreise anzustreben[1]). Das lasse sich am einfachsten erreichen, wenn die Wohnungen dauernd im Besitz der Vereinigung verbleiben und nur an die Wohnungssuchenden vermietet werden. Oder aber in der Form, daß zum Eigenbau von Häusern das Bauland nur in Erbbaurecht oder beim Verkauf unter Eintragung des Wiederkaufsrechtes abgegeben wird. Auf diese Weise könne der Boden dauernd in einer Preislage erhalten werden, die ein gesundes Wohnen in Einfamilienhäusern und die Beibehaltung ausreichender Gartenflächen ermögliche.

Es ist also bei der Gartenstadtbewegung der Dezentralisationsgedanke, der selbstverständlich (siehe frühere Ausführungen) in jeder Weise gefördert werden muß, mit bodenreformerischen Ideen vereinigt worden, speziell dem im vorigen Abschnitt behandelten Erbbaurecht und Wiederkaufsrecht. Alle Schlüsse, zu denen wir dort bezüglich ihrer Verwertbarkeit in der Praxis und in großem Maßstabe gelangten, gelten also auch für diese Seite der Gartenstadtbewegung. Es liegt kein Grund vor, anzunehmen, daß die geringe Gegenliebe, die diese Rechtsformen bis jetzt beim Publikum finden, bloß deshalb größer werden wird, weil es sich um die Lage des betreffenden Grundstücks in einer Gartenstadt handelt. Anderseits werden aber natürlich auch in einer Großstadt, erst recht in einer Millionenstadt sich einige Tausend Menschen finden, welche geneigt sind, sich auf einer solchen Basis eines gemeinsamen Grundbesitzes zu einer Gartenstadt zusammen zu tun, die aber doch wohl meist ihren Erwerb in der Großstadt haben und nur in der Gartenstadt wohnen wollen. Die überwiegende Mehrzahl der Leute, die sich in den Außengeländen ansiedeln können und wollen, wird es aber immer bei weitem vorziehen, sich dort irgendwo ein Stück Land käuflich zu erwerben und zu bebauen. Dann haben sie auch den Vorteil des eigenen Heims, eines Gärtchens, dazu die Freude des wirklichen und rechtmäßigen Besitzes mit dem entsprechenden Unabhängigkeitsgefühl und die Möglichkeit an der steigenden

[1]) „Über Gartenstädte", Vortrag von H. Kampfmeyer auf der int. Hygiene-Kongreß, Berlin, 1907.

Grundrente zu profitieren. Je mehr die Dezentralisationsbewegung und eine entsprechende Verkehrspolitik die Außengelände erschließt, je mehr in früher angegebener Weise städtischen Bürgern zum Bau von Eigenhäusern entsprechender Kredit auch an zweiter Stelle gewährt wird, um so weniger haben sie Veranlassung sich in der Gartenstadt anzusiedeln.

Will man unter Gartenstadt aber nur solche Ansiedelungen verstehen, die bezüglich Weiträumigkeit, Gartenmäßigkeit, zugehörigen Landbesitz usw. den englischen Gartenstädten gleichen, auf bodenreformerische Behandlung des Grund und Bodens aber verzichten, so ist in einer derartigen Bewegung kaum ein neues Moment gegenüber den Dezentralisationsbestrebungen zu erblicken. Derartige Anlagen haben wir in den Wald- und Villenkolonien und vielen Vororten großer Städte schon längst. So sagt auch Kampffmeyer selbst (a. a. O.): „Vergegenwärtigen wir uns dazu die Dezentralisationstendenz der Industrie, die neuerwachte Liebe zur Natur und den wachsenden Zug der großstädtischen Bevölkerung in die Vorstadt, auf das Land, so haben wir bereits in der Gegenwart alle Elemente der Gartenstadtbewegung zusammen". Das ist auch unsere Meinung, nur glauben wir, daß bei genügender Pflege der Dezentralisation und des Verkehrswesens diese Momente vollauf genügen, um mit der Zeit einen immer größeren Teil der städtischen Bevölkerung aus der Großstadt hinauszuziehen und in gartenmäßig bebauten Außengeländen und Vororten anzusiedeln. Die gemeinnützige Verwertung des Grund und Bodens kann dann leicht entbehrt werden; im Gegenteil, würde man etwa einmal so weit gehen, daß man die Ansiedelung auf den Außengeländen nur auf Grund des Erbbau- oder Wiederkaufsrechtes möglich machte, wenn z. B. eine Stadt den ganzen Besitz in Händen hätte und ihn nur im Sinne der Bodenreform verwerten, nicht im Wege des gewöhnlichen Verkaufs abtreten wollte, so würden sich sicher viele dadurch von ihrem Vorhaben abhalten lassen und lieber in der Großstadt wohnen bleiben. Wer sich schon einmal ein Landhaus kauft oder baut, will es auch ganz zu eigen haben und sich in diesen Besitz von niemanden herein reden lassen.

Damit soll der Gartenstadtbewegung keineswegs die Bedeutung abgesprochen werden. Aber sie würde unserer Meinung nach besser fahren, wenn sie sich von den bodenreformerischen Ideen emanzipierte, mustergültige Gartenstädte ins Leben riefe und die darin liegenden Häuschen, wie jede andere Terraingesellschaft, aber unter denkbar geringsten Gewinnansprüchen an Liebhaber verkaufte oder vermietete. Sonst wird die ganze Propaganda, die sie macht, nicht ihr, sondern den Terraingesellschaften zugute kommen, die in der geschilderten Weise, also ohne bodenreformerische Verwertung des Grund und Bodens, verfahren.

Manch einer wird erst durch die Reklame der Gartenstadtgesellschaft auf die Vorzüge des Landlebens aufmerksam gemacht werden, sich dann in irgend einem ländlichen Vorort, der auch gartenmäßige Anlage aufweist, ihm aber die wirtschaftlichen Zutaten der Gartenstadt nicht zumutet, sich ein Stück Land kaufen und es bebauen. Dank der vorzüglichen Organisation unseres Realkredits ist das ja auch Leuten mit sehr wenig eigenem Kapital möglich und wird bei weiterer Schaffung städtischer Hypothekenbanken für zweite Hypotheken immer noch mehr möglich werden.

6. Der Bau von Wohnungen durch die Gemeinde.

Wenn weder Verpachtung des Bodens in Erbbau noch Verkauf unter Vorbehalt des Wiederkaufsrechts als geeignete Mittel erscheinen, um in großem Maßstabe den städtischen Grundbesitz zu verwerten, soweit er eben nicht durch die Stadt selbst verbraucht wird, so bliebe noch die Möglichkeit, daß die Städte selbst daran dächten, auf ihrem Grund und Boden Häuser zu erbauen, dieselben dauernd in ihrem Besitz zu halten und nur zu vermieten.

Von vornherein ist klar, daß ein derartiges Verfahren, in umfangreicher Weise angewandt, zu einer völligen Lahmlegung der privaten Unternehmertätigkeit führen würde. Gegen die übermächtige Konkurrenz der Stadt kann dieselbe natürlich nicht aufkommen, namentlich nicht, wenn dieselbe ihre Wohnungen unter dem reellen Wert, lediglich zu den Selbstkosten hergibt, also z. B. den Grund und Boden zu dem Preise, wie sie ihn vor langen Jahren erworben hat, in Rechnung stellt. Vermutlich würden sich dann die privaten Unternehmer mit der Zeit ganz von dem unter solchen Umständen für sie unrentablen Geschäft zurückziehen oder ihren Wohnsitz und ihre Tätigkeit an andere Orte verlegen.

Es würde also der betreffenden Stadt nichts anderes übrig bleiben, als in dieser Politik fortzufahren, immer größere Teile des städtischen Bodens in ihren Besitz zu bringen und selbst zu bebauen. Mit der Zeit würde das dann zu einer völligen Kommunalisierung des städtischen Bodens führen. Vielen, z. B. den Bodenreformern radikalster Richtung erscheint das als erstrebenswertes Ziel, und sie würden eine solche Lösung mit Freuden begrüßen, darin geradezu eine Lösung der Wohnungsfrage erblicken.

Wenn auch diese Vorschläge vorläufig weit von ihrer praktischen Verwirklichung entfernt sind, so ist es doch zweckmäßig sich einmal über die Tragweite einer derartigen Bodenpolitik nach verschiedenen Richtungen hin Rechenschaft zu geben.

Wenn man zunächst die verwaltungstechnische Seite ins Auge faßt, so ist wohl jedem klar, welch ungeheure Aufgaben durch eine derartige Wohnungspolitik an die betreffende Stadt herantreten. Ein ganzes Heer von Beamten müßte angestellt, eine große Zahl von Bureauräumen neu geschaffen werden, ungeheure Aktenstöße würden sich anhäufen, wenn der ganze schwerfällige bureaukratische Apparat mit allem, was bei einer städtischen Verwaltung noch in solchen Fragen an Kommissionen, Versammlungen, Ausschüssen usw. befragt und gehört werden muß, mit derartigen Aufgaben betraut würde. All das würde ins Riesenhafte wachsen, die Gehälter, Pensionen etc. der Architekten, Beamten, Schreiber, Wohnungsinspektoren, Mietgeldeintreiber, Hausverwalter etc., die bei diesem Verwaltungszweig neu anzustellen wären, würden enorme Summen verschlingen, die im ganzen sicherlich nicht geringer, vermutlich größer sein würden als die, welche das private Unternehmer- und Hausbesitzertum jetzt als Belohnung seiner Tätigkeit erntet. Ob privates Unternehmertum oder städtische Regie billiger arbeitet, wird ja zurzeit vielfach erörtert. Ich will gewiß hier keine Entscheidung darüber treffen, aber schon der Umstand, daß man derartige Diskussionen anstellt und hartnäckig fortführt, beweist, daß erhebliche Unterschiede zugunsten der städtischen Regie nicht bestehen können.

Man kann deshalb gerade bei dem schwierigen und komplizierten Geschäft des städtischen Wohnungs-Baus und -Vermietens nicht annehmen, daß die städtische Regie billiger arbeiten würde wie das private Unternehmertum, und was diesen Punkt anlangt, würde sicherlich eine Ersparnis und Verbilligung der Wohnungen nicht erzielt werden.

Kurz und treffend äußert sich Hecker zu dieser Frage (a. a. O., S. 100): „Gemeindewohnungsbau ist eine Sache, mit der man nicht immer die besten Erfahrungen macht. Einerseits sind hierzu große Kapitalaufwendungen nötig. Die Gemeinde baut gewöhnlich teurer als die Privatunternehmung und dann ist das Vermieten ebenfalls ein eigenes Geschäft, von dem die Gemeinde besser die Finger läßt."

Wollte also die Stadt, und das ist doch die Absicht derer, welche dieses System befürworten, die Wohnungen billiger als das sonst der Fall ist, hergeben, so müßten sie dieselben schon unter ihrem reellen Wert vermieten. Hat sie Grund und Boden etwa durch das „probate" Mittel der Stadterweiterungstaxe (siehe S. 250) billig, zum landwirtschaftlichen Wert erworben, so wäre sie gewiß in der Lage, erheblich billigere Wohnungen herzustellen als der private Unternehmer, der unter den jetzigen Verhältnissen den teueren städtischen Boden mit der ganzen auf ihm lastenden Grundrente bezahlen muß.

Wir sahen aber in früheren Abschnitten, daß die Mieten sich keineswegs nach den Produktionskosten der Wohnungen richten, sondern nach dem, was dem einzelnen Wohnungssuchenden die betreffende Wohnung im Verhältnis zu anderen wert ist, nach dem, was er auf Grund der Vorzüge der betreffenden Wohnung zu zahlen gewillt ist. Nehmen wir nun einmal an, die betreffende Stadt — es sei eine größere Stadt — gebe ihre Wohnungen, Läden, Geschäftsräume zum Selbstkostenpreis unter Berechnung lediglich des landwirtschaftlichen Nutzungswertes des Grund und Bodens ab, also zum selben Preis, den sonst gleiche Lokalitäten im kleinsten Landort und Landstädtchen kosten, welcher Sturmlauf würde da unter der Bevölkerung dieser Stadt selbst, des umliegenden Landes und weit entlegener Orte entstehen, um sich in den Besitz dieser vorteilhaften und billigen Wohnungen zu setzen.

Pohle hat zuerst die Folgen einer derartigen Wohnungspolitik der Gemeinden untersucht (Die Wohnungsfrage, II, S. 148) und kommt zu dem Schluß: „Es wird sich sehr bald zeigen, daß die Unterschiede, die heute bei der Bewertung des Bodens gemacht werden, nicht etwa aus der Institution des Privateigentums entspringen, daß sie nicht fiktive, sondern reelle Größen sind, die auch bestehen bleiben, wenn der gesamte Grund und Boden in den Besitz der Gemeinde übergegangen ist. Wer aber soll dann die nach ihrer Lage wertvolleren Wohnungen bekommen? Will die Gemeinde die Wohnungspreise durchaus nicht über die vorhin bezeichnete Grenze ansteigen lassen, dann bleibt ihr nichts übrig, als die Wohnungen nach ihrem Ermessen entweder nach irgendwelchen allgemeinen Grundsätzen oder auch ganz willkürlich unter ihre Einwohner zu verteilen.“ Es gäbe sicherlich kein besseres Experiment, um einmal der ungläubigen Masse klar und deutlich zu demonstrieren, wie hoch die Wohnungssuchenden selbst, speziell die Geschäftswelt, die Vorzüge einer städtischen Wohnung und eines städtischen Geschäftslokals einschätzen. Dann würde sich zeigen, daß „der höhere Preis städtischer Wohnungen eben eine Art Prämie ist, die der Benutzer zu zahlen gewillt ist für die Gewinnmöglichkeiten, welche ihm der betreffende Wohnsitz einräumt“ (Gemünd, a. a. O., S. 427). Würde man diesen höheren Preis künstlich beseitigen, so würde der Ruf dieser Wunderstadt bis in die entlegensten Teile des Reiches dringen, von allen Seiten kämen Leute herbei, um in dieser Stadt Wohnungen und Geschäftsräume zu erhalten.

Die Stadt stände dann vor der ungeheuer schwierigen Aufgabe, ihre Lokalitäten in möglichst gerechter Weise unter die Nachfrage zu verteilen. Aber wie könnte sie das machen, ohne entweder die Willkür entscheiden zu lassen oder einem widerlichen Cliquenwesen, einem Herumkriechen vor den Instanzen, welche über die Abgabe der Wohnungen zu entscheiden haben, Vorschub zu leisten.

Aber nehmen wir selbst einmal an, die Stadt käme mit dieser Aufgabe zurecht, was würden die weiteren Folgen sein? Der Zuzug vom umliegenden Lande würde immer weiter anhalten, es bliebe der Stadt nichts anderes übrig, als in ihrer Wohnungspolitik fortzufahren, immer neue Wohnungen herzustellen, die sie nun ebenfalls weit unter dem reellen Preis vermieten müßte.

Natürlich würde das mit der Zeit zu ihrem völligen wirtschaftlichen Ruin führen. Dadurch, daß sie auf jeden Wertzuwachs zugunsten der Mieter verzichtet, beraubt sie sich einmal einer sehr erheblichen Einnahmequelle. Anderseits hält der höhere Preis städtischer Wohnungen unter normalen Verhältnissen die Zuwanderung vom Lande her in die Städte in Schranken, er ist die beste und natürliche Regulierung gegen ein übertrieben rasches Anwachsen der Städte.

In unserer sozialistisch verwalteten Stadt entfiele diese Regulierung. Sie verzichtet also einmal auf erhebliche Einnahmequellen, anderseits erwüchsen ihr durch den durch ihre Wohnungspolitik hervorgerufenen Zuwachs außerordentliche Lasten auf dem Gebiete der sozialen Fürsorge usw. Unter all den Leuten, die nur dank dem Umstande, daß sie hier so billig städtische Wohnungen und Geschäftsräume erhalten können, in diese Städte ziehen, befänden sich sicher zahlreiche, welche nach ihrer Arbeitsfähigkeit und Willigkeit keineswegs den höheren Anforderungen, welche das städtische Leben an den Fleiß und die Arbeitsfähigkeit der Bevölkerung stellt, gewachsen wären. Man muß nur einmal beobachten, wie heutzutage in unseren großen Städten gearbeitet wird. Mit welcher Konzentration, Ausdauer und Tatkraft, wie es geradezu die tüchtigsten und gewandesten Geschäftsleute sind, die in den besten Lagen der Städte vorwärtskommen. Wer heutzutage in den Geschäftsstraßen der Großstädte aus einem Geschäft und dergleichen eine entsprechende Rentabilität herauswirtschaften will, bei all den hohen Lasten und der großen Konkurrenz, die damit verbunden sind, muß ein erstklassischer Geschäftsmann sein, der voll auf der Höhe der Zeit steht und in der Lage ist, die hier gegebenen Erwerbsmöglichkeiten auch ganz auszunutzen. Im anderen Falle geht sein Geschäft nicht voran und die Unkosten führen seinen Ruin herbei.

In die Stadt aber, welche es sich einfallen ließe, durch ihre Wohnungspolitik künstlich die Mieten weit unter ihre reelle Höhe herabzusetzen, würde sich eine Schar von Müßiggängern, Glücksrittern, Proletariern, Verbrechern usw., aber auch von zwar völlig soliden, aber unfähigen Geschäftsleuten usw. ergießen, die unter normalen Verhältnissen nicht in die Städte ziehen, weil die hohen Mieten sie abschrecken.

Natürlich würden alle diese Elemente in unserer angenommenen Stadt nicht zu entsprechendem Erwerb kommen und keineswegs die Steuerkraft derselben vermehren. Im Gegenteil, immer größer würden die Lasten, welche die Stadt für Armenpflege, Wohlfahrtseinrichtungen, Jugendfürsorge und sonstige soziale Einrichtungen aufwenden müßte, dank dem Proletariat, das sie sich durch ihre Wohnungspolitik heran- und großgezogen hat. Immer mehr wäre die Stadt genötigt, die wirklich erwerbstätige Bevölkerung mit Steuern zu belasten zugunsten dieses arbeitsscheuen oder unfähigen Proletariats, das nur ihre Bevölkerungszahl und nicht ihre Steuerkraft vermehrt, und schließlich käme dann der Moment, wo auch diesem ersteren Teil der Bevölkerung infolge der hohen Steuern kein entsprechender Erwerb mehr möglich wäre. Sie würden zur Einsicht kommen, daß es unter solchen Verhältnissen besser ist, in einer normal verwalteten Stadt höhere Wohnungs- und Geschäftsmieten zu ihrem reellen Wert zu zahlen, als hier zwar die Miete der entsprechenden Lokale teilweise geschenkt zu bekommen, im übrigen aber all das Proletariat, welches in eine solche Stadt hineinströmt, mit ernähren zu müssen. So würden immer mehr die besseren Elemente den Staub der Stadt von ihren Füßen schütteln und in eine andere Stadt mit den üblichen Wohnungs- und Geschäftsmieten ziehen, und das, was schließlich in der unglücklichen Stadt, die solche wohnungs- und sozialpolitische Experimente gemacht hätte, zurückbliebe, wäre sicherlich nicht in der Lage, die hohen Lasten und Steuern aufzubringen. Ein völliger finanzieller Ruin der Stadt wäre die Folge.

Dieses Zukunftsbild, welches glücklicherweise nie eintreten wird, mag denen, die an solchen utopischen Ideen festhalten, einmal zeigen wohin unsere Städte kämen, wenn sie nach ihren extremen Forderungen Wohnungs- und Sozialpolitik trieben. Es kann zeigen, daß die hohen städtischen Mieten eine durchaus nötige und wünschenswerte Regulierung des Anwachsens der Städte darstellen. Natürlich können sie den Zuzug minderwertiger Elemente, all derer, die vom Bettel und öffentlicher Unterstützung leben, nicht ganz verhindern, im allgemeinen aber bewirken sie, daß das Gros der städtischen Bevölkerung ein solches ist, welches in harter und angestrengter Arbeit auch die günstigen Erwerbsverhältnisse der Städte auszunutzen in der Lage ist.

Schon vor Jahren hatte ich mich in dem Sinne geäußert, daß „der wirtschaftlich schwache und in seiner Erwerbstätigkeit gestörte nun einmal nicht in die Wohnungen, die im Zentrum der Städte und den Städten überhaupt gelegen sind, hineingehöre, daß der höhere Preis städtischer Wohnungen gewissermaßen ein Entgelt sei für die größeren Gewinn- und Erwerbsmöglichkeiten der Städte, und daß diejenigen, welche aus körperlicher oder geistiger Invalidität dieselben nicht mehr auszunutzen imstande sind, ihre teueren städtischen Wohnungen verlassen müssen, um billigere in kleineren Orten aufzusuchen (a. a. O., S. 427/28).

Gewiß liegt in dieser Konstatierung eine Härte, die gleiche, die überhaupt darin gegeben ist, daß die Tüchtigen und Talentierteren emporkommen, die Untüchtigen herabsinken, aber das ändert nichts an der Tatsache, daß eine derartige Regulierung nötig und geradezu unentbehrlich ist. Nichts ist aber vielleicht mehr geeignet, die Grenzen der Wohnungs- und Sozialpolitik überhaupt klar zu legen, als das Zukunftsbild dieser Stadt, die sich durch sozialpolitische Erwägungen im wohlgemeinten Interesse der Allgemeinheit einfallen läßt, die natürlichen Wirtschaftsgesetze auf den Kopf zu stellen und städtische Wohnungen künstlich und gewaltsam auf die niedere Wertstufe herabzusetzen, wie sie ländlichen Wohnungen und kleinen Orten entspricht. Das Endresultat wäre das denkbar ungünstigste für alle Teile der Bevölkerung, erst recht für die wirtschaftlich schwachen, denen man helfen wollte. Man kann eben Sozialpolitik mit dem Gefühl und mit dem Verstand treiben. Diejenigen, welche in der ersten Weise verfahren, werden immer geneigt sein, Dinge zu fordern, die viel zu weit gehen, die wirtschaftliche Entwicklung untergraben, und so schließlich das Gegenteil von dem erreichen, was sie beabsichtigt haben; die letzteren werden zwar auch Gefühl und Verständnis für die Leiden und die Bedürfnisse der ärmeren Volksklassen haben, sich aber auf das wirtschaftlich mögliche beschränken und so bei ruhigem und allmählichem Ausbau der Sozialpolitik, die sich auf die Weiterentwicklung der städtischen oder staatlichen Finanzen gründet, schließlich doch mehr und dauernderes schaffen als jene Gefühlssozialisten.

Eine weitere Möglichkeit wäre nun die, daß die Stadt zwar ihren eigenen Grund und Boden selbst bebaut, die Häuser und Wohnungen aber nicht zum Selbstkostenpreis, sondern zu ihrem reellen Wert vermietet, wie er der Größe, den Erwerbsverhältnissen etc. der Stadt entspricht. Wenn sie aber den gesamten Boden und alle Häuser im Besitz hätte, wie könnte sie dann einen gerechten Maßstab für die Höhe der Mieten in den verschiedenen Lagen festsetzen? Es bliebe ihr kaum etwas übrig, als die Konkurrenz der Wohnungssuchenden selbst entscheiden zu lassen und die Wohnungen dem Meistbietenden zu versteigern. Diese Möglichkeit hat Pohle auf dem Frankfurter Wohnungskongreß erörtert, indem er sagt: „In einem sozialistisch verwalteten Gemeinwesen, in dem Grund und Boden der Gesamtheit gehörte und die von der Zentralbehörde gebauten Wohnungen an den Meistbietenden vermietet würden, würden, trotzdem die Bodenspekulation vollkommen ausgeschaltet wäre, die Mietpreise nicht niedriger sein, als sie heute in einer Stadt unter sonst gleichen Umständen sich bilden."

Wir können keinen Moment daran zweifeln, daß sich diese Behauptung in unserem Beispiele vollauf bestätigen würde,

Dann muß man aber auch weiter fragen, wenn nun durch die wohnungspolitische Tätigkeit der Stadt in diesem Sinne gar keine Verbilligung der Mieten erzielt werden kann, wozu soll sich denn dieselbe diese ganz ungeheure Arbeitslast aufhalsen? Man wird sagen, sie stecke auf diese Weise wenigstens den Wertzuwachs ein, der durch die steigende Grundrente bedingt wird. Das kann sie aber auch erreichen, wenn sie lediglich danach trachtet, möglichst viel Grundstücke billigst zu erwerben und dieselben wieder zu verkaufen, sobald sie baureif geworden sind. Dann hat sie wenigstens den größten Wertzuwachs, die Differenz zwischen dem landwirtschaftlichen Wert des Bodens und dem des städtischen Baulandes eingesteckt. Auf die weitere Steigerung, die an dem bebauten Grundstück eventuell noch eintritt, kann sie um so eher verzichten, als sie damit auch die ungeheure Last des Bauens und Vermietens in eigener Regie von sich wälzt; anderseits muß sie auch dem privaten Unternehmer, der ihr den Boden abnimmt, noch eine entsprechende Gewinnmöglichkeit lassen, nicht minder auch denen, welche ihr den Boden zum Bau eines Eigenheims abkaufen. Auch für diese stellt die Möglichkeit, später noch einen Wertzuwachs zu erzielen, einen nicht zu unterschätzenden Anreiz dar.

Schließlich kann sie sich aber sogar von diesem kümmerlichen Rest noch einen Anteil durch eine Wertzuwachssteuer sichern. Darüber, ob das eine zweckmäßige Steuerpolitik ist, kann man geteilter Meinung sein, wenigstens unter obiger Voraussetzung.

Zusammenfassend müssen wir also sagen, daß auch diese Art der Verwertung des städtischen Grundbesitzes im allgemeinen wenig zweckmäßig erscheint. Der eine Weg, die in städtischer Regie erbauten Wohnungen unter oder nur zum Selbstkostenpreis zu vermieten, würde, im großen angewandt, zu äußerst bedenklichen Folgen führen, der andere, sie zum reellen Wert abzugeben, bedeutet eine enorme Belastung der städtischen Verwaltungen ohne entsprechende Gewinne und unterbleibt deshalb ebenfalls besser.

Wir kommen also zum gleichen Schluß wie bezüglich der Verwertung des Bodens durch Erbbau und vorbehaltenes Wiederkaufsrecht, in beschränkten Fällen werden sich diese Formen der Grundverwertung anwenden lassen, im großen und allgemein angewandt versagen sie, und so bleibt den Städten mit großem Grundbesitz nichts anderes übrig, als den überflüssigen Boden zum größten Teil wieder nutzbringend zu verkaufen.

Anders liegen die Verhältnisse natürlich, wenn eine Stadt nur einen kleinen Teil ihres Grundbesitzes, etwa zur Beschaffung von Arbeiterwohnungen und Kleinwohnungen, selbst bebaut, den größten Teil aber dem privaten Unternehmertum veräußert. Solange es sich um vereinzelte Fälle handelt, bedeutet eine derartige Wohnungspolitik natürlich keine wesentliche Konkurrenz für den privaten Unternehmer und ist deshalb unbedenklich. Immerhin haben die obigen Ausführungen gezeigt, wohin ein solcher Weg führt, und legen deshalb von vornherein eine gewisse Reserve auf. In diesem Sinne äußerte sich auch Adickes auf der 25. Versammlung des Deutschen Vereins für öffentliche Gesundheitspflege zu Trier. Er betonte, daß die Forderung, eine Stadt müsse in Zeiten, wo das private Unternehmertum versage, selbst dafür sorgen, daß die nötigen Arbeiterwohnungen vorhanden seien, in dieser Allgemeinheit wenigstens ungeheuer bedenklich sei. Wolle man den Bau von Arbeiterwohnungen zu einer regelmäßigen Sache der Gemeindeverwaltung machen, dann würde man den Gemeinden eine Last auferlegen, unter der sie zusammenbrechen müßten. Im allgemeinen müsse man auch dann an dem Grundsatz festhalten, daß eine derartige Wohnungsbeschaffung von seiten der Gemeinde nur auf streng wirtschaftlicher Grundlage sich vollziehen dürfe.

Fälle, in denen unter diesen Voraussetzungen eine Stadt selbst unbedenklich und sogar pflichtmäßig den Bau von Wohnungen (es wird sich im wesentlichen immer nur um den Bau von Arbeiter- und Kleinwohnungen handeln) betreiben kann, sind nach verschiedener Richtung denkbar und vielfach angeführt worden. Wenn z. B. einmal aus irgend einem Grunde die private Unternehmertätigkeit völlig versagt, namentlich dann, wenn die Stadt diesen Zustand durch allzu weitgehende Baubeschränkungen selbst verschuldet hat. Oder aber, wenn die Stadt selbst durch eine rigorose Wohnungsinspektion eine größere Zahl von Kleinwohnungen schließen läßt, oder durch eine weitgehende Sanierung alter Stadtteile, Straßendurchbrüche usw. eine Reihe Wohnungen niederlegt. Es ist oft betont worden, daß die Städte die Pflicht haben, vor solch eingreifenden Maßnahmen sich zu vergewissern, ob für die niedergelegten Wohnungen auch genügender Ersatz da ist, eventuell selbst für die Beschaffung neuer Wohnungen zu sorgen.

Desgleichen kann sie natürlich ebenso gut wie das Reich für ihre eigenen Arbeiter und Beamten Wohnungen herstellen und an diese vermieten. Dabei tritt auch hier die Frage auf, ob die Stadt in solchen Fällen die Wohnungen unter ihrem reellen Wert abgeben soll, der sich in diesem Falle ja leicht durch den Vergleich ähnlicher von privaten Unternehmern gebauter und vermieteter Wohnungen feststellen läßt. Viele sind geneigt, diese Frage zu bejahen. Immerhin kann man auch hier über die Zweckmäßigkeit eines solchen Nachlasses eines Teils des Mietpreises, darauf läuft es doch hinaus, sehr verschiedener Meinung sein.

Nehmen wir den Fall an, eine Stadt habe selbst Arbeiter- und Beamtenwohnungen erbaut und überlasse nun einem Beamten, der 3600 Mark Gehalt bezieht, eine dieser Wohnungen zu 500 Mark, die sie eigentlich nach ihrem reellen Wert mit 800 Mark berechnen müßte. Worauf läuft das hinaus? Der Beamte hat zweifellos eine sehr günstige Wohngelegenheit, so wie die Dinge aber in der menschlichen Natur nun einmal liegen, wird er meist nicht geneigt sein, das ihm gewährte Benefizium vollauf zu würdigen und die Wohnung immer niedriger bewerten. Anderseits werden Privatangestellte, denen man nun nicht derartige Wohnungen zur Verfügung stellt, immer mit Neid auf die begünstigten städtischen Beamten blicken und deren Wohnungen eher zu hoch taxieren.

Es werden dann also, wie Adickes (a. a. O.) hervorgehoben hat, auf Kosten der Allgemeinheit und der nicht in städtischen Diensten stehenden Steuerzahler einem Teil der städtischen Bevölkerung Wohltaten erwiesen. Das ruft sicher bei vielen Erbitterung hervor. Man kann die Sache aber auch in folgender Weise auffassen.

Die Stadt zahlt in obigem Beispiel 3600 Mark Gehalt und nimmt für die Wohnung, die sie eigentlich mit 800 Mark berechnen könnte, nur 500 Mark. Das kommt also auf dasselbe heraus, als wenn sie dem Betreffenden 3900 Mark Gehalt zahlte und ihm 800 Mark Miete abforderte, wenigstens für die städtischen Finanzen.

Sie könnte also eben so gut wie diese Subvention in Gestalt

eines Mieterlasses von 300 Mark zu gewähren, sich den tatsächlichen Mietwert zahlen lassen und das Einnahmeplus von 300 Mark als höheren Gehalt wieder verausgaben. Für die städtischen Finanzen bleibt sich das gleich, der betreffende Beamte fühlt sich aber besser bezahlt, und im Haushaltsplan der betreffenden Stadt erscheinen die Beträge am richtigen Platze. Wird dieses Verfahren in größerem Maßstabe geübt, so ist unter den Ausgaben im Etat unter der Rubrik: „Beamtengehälter" eine größere Summe, die dem gesamten den Beamten etc. gewährten Mieterlaß entspricht, nicht aufgeführt. Dem steht natürlich auch bei den Einnahmen aus den in eigener Regie bebauten und verwalteten Häusern ein entsprechend geringerer Betrag gegenüber. Es läßt sich so recht kein Grund einsehen, warum man auf diese Weise die einzelnen Posten des Etats verschleiert.

So wird es auch auf diesem Zweige der städtischen Wohnungspolitik das richtige sein, wenn die Gemeinde auch hier auf streng wirtschaftlicher Grundlage vorgeht. Gewiß soll sie in den oben angeführten Fällen selbst für Wohnungen sorgen, dieselben aber im allgemeinen nicht billiger, wie den durchschnittlichen Mietpreisen des betreffenden Orts entspricht, abgeben, und eher Wert darauf legen, daß die bauliche Beschaffenheit, Ausstattung usw. mustergültig und vorbildlich wirken.

Auch das Reich stellt erhebliche Mittel zur Verbesserung der Wohnverhältnisse von Arbeitern, die in staatlichen Betrieben beschäftigt sind, und von geringer besoldeten Staatsbeamten zur Verfügung. Da im übrigen hier ähnliche Fragen auftreten, wie bei der entsprechenden Tätigkeit der Kommunalverwaltungen, mögen hier kurz die Grundsätze, wie sie jetzt meist für die Verwendung dieser Staatsmittel vertreten werden, erörtert werden. Im ganzen hat das Reich seit 1895 132 Millionen Mark für derartige Zwecke aufgebracht, auch für 1911 ist wieder ein Betrag von 12 Millionen zu diesem Zwecke gefordert und im Abgeordnetenhaus (am 11. Febr. 1911) genehmigt worden. Bei der entsprechenden Verhandlung wurde unter anderem hervorgehoben, daß diese Mittel nur den Bau von Kleinwohnungen förden sollen, und daß nur an solchen Orten gebaut werden dürfe, wo die Privatbautätigkeit nicht genüge. Ehe der Staat selbst baue oder Baugenossenschaften unterstütze, müsse daher eingehend geprüft werden, ob eine solche Hilfsaktion überhaupt nötig und nicht die private Bautätigkeit allein in der Lage sei, das Wohnungsbedürfnis zu befriedigen. Auf keinen Fall dürfe die staatliche Hilfsaktion dem ohnehin schwer bedrängten Mittelstand, der privaten Bautätigkeit unnötige Konkurrenz machen. Auch hier wurde verlangt, daß die mit staatlichen Mitteln errichteten Wohnungen gegenüber den ortsüblichen Mietpreisen nicht zu billig vermietet würden, im übrigen betont, daß, so sehr auch zu begrüßen sei, wenn weitere Mittel seitens des Staates bewilligt würden, doch die heutige staatliche Wohnungsproduktion die

Wohnungsfrage nicht zur Lösung bringen könne. Dazu seien andere Mittel nötig, vor allem eine Besserung der baupolizeilichen Vorschriften, indem dieselben beweglicher gestaltet und den okalen Verhältnissen angepaßt würden, weiter Befreiung von allen Beschränkungen, Forderung der gewerblichen Wohnungsproduktion durch Bildung von Kreditanstalten usw. Im allgemeinen kann man diesen Ausführungen nur zustimmen und dieselben im übrigen sinngemäß auf die Verhältnisse der einzelnen Gemeinden und Städte anwenden.

In ausgezeichneter Weise hat Dr. Crüger auf dem Frankfurter Wohnungskongreß 1904 (siehe Kongreßbericht S. 351/352) die Aufgaben des Reichs bezüglich der Wohnungsfrage präzisiert:

„Wenn man die Forderung aufstellt, das Reich soll die Mittel und womöglich auch den Grund und Boden hergeben, damit billigere Arbeiterwohnungen hergestellt werden können, so ist das freilich eine sehr bequeme Lösung der Arbeiterwohnungsfrage. Ich glaube aber nicht, daß das Reichsschatzamt, auch wenn die Finanzen des Reichs nicht so schlecht wären, wie sie zurzeit sind, große Lust verspüren würde, diesen Weg zu beschreiten; und ich muß gestehen, ich habe auch das Zutrauen, daß es aus prinzipiellen Gründen nicht geneigt sein wird, einer solchen Lösung der Arbeiterwohnungsfrage näherzutreten. . . . . Wenn man dem Reich, dem Staat und der Komune die Verpflichtung auferlegt, für gute Arbeiterwohnungen zu sorgen, so kommt das ungefähr auf dasselbe heraus, als wenn man ihnen zur Pflicht machte, für ein ausreichendes Einkommen der Arbeiter Sorge zu tragen. Gewiß, Reich, Staat und Kommune haben auf diesem Gebiet weitgehende Obliegenheiten, aber man kann ihnen nicht die Verantwortung für die Lösung der Arbeiterwohnungsfrage in dem Umfange zuschieben, wie es vielfach geschehen ist. Man muß mit den tatsächlichen Verhältnissen rechnen, und die ergeben, daß wenn Reich, Staat und Kommune bis an die äußerste Grenze gehen, doch nicht das Wohnungselend wird vollständig aus der Welt geschafft werden, denn so lange es Armut geben wird, so lange wird auch Wohnungselend daneben bestehen".

Im großen und ganzen wird man nach wie vor den städtischen Wohnungsbau der privaten Unternehmung überlassen müssen. Auch dann sind wir zu der Annahme berechtigt, daß die Besserung, welche sich in den Wohnungsverhältnissen der städtischen Bevölkerung schon jetzt nachweisen läßt (siehe S. 20), anhalten und sich immer mehr vervollkommnen wird. Um so ausgeprägter, je mehr die Früchte der Arbeit der letzten Dezennien, die Segnungen der Dezentralisation, einer großzügigen Verkehrs- und Eingemeindungspolitik, der Bodenpolitik in unserem Sinne, der modernen Grundsätzen Rechnung tragenden Bauordnungen, der Wohnungsinspektion usw. sich bemerkbar machen werden. Man darf nicht vergessen, daß sowohl im städtischen Wohnungsbau als auch in dem städtischen Verwaltungsapparat ein sehr konservatives und in gewisser Beziehung schwerfälliges Moment gegeben ist. Das hat sicherlich seine Vorteile, indem auf diese Weise im allgemeinen nur erprobte und bewährte Maßnahmen zur Einführung gelangen. Anderseits natürlich den Nachteil, daß es immer sehr lange dauern wird, bis richtig befundene Grundsätze und Neuerungen im Wohnungswesen Allgemeingut der Städte werden und überall zur Einführung gelangen.

Davon abgesehen kann man eine solch konservative Wohnungs-

und Bodenpolitik der städtischen Verwaltungen aber nur befürworten. Wo kämen die Städte hin, wenn alle vorgeschlagenen wohnungs- und bodenreformerischen Maßnahmen sofort in die Praxis übertragen würden. Bei der Bedeutung der städtischen Wohnverhältnisse und den Summen, die da auf dem Spiele stehen, verbietet sich ein derartiges Experimentieren von selbst. Je ruhiger und gleichmäßiger sich die Aufwärtsbewegung vollzieht, je mehr nur erprobte und auf den natürlichen Wirtschaftsgesetzen beruhende Besserungsvorschläge zur Einführung gebracht werden, um so mehr ist die Garantie gegeben, daß die erzielte Besserung auch wirklich andauert und nicht über kurz oder lang von Rückschlägen gefolgt wird. Gerade auf dem Gebiete der Wohnungspolitik und Sozialpolitik wird die Saat, die in Jahrzehnte langer Arbeit gesät wurde, oft erst sehr spät aufgehen, die Früchte mancher Verbesserungen erst die nächste Generation einheimsen und sich in die Nutznießung derselben setzen. Das liegt hier nicht anders wie auf anderen Gebieten des Kulturfortschritts. Nicht Reformen brauchen wir, die alles bestehende für falsch und unrichtig erklären, alles umwerfen und von Grund auf neu aufbauen wollen, sondern ruhige, stetige Weiterentwicklung.

Vierter Teil.

Erster Abschnitt.

Wohnungsnot und Wohnungspolitik.

Die städtische Bodenpolitik dient in letzter Linie der Besserung der Wohnverhältnisse der städtischen Bevölkerung. Insofern gehört Wohnungspflege und Wohnungspolitik mit in den Rahmen des zu behandelnden Stoffes. Während man früher dem Wohnungswesen recht wenig Interesse zuwandte, ist durch die Wohnungserhebungen die Aufmerksamkeit weiterer Kreise auf dieses Gebiet hingelenkt worden. Daß die auf derartige Erhebungen gegründeten Urteile nicht immer sehr zutreffende sind, wurde schon in der Einleitung hervorgehoben. Es kommt dabei eben sehr auf die Art der betreffenden Untersuchung an. E. Cahn [1]) unterscheidet dreierlei Methoden:

1. einfache, mehr oder minder phantasievolle Schilderungen der Wohnungsverhältnisse, die auf Grund persönlicher Beobachtung gewonnen werden.
2. Wohnungszählungen, die in Verbindung mit Volkszählungen veranstaltet werden und die nur einige äußere Merkmale zur Beurteilung des Wohnungswesens feststellen und
3. Wohnungsuntersuchungen, die in alle Details der Wohnungsverhältnisse eindringen und mit der ganzen Schwere des wissenschaftlichen Apparates ausgerüstet sind.

Nur die letzeren, die mit einem erheblichen Aufwand von Zeit und Arbeit veranstaltet werden können, geben ein allseitiges Bild von den Wohnverhältnissen der Stadt; die bloße Aufdeckung einzelner Wohnungsmißstände dagegen berechtigt absolut nicht zu allgemeinen Schlußfolgerungen über die Wohnverhältnisse einer ganzen Stadt.

Wenn man aber auch von derartigen gelegentlich vorkommenden Übertreibungen absieht, so haben sich doch überall, namentlich in den

---

[1]) E. Cahn, Wohnungszustände der minderbemittelten Bevölkerungsschichten in Wiesbaden. Wiesbaden 1906.

Großstädten, erhebliche Wohnungsmißstände gezeigt, vor allem charakterisiert durch eine zu große Wohndichtigkeit, speziell bei den Kleinwohnungen. Von den durch die Lage der betreffenden Wohnungen inmitten der Städte verursachten Nachteilen, der Entfremdung von der Natur, der Unmöglichkeit oder Schwierigkeit das Freie aufzusuchen, was namentlich für die heranwachsende Generation sehr bedeutsam ist, müssen wir natürlich ganz absehen, das sind Verhältnisse, die der Entwicklung der Städte an und für sich und nicht ihren Wohnverhältnissen zuzuschreiben sind und mit zunehmender Pflege der Dezentralisation sich wohl erheblich bessern werden.

Es wurde schon an anderer Stelle (siehe S. 19) hervorgehoben, daß eine einwandfreie Konstatierung einer zu großen Wohndichtigkeit, charakterisiert in einer gesundheitsschädlichen Überfüllung der Wohnungen, allein durch die Feststellung möglich sei, wie viel cbm Luftraum bzw. Schlafraum auf den einzelnen Bewohner entfallen. So schrieb z. B. der Entwurf eines Gesetzes zur Verbesserung der Wohnungsverhältnisse vor, daß die Wohn- und Schlafräume insgesamt den Bewohnern so viel Raum bieten müssen, daß auf jede Person mindestens 10 cbm Luftraum entfallen, daß aber für Kinder unter 10 Jahren geringere Anforderungen festgestellt werden können. Wohnungen, in denen selbst dieser äußerst gering bemessene Mindestluftraum dem einzelnen Bewohner nicht zur Verfügung steht, hätte man dann als überfüllt zu bezeichnen.

Erhebungen dieser Art sind relativ selten gemacht worden. — Sorgfältige Berücksichtigung fanden diese Verhältnisse unter anderem bei der Wohnungserhebung, welche der Verein zur Bekämpfung der Schwindsuchtsgefahr und zur Förderung des Baues gesunder und billiger Wohnungen im Reg.-Bezirk Wiesbaden veranstaltet hat (im Jan. 1905). Dieselbe umfaßte 56 Häuser mit 466 Wohnungen und ca. 1950 Inwohnern; als Erhebungsbezirke wurden Stadtteile gewählt, die stark von Angehörigen minderbemittelter Bevölkerungsklassen durchsetzt waren (XII. Armenbezirk). (Siehe E. Cahn, a. a. O.)

Nach dieser Erhebung lebten in Wohnungen mit mehr als

3—5	cbm	pro	Inwohner:	3	Inwohner	=	0,2 %
5—7	,,	,,	,,	49	,,	=	2,7 %
7—10	,,	,,	,,	194	,,	=	10,9 %
10—12	,,	,,	,,	140	,,	=	7,8 %
12—15	,,	,,	,,	166	,,	=	9,3 %
15—20	,,	,,	,,	395	,,	=	22,1 %
20—25	,,	,,	,,	243	,,	=	13,6 %
25—30	,,	,,	,,	185	,,	=	10,4 %
30—40	,,	,,	,,	191	,,	=	10,7 %
40—50	,,	,,	,,	95	,,	=	5,3 %
50	,,	,,	,,	126	,,	=	7,1 %
			insgesamt	1787	Inwohner		

Es wohnten also $^1/_6$ der Inwohner der untersuchten Wohnungen in solchen mit weniger als 10 cbm Luftraum pro Inwohner, also überfüllten Wohnungen. Setzte man die Kinder unter 14 Jahren bei Berechnung des Luftraumes nur mit $\frac{1}{2}$ an, so ergab sich ein wesentlich besseres Resultat, als überfüllt war dann nur ein kleiner Bruchteil der Wohnungen, 2,3 % anzusehen.

Weniger günstig gestalten sich die Verhältnisse, wenn lediglich der auf den einzelnen Inwohner entfallende Schlafraum (Luftraum in den ausschließlich oder nebenher zum Schlafen benutzten Räumen) berücksichtigt wurde.

Es schliefen in Schlafräumen

mit höchstens	3	cbm pro Inwohner	1,5 %
„ „	5	„ „ „	8,6 %
„ „	7	„ „ „	23,4 %
„ weniger als	10	„ „ „	44,2 %
„ „ „	12	„ „ „	53,7 %
„ „ „	15	„ „ „	66,4 %
„ „ „	20	„ „ „	78,6 %

aller Schläfer, über deren Schlafraum Mitteilung gemacht war. In hygienischer Beziehung kommt aber gerade der Größe des Schlafraumes besondere Bedeutung zu (siehe S. 41). Diese Untersuchung fällt keineswegs durch besonders ungünstige Verhältnisse auf — in den Großstädten liegen sie vielfach weit schlechter — als durch die exakte Art der Erhebung.

Im übrigen sind die Verhältnisse auf dem Lande nicht selten wesentlich ungünstiger. Es wurde schon an anderer Stelle darauf hingewiesen, daß die Landbewohner vielfach die schlechte Gewohnheit haben, die schlechtesten und engsten Räume als Schlafräume zu benutzen, selbst wenn ihnen eine genügende Zahl großer Räume zur Verfügung steht. Besonders schlimm werden die Verhältnisse, wenn sich in kleine Landorte plötzlich aus irgend einem Grunde ein größerer Menschenstrom ergießt, z. B. größere Bauten ausgeführt, große Industriewerke gegründet werden und nicht rechtzeitig für entsprechende Wohnungen gesorgt wird. Dann bilden sich oft Verhältnisse heraus, die weit ungünstiger sind, als die schlimmsten Fälle großstädtischen Wohnungselends, wo heutzutage doch meist eine Wohnungsinspektion die ärgsten Mißstände beseitigt.

Man hat sich heute daran gewöhnt, von Wohnungsnot zu sprechen, und verfährt bei Konstatierung derselben nicht immer ganz einwandfrei. Zweifellos ist man berechtigt, von Wohnungsnot zu sprechen, wenn ein absoluter Mangel an Kleinwohnungen vorhanden ist oder das Verhältnis der leerstehenden zur Zahl der überhaupt vorhandenen unter ein gewisses Normalmaß (3 %, siehe S. 130) gesunken ist, oder aber die Mietpreise zum Einkommen der betreffenden Bevölkerungsklassen außer Verhältnis stehen, oder endlich die Wohnungen selbst nach Größe, baulicher Beschaffenheit, Ausstattung usw. ungenügend erscheinen. Die Erörterung, ob und inwieweit derartige Wohnungsmißstände zurzeit in unseren Städten bestehen, würde an dieser Stelle zu weit führen. Einiges Material ist im ersten Teil zusammengestellt, im übrigen sei unter anderem auf das Referat von Pohle auf dem Internationalen Hygiene-Kongreß in Berlin (Sept. 1907): „Die Ergebnisse der Wohnungsstatistik in Deutschland" (siehe Kongreßbericht, Bd. III, S. 1385) hingewiesen. Hier und an anderer Stelle kommt derselbe zu dem erfreulichen Ergebnis, daß zweifellos eine nicht unbeträchtliche Besserung im Wohnungswesen weiterer Bevölkerungskreise zu konstatieren ist.

Hier sollen nur einige Ausführungen folgen, wie manche Fälle sogenannter Wohnungsnot aufzufassen sind. Vor allem muß man sich hüten, jeden Fall großstädtischen Wohnungselends ohne weiteres als Wohnungsnot zu bezeichnen und dafür die Allgemeinheit, die städtischen Verwaltungen und die Beschaffenheit der Wohnungen verantwortlich zu machen.

Sehr häufig liegt die Ursache der sogenannten Wohnungsnot nicht in den angeführten Verhältnissen des Wohnungswesens begründet, sondern in den sozialen Verhältnissen, dem Bildungsniveau etc. der Wohnungskonsumenten selbst; es gibt mit anderen Worten auch eine selbst verschuldete, in manchen Fällen könnte man geradezu sagen, selbstgewollte Wohnungsnot.

Auch wenn Wohnungen in genügender Zahl und zu entsprechendem Preis vorhanden sind, gibt es immer auf sozial und wirtschaftlich niederster Stufe stehende Elemente, gerade in den Großstädten, die stets die denkbar billigsten, wenn auch schlechtesten Wohnungen beziehen müssen. Derartige Wohnstätten finden sich in den Großstädten nicht selten in den alten, baufälligen Häusern, wie sie die City umgeben, die bei der zu erwartenden Vergrößerung der City ohnehin niedergerissen werden müssen, und für die deshalb weiter keine Aufwendungen mehr von seiten der Besitzer gemacht werden. Hier treffen also nicht selten elende Beschaffenheit der Wohnungen mit elenden sozialen Verhältnissen der Bewohner zusammen. „Wenn man dann in solchen Wohnungen heruntergekommene Familien antrifft, die aus Krankheit, allzu großem Kindersegen, Trägheit, Trunksucht, Verbrechen usw. in ihrer Erwerbsfähigkeit beschränkt sind, teilweise direkt vom Bettel, Almosen, Hausieren etc. leben, deshalb die Kosten der Wohnung nur dadurch aufbringen können, daß sie durch Mieten viel zu kleiner Wohnungen und obendrein durch Aufnahme von Aftermietern, Schlafgängern, Prostituierten die Wohnung weitmöglichst belegen, so ist das Resultat natürlich ein Fall von Wohnungselend, aber ein solches, für welches weder die Allgemeinheit, noch irgend eine Behörde oder eine Verwaltung verantwortlich gemacht werden kann. Diese Leute gehören nicht in die teuren städtischen Wohnungen hinein, sie gehören in die Außenbezirke, in die Vororte, wo sie billiger und besser wohnen können, bei für sie gleichen Erwerbsmöglichkeiten. Nicht selten findet man aber, daß gerade derartige Elemente mit besonderer Vorliebe die oft teuersten und schlechtesten Wohnungen im Zentrum der Altstädte aufsuchen. Hier, möglichst im Innern der Stadt, ist ihnen jeder Schlupfwinkel, wenn er im Verhältnis auch noch so teuer bezahlt wird, recht, weil sich hier für sie die beste und bequemste Gelegenheit zum Bettel, Diebstahl, zur Prostitution usw. bietet. Das sind allerdings Einnahmequellen, in die ein Wohnungsinspektor nie Einblick erhalten wird, deren Höhe man nie kontrollieren kann. Es wird sich deshalb auch in solchen Fällen nie ermessen lassen, ob das beobachtete Wohnungselend tatsächlich die Folge ungenügender Einkommen-Verhältnisse und nicht vielmehr trotz völlig ausreichender Höhe derselben ein freigewollter Zustand ist, indem man für Wohnungszwecke aus Indolenz und zum Zwecke möglichst ausgiebiger anderweitiger Verwendung möglichst wenig auszugeben gewillt ist."

Alle „derartigen Fälle von Wohnungselend, die in unseren Großstädten keineswegs zu den Seltenheiten gehören, werden nie durch eine noch so radikal durchgeführte Wohnungsreform beseitigt werden können, über sie braucht sich aber das Gewissen der Allgemeinheit auch nicht weiter aufzuregen." (Gemünd, a. a. O.)

Zur Beurteilung derartigen Wohnungselends muß man sich einmal vergegenwärtigen, was alles in den Großstädten und Millionenstädten zusammenströmt, man denke nur an die Verhältnisse im Osten Londons, in Whitechapel, Houndsditsch, an das Apachentum in Paris usw. Über das Bettlerunwesen in letzterer Stadt würden kürzlich im Petit Journal interessante Mitteilungen gemacht. Alles, was in der weiteren und näheren Umgebung von Paris an Bettlern wohnt, strömt zu gewissen Zeiten in die Hauptstadt; es ist festgestellt worden, daß sogar Bettler aus der Bretagne und namentlich aus Spanien in Massen nach Paris kommen, wo sie von einer Art von Unternehmern des Bettlergewerbes förmlich organisiert werden. Was da, wo diese Leute unterkommen, für Wohnverhältnisse resultieren, kann man sich leicht ausmalen. Dagegen hilft keine Wohnungsinspektion und keine Wohnungsreform. Es werden die Großstädte überhaupt zeitweise, namentlich im Winter, der Sammelpunkt aller möglichen verkommenen Existenzen, die im Sommer die Landstraßen bevölkern, vagabundierend und hausierend von Ort zu Ort ziehen und im Freien, in Schuppen und Ställen nächtigen. Im Winter hört das auf, da suchen sie irgend welche Schlupfwinkel in den Städten auf und leben vom Bettel, Almosen und schlimmeren Dingen. All das Wohnungselend, was in den Laster- und Verbrecherhöhlen, wo diese Leute unterkommen, beobachtet wird, darf keinesfalls für die Beurteilung der städtischen Wohnverhältnisse verwandt werden, das ist ein Kapitel für sich. Die abschreckenden und grauenerregenden

Fälle städtischen Wohnungselends, wie sie ab und zu in die Öffentlichkeit dringen, sind meist solchen Schlupfwinkeln entnommen.

Aber auch diejenigen Fälle, wo völlig unverschuldete Ereignisse der mannigfachsten Art die Einkommenverhältnisse verschlechtert und zum Aufsuchen immer schlechterer und kleinerer Wohnungen genötigt haben, müssen mit einem gewissen Vorbehalt beurteilt werden. Wir haben schon (siehe S. 233) darauf hingewiesen, daß der wirtschaftlich schwache und aus irgend welchen Gründen in seiner Erwerbstätigkeit gestörte nicht in die teueren Wohnungen, die im Zentrum der Städte gelegen sind, hineingehört. Denn die höheren städtischen Mieten können im allgemeinen nur von solchen Personen getragen werden, welche auch dank ihrer Arbeitsfähigkeit und Willigkeit in der Lage sind, die größeren Vorteile, wie sie die Städte und die zentralen Lagen bieten, auszunutzen. Der höhere Preis ist eben ein Entgelt dafür, daß hier die Erwerbsmöglichkeit, die Gelegenheit zu Nebenverdiensten usw. größer ist als in kleineren Orten und auf dem Lande. Wer also aus körperlicher oder geistiger Invalidität nicht in der Lage ist, diese Möglichkeiten auszunutzen, muß diese Wohnungen verlassen und billigere in weniger günstiger Lage aufsuchen. Darin liegt dann keine Härte und Ungerechtigkeit, wenn durch Dezentralisation und Verkehrspolitik das Aufsuchen billigerer Wohnungen in den Vororten ermöglicht wird. So kamen wir weiter (siehe S. 269) zu dem Schluß, daß die höheren Mietpreise in den Städten geradezu als eine natürliche Regulierung gegen ein übertriebenes Anwachsen derselben, ein noch stärkeres Abwandern vom Lande in die Städte aufzufassen sind, die nicht entbehrt werden kann. Sie ermöglichen im allgemeinen nur den Tüchtigsten und Fähigsten hier einen entsprechenden Überschuß von ihrem Verdienst und entsprechende Lebensführung. Das gilt wenigstens für alle die, welche durch redliche Arbeit sich ihr Brot verdienen wollen; für diejenigen, welche durch Bettel und Verbrechen ihre Existenz fristen, entfällt allerdings diese Regulierung, ihre Einnahmen sind in der Großstadt stets am größten, auch wenn sie noch so viel für ihre Schlafstellen bezahlen müssen. Aber das ist ein Kapitel für sich, das mit der Wohnungsfrage zunächst nichts zu tun hat.

Dieser Gedanke, daß in den besseren Erwerbsmöglichkeiten der Städte und den entsprechend höheren Einkommen ein Äquivalent gegen die hohen städtischen Mietpreise gegeben sei, wird auch durch die statistischen Erhebungen über die Höhe der Löhne in den verschiedenen Ortsgrößenklassen bestätigt. Sie weisen im allgemeinen eine Steigerung der Arbeitslöhne mit der Größenzunahme der Orte nach. Bedeutsam ist auch die Tatsache, daß die Arbeitslöhne in allen Städten in den letzten Jahrzehnten erheblich gestiegen sind, im allgemeinen schneller als die Mietpreise.

Eine Statistik des Reichsanzeigers z. B. gibt folgendes Bild über die Entwicklung der ortsüblichen Tagelöhne der deutschen Städte mit über 200 000 Einwohnern seit dem Jahre 1893

Städte	Tagelohn 1893 ℳ	Tagelohn 1910 ℳ	Steigerung in Prozent
München	2,30	3,70	60
Berlin	2,70	3,60	33
Charlottenburg . .	2,50	3,60	44
Rixdorf	2,40	3,60	50
Leipzig	2,00	3,50	75
Düsseldorf	2,40	3,50	45
Stuttgart	2,50	3,50	40
Hamburg	2,60	3,40	46
Frankfurt a. M. .	2,50	3,40	36
Nürnberg	2,20	3,40	54
Essen	2,40	3,40	41
Dresden	2,50	3,30	48
Dortmund	2,00	3,30	65
Köln	2,50	3,25	30
Duisburg	2,40	3,25	35
Bremen	3,00	3,20	7
Kiel	2,70	3,20	18
Breslau	2,00	3,00	25
Hannover	2,40	3,00	25
Magdeburg . . .	2,00	3,00	50
Königsberg	2,50	2,75	10
Chemnitz	2,20	2,50	13
Stettin	2,25	2,50	11

Der durchschnittliche Tagelohn betrug hiernach im Jahre 1893 2,38 Mk., 1910 3,25 Mk., was eine durchschnittliche Steigerung von 36 % bedeutet.

Es ist also dadurch die Arbeiterbevölkerung befähigt worden, erheblich mehr für ihre Lebensbedürfnisse an sich und damit auch für die Wohnung ausgeben zu können. Daß sie diese Lohnsteigerung auch tatsächlich zu einer Besserung der Wohnverhältnisse benutzt hat, und dieselbe nicht etwa nur zu Bestreitung des höheren Mietaufwandes für die gleichen Wohnungen benötigt wurde, haben die Untersuchungen Pohles ergeben. Er hat (siehe unter anderem: die Wohnungsfrage I, S.77) nachgewiesen, daß man in Deutschland genau wie in anderen Ländern in neuerer Zeit entschieden die Tendenz erkennen könne, daß ein Anwachsen der mittleren auf Kosten der kleineren Wohnungen stattfinde und daß damit eine Abnahme der durchschnittlichen Wohndichte sowie insbesondere eine Verminderung der übervölkerten Wohnungen verbunden sei. Es ist also zweifellos das höhere Einkommen teilweise zu einer Aufbesserung der Wohnverhälthältnisse benutzt worden. Pohle äußert sich dazu (a. a. O., S. 158): „Das Steigen des Mietaufwandes ist die Form, in der sich unter den gegenwärtigen Verhältnissen eine allgemeine Besserung der Wohnungszustände normalerweise hauptsächlich vollziehen muß. Wenn die Einkommensverhältnisse großer Bevölkerungsschichten sich heben, so daß sie die Wahl haben, für welche Bedürfnisse sie künftig mehr als bisher ausgeben wollen, so ist es doch wohl in zahllosen Fällen das nächstliegende und auch vom Standpunkte der Wohnungsreformbewegung aus am meisten Erwünschte, wenn die Entscheidung zugunsten einer besseren Befriedigung des Wohnbedürfnisses fällt, also eine größere und sonst bessere, infolgedessen aber auch sonst teuerere Wohnung genommen wird.“

Natürlich wird es auch immer Leute geben, die in den Städten völlig unverschuldet in Not geraten und mittellos dastehen. Diesen helfen auch denkbar niedrigste Wohnungsmieten nicht, und es wäre ein großer wohnungspolitischer Fehler, in deren Interesse etwa die städtischen Wohnungsmieten künstlich unter ihren reellen Wert herabdrücken zu wollen. Auch dann würden diese Leute nicht in der Lage sein, entsprechend große und gut ausgestattete Wohnungen zu zahlen. Das Elend derselben und ihre Wohnverhältnisse gehören nicht zur städtischen Wohnungsnot, sondern stellten eine Teilerscheinung allgemeiner Not dar, die sich nie ganz vermeiden lassen wird (siehe auch die S. 275 zitierten Ausführungen von Dr. Crüger auf dem Frankfurter Wohnungskongreß). Auch für diese Leute zu sorgen, ist selbstverständlich Aufgabe der Allgemeinheit und der Städte, aber das kann nicht durch eine allgemeine Verbilligung der Mieten geschehen, die nur zu weiteren Nachteilen führen würde (siehe S. 269); es sind vielmehr solche Personen der öffentlichen Wohltätigkeit, eventuell der Armenpflege zuzuweisen, bis es gelingt, ihnen ein entsprechendes Verdienst zu ermöglichen.

So wollen wir nun nochmals betonen, daß die so oft erhobene Forderung, es sollten die städtischen Wohnungen möglichst billig angeboten werden, sehr mit Reserve aufzufassen ist. Eine städtische Wohnung, die nun einmal dem Besitzer die erheblich größeren Erwerbsmöglichkeiten und Annehmlichkeiten des städtischen Lebens bietet gegenüber kleinen Landorten, muß immer mehr kosten, als die dort gelegenen Wohnungen. „Es wird deshalb auch nie gelingen, innerhalb der Städte den Preis städtischer Wohnungen unter eine gewisse Höhe herabzudrücken, das ist auch gar nicht wünschenswert.“ In einem Atemzug verlangen „Stopft die Landesflucht“ und macht die städtischen Wohnungen billiger, ist ein direkter Widerspruch, eine Sinnlosigkeit. Es kann daher gar nicht die Aufgabe der städtischen Wohnungs- und Bodenpolitik sein, durch allerlei künstliche Mittel den Preis städtischer Wohnungen unter ihren reellen Wert herabzusetzen. Sie muß vielmehr ihre vornehmste Aufgabe in der Pflege der Dezentralisation und Verkehrspolitik erblicken und dadurch auf den Außengeländen für ein genügendes Angebot billiger Wohnungen Sorge tragen. Bezüglich der in der Stadt gelegenen Wohnungen muß sie sich darauf beschränken, durch entsprechende *Baupolizeivorschriften* und entsprechende *Wohnungsinspektion* dafür zu sorgen, daß die vorhandenen Wohnungen den berechtigten Anforderungen der Hygiene Genüge leisten. Vielfach werden sich aber damit nur die *gesundheitlichen Mindestforderungen* durchdrücken lassen, um die Preise nicht noch höher zu treiben. Gerade da muß man sich darüber klar sein, daß „jede hygienische Verbesserung der Wohnungen bis zu einem gewissen Grade eine Verteuerung derselben mit sich bringen wird, weil sie wenigstens sehr häufig eine Mehrausgabe bedingen, die die Ertragsmöglichkeit des Grundstücks schmälern. Es wird sich also bei allen derartigen Maßnahmen immer nur um ein vorsichtiges Hin- und Herlavieren in der Nähe des Punkts handeln, wo nach der einen Richtung hin die Wohnungen besser und hygienischer, dafür aber auch teurer, nach der Richtung dagegen kleiner und schlechter, dafür aber auch billiger werden.“ Je mehr eine Stadtverwaltung dafür sorgt, daß auf den Außengeländen eine genügende Zahl billiger Wohnungen angeboten wird, um so weniger braucht sie der hohe Preis der städtischen Wohnungen zu kümmern. Wem diese Wohnungen zu teuer sind, kann und muß sich weiter draußen in den Vororten billigere suchen.

Hat eine Stadt in diesem Sinne ihre Wohnungspolitik durchgeführt, und man kann keinen Augenblick daran zweifeln, daß sich das erreichen lassen wird, so ist eine *Wohnungsnot im eigentlichen Sinne*, also eine durch mangelnde Zahl, bauliche und hygienische Mängel der angebotenen Wohnungen oder zu hohen Preis derselben verursachte Wohnungsnot ausgeschlossen.

Natürlich nicht die *sogenannte Wohnungsnot*, die dann auftritt, wenn Leute mit viel zu geringem Einkommen gleichwohl die teueren Wohnungen in den Städten mieten, und durch *mißbräuchliche Benutzung* derselben in den an und für sich guten Wohnungen ein Wohnungselend entsteht. Auch in einer Stadt mit der mustergültigsten Wohnungspolitik und Wohnungspflege wird sich nie jede Form von Wohnungselend verbannen lassen „Es wird im Rahmen derselben immer Individuen geben, die sich, ob mit oder ohne Verschulden, in Notlage befinden. Diese werden nie die Mietpreise menschenwürdiger Wohnungen aufbringen können, oder dieselben alsbald in einen Zustand versetzen, daß von Wohnungselend die Rede sein muß. In all diesen Fällen ist die Wohnungsnot eine Teilerscheinung der allgemeinen Notlage. Nur wenn es gelänge, des Lebens Not von allen Individuen fernzuhalten, ließe sich auch die Wohnungsnot völlig beseitigen. So wenig, wie das erstere, läßt sich das letztere je ganz erreichen. Derartige Fälle dürfen dann aber auch nicht dazu benutzt werden, verallgemeinernde Schlüsse über die Wohnverhältnisse der minderbemittelten Volksklasse zu ziehen, geschweige denn die unbestreitbaren Fortschritte, welche allenthalben auf diesem Gebiete dank den vereinten Bestrebungen staatlicher, kommunaler und privater Wohnungsfürsorge erzielt wurden, wegzuleugnen" (Gemünd, a. a. O. S. 430).

Manches wird sich durch eine systematische Wohnungspflege auch gegen diese Formen des städtischen Wohnungselends erreichen lassen. Insbesondere wird eine rationelle Wohnungsinspektion viele Fälle selbstverschuldeten Wohnungselends günstig beeinflussen. Sie ist wohl das beste Mittel gegen die durch fehlerhafte Benutzung von seiten der Mieter selbst entstehenden Wohnungsmißstände und muß als solche die übrigen wohnungspolitischen Maßnahmen einer Stadt unbedingt ergänzen. Gegen die schlimmsten Fälle selbstverschuldeten und selbstgewollten Wohnungselends wird aber auch die beste organisierte Wohnungsaufsicht machtlos bleiben.

Es würde zu weit gehen, an dieser Stelle auf die große Bedeutung einer derartigen Wohnungsaufsicht näher einzugehen. Es mag genügen, darauf hinzuweisen, daß man in den letzten Jahren in den verschiedensten Staaten und Städten in systematischer Weise die Wohnungsinspektion organisiert hat. Ihre Bedeutung wird am besten durch die Leitsätze dargelegt, in welche der um die Ausbildung der Wohnungsaufsicht hochverdiente hessische Wohnungsinspektor Gretzschel die betreffenden Gesichtspunkte zusammengefaßt hat. Sie soll

1. zur Feststellung der tatsächlichen Wohnungsverhältnisse dienen,
2. die Beseitigung von Mißständen in den vorhandenen Wohnungen anstreben,
3. dafür sorgen, daß nicht durch die Art der Benutzung gute Wohnungen in schlechte verwandelt werden,
4. das Verständnis für den Nutzen eines guten und ordnungsmäßigen Wohnens wecken.

Dem im 4. Leitsatz ausgesprochenen Gesichtspunkt kommt wohl eine ganz besondere Bedeutung zu. Soll eine Wohnungsinspektion segensreich wirken, so ist vor allem zu vermeiden, daß durch zu schroffes und rücksichtsloses Vorgehen ein tiefgehendes Misstrauen der Vermieter sowohl wie der Mieter gegen die betreffenden Wohnungsaufseher Platz greift. Es ist verschiedentlich betont worden, daß ihre Aufgabe vor allem in einer sachverständigen Ermahnung und Belehrung der betreffenden Personen zu erblicken sei; erst wenn dieses nichts hilft, soll zu stärkeren Mitteln, Strafandrohung, eventuell Bestrafung, gegriffen werden; leider sind der Wohnungsinspektion gerade da, wo sie am nötigsten ist, bei den Kleinwohnungen in den alten Stadtteilen, auch die engsten Grenzen gezogen. Wollte man hier rücksichtslos jede minderwertige Wohnung schließen, oder den Besitzer zu den hier oft sehr schwierig oder nur mit sehr großen Kostenaufwand möglichen Umänderungen zwingen, so würden bei dem fast überall herrschenden

Mangel an Kleinwohnungen entweder eine abermalige Verminderung ihrer Zahl oder ein Ansteigen ihrer Mietpreise unvermeidlich sein. Es wird also höchstens möglich sein, dem betreffenden Wohnungsinspektor ganz allgemein gehaltene Grundsätze für seine Tätigkeit und eine Reihe gesundheitlicher und sittlicher Mindestforderungen in bezug auf die Beschaffenheit und Benutzung der Wohnungen an die Hand zu geben. Jedweder weitere Schematismus würde nur von Übel sein. Es muß der Wohnungsinspektor vielmehr von Fall zu Fall, je nach den besonderen Verhältnissen seine Anordnungen treffen können und sich dabei mit einer gewissen Liebe in seine Aufgabe vertiefen, so daß die Wahl einer geeigneten Persönlichkeit jedenfalls von größter Bedeutung ist. Es verdient hervorgehoben zu werden, daß die Heranziehung weiblicher Personen zur Wohnungsaufsicht sich gut bewährt hat.

Zweiter Abschnitt.

Wohnungspolitik und Sozialpolitik.

Die Ausführungen des vorigen Abschnittes haben den innigen Zusammenhang der städtischen Wohnungsfrage mit den allgemeinen sozialen Problemen gezeigt. So bedauerlich an und für sich auch die krassen Fälle großstädtischen Wohnungselends sind, so sehr man unausgesetzt daran arbeiten muß, dieselben zu verbessern und zu beseitigen, so bedauernswert es weiter ist, daß ein großer Teil der großstädtischen Bevölkerung unter recht beschränkten Wohnverhältnissen steht, so sehen wir doch auch anderseits, daß die Schwierigkeit, in der Großstadt gute, ausreichend große und billige Wohnungen zu erhalten, eine Regulierung der Bevölkerungsverteilung auf Stadt und Land, ein Hemmnis gegen ein zu stürmisches Wachsen der Städte und eine noch stärkere Landflucht ist, die nicht entbehrt werden kann. Und weiter kamen wir zu der Überzeugung, daß es niemals gelingen könne, in unseren Städten trotz weitgehendster Wohnungspflege die Wohnungsnot ganz zu verbannen, so lange es nicht überhaupt gelinge, des Lebens Not von allen Menschen freizuhalten.

Man kommt also von selbst zu der weiteren Frage, wie es sich denn mit dieser allgemeinen Not verhält, die sich in mehr oder minder starker Form immer an einem Teil der Bevölkerung zeigt. Können wir hoffen, vielleicht auch sie einmal ganz zu bannen oder stellt auch sie eine Art Regulierung im Leben der Völker dar, die unentbehrlich ist, und gegen die wir bis zu einem gewissen Grade machtlos sind? Es scheint zum Schlusse unserer Betrachtungen nicht unbedeutsam, auch diese Frage einer kurzen Betrachtung zu unterziehen und Rückschlüsse auf die verwandten Probleme im Wohnungswesen der Bevölkerung und die verwandte Wohnungsnot zu ziehen.

Die ursprüngliche Lehre von Robert Malthus hat heute wohl kaum mehr Anhänger zu verzeichnen. Im allgemeinen hat die Erfahrung gezeigt, das bei der Zunahme einer Bevölkerung selbst in bereits dichtbesiedelten Ländern zunächst keineswegs die Beschaffung der Nahrungsmittel und anderer zur Lebensführung wichtiger Wirtschaftsgüter erschwert wird. Im Gegenteil, die Erfahrung hat gezeigt, daß die größere Menschenzahl mehr Arbeit leisten, mehr Güter erzeugen und so Reichtum erwerben kann, und daß sie diesen Reichtum dann benutzt, um solche Güter, die das eigene Land nicht mehr hervorbringen kann, aus anderen weniger dicht besiedelten Ländern zu beziehen. An und für sich könnte sich eine Bevölkerung also in weitgehendster Weise vermehren, ohne daß dadurch ihre Unterhaltungsmittel zu gering zu werden brauchen. Auch diese lassen sich bei weiterem Fortschreiten der Kultur zunächst wenigstens noch ins Ungemessene steigern.

Gleichwohl muß man überall konstatieren, daß die Vermehrungsmöglichkeit des Menschengeschlechts eine weit größere ist, als sie jemals und auch zurzeit in Erscheinung getreten ist, und daß sich einer schnelleren und stärkeren Vermehrung der Bevölkerung doch von jeher allerlei Hemmungen entgegengestellt haben, die, ganz allgemein gesagt, dafür gesorgt haben, daß die Volksvermehrung im großen und ganzen gleichen Schritt hält mit der Vermehrung der Existenzmöglichkeiten. Dazu ist zu rechnen: die Steigerung der Nahrungsmittelproduktion, der Produktion anderer Güter, die dagegen eingetauscht werden können, die Möglichkeit, den neu hinzukommenden Menschen Arbeitsgelegenheit und Erwerb zu verschaffen, die Möglichkeit, die die größeren Menschenansammlungen bedrohenden Epidemien abzuwehren usw. Letzteres Moment ist sehr wichtig, auch davon hängt das Leben der Völker ab, auch es gehört also zu den Existenzmöglichkeiten.

All diese Bedingungen lassen sich jedenfalls mit zunehmender Erkenntnis der Naturwissenschaften und Technik, der Erschließung neuer Wirtschaftsgebiete usw. steigern, aber keineswegs mit einem Male, sondern nur nach und nach im Laufe der fortschreitenden Entwicklung.

Man braucht also keineswegs wie Malthus anzunehmen, daß die Unterhaltungsmittel im weitesten Sinne einmal an einer Grenze anlangen und dadurch auch der weiteren Volksvermehrung eine Grenze gesetzt sei. Es wird sich diese Grenze mit steigender Volkszahl bei fortschreitender Kultur immer weiter hinausschieben lassen, wie die sogenannten Optimisten der Bevölkerungstheorie auch annehmen. Man braucht deshalb auch in dem raschen Anwachsen einer Bevölkerung keineswegs etwas besorgniserregendes zu erblicken oder von einer Übervölkerung zu reden, weil die beiden, zueinander in Beziehung stehenden Faktoren, Bevölkerung und Existenzmöglichkeiten, beide sich fortgesetzt steigern lassen, eines das andere hervorruft und begünstigt, beides Ursache und Wirkung ist.

Eine Einschränkung muß man aber doch machen, daß nämlich

das Ansteigen dieser beiden Faktoren, die man sich in Gestalt einer Kurve aufzeichnen könnte, der Menschenzahl einerseits und der Mehrung der Existenzmöglichkeiten anderseits, annähernd parallelen Verlauf zeigen müssen.

In dem elementarsten Trieb des Menschen, dem Geschlechtstrieb, liegt es begründet, daß die erstere Kurve, welche das Anwachsen der Menschenzahl darstellt, immer die Tendenz hat, schneller zu steigen, als die zweite, welche die Existenzmöglichkeiten darstellt. Daß diese Tendenz nie zu erheblichen Mißständen führt, zu einer tatsächlichen, absoluten Übervölkerung, liegt an einer Reihe natürlicher Hemmungen, die ganz von selbst auftreten, sobald die erstere Kurve einmal zu schnell im Verhältnis zur zweiten ansteigt, sobald also einmal zwischen der Menschenzahl und den Erwerbs-, Ernährungsmöglichkeiten etc. ein offenbares Mißverhältnis auftritt. Diese Hemmungen waren früher die großen Seuchen und Epidemien, die immer auftraten, wenn einmal die Bevölkerung der Städte zu rasch gewachsen war, ohne daß die hygienischen Einrichtungen der Städte eine solche Massenansammlung auf relativ engem Raume ermöglichten, das waren die großen Kriege, die zum Teil doch auch der Ausdruck einer relativen Übervölkerung, eines zu geringen Nährungs- und Existenzmittelspielraumes und dadurch bedingten Expansionsbestrebens waren, das war von jeher endlich die hohe Säuglingssterblichkeit, die da, wo einerseits die Beschaffung der Existenzmittel am schwierigsten und des Lebens Not am größten ist, anderseits das soziale Niveau am tiefsten, der Vermehrungstrieb am ungezügelsten in Erscheinung tritt, die größten Opfer forderte. All das sind natürliche Hemmungen gegen ein zu schnelles Ansteigen der Bevölkerungskurve; immer mehr hat unsere Zeit gelernt, diese Hemmungen, die doch weiter nichts darstellen, als natürliche Regulierungen der Bevölkerungsvermehrung, zu beseitigen. Die durchschnittliche Lebensdauer hat sich fast verdoppelt, in den Kulturländern ist die Kriegsgefahr immer weiter zurückgedrängt worden und überall macht sich eine erfreuliche Besserung der Säuglingssterblichkeit bemerkbar. Anderseits hat die Menschheit aber auch dank den Fortschritten der Naturwissenschaften, der Technik und des Weltverkehrs gelernt, die Existenzmittel weit schneller zu vermehren als das früher der Fall war und so können heutzutage denn beide Kurven erheblich schneller ansteigen, als das je in früheren Jahrhunderten der Fall gewesen ist, als das Robert Malthus wohl auch je für möglich gehalten hätte, ohne daß das Gespenst der Übervölkerung uns zu schrecken braucht.

Nach wie vor bleibt aber die Tendenz bestehen, daß die erstere Kurve schneller ansteigen möchte, wie die letztere, nach wie vor müssen auch gewisse Hemmungen, natürliche Regulierungsvorrichtungen da sein, die sie zu parallelem Verlauf mit der Kurve der Existenzmöglichkeiten zwingen. Je mehr es also gelingt, die oben genannten Hemmungen auszuschalten und das ist unsere anerkannte Pflicht, um so mehr muß eine andere Regulierung eintreten, welche ein allzurasches Anwachsen der Bevölkerung, ein Vorauseilen vor der Beschaffung neuer Existenzmöglichkeiten verhindert. Da ist wohl klar, daß das nur die Not sein kann, zunächst ganz allgemein gesagt die Tatsache, daß bei einer ganzen Reihe von Individuen aus den verschiedensten Gründen im harten Kampf ums Dasein die Erwerbs-, damit die Ernährungs- und sonstigen Existenzmöglichkeiten nicht derartige sind, wie sie den modernen höheren Ansprüchen an die Lebensführung genügen.

Diese Not kann sich in den verschiedensten Formen äußern. Keineswegs nur in der Form, wie sie sich bei den auf tiefster Stufe stehenden Proletariern äußert, wo sie direkt als Nahrungssorge, als Kampf gegen den Hunger in Form von Elend und Verkommenheit auftritt. Sie macht sich vielmehr bis hoch hinauf in die höheren Einkommensklassen darin bemerkbar, daß die Ansprüche, welche an die Ernährung, Kleidung, Wohnung, die ganze Lebenshaltung, schließlich auch die Vergnügungen und den Komfort gestellt werden, eine mehr oder minder große Einschränkung erfahren müssen, daß es vor allem einem immer größeren Teil der Bevölkerung unmöglich wird, frühzeitig, sobald die körperliche Ausbildung es gestattet, zu heiraten und in der Ehe (oder auch in wilder Ehe) Nachkommen zu erzeugen. In dieser Beschränkung, die sich heutzutage die meisten Menschen auferlegen müssen, liegt durchaus nichts Unsittliches, im Gegenteil, man muß es als ein Zeichen höherer Kultur auffassen, wenn die Mehrzahl der Menschen erst dann zur Vermehrung schreitet, wenn sie auch die entsprechenden Existenzmittel für sich und die zu gründende Familie beschaffen können, es drückt sich aber auch darin wieder die Not aus, die die Befriedigung natürlicher Triebe und Instinkte unmöglich macht und eine einschneidende Regulierung gegen ein allzurasches Anwachsen der Bevölkerung darstellt. Je schwerer es heutzutage dem einzelnen wird, sich und den Seinen die nötigen Existenzmittel und eine ausreichende Stellung zu verschaffen, je schärfer die Konkurrenz in allen Berufsarten wird, um so mehr macht sich diese Not und diese Regulierung bemerkbar. Es kann keinem Zweifel unterliegen, daß sie in gewissem Sinne ein Äquivalent für den Wegfall der oben genannten Regulierungen der Bevölkerungsbewegung darstellt, also der Abnahme der großen Epidemien, der Kriege und der Säuglingssterblichkeit.

Das beweisen auch die Zahlen der Statistik. Im ersten Teil war die Rede davon, wie sehr überall die Sterblichkeitsziffern zurückgegangen sind, und daß die mittlere Lebensdauer sich fast verdoppelt hat, als ziffernmäßiger Ausdruck für den Fortfall obiger Hemmungen. Die Statistik zeigt aber auch weiter, daß sich gleichzeitig immer mehr der Einfluß dieser nunmehr an ihre Stelle tretenden Regulierung, die Beschränkung der Zahl der Nachkommenschaft, bemerkbar macht. In allen Staaten, in denen die Sterblichkeit fortgesetzt im Rückgange ist, ist auch die Geburtenhäufigkeit in einer stetigen und regelmäßigen Abnahme begriffen. Unter anderem hat Franz Ritter von Juraschek diese Tatsache konstatiert. Er äußerte sich auf dem Internat. Hygiene-Kongreß zu Berlin, Sept. 1907 wie folgt: „Dieser bedeutende Abfall der Sterblichkeit und der damit hervorgerufene größere Überschuß der Geboren wirkt auch zurück auf die Geburtenhäufigkeit, teils durch Reduktion der Eheschlüsse, teils durch einen unmittelbaren Druck auf die Neigung zur Vergrößerung der Nachkommenschaft. Muß man also die fortgesetzt fallende Sterblichkeitsrate als nächste Ursache der verringerten Geburtenhäufigkeit ansehen, so ist ihre Wirkung vielfach so zu verstehen, daß mit Rücksicht auf die größere Lebenskraft und Lebensdauer der Nachkommen die freiwillige Enthaltung von der Zeugung der Nachkommen, resp. einer größeren Zahl derselben fortgesetzt in weitere Kreise dringt und intensiver auftritt".

Eine Illustrierung dieser Sätze liefern folgende Zahlen, welche der „Statistischen Korrespondenz" entnommen sind. Die Fruchtbarkeitsziffer, d. h. die Zahl der Neugeborenen auf je 1000 Gebärfähige, also im Alter von 15—45 Jahren stehende Frauen, betrug

für ganz Preußen	
1876—1880	174,60
1880—1885	161,85
1886—1890	154,83
für die Städte	
1876—1880	160,64
1901—1905	129,12
für das Land	
1876—1880	182,93
1881—1885	183,06
1901—1905	178,72
für Berlin	
1876—1880	149,21
1901—1905	88,78

In München kam auf je 1000 Einwohner

im Jahre	Geburten
1871	37,7
1875	43,8
1876	54,4
1877	46,0
1880	40,6
1885	35,1
1890	36,9
1891	38,2
1895	36,0
1896	36,8

1897	37,2
1898	37,2
1901	37,6
1902	36,4
1903	34,4
1904	33,1
1905	31,3
1906	30,1
1907	28,0
1908	27,6
1909	25,7
1910	24,4

Es ist keineswegs richtig, in einer derartigen, durch die Macht der Verhältnisse verursachten Beschränkung der Nachkommenschaft ohne weiteres eine sich ankündigende Rassenentartung zu erblicken. v. Juraschek (a. a. O.) hebt vielmehr hervor, daß die von ihm beigebrachten Tatsachen keineswegs die Bevölkerung Europas, abgesehen von Frankreich, Irland und Spanien, als solche erkennen lassen, die durch freiwillige Restriktion ihrer Geburten ihre Zukunft gefährden, sie liefern vielmehr das Bild von Völkern, die unter dem Druck der fortgesetzt zahlreichen Überlebenden ihre Geburtenhäufigkeit und ihre Nachkommenschaft verringern, um nicht zu verproletarisieren. Frankreich scheint allerdings durch eine viel zu weitgehende Beschränkung der Vermehrungsmöglichkeit seine Existenz ernstlich zu gefährden, aber hier liegen doch ganz besondere Verhältnisse vor, die für andere Kulturländer keineswegs zutreffen und nicht zu dem Schlusse berechtigen, als müsse es hier mit fortschreitender Kultur ebenso werden. Frankreich hatte schon zu Beginn des vorigen Jahrhunderts eine sehr geringe innere Vermehrung, und die Anschauungen seiner Bevölkerung weichen schon seit langem bezüglich der Erzeugung der Nachkommenschaft wesentlich von denen der anderen europäischen Völker ab. Bekannt ist auch die Neigung des Franzosen zum Rentnerdasein, der Wunsch, möglichst bald in den Genuß eines sicheren, arbeitslosen Rentenbezuges zu gelangen. Auch dieses Bestreben mag manchen veranlassen, sich in der Zahl der Nachkommenschaft größere Beschränkung aufzuerlegen als durch seine wirtschaftlichen Verhältnisse nahegelegt wird. So hat es denn Frankreich dank seiner Neigung zum Rentenbezug zu außerordentlicher Kapitalkraft gebracht, man nennt es nicht mit Unrecht den „Bankier der Welt". Es wurde aber auch schon mehrfach betont, daß es seine Sparkapitalien fast überwiegend im Auslande (z. B. in russischen Staatsanleihen anlegt), statt dieselben zur Hebung der Industrie und anderer Unternehmungen im eigenen Lande zu verwenden. Das muß mit der Zeit auch zu einem Stillstand seiner wirtschaftlichen Entwicklung führen, dadurch fehlt es mit der Zeit denn auch an Arbeits- und Erwerbsmöglichkeiten für einen etwaigen Bevölkerungszuwachs, und diese Aussicht mag ebenfalls bei der Restriktion der Geburten mitwirken. Es liegen für Frankreich also eine ganze Reihe besonderer Momente vor, die für andere Kulturländer glücklicherweise keineswegs zutreffen.

Zwischen diesem extremen Beispiele Frankreichs, welches durch eine zu weit gehende Restriktion seiner Geburten seine Zukunft gefährdet, und dem entgegengesetzten eines Volkes, das durch eine zu schnelle Vermehrung, mit der die Beschaffung der Existenzmittel nicht gleichen Schritt halten kann, in Gefahr gerät, zu proletarisieren, gibt es nun doch verschiedene Mittelwege, die nach keiner Richtung hin ungünstige Folgen haben.

Es kommt doch nur darauf an, daß die Bevölkerung eines Landes eine entsprechende jährliche Zunahme zeigt, wie das z. B. in Deutschland der Fall ist, daß sich trotz ständiger Abnahme der Geburtenhäufigkeit jährlich um ca. 800 000 Menschen vermehrt. Ist diese Bedingung erfüllt, so kann man es nur begrüßen, wenn durch die natürliche Regulierung, wie sie sich in dieser Abnahme der Geburtenhäufigkeit ausdrückt, bewirkt wird, daß die Volksvermehrung gleichen Schritt hält mit der Möglichkeit, für den Zuwachs auch entsprechende Arbeits- und Erwerbsmöglichkeiten zu schaffen, daß nicht eine Überproduktion an Menschen stattfindet, die dann doch zum Teil wieder wegsterben müßten.

Viel schärfer als diese Hemmung der Vermehrungsmöglichkeit tritt nun natürlich bei einem Teile der Bevölkerung, den untersten Einkommenklassen, die Not in ihrer traurigsten Gestalt auf, als direkter Mangel und erschwerte Beschaffung der wichtigsten Existenzmittel, Nahrung, Kleidung und Wohnung. Bezeichnend ist dabei, daß diese letztere Not sich oft gerade bei den Personen zeigt, welche am wenigsten dem oben genannten Druck, zunächst ihre Lage durch Beschränkung der Kinderzahl zu verbessern, nachgeben wollen.

Es bleibt also die Tatsache bestehen, daß immer in dem gekennzeichneten Sinne bei einem sehr großen Teil der Bevölkerung diese Not sich äußert. Bei den oberen Klassen zeigt sie sich nur in einer Einschränkung der Bewegungsfreiheit, bildlich gesprochen, dem Gefühl, daß einem überall andere im Wege sind und das Fortkommen hindern, und äußert sich schließlich in einer Abnahme der Geburtenziffern, bei den unteren Klassen tritt sie immer mehr als Verelendung und Proletarisierung auf und geht mit einer größeren Mortalität der Nachkommenschaft einher.

Wer über diese Bedeutung der Not in irgend einer Form als Regulierung der Bevölkerungszahl einmal nachgedacht hat, wird sich weiterhin auch darüber klar werden, daß es nie gelingen kann, diese verschiedenen Formen der Not ganz zu beseitigen, auch nicht einmal wünschenswert wäre.

Würden sie einmal vorübergehend beseitigt und dadurch die

Hemmungen gegen eine schrankenlose Vermehrung der Volkszahl aufgehoben, so würde die Menschenzahl sehr bald erheblich rascher wachsen, als die entsprechenden Existenzmöglichkeiten, und nach kurzer Zeit würde die Not in viel schärferer und drückenderer Weise hervortreten und den nötigen Parallelismus der beiden Kurven wieder erzwingen. Man kann nur wünschen, daß derartige Verhältnisse nicht auftreten.

Nun muß man wohl zu dem Schlusse kommen, daß es im Sinne einer Regulierung der Bevölkerungszahl völlig ausreichend wäre, wenn sich die Not nur in der Form äußerte, wie wir sie bei den auf höherer Stufe stehenden Menschen konstatieren können, wo sie sich nur darin äußert, daß gewisse Dinge, die angenehm und wünschenswert, aber nicht unbedingt zum Leben nötig sind, entbehrt werden müssen, bei dem einen mehr, beim anderen weniger. Wo sie sich vor allem aber darin äußert, daß erst dann zur Gründung einer Familie und Erzeugung der Nachkommenschaft geschritten wird, wenn die nötigen Existenzmittel dazu vorhanden sind, und daß auch dann die Geburtenhäufigkeit sich in etwa nach diesen Existenzmöglichkeiten richtet. Das wäre die Not in der wenigst drückenden und wenigst harten Form, sie äußert sich nur darin, daß nur so viele Menschen geboren werden, als man gebrauchen und aufziehen kann, sie äußert sich also nur in einer Beschränkung und Beherrschung animalischer Triebe, was man ja auch sonst von einem gebildeten, auf höherer Stufe stehenden Menschen verlangen kann. Sie äußert sich also gewissermaßen nur an denen, die nicht geboren werden, und nicht an den Lebenden.

Solange diese Abnahme der Geburtenziffer nicht zu einem Stillstand der Volkszahl führt, liegt in ihr also durchaus nichts Bedenkliches, sie ist vielmehr ein erfreuliches Zeichen dafür, daß diese Regulierung der Bevölkerung richtig funktioniert. Man kann sie unter dieser Voraussetzung nur als das Zeichen höherer Gesittung und Kultur auffassen. So liegen offenbar die Verhältnisse bei uns in Deutschland, wo trotz der stets sinkenden Geburtenziffer jedes Jahrfünft etwa vier Millionen Menschen hinzukommen. Niemand kann wünschen, daß diese Vermehrung etwa viel schneller vor sich ginge, in einem Tempo, das der Möglichkeit, alle die Neugeborenen und neu Hinzukommenden entsprechend aufzuziehen und in irgendwelchen Erwerbszweigen unterzubringen, weit vorauseilte. Das würde nur zu einer viel schlimmeren Not unter den Lebenden, dem Auftreten einer höheren Sterblichkeit usw. führen. Daran hat niemand ein Interesse, und wir können alle nur wünschen, daß solche Zustände nicht auftreten.

Das hat absolut nichts mit dem Stillstand der Bevölkerung, wie er in Frankreich auftritt, zu tun. Eine Abnahme der Geburtenziffern er keineswegs identisch mit einem Stillstand der Bevölkerung, im Gegenteil, bei sinkenden Geburtsziffern kann die Volkszahl rascher steigen, als bei höheren Geburtsziffern, weil dann auf die einzelnen Individuen mehr Sorgfalt verwandt, und dieselbe unter günstigere Existenzbedingungen gestellt werden können, als das bei einer proletarischen Vermehrung, die nur die rücksichtslose Befriedigung des Vermehrungstriebes kennt, der Fall ist.

Ein je größerer Teil des Volkes zu dieser Beherrschung seiner Triebe gelangt, um so mehr wird es gelingen, die schlimmste und drückendste Form der Not, die sich an den Lebenden äußert und die wir unter allen Umständen bekämpfen müssen, zu beschränken. Ganz kann das natürlich nicht gelingen. Ein großer Teil der Menschen, im allgemeinen um so mehr, auf je niederer Bildungsstufe er steht, wird immer geneigt sein, bei der Gründung der Familie und der Erzeugung der Nachkommenschaft sich nur von dem animalischen Trieb und nicht auch der Rücksicht auf die vorhandenen und später zu beschaffenden Existenzmittel leiten zu lassen. So wird immer die Kurve der Volkszahl die Tendenz heben, schneller fortzuschreiten als die Existenzmittelkurve, und immer wird sich außer der Restriktion der Geburten auch noch die andere Hemmung, die direkte Not mit ihren Folgen bemerkbar machen. Wir können nur wünschen, daß sich mit fortschreitender Kultur diese Verhältnisse immer mehr zugunsten der ersteren Hemmung verschieben. Immer wird die Not auch, namentlich in den Großstädten, in der Form von Wohnungsnot und Wohnungselend zutage treten. Es sind ja überhaupt der Konkurrenzkampf und die Daseinsbedingungen für einen überwiegenden Teil der Bevölkerung in der Großstadt am stärksten. Das äußert sich auch darin, daß hier die Restriktion der Geburten am stärksten zutage tritt (die Fruchtbarkeitsziffer war 1901—1905 auf dem Lande 129,12, in Berlin 88,78). So sahen wir denn auch in einem früheren Abschnitt, daß es nie gelingen könne, die Not und damit die Wohnungsnot ganz aus den Städten zu verbannen, und daß das vor allem nicht etwa dadurch zu erzwingen versucht werden dürfe, daß man nun auf Kosten der Allgemeinheit künstlich eine erhebliche Verbilligung der Mieten zu erzielen suchte. Wir sahen, daß das nur eine vorübergehende Besserung zur Folge haben könnte, die zu einer Überschwemmung der Stadt mit allerlei Elementen, die nicht dahin gehören und zu einer entsprechenden Proletarisierung führen würde. Selbst in den billigen Wohnungen wäre die Not und das Elend, die dann nach einiger Zeit aufträten, weit schlimmer als die Zustände, welche man beseitigen wollte. Eine derartige Wohnungspolitik würde, von so sozialen Interessen sie auch geleitet wäre, doch eine äußerst kurzsichtige sein, weil sie versucht, bedeutsame und unabänderliche Regulierungen der Bevölkerungsvermehrung und Bevölkerungsbewegung künstlich zu beseitigen.

Ähnlich wie bei diesen wohnungspolitischen Bestrebungen liegen die Verhältnisse auch bezüglich der sozialpolitischen Bestrebungen überhaupt. Sie alle laufen im Grunde genommen darauf hinaus, die Lage der Bevölkerungsklassen, an denen sich des Lebens Not am stärksten äußert, also der geringeren Einkommensklassen, so weit als möglich zu bessern, also den regulierenden Einfluß der Not für sie möglichst wenig fühlbar zu machen. Aber auch da wird man sich sagen müssen, daß das nie ganz gelingen könne und auch, solange jene andere Form der Regulierung nicht Allgemeingut geworden ist, nie ganz angestrebt werden dürfe.

Man kann den Vergleich mit der Stadt, welche es sich einfallen ließe, im obigen Sinne eine Wohnungspolitik zu treiben, auch auf die Probleme der Sozialpolitik anwenden.

Wenn eine Sozialpolitik in einem Staate sich die Aufgabe stellte, jede Not im weitesten Sinne, wie wir früher sahen, völlig zu beseitigen, etwa dadurch, daß sie auf Kosten der Allgemeinheit, des angesammelten Nationalvermögens und der kapitalbildenden Kraft der Nation allen Menschen denkbar beste Wohnungen, Einkommen, Nahrung usw. zur Verfügung stellte, weit mehr, als es ihrer Erwerbsfähigkeit entspricht, und so vorübergehend alle Not zu beseitigen suchte, so würde sie genau verfahren, wie obige Stadt bezüglich ihrer Wohnungspolitik. Sie würde sich eine ungeheuere Menschenmenge, ein Proletariat sondergleichen groß ziehen, ein Heer von Arbeitswilligen, aber auch von Müssiggängern, Schmarotzern und Vagabunden aus aller Herren Länder herbeiholen, die von diesen sozialpolitischen Einrichtungen profitieren wollen. Gegen letzteres Moment könnte man ja durch Erschwerung der Einwanderung fremder Elemente Abhilfe schaffen, nicht aber gegen die proletarische Vermehrung weitester Volkskreise, die einsetzen würde, sobald die regulierende Wirkung der Not ganz beseitigt wäre. Die Not und als Folge derselben das Streben nach Erwerb, um sich und die Familie vor Armut und Proletarisierung zu schützen, ist nun einmal der Regulator, welcher die Menschen zur Arbeit treibt, sie veranlaßt, einerseits ihr Bestes im Konkurrenzkampfe einzusetzen, ihre höchsten Fähigkeiten und Talente anzuspornen, anderseits eine Vermehrung im schnelleren Tempo, als die Existenzmöglichkeiten gestatten, hintanhält. Würde man diesen Regulator, dieses Gefühl der Verantwortung für sich selbst und die Familie auch nur vorübergehend beseitigen, wie das auf Kosten des angesammelten Kapitals leicht möglich wäre, so würde die Kurve, welche die Bevölkerungszahl darstellt, plötzlich rapide ansteigen, umgekehrt aber die Kurve, welche der Summe der Existenzmöglichkeiten entspricht, nicht nur nicht steigen, sondern absinken. Denn ein derartiges Wachstum der Bevölkerung würde keineswegs zu einer entsprechenden Einnahmesteigerung des Staates und der einzelnen Personen führen, weil das Moment, welches sonst die Menschen zur Arbeit treibt, die Not und das Gefühl der Verantwortung für sich selbst größtenteils beseitigt wäre, weil die großen Lasten, welche bei einer solchen sozialen Politik und der bald eintretenden Proletarisierung weiterer Volkskreise dem wirklich erwerbstätigen Teil der Bevölkerung auferlegt werden müßten, die Erwerbstätigkeit weitester Kreise und damit die kapitalbildende Kraft der Nation stören würden. Gerade diese ist aber die Voraussetzung, auf welche sich die Möglichkeit einer stetigen Steigerung der Volkszahl aufbaut. Je mehr Menschen wir werden, um so mehr Kapital ist nötig, um neue Unternehmungen industrieller oder sonstiger Art ins Leben zu rufen, eine immer weitgehendere Ausnutzung des Bodens zu ermöglichen usw., und so dem Bevölkerungszuwachs auch entsprechende Arbeits- und Erwerbsgelegenheiten zu verschaffen. Sonst vergrößert er nur die Einwohnerzahl und nicht die Einnahmen des Staates, und stellen die Neuhinzukommenden nur unfruchtbare Glieder der menschlichen Gesellschaft dar. Um so mehr Kapital ist ferner nötig, um die mit steigender Volkszahl nötige Erschließung der Kolonien zu betreiben, unseren Handel und unsere Schiffahrt weiter zu entwickeln und durch Vervollkommnung und weiteren Ausbau des Landheeres und der Seemacht zu schützen, und dergleichen mehr.

Während der Drucklegung dieser Arbeit kam mir ein Aufsatz des früheren Senatsvorsitzenden im Reichsversicherungsamt, Geh. Reg.-Rat Dr. Ferdinand Friedensburg in der Zeitschrift für Politik 4. Bd. 1911, Märzheft, in die Hände, der in Anwendung auf ein spezielles Gebiet sozialpolitischer Betätigung ähnliche Anschauungen vertritt. Der Verfasser unterzieht hier auf Grund seiner zwanzigjährigen Erfahrung in der höchsten Versicherungsbehörde unseres Reiches die Praxis der Arbeiterversicherung einer Kritik und kommt dabei unter anderem zu folgenden Ausführungen: „Die Versicherung sollte ein Recht sein, das der Versicherte durch seine eigene Leistung miterwerben mußte; er sollte auf diese Weise zum Gemeinsinn, zur Teilnahme am Staatsleben erzogen werden, sollte lernen, nicht auf fremde Hilfe vertrauen, sondern selbst für seine Zukunft zu sorgen. Die Rechtsprechung hat jedoch diese objektive Grundlage des Gesetzes verlassen und sich mehr und mehr auf das subjektive Empfinden gestützt, ihre Entscheidung dem Wohlwollen, der sozialen oder humanen Gesinnung entnommen. Die Hilfe im Einzelfall ist der ausschlaggebende Gesichtspunkt geworden.“ Im weiteren wird dann auf die Tatsache hingewiesen, daß es vielen Verletzten gar nicht mehr darum zu tun ist, möglichst bald ihre Erwerbsfähigkeit wiederzuerlangen, sondern dauernd ihren rentenpflichtigen Zustand zu erhalten. Ferner wird gezeigt, wie die wohltätigen Absichten des Gesetzgebers immer und überall überboten werden, ohne Rücksicht darauf, wie sich die dem Versicherten zugewandten Vorteile mit der Rücksicht auf das allgemeine Wohl vereinigen lassen. So habe sich als Folge dessen eine förmliche „Rentenhysterie“ im Volksleben entwickelt, die außerordentlich nachteilig wirke. Demnach sei der „blinde Wohltätigkeitssinn“ unserer Zeit die Ursache, daß viele gute und große erzieherische Gedanken des Versicherungswesens erstickt würden.

Die Folge einer Sozialpolitik im obigen Sinne würde sich nach kurzer Zeit in einer finanziellen Zerrüttung und einem wirtschaftlichen Niedergang des Staates äußern, oder nun erst recht nicht gestatten, der großen Volkszahl, die man herangezogen hat, entsprechende Erwerbsmöglichkeiten zu schaffen und es würde alsbald in weiten Kreisen eine Not und ein Daseinskampf auftreten, weit schlimmer und härter als der, den man durch die gutgemeinte, aber kurzsichtige Sozialpolitik im obigen Sinne bekämpfen wollte. Auch dieser Zustand würde sich gewiss nach einiger Zeit, eben durch die verschärfte Not, das Ansteigen der Sterblichkeitsziffern überhaupt und ein entsprechendes Ansteigen der Säuglingssterblichkeit sowie einen verschärften Rückgang der Geburtenhäufigkeit regulieren. Dem plötzlichen Anwachsen der Bevölkerungszahl würde ein ebenso rasches Absinken derselben folgen und nach und nach wieder der Parallelismus der beiden Kurven durch die Natur selbst erzwungen werden. Die Zustände, welche ein derartiges Absinken der Volkszahl auf das entsprechende Niveau begleiten, wären aber gewiß derart, daß wir nur wünschen können, daß solche Zufälle nie eintreten und nicht künstlich durch eine fehlerhafte und viel zu weitgehende Sozialpolitik hervorgerufen werden.

Es liegt mir natürlich völlig fern, andeuten zu wollen, daß in irgend einem Staate die soziale Politik auf dem Wege sei, in diesem Sinne vorzugehen, aber in der Theorie gibt es Leute genug, die so kurzsichtig sind, eine derart weitgehende Sozialpolitik zu befürworten, die glauben, in bester Absicht natürlich, daß ein Staat nichts Besseres tun könne, als geradezu das angesammelte Kapital und die kapitalbildende Kraft der Nation dazu zu benutzen, um jede Not zu beseitigen und jedem Menschen ein völlig ausreichendes Einkommen zu gewähren, einerlei, ob dasselbe nun seiner Arbeitsfähigkeit und Willigkeit entspricht oder nicht. Die also auf Kosten der Allgemeinheit einem erheblichen Teil der Bevölkerung, auch dem, der nicht an der nationalen Arbeit teilzunehmen gewillt ist, andauernd Wohltaten erweisen wollen, und sich nicht klar machen, daß sie damit die zur Schaffung weiterer Existenzmittel nötige Kapitalbildung erschweren und hemmen und die Not doch nur vorübergehend beseitigen können.

Ebenso wie bei der Wohnungspolitik könnte man auch hier sagen, daß man Sozialpolitik mit dem Gefühl und mit dem Verstande betreiben kann, und daß alles Mitgefühl mit dem ärmeren Teil der Bevölkerung nicht die Veranlassung sein dürfe, allzu sehr das Gefühlsmoment hervortreten zu lassen. Diese Gefühlssozialpolitiker sind Leute, die unser modernes Wirtschaftsleben nicht als das Glied einer langen Entwicklungsreihe durch Hunderte von Generationen vor uns und nach uns betrachten, sondern nur die Gegenwart und die darin bestehenden Mängel und anderseits das angesammelte Kapital ins Auge fassen, und deshalb nicht verstehen können, warum man nicht diesen scheinbaren Überfluß dazu benutzt, ihn an alle zu verteilen und so jedem eine behagliche und sorgenfreie Existenz zu ermöglichen. Die sich nicht klar machen, daß das Nationalvermögen als Kapital aufgefaßt werden muß und daß lediglich dessen Zinsen zur Bestreitung der sozialen und sonstigen Ausgaben herangezogen werden dürfen, daß dasselbe ständig weiter vermehrt werden muß, damit für die steigende Volkszahl auch später entsprechend höhere Zinsen zur Verfügung stehen.

Derjenige, der bei der Aufstellung sozialpolitischer Forderungen nicht nur die Gegenwart, sondern auch die zukünftige Entwicklung und die großen Gesetze der Bevölkerungsbewegung, die Hemmungen, die sich naturgemäß immer einem allzu raschen Anwachsen der Bevölkerung entgegenstellen müssen, bedenkt, wird sich von solch extremen

Forderungen fernhalten. Je ruhiger, gleichmäßiger und vorsichtiger unsere sozialpolitischen Bestrebungen im vollsten Anschluß an die wirtschaftlichen Möglichkeiten und ohne unnötige Hemmung der kapitalbildenden Kraft der Nation gehandhabt werden, um so dauernder und bleibender wird der Erfolg sein. Auch hier wird derjenige, welcher mit dem Verstande Sozialpolitik treibt und sich von übertriebenen Gefühlsmomenten fernhält, schließlich für das Wohl der Allgemeinheit am meisten erreichen.

So kommen wir denn zum Schlusse. — Ebensowenig wie es möglich ist und deshalb auch nicht verlangt werden kann, daß die städtische Wohnungspolitik alle Wohnungsmißstände, jedes als Wohnungsnot erscheinende Großstadtelend völlig beseitigen solle, ebensowenig kann es Aufgabe der Sozialpolitik sein, jedwede allgemeine Not in irgendeiner ihrer Formen zu beseitigen.

So muß man sich damit zufrieden geben, wenn sie dafür sorgt, daß die Not in ihrer schroffsten Form, dem Pauperismus, an einer immer kleineren Zahl von Individuen auftritt, daß sie weiterhin sich immer mehr nur in der gelinderen Form bemerkbar macht, wo sie sich nicht in einem völligen Mangel der absolut nötigen Existenzmittel, sondern nur in einem Fehlen gewisser Dinge, die das Leben zwar angenehmer und schöner machen, aber nicht unbedingt nötig sind, äußert. Der Besitz dieser Güter erscheint anderseits dann doch verlockend genug, um alle Kräfte anzuspornen um sich in ihren Besitz zu setzen und sich zu einer höheren Gesellschaftsklasse heraufzuarbeiten.

Immer wird es dann noch Elemente geben, die auf tiefster Stufe stehen bleiben. Auch diesen muß geholfen werden, aber nur durch Almosen und Unterstützungen, nicht durch soziale Einrichtungen, die allen zugute kommen und so nur zum Müssiggang verleiten.

Je mehr es mit zunehmender Kultur sich zeigen wird, daß auch ohne sittliche Schäden die Geburtenhäufigkeit nicht einfach von dem animalischen Triebe beherrscht wird, sondern sich nach dem Bewegungsspielraum einstellt, den jeweils die Möglichkeit, die Summe der Existenzmittel zu vermehren, festlegt, um so weniger braucht die Natur zur Regulierung der Volkszahl zu der schärfsten und bittersten Form der Not, dem Pauperismus und dem frühzeitigen Tod der bereits Geborenen und Lebenden zu greifen. Das braucht keineswegs mit dem Absinken der Moral und der Sittlichkeit einherzugehen, im Gegenteil müssen wir eine derartige Beschränkung der animalischen Triebe, das Bestreben erst dann eine Familie zu gründen und Nachkommen zu erzeugen, wenn die nötigen Mittel dazu da sind, als eine höhere Kulturstufe ansehen.

Dann hat die Menschheit gelernt, sich nicht mehr blindlings das Gesetz, welches ihre Zahl reguliert, aufzwingen zu lassen, sondern es zu verstehen und sich ihm freiwillig ohne all das Elend, welches sonst damit zusammenhängt, zu unterwerfen.

Keineswegs aber braucht das identisch zu sein mit einem Absinken der Volkszahl oder auch nur einem weniger raschen Anwachsen derselben. Im Gegenteil, mit weiterem Fortschritt der Kultur wird sich auch die Kurve, welche die Summe der Existenzmöglichkeiten im weitesten Sinne (also Nahrung, Wohnung, Kolonien, Weltverkehr, Seemacht, Kapitalbildung usw.) darstellt, noch viel rascher steigern lassen als bisher und damit auch die Kurve der Bevölkerungszahl noch viel rascher steigen können, wie es jetzt bei uns der Fall ist. Nach wie vor aber ist zu wünschen und nötig, daß beide Kurven annähernd parallel laufen und nicht die erstere der letzteren vorauseilt.

Die vorstehenden Ausführungen sollen keineswegs den Anschein erwecken, als sei damit der Nachweis beabsichtigt, daß ein langsameres Tempo der Bestrebungen auf dem Gebiete der Wohnungspolitik und Sozialpolitik wünschenswert sei. Gerade der Hygieniker weiß sich frei von einem solchen Verdacht, denn niemand kann mehr wünschen wie er, daß immer weiteren Kreisen die Segnungen der Hygiene und der Volkswohlfahrt zuteil werden. Gerade ihm liegt aber auch am meisten daran, daß nicht durch ein überstürztes Vorgehen Reformen erzwungen werden, die zu nachteiligen Gegenreaktionen führen müssen. Ein bekanntes ärztliches Blatt, dem man in diesen Fragen sicher nicht Voreingenommenheit vorwerfen kann, schrieb kürzlich: „daß es in unserem Vaterland Sitte geworden sei, daß Männer und Frauen, mit und ohne Beruf, sofern sie nur ihre reichlich bemessene freie Zeit nicht anders zu verwerten wissen, sich charitativ und sozial betätigen und mit anderer Leute Geld gemeinnützige Unternehmungen ins Leben rufen." Es liegt etwas Wahres in diesen Worten; gerade diese Leute sind es auch oft, die am meisten nach Reformen schreien und extremste sozialpolitische Forderungen erheben, weil ihnen die Einsicht in die Tragweite und die wirtschaftlichen Konsequenzen ihrer Forderungen fehlt, sie oft darüber auch weiter gar nicht nachdenken. Das sind die Leute, denen keine Wohlfahrtspflege und keine Sozialpolitik weit genug geht, die immer mit einem: „man sollte doch, man müßte doch" usw. zur Hand sind und alles, nur die Folgen für die wirtschaftlichen Grundlagen des Staates nicht bedenken. Den extremen Forderungen dieser Leute gegenüber mag es angebracht sein, wenn man umgekehrt auch einmal die Grenzen der Sozialpolitik, wie sie durch unabänderliche Gesetze der Bevölkerungsbewegung gegeben sind, festlegt. Je mehr man sich an diese Grenzen hält, um so mehr Garantie ist dafür gegeben, daß die sozialpolitischen Bestrebungen auch einen dauernden und sich stets mehrenden Erfolg zeitigen werden.

Immer wird es ihre vornehmste Aufgabe sein, die unverschuldete Not zu beseitigen, jedem Menschen, der arbeiten will, eine seiner Arbeit entsprechende Erwerbsmöglichkeit zu schaffen, ihm gegen unverschuldete Zufälle Schutz und pekuniäre Hilfe zu gewähren, jedem auch die Gelegenheit zu geben, sich selbst und seine Familie langsam emporzubringen. Ganz wird ihr das nie gelingen, aus angegebenen Gründen. Erst recht aber kann sie nicht versuchen die verschuldete Not zu beseitigen, wenn auch gewiß zu lindern.

Das gilt sowohl für die gesamte Sozialpolitik wie insbesondere für die Wohnungspolitik. Die Erfolge, die auf beiden Gebieten bei uns in Deutschland zum Teil in viel weiterem Umfange als in anderen Kulturländern erzielt wurden, berechtigen zu der Hoffnung, daß es bei ruhiger und stetiger Weiterentwicklung immer mehr möglich sein wird, dieselben bis zu den Grenzen zu führen, wie sie nun einmal durch die dargelegten Verhältnisse begründet sind. Insbesondere gilt das für die Ziele der Wohnungspflege und Wohnungspolitik, für die wir aus den im dritten Teil behandelten Gründen weitgehende Besserung in Zukunft erhoffen können.

Es kann gar nicht ausbleiben, daß all die Arbeit und all die Sorgfalt, welche man namentlich im letzten Jahrzehnt der Lösung dieser Aufgaben zugewandt hat, in immer höherem Maße Früchte tragen und zum Teil schon der jetzigen, erst recht aber den späteren Generationen zugute kommen wird. Wer sehen will, sieht schon jetzt die Saat aufgehen, trotz aller gegenteiligen Behauptungen.